faprl 系列丛书

U0167780

系统硬件可靠性量化评价

谢劲松　著

北京航空航天大学出版社

内 容 简 介

本书所包含的 4 个关键词总结了本书所要讨论的核心内容,即"量化评价""系统""硬件"和"工程与理论",总结了产品工程评价理论视点的各个方面。本书分为 8 章,除第 1 章引言与第 8 章健康评价问题外,中间 6 章构成本书的主体内容。第 2 章"可靠性量化指标的提取"讨论产品可靠性评价中的数据处理与统计论问题;第 3 章"系统和系统失效"讨论产品的系统定义和失效行为特征;第 4 章与第 5 章的"产品失效性质与应力加速"和"加速试验设计"在前面章节内容的基础上讨论失效加速与加速试验的相关问题;第 6 章"系统可靠性与寿命评价"讨论基于产品"浴盆曲线"失效行为的可靠性与寿命特征量的处置问题;第 7 章"工程评价场景与案例问题处置"讨论产品可靠性评价在工程实际中的复杂性、多样性问题。

本书不重复其他本专业书籍中已经广泛介绍的本专业的基础性概念和知识,重点讨论和强调针对目前难点工程问题的理论运用和处理。此外,本书还非常符合学校对于基础性和工程基础性研究的定位,作为教材或是教学参考用书,适用于众多国防与民用产品制造行业的相关工程人员、本专业方向的研究生与本科学生。

图书在版编目(CIP)数据

系统硬件可靠性量化评价 / 谢劲松著. -- 北京 :
北京航空航天大学出版社,2021.8
ISBN 978 - 7 - 5124 - 3597 - 1

Ⅰ. ①系… Ⅱ. ①谢… Ⅲ. ①硬件－系统可靠性
Ⅳ. ①TP33

中国版本图书馆 CIP 数据核字(2021)第 176836 号

系统硬件可靠性量化评价

谢劲松 著

策划编辑 刘 扬 责任编辑 孙玉杰

*

北京航空航天大学出版社出版发行

北京市海淀区学院路 37 号(邮编 100191) http://www.buaapress.com.cn
发行部电话:(010)82317024 传真:(010)82328026
读者信箱:qdpress@buaacm.com.cn 邮购电话:(010)82316936
涿州市新华印刷有限公司印装 各地书店经销

*

开本:787×1 092 1/16 印张:21 字数:538 千字
2021 年 9 月第 1 版 2021 年 9 月第 1 次印刷
ISBN 978 - 7 - 5124 - 3597 - 1 定价:73.80 元

序

本书的完成时间正值新冠肺炎疫情期间,很多人在这一疫情中丧生,作者也经历了人生中前所未有的精神压力与冲击。本书的出版希望能够多少纪念那些不幸的人、不幸的家庭以及作者本人的那段时光。

可靠性评价是一个行业内基本的、绕不过去的且同时具有强烈理论色彩的实际工程需求问题。不同于其他的可靠性专业书籍多从学术和体系的角度讨论产品可靠性的相关理论和问题,本书仅仅专注于"可靠性评价"这一特定的问题,总结与讲述这一问题的方方面面,希望读者,尤其是这一行业内的工程实践者能够从中受益。

毫无争议,"系统模型"是系统可靠性评价问题的一个基础。即使是从语言逻辑以及文字含义的角度也容易理解:"系统模型"应该仅仅适用,或者是主要适用"系统"产品,而非所有类型的工程产品。本书是有关系统相关可靠性专业书籍中首次明确对于"系统"产品进行定义的一部专著。希望在读完本书后,对于任意给定的一个实际工程产品,读者对于该产品是否属于系统类型产品均能够立刻给出清晰明确的判别。作者也希望这是本书对于产品可靠性工程实践所做出的一点贡献。

国内的产品可靠性概念和理论源于西方(主要是美国)。但在行业内,一个争议不大的现状是:国内在真正吃透西方的理论上,仍然有一段路要走。"两张皮"的问题和专业"五性"/"六性"研究室这样的工程部门设置在西方没有,这可以是创新,也可能是问题。

尽管作者在论述中注重从理论的角度探究产品的实际工程问题,但本书仍然是一个理论和工程的折中产物。一方面,在不失其现实意义和需求的基础上,作者会在后续的著作中更加一般性地讨论产品可靠性理论;另一方面,结合任何工程实践的经济价值与商业目的,作者也将在另外的著作中进一步专门讨论基于理论的工程实践问题。

作 者

2021 年 6 月 24 日

目　　录

第 **1** 章

引 言

　　"系统"和"量化评价"是本书所要讨论产品可靠性内容的两个核心关键词,因此,引言的讨论就不妨从这两个核心关键词开始。在下面的讨论中,首先说可靠性的量化评价问题,然后再来讨论系统的问题。

　　简单地说,可靠性量化评价是依照产品的可靠性定义,给出评价对象产品可靠性特征量或特征参数的数量大小。显然,可靠性量化评价并不是一个最近才有的概念。在国内,从 20 世纪 80～90 年代开始,就系统性从国外引入产品可靠性的概念,成体系地翻译了美军以及其他相关行业标准,构建了自己的国标和国军标体系,并将所获得的知识首先应用到国防相关领域的工程研发活动当中,从此,可靠性量化评价就成为可靠性相关工作的一个核心问题。目前,包括民用产品行业在内的各行业,在针对产品的可靠性量化指标要求已经普遍建立的背景条件下,量化评价就成为判断产品研发以及量产产品是否达到可靠性设计要求的一个基本步骤,在产品的相关可靠性工程决策中具有不可替代的地位和作用。

　　随着国内可靠性相关知识和概念在工程界的普及,各种各样的可靠性专业书籍和教材已经出版,这些书籍和教材广泛涉及和讨论各种类型的可靠性量化分析方法、数学物理建模以及数据处理方法。但无论怎样处理产品可靠性方面的工作,人们最终恐怕总是要重新回归可靠性量化评价最初的基本工程研发需求和场景,即"当面对一个实际且具体的工程产品和设计,能否通过一系列实际可操作的、研发成本可承受的、通常工程条件所允许的既定手段和方法,以产品的实际表现或试验数据等作为基本的事实依据和出发点,给出一个科学的、具有说服力的可靠性量化评价结果,并有信心将这一结果作为该产品是否达到其可靠性要求的基本决策依据"。

　　从这个意义上说,产品可靠性量化评价从理论和方法上讲依然是一个正在进行时的问题。也正是基于这种实际状况,本书希望能够在紧贴工程实际需求的基础上,尝试一定程度地应对这一问题和需求。

　　本书的另外一个核心关键词就是系统,是本书所要讨论问题的研究对象。除元器件和零部件、原材料和物料产品以外,通常系统是工程产品的一个主要类型,是可靠性研究和工程评价的主要需求来源与服务对象,其典型性不言而喻。对于广大的可靠性工程领域的专业人员而言,在可靠性一词前面冠以系统听起来非常自然,而且在可靠性相关的专业书籍和教材中,系统可靠性也是一个常见用语。但如果专门被问到下面这样的一些问题,例如,到底什么是系统?非常复杂的东西是否就是系统?机械结构和运动机构可以非常复杂,比如航空和汽车引擎,均属于尖端技术领域,是否是系统?一个系统到底需要具备什么样的关键性的特征才能够明确区分系统和非系统?面对这样的问题,很多人对于系统的概念可能会变得模糊起来。事实上,目前很多冠以系统的可靠性专著和书籍,其实并未明确、清晰讨论和定义系统的概念,不可避免会导致读者对于这一关键可靠性对象的理解存在模糊性。

对于系统概念的讨论是关键的,正是这样的概念在很大程度上决定了我们对产品可靠性的实际处理思路和方法。不仅如此,系统与非系统产品的工程实际状况也可能存在差异,这样的差异决定了产品的可靠性工程实践和需求上的关键性差异。

有必要指出:本书不是从可靠性工程入门书籍的角度考虑和编写的,在讨论所涉及可靠性相关内容时,会假定读者对于可靠性工程领域的基础性概念和方法已经有了较为系统的了解,甚至有了一定的实践经验。对于这些概念和方法,除对于本书的讨论至关重要或是有必要进行更深入讨论的情况,书中不再重复介绍或是系统性说明。对于可靠性的初级读者,可以同时参考其他相关书籍,以获取一些必要的基础性知识和概念。也正是因为如此,可靠性量化评价和系统的概念作为本书讨论的基础,仅在引言做专门的介绍和讨论。此外,对于系统概念部分,由于并非有很多的可靠性书籍会给出清晰的讨论和说明,也有必要在本书一开始就进行说明。

本章最后会重点讨论本书的技术视点与关注点,同时介绍全书的章节内容安排。基于这样的考虑,作为后续章节讨论本书主体内容之前的一个铺垫,引言依次包括以下 4 个方面的内容:

- 可靠性量化评价。
- 系统的概念。
- 本书的视点与关注点。
- 本书讨论的基本问题章节安排。

1.1 可靠性量化评价

产品可靠性定义由于所强调的问题点和需求不同,在目前的工程行业内并非只有唯一的一种表述。其中,一个相对一般性和抽象的定义是:可靠性是产品在规定的时间、规定的环境完成规定功能的能力。这一定义表明了在讨论产品可靠性概念时需要明确的 3 个基本限定条件:

- 对于产品正常运行所必须的功能或性能要求。
- 产品所规定的使用环境和运行条件。
- 对于产品使用时间的要求。

从这个意义上说,元器件和原材料作为一类产品,就不存在严格意义上的可靠性,因为在通常情况下,元器件和原材料不是用户所使用的终端产品,其实际的使用环境和运行条件,即上面所提到的产品可靠性概念 3 个基本限定条件的第 2 个条件,是随着其应用的不同终端产品而变化的。因此,元器件和原材料一类的产品通常也不存在严格意义上的可靠性量化指标评价问题。也正是由于这样的状况,可靠性量化指标评价所讨论的主要对象之一就是系统类型的产品。

虽然在目前的可靠性理论和工程实践中,系统可靠性量化评价在具体的细节上仍然存在有待系统化和不断完善的地方,但传统上其技术途径和某种框架依然是明确的,这点毋庸置疑,这在工程实践中被广泛认知和了解。因此,在明确产品可靠性的概念以及量化评价指标的基础上,首先来讨论和明确这些评价途径和框架性问题,用以作为本书后续章节更为深入和细化内容讨论的一个基本出发点就变得自然和必要,这也成为本节讨论的基本内容。

其实,对于产品可靠性量化评价一直存在着一个基本的理论逻辑问题,即如果仅限于理论逻辑而忽略实际操作过程中存在的不完美点,如何通过试验证明一个产品能够达到某个要求的量化水平? 显然,这样的理论逻辑过程对于实际工程产品可靠性量化评价是有很重要的指导意义的,它表明了在理想状态下,产品的可靠性量化评价流程至少需要满足哪些基本条件。但遗憾的是,目前并没有研究报告系统性地说明这样的问题。

产品可靠性的概念和研究在西方(主要是美国)经历了曲折的发展,由此导致的结果之一就是:目前,可靠性领域的很多专有名词都附带有丰富的历史发展和演变的背景,并非仅仅是这些专有名词文字表面的含义,这使得西方后来的研究人员仍在不断地进行相关概念和发展历史方面的研究,以厘清相关概念。

在我国,对于产品可靠性的研究主要起源于航空航天与国防工业相关行业,经过几十年的发展演变,尤其是在 21 世纪前 20 年的技术和经济上的跨越式发展阶段,在首先全盘照搬西方标准,同时也在不断地"洋为中用""土洋结合"的过程中,开始产生一些概念和工程实践,与国外逐步产生差异。事实上,目前国内的主流国有行业,包括受到国防工业影响的其他民用国有行业,其可靠性工程实践与典型的国外企业(包括那些基本采纳了西方体系的大型国内私有企业,典型的像华为、联想这样的企业)相比也存在类似的差异。

限于本书讨论的问题视点和关注点,工程人员对于这类差异问题具备一定的辨析能力,希望本书能够对其有所帮助。此外,本书会重点讨论和关注常见或是典型工程问题中的基础性理论问题,以便供有兴趣的读者参考。

1.1.1 可靠性量化指标

工程产品的可靠性量化指标或称为可靠性特征量,包括以下 3 类:
- 可靠度与失效概率。
- 失效率和 MTTF/MTBF。
- 寿命。

可靠度与失效概率均为产品可靠性的最终量化度量指标。但在实际工程中,除元器件和物料,任何系统一级产品函数形式的可靠度与失效概率,即产品的可靠度与失效概率分布都是难以获得的,取而代之的则是达到特定工作年限时产品的可靠度下限或是失效概率上限。常见的产品返修率就属于这一类型的指标。通常对于批量生产的民用产品,在达到指定工作年限(例如 5 年或是 10 年)时的返修率会被要求低于 0.2%。

可靠度与失效概率两者之间的关系表达如下:

$$R(t) = 1 - F(t), \quad f(t) \equiv \frac{\mathrm{d}F(t)}{\mathrm{d}t}, \quad t > 0 \tag{1-1}$$

其中,$R(t)$ 为可靠度函数(Reliability Function),$F(t)$ 为失效概率函数,$f(t)$ 为失效概率密度函数。

失效率指标的工程意义则来源于产品所谓"浴盆曲线"的可靠性工程理论,这一指标描述了产品在其主要的使用阶段时,失效率近似为常数的失效行为。从数学关系上看,此时产品的失效服从指数分布,且相应的失效概率函数或是可靠度函数由唯一的失效率参数所完全决定,即

$$R(t) = 1 - F(t) = \mathrm{e}^{-\lambda t} \tag{1-2}$$

其中,λ 是失效率,是决定分布函数的唯一参数。因此,在这样的前提条件下,失效率指标的表征方式与可靠度和失效概率的表征是等价的。

此外,对于可维修系统而言,失效率指标还表征了系统的平均故障间隔时间 MTBF(Mean Time between Failures)或是系统维修时实际失效元器件或组件单元的平均失效时间 MTTF(Mean Time To Failure),两者实际是从产品整体与构成产品单元两个不同角度表征的同一件事情,即 MTBF=MTTF[1]。失效率指标与 MTBF/MTTF 之间的量化关系为

$$\lambda = \frac{1}{\theta} > 0 \qquad (1-3)$$

其中,θ 为 MTBF/MTTF 的统计真值。有关失效率物理意义等的内容可参见后续可靠性量化指标的提取一章中有关指数分布假定与失效率指标小节的讨论内容。

从上面的讨论可以看出:失效率和 MTBF/MTTF 表征了产品失效的实际统计特性,也确实表征了产品的实际失效时间,但与产品通常的寿命概念还是存在着差异的。下面以人的情况为例来解释这种差异。

人是存在寿命的,可以假定在某种生存环境条件下,随着生存环境的改善,人的寿命是会不断提升的。但在某些突发情况下,例如,战争和大面积瘟疫等,人的实际死亡时间的统计值可能并不能有效反映当时条件下人所应有的寿命情况,会造成实际的统计值变短。这实际在隐含强调造成人死亡背后的原因需要差别处理的问题,即认为战争和瘟疫这样的突发性因素会影响人的正常寿命。

类似地,对于工程产品而言,"浴盆曲线"(注:详细内容的讨论可参见后面有关产品失效性质与应力加速一章的相关内容)的产品可靠性理论定义了产品 3 个不同阶段的失效,反映了造成产品失效的 3 类不同性质。这 3 类失效性质包括:

- 早期失效:产品的早期失效是由于产品制造过程中难以避免的,但又仅限于数量有限的较为严重缺陷所造成的产品非正常失效,属于产品交付以前必须剔除的产品个体失效。

- 偶然失效:产品的偶然失效则是由产品中固有的材料缺陷造成的,在工程上被认为是不可避免的,可以通过工艺过程和材料的优化而降低,但不能完全消除的正常产品失效行为。

- 耗损失效:造成产品耗损失效的根本原因则是产品在使用过程中,由于所受到的外部应力带来的损伤造成的产品失效,与产品自身的缺陷无关。由于产品的使用与产品受力是相互关联的,因此,认为产品在外力作用下,随着损伤的不断累积而最终发生失效是产品一种必然的到寿结果。

产品寿命是指产品进入耗损阶段时的使用时间,核心强调了产品在外力作用下最终发生失效的物理必然性。所以在实际的工程处理中,常常由产品的失效物理模型估计得到理论寿命。

如果将产品的寿命指标与 MTTF/MTBF 指标进行比较的话,MTTF 表征了系统产品中元器件或组件实际发生的平均失效时间,这一时间可以是该元器件或组件的寿命,也可以不是,它取决于实际所发生的失效是否属于这些元器件或组件的耗损阶段失效。如果是 MTBF 指标,所表征的则是整个系统的平均维修间隔时间,仅限这样的指标意义下,由于理论上系统允许无休止地维修和再使用,因此这一指标不仅无法表征系统寿命,而且也与系统寿命没有任

何关系。

事实上,系统类型产品的"浴盆曲线"特征及其可靠性和寿命表征是系统失效的核心特征,也是本书讨论的一个核心问题,这会在后续的章节中逐步展开,从不同角度进行详细的讨论。

1.1.2　产品可靠性规格

一个工程产品的技术规格(Product Specifications)通常是指针对这一产品所具有的外观、材料、功能、技术性能等实际产品最终所应达到的技术要求做出的具体且详细说明。类似地,产品的可靠性规格(Reliability Specifications)定义为"在对产品进行可靠性说明,或是对产品的可靠性要求进行定义时,尤其在涉及产品可靠性的量化描述时,所需要提供的基本信息要求。"因此,产品可靠性规格构成了产品量化评价中对于信息要求和处理的一个基本框架规范。MIL - HDBK - 338 定义了产品可靠性规格的要求和内容[1]。

产品可靠性规格包括以下 5 个方面的内容,这部分内容也将成为本书讨论可靠性评价的一个基本出发点,即

- 产品的量化可靠性要求:可靠性量化指标或是参数。
- 产品使用环境:包括产品的运行、贮存、运输、维修等环境和条件。
- 产品的使用时间要求:例如,产品的运行小时数、飞行小时数、运行周期数等。
- 产品的失效定义:例如,失效的判定要求、失效模式定义等。
- 产品的统计学判定要求:例如,产品失效数据的置信度要求等。

其中,上述的最后一项要求表征了产品可靠性的随机性本质,其相关数据的处理以及因此得到的推断和结论存在必要的统计学要求。

此外,在上述的可靠性规格中,还有两点是需要注意的。首先是产品的可靠性与寿命指标的问题。如果仅限产品在役期间的工作与失效情况,基于系统失效"浴盆曲线"的理论,产品可靠性只关心失效率的问题,因为寿命仅定义了产品使用终结的问题。但在一般意义上,产品的可靠性既包含了失效率,也包含了产品寿命。关于这一点,本书在后续的讨论中不再特别说明。

另外一个关注点就是有关产品失效判据的定义问题。对于产品失效判据的定义实质上就是对于所有产品失效模式的定义,这一点显然与产品可靠性定义中所提出的针对产品功能和性能要求的定义是完全不同的。一个在工程上的直观不同点就在于:产品的功能和性能定义简单,而产品的系统失效模式,尤其是所有模式的定义会非常复杂,甚至存在不可能完全定义清楚的可能性。这样的情况也从另一个角度说明了产品可靠性的一个关键问题,即在实际的产品可靠性工程实践中,产品的可靠性是通过系统失效模式的定义决定的,而非产品的功能和性能定义决定的。换句话说,产品可靠性是一个关于失效模式的量化评价指标,而不是一个有关工作和功能"正常模式"的评价指标。这个问题在本质上是进行产品可靠性量化评价的一个基本逻辑。

1.1.3　可靠性量化评价的基本途径

在本章的一开始已经提到,可靠性量化评价是依照产品的可靠性定义,给出产品可靠性特征量或特征参数数量大小的相关工作和流程。其基本的目的就是确定包括设计、工艺等在内的产品当前的可靠性状态,为产品是否达到所期望的可靠性要求以及以此为基础的相关产品决策提供数量依据。可靠性量化评价需要在完成产品评价时提供产品的可靠性指标量值。

前面有关产品可靠性规格问题的讨论已经表明：仅仅是基于产品性能或是功能要求的产品可靠性定义在实际的工程实践中存在可操作性问题，而可靠性规格的定义则明确了在产品的可靠性量化评价中有关产品失效模式定义的必要性。因此，可靠性不是一个单纯的理论概念，而需要在实际工程中具备可操作性。产品的可靠性量化评价途径试图进一步明确这样的工程操作性问题。

产品的可靠性指标包含了 1.1.1 所讨论的 3 个类型的指标。由于实际工程产品的复杂性以及不同产品的具体评价要求，实际的可靠性量化评价通常仅限于处理上述指标中的某一部分而不是全部。

美国电工与电子工程师学会，即 IEEE(Institute of Electrical and Electronics Engineers)在其标准 1413《IEEE 对于电子产品进行可靠性预计和评估的标准途径》和 1413.1《IEEE 可靠性预计方法的选择和使用指南》中将电子产品可靠性量化评价的基本途径定义为以下的4 个类型[2-3]：

- 数据统计分析。
- 可靠性预计手册。
- 加速试验。
- 失效物理模型。

但需要指出的是，上述的 IEEE 1413 仅仅定义了一个产品可靠性量化指标评估方法所应具备的特征和应该满足的条件，这一标准并未提供具体的方法和操作流程。事实上，在上述 4个技术途径中，除了可靠性预计手册已经通过 MIL－HDBK－217 及其众多的衍生工业标准定义了具体的评价方法(注：可参见选读 1 有关可靠性预计的相关内容)以外，其他的 3 个技术途径仍然均缺乏详细而明确且工程成熟和完备的操作方法。因此，从这个意义上说，上述的 4个基本技术途径仍然难以构成具体的工程评价方法。

此外，产品可靠性在实际的工程实践中与产品质量密切相关，而且质量是基础和前提。其中，与产品可靠性量化评价直接相关的评价要求就包括了在产品质量体系中为确保产品质量所定义的两类必要且相互独立的验证要求(或称验证试验)，即 V&V(Verification and Validation)验证：

- 对于产品设计要求满足程度的检验，即设计要求检验(Verification)。
- 对于用户要求满足程度的检验，即用户要求检验(Validation)。

这两类检验要求同样适用于产品的可靠性量化评价。有关这一部分的相关问题，会在后续章节的讨论中多次和反复涉及。

因此，上述可靠性量化评价的基本途径也无疑必须满足这样的验证要求。事实上，上述 4 类途径中，不仅可靠性预计手册方法，即使是失效物理模型的方法，仍然需要验证。从一定程度上说，可靠性预计手册方法正是由于难以满足验证要求，所以在目前的实际工程实践中逐步处于边缘化的状态。

有关可靠性预计方法的进一步阅读，以及其他与可靠性量化评价指标相关的一些用语和概念的讨论，可以参见本小节后面补充讨论内容。

【选读 1】 可靠性预计

在国内，可靠性预计一般是专指可靠性预计手册的产品量化指标的评价方法。这一方法基于美国军用手册 MIL – HDBK – 217《电子设备可靠性预计》[4] 以及由该标准所后续衍生出来的其他工业标准,如表 1 – 1 所列,在国内相应的就是国军标 GJB299[5]。

表 1 – 1　基于 MIL – HDBK – 217 的衍生工业标准[6-7]

年份/年	标准制定单位	标准名称与代号
1985	Nippon Telegraph and Telephone Corporation(NTT)(日本)	Standard Reliability Table for Semiconductor Devices
1985	国防科学技术工业委员会	中华人民共和国国家军用标准 GJB299 – 87《电子设备可靠性预计手册》
1985	Philips Eindhoven(荷兰)	Philips Internal Standard UAT – 0387，Reliability Prediction Failure Rates
1985	Society of Automotive Engineers (SAE)(美国)	PREL Aerospace Infirmation Report on Reliability Prediction Methodologies for Electronic Equipment
1985	Siemens Standards(德国)	SN29500，Reliability and Quality Specification Failure Rates of Components

可靠性预计手册的量化评价方法通过在标准中查表或是利用这些标准所提供的计算公式找到所需电子元器件的失效率,并据此估算出由这些元器件所组成电子系统失效率的整体失效率数值[4]。

需要指出的是:基于手册的可靠性预计方法自 20 世纪 80 年代开始受到工程界的普遍质疑,20 世纪 90 年代中期基本被美国国防部废弃。虽然这一方法后来仍然被不断更新,但总体上在工程应用中已经被废弃,不再作为产品研发的依据,甚至不再作为参考性依据。这在我国大致是同样的状况。我国虽然也经历了 MIL – HDBK – 217 的引进、消化学习和国产化国军标 GJB299 的过程,但目前行业内已不再将这一方法用于产品研发目的。

MIL – HDBK – 217 的问题主要概括为以下 6 点:

- 该标准不能有效地反映电子产品实际的可靠性。
- 该标准不能有效地考虑温度周期变化的影响。
- 该标准不能有效地反映新技术的发展趋势。
- 该标准无法考虑产品的质量和设计。
- 对于用设计附加电路来提高产品可靠性的产品,该标准不恰当地使得这样的产品由于其附加电路反而具有了更低的预计可靠性。
- 该标准缺乏足够的科学依据。

这些理由从另一个侧面更为具体地反映了工程对于可靠性预计和评估手段的要求。这一要求不仅体现在一个有效的可靠性预计和评估方法须对产品的设计、结构、材料的使用,加工过程、使用环境等具体因素和技术细节加以考虑,同时,这一方法还必须能够在整个产品设计过程中帮助发现产品原有设计的失效隐患,量化地比较和权衡不同因素对产品可靠性的影响,优化和改进原有的设计等,以保证一个产品在设计阶段就能满足可靠性要求,这一点已成为国外在可靠性预计和评估以及相关可靠性技术发展上的一个突出特点。

【选读 2】　可靠性仿真

可靠性仿真属于失效物理模型的量化指标评价方法。

近年,由于计算机能力的大幅跃升,数字化设计工具逐步能够为产品开发提供更为强大的生成数字化虚拟产品样机的能力,使得产品研发工程师可以借助产品的研发设计过程生成 3D 虚拟数字样机,同时进一步生成产品的 3D 数字模型而完成产品的可靠性分析。因此,可靠性仿真一词开始在国内的工程界产生并越来越多地被接受和使用。

下面关于这一用语简要讨论如下两个方面的问题:

- 可靠性仿真作为工程用语的内涵。
- 可靠性仿真目前的实际工程应用与局限性。

1. 可靠性仿真作为工程用语的内涵

可靠性仿真并非一个新的概念。早在 20 世纪末,国外就提出可靠性虚拟鉴定(Virtual Qualification)的概念,引入国内以后,称为可靠性虚拟试验[7]。可靠性仿真是一个更为近期的用语,具备更强大的计算机硬件以及更为完善的第三方仿真分析软件的基础,可靠性仿真总体具备如下更为明显的技术特点:

- 强大的 3D 虚拟仿真模型的处理能力。
- 更趋于整合并嵌入产品的数字化设计与开发流程,作为产品 DfR 的一个部分。
- 提供自动化的可靠性指标分析和计算能力。

可靠性仿真完全基于物理规律与过程,因此,从前述可靠性量化指标评价的基本途径来说,属于失效物理模型方法的类型。

从更为严格的意义来讲,可靠性实际上是不存在仿真问题的。仿真定义为是一种现实物理现象的非现实再现[8]。通俗地讲,就是使用计算机手段(即以非现实手段)模拟实际的物理现象。由于实际物理现象涉及占据一定空间实体对象,而且现象本身通常是一个随时间变化的物理过程,所以,仿真过程需要处理场函数形式的物理量或物理参数。而可靠性从科学的意义上讲,仅仅是一个产品整体的性能参数,因此,严格意义上没有仿真的问题,仅仅只是限于计算、估计、分析的问题。可靠性仿真中仿真的部分实际主要是指有限元分析的部分,而有限元主要是解决产品中应力变形场(即分布)、温度分布、位移运动等的问题。可靠性仿真利用这些信息作为输入完成更进一步的产品可靠性指标分析。

由此可见,可靠性仿真是一个非严格科学意义下的工程用语。可靠性仿真的实际含义是指基于工程仿真数据的自动化可靠性指标分析。目前一些常见的可靠性仿真工具如表 1-2 所列。更多的相关内容可参见参考文献[8]。

表 1-2 国内外可靠性仿真工具[8]

	开发商	软件工具
国 外	马里兰大学 calce	calcePWA™
	DfR Solutions	Sherlock™
国 内	北京绿安依科技	RelSIM©/pofPWA™
	北京蓝威技术	CRAFE
	工信部电子 5 所	CARMES - pofRAS
	91 质量网	MEREL

2. 可靠性仿真目前的实际工程应用与局限性

可靠性仿真在目前计算机技术以及基础仿真软件技术的支持下处于快速完善和成熟的阶

段。但是,可靠性仿真技术在工程中的广泛应用仍然面临一个最为基础性的障碍:仿真结果的准确性和验证问题。

可靠性仿真所针对的工程对象主要是电子产品和系统,而非传统意义上的机械结构,这使得有限元仿真以及随后的可靠性指标分析在模型构建上存在着大量所需的专业性知识和经验,以及涉及输入大量的材料常数和模型参数,这不仅使仿真结果具有很大的不确定性,而且试验验证也存在着技术性难度。更多信息可参考相关文献[8]。

1.1.4 实际工程问题的综合评价需求

不可否认,系统可靠性量化评价是一个高度综合的工程问题,人们可以从不同的角度和多个维度来看待这一问题的综合性,并需要对问题进行必要的简化和分类。在前面已经讨论的可靠性量化评价工作中,仍然需要进一步综合考虑和处理以下问题:

- 系统失效问题。
- 失效的加速问题。
- 实际产品不同性质失效的评价问题。

其中,这里的系统失效问题是指系统失效的多模式、多机理问题,以及因此产生的系统失效的定义、系统模型等方面的问题。

此外,从前面有关 IEEE 所定义可靠性量化评价基本途径的讨论也能看出,除了基于手册的评价由于其科学性问题在目前的工程实际中已经被废弃以外,其他任何一个单一途径实际上也没有很好地满足产品系统量化指标的评价要求。其中的问题可以归类为如下一个或是若干个方面:

- 充分反映实际产品设计的影响。
- 充分反映实际产品的系统失效特征。
- 评价方法的科学性。
- 方法所提供评价指标的完备性。
- 评价方法的试验数据可验证等。

这一工程局限性方面的问题充分说明了运用综合手段解决产品的系统可靠性量化指标评价问题的必要性。这一类型的问题构成了本书后续讨论的焦点性问题。

1.2 系统的概念

一个实际工程产品的系统构成与相关模型是本书所要讨论的主要问题。为了后续章节的讨论能够在一个更加清晰的系统概念的基础上进行,这里有必要讨论和明确系统的一般性概念。这一讨论的目的在于帮助读者构建一个足够清晰的关于系统的一般性概念,以使得对于任何一个具体的工程产品,尤其是对于可靠性工程中的常见产品,读者能够明确区别其是否满足系统的定义。

在日常生活中,系统就是一个常见用语,包括很多已经日常化的、带有工程专业性质的术语,例如 5G 通信系统中的系统,甚至是修饰用语中的系统,例如系统性等。对于一个工程产品,系统的字面含义是指[9]:"一个由多个元器件、零部件、组件或是子系统、分系统所构成的相互作用、相互联系且通常具有某种复杂功能的工程产品的整体。"

但这样的概念从工程的角度来讲仍然不够清晰,因为即使是在日常生活中,也能看到很多的工程产品同样满足上述含义的标准,例如,很多工业产品都是由许多的元器件或零部件组装而成,而且从功能甚至从技术水平来讲,都可能非常复杂,但日常用语中可能仍然不称为系统,典型的工业产品例如引擎,一般就不称为引擎系统。那么这样的工业产品是否是一个系统?到底什么样的产品才构成一个系统?系统在其严格意义下的定义和标准是什么?

此外,构建系统模型是对系统一级产品完成其量化评价的一个必要的工作步骤和必须获取的信息输入条件,那么,在理论上有必要清晰化地定义系统模型所表征的系统特性,以及系统模型虽然是人为构建的,但其本身仍然所必须具备的客观属性。

系统是本书所讨论产品量化指标评价的一个核心属性。本节关于系统概念的讨论除限定工程产品的范畴以外,还需要达成以下两方面的目的:

- 对于系统概念的讨论足够一般化,同时又足够清晰和具体,以便这一概念能够用来明确区分任何具体的工程产品是否满足一个系统的构成条件和标准。
- 明确产品可靠性量化指标评价所需要的系统特性,使得提供这些特性的相关信息成为系统模型构建的基本要求,同时讨论系统模型为满足这一条件所需要具有的基本表达形式。

1.2.1 系统的构成性

如果抛开是否构成一个工程产品不谈,一个具有一般性和抽象性特征的系统仍然可以被定义成为"由一组相互作用且相互关联的实体组合而成的具有某种特定功能的整体"。由这一定义可以看出:不同于产品作为一个具体的物理实体的概念,系统则是一个抽象实体的概念。因此,系统的概念不关心通常物理实体所具有的具体的存在形态,例如一个实际工程产品的外观、颜色、材料的组成等等,系统仅仅是强调了产品所满足的,或是具有的某种特性。按照上述系统的定义,一个系统首先包括了如下的若干基本特性,即系统所谓的组成性、相关性和整体性。

组成性即是指系统是由单元构成的,每个单元成为系统的一个构成要素;相关性是指系统各构成要素之间存在着相互作用和相互联系,各要素之间不是相互割裂或各自独立的;整体性则是指系统的各要素构成一个有机的整体,系统整体与各要素之间同样紧密联系、相互关联。

此外,从前面关于系统的定义可以看出,由于构成系统的单元是实体,因此系统自身同样是实体。这样的实体主要包含了两个方面的含义,即实体的空间性与功能性。

空间性是指包括系统整体在内的每个实体均占据一个有限的空间,具有明确的物理边界,因此,这一边界以外的部分构成了各自实体的环境。而功能性则是指包括系统整体在内的每个实体,又各自具有特定的功能。因此,实体所占据的不同物理空间以及各自不同的功能定义区分了各个不同的实体单元以及系统整体。

以工程中的电子产品为例,一个具体的产品通常由元器件、组件、模块、PCB 板、机壳等零部件构成,每个零部件都是一个物理实体,具有一定的功能,占据一定的物理空间,构成了产品系统的基本单元。同时,产品整体也是一个实体,同样具有其功能并占据一定的物理空间。

1.2.2 系统的输入/输出

在上述系统的 3 个基本特性,即系统的组成性、相关性和整体性的基础之上,抽象出系统的另外一个重要特性,即系统的环境适应性。系统的环境适应性是指系统具有适应所处环境的变化以及与环境物质、信息、能量进行交换的能力。

以实际的工程产品为例,一个产品的环境适应性就是指其在所期望的使用环境条件下完成和输出其所期望功能的能力。因此,系统的环境适应性不仅表述了系统的功能,而且将这一功能在本质上抽象成为系统与其环境相互作用所完成的输入/输出,如图 1-1 所示。显然,对系统输入/输出特性的明确为进一步量化处理系统特性奠定了基础。

图 1-1 系统的边界与输入/输出

在明确上述系统特性的基础上,仍然难以清晰界定工程产品的系统构成条件,因为除元器件和基础零部件以外,所有的工程产品均满足上述特性要求,但其中的很多则应该很明确并不属于系统范畴。如以常见的滚珠轴承为例,该轴承由滚珠、轴套等多个基础零部件构成,在输入扭矩时会输出旋转运动,满足前面讨论的系统构成性与输入/输出要求,但依据常识可知,滚珠轴承并不是一个系统。因此,系统的概念需要更进一步的定义。

此外,针对系统的输入/输出特性,除了前面已经讨论的内容以外,还可以引申出系统的另外一个特性,即系统的层次性。系统的构成单元之间的输入/输出关系决定了系统单元之间相互作用的因果关系,而这样的因果关系决定了系统的层次性。

【选读 3】 逻辑律与系统的层次性

一般而言,将实体与其环境进行交互和相互作用的结果视为实体的输入/输出,意味着这类交互和相互作用结果的因果关系,即实体的输入/输出需要一般性地满足逻辑律。

逻辑基于 3 条基本法则。希腊哲学家亚里士多德总结其为[10-11]同一律(Law of Identity,简称 LID)、非矛盾律(Law of Non-Contradiction,简称 LNC)和排中律(Law of Excluded Middle,简称 LEM)。其中,非矛盾律是指"具有相互排斥性、相互矛盾的两个概念不能在相同含义的条件下、在相同的时间同时成立"。

在通常工程条件下,父子或父级子级或上下级表征了明确的、单向性的因果逻辑关系,具有相互的排斥性,因此,依照逻辑的非矛盾律,不能同时成立。这一特性在系统中就体现为系统构成的层次性,即由于构成系统的所有实体单元的输入/输出满足逻辑律,因此存在层级。事实上,实际的工程产品系统通常均满足这样的要求。

由前面的讨论可以看出:系统的构成具有层次性,且系统这样的层次性特征是系统输入/输出满足逻辑律要求的一个基本结果。

1.2.3 系统的非机械性

从以上的讨论已经知道:系统是一个由一组相互作用且相互关联的实体所构成的整体,它与所处的环境相互作用并输出某种特定的功能,其运行的过程和特性服从逻辑律。但即便如此,满足这样条件和特性的实体仍然并非一定能够成为一个系统。上节已经提到了滚珠轴承的例子,事实上,通常的运动机构均由多数的基础零部件构成,且均协调工作,满足已经提到的系统构成特性,但通常都不是系统。

这里所涉及的另外一个系统的关键特性就是其所谓的非机械性。直观而言,运动机构的协调一致是机械的,是由于不同实体之间存在的物理约束而产生的结果。而系统的构成中,虽然可能同样存在物理约束,但必须存在物理约束以外的约束力,即存在非机械性的特性。

那么,什么是系统的非机械性?哲学,作为包含了逻辑学在内的旨在解释事物和现象更为一般性规律的学科,将机械性定义为[11]"事物或现象在仅仅服从自然或是生物等物理规律基础上的运行行为和方式"。仅具有此类运行行为和方式的实体被称为机械或机器。因此,在工程概念中,仅仅具有机械行为特性的实体通常不被称之为系统,而是被称为装置或是器件。

除事物和现象的机械性行为,还有一种行为是不受其所服从的客观物理规律制约的,而是受主观精神、判断和意念等非客观物质所支配的。因此,具备某种主观判断能力,或是具有某种主观意志,在之上协调和支配相关行为的实体才称为系统。在实际工程中,构成系统的产品应该具备某种自主逻辑和判定能力。

表1-3以乘用车辆为例给出了其系统的构成情况。从中可以看出:引擎、传动装置、车架和车体等通常不被称为系统,虽然引擎无论在构成还是在技术方面可能都具有最高一级的

表1-3 乘用车辆的典型系统构成

主系统构成	子系统	二级子系统
乘用车辆主系统	引 擎	
	燃油系统	
	排气系统	
	冷却系统	
	润滑系统	
	电控系统	
	传动系统	
	底 盘	车轮与轮胎
		刹车系统
		悬挂和转向系统
		车 体
点火系统		
安全辅助系统 (安全带与气囊)		
车内的环境控制系统		
车载音响系统		

复杂程度,但是因为这些部分仅为车辆提供机械性功能,而燃油、排放、冷却、润滑、电路,甚至刹车、悬挂等均构成车辆的关键系统,其主要特征就是其功能中均存在某种程度的判断和软件逻辑,均属于机械性以外的产品功能和能力。

由此也可以看出:电子电路以及电子电路所提供的逻辑判断能力是构成系统,尤其是现代系统的一个常见特征。但也并非说所有的电子产品就都是系统,最典型的例子就是大多数的电源则都属于电子或电力装置,其功能也具备典型的机械性特征,而非系统。

1.2.4 系统的抽象性

基于前面关于系统概念的讨论,系统强调了实际工程产品或对象内在的 3 个主要方面的特性:

- 系统构成性:组成性、整体性、相关性。
- 输入/输出(环境适应性):层次性。
- 非机械性。

这些特性是抽象的,因为这些特性忽略了实际产品或对象存在的具体表现形式、形态、几何结构与构成等的外在表现信息。因此,系统模型同样忽略了这样的外在信息,仅仅描述系统的本质特征,构成了系统特征的描述语言。

对应前面系统的 5 个主要特征,系统模型具体提供系统的如下信息:

- 系统的单元构成情况:单元的名称、单元的功能描述等等。
- 各系统单元以及不同单元之间的输入/输出关系:构建了单元之间以及系统整体的逻辑关系,包括进一步的量化关系。
- 由相互之间输入/输出逻辑关系所决定的系统内部单元在构成上的层次关系。
- 系统整体与环境之间的输入/输出关系、相互作用与系统功能。

正是由于系统的抽象性特性,在系统模型的表征特点上,通过方框表示系统单元,通过方向线段表示单元的输入/输出。显然,系统的功能框图属于系统模型的表征形式。

需要强调的是:这样的系统模型表征形式既强调了系统的抽象性属性,也保障了系统模型与实际产品实体构成的明确对应关系。所不同的是,实际产品实体的物理属性、几何外形、单元间输入/输出关系实际的实现形式等特性不是系统所关心和需要描述的特性,因此在系统模型中没有体现。

例如,图 1-2 所示为电路逻辑框图所表示的系统模型。从其中的逻辑关系可以看出,DC/DC Power 决定了所有 PC 以外功能模块的正常工作情况,ARM 决定了 TFT Display 的正常工作,等等。

除了电子电路系统,其他的系统同样可以表征出系统模型。图 1-3 所示为某液冷系统的系统模型,可以看出,其中的主液流回路是系统的一个主要构成单元,以一个方块表示,这与实际液流回路外在的外形、管路等相比,仅抽象表征了其作为系统单元的特性。

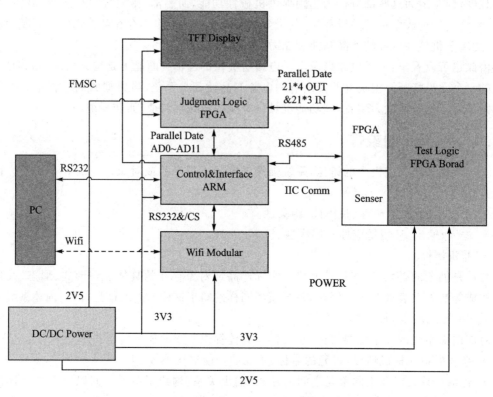

图 1-2　以电路逻辑框图为基础的信息流模型框图演示案例[12]

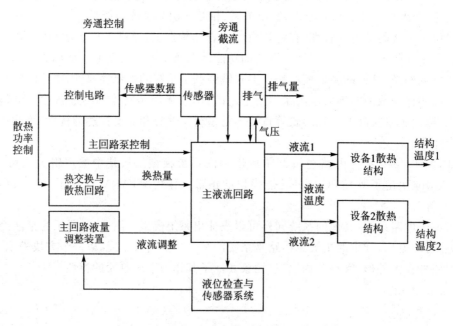

图 1-3　某液冷系统的系统模型演示案例[12]

1.3 本书的视点与关注点

下面通过关键词来说明本书的视点和关注点,包括理论和工程两个方面。在讨论过程中,通过增加关键词数量的方式来达成使得本书视点和关注点的界定逐步清晰化的目的。这些关键词包括:

- 量化评价。
- 系统。
- 硬件。
- 工程与理论。

毫无疑问,本书的第 1 个关键词是"量化评价"。从工程实际的角度来看,产品的可靠性保障与评价工作并非一定都需要将问题量化,大量的工作仍然属于非量化问题,这不仅仅在于工程本身的实际需求,也在于量化评价工作本身所涉及问题的复杂性以及在理论和技术等方面的难度,工程总是需要尽可能避免不必要的复杂性,简化问题的处理,这显然与工程对量化评价的迫切需求并不矛盾。本书讨论的最终目的集中在对于产品量化可靠性指标的确定和获取问题上,专注于可靠性工程中的量化评价问题。

本书的第 2 个关键词是"系统",是本书所讨论量化评价问题的工程对象。在工程产品中,因为可靠性问题本身处理上的复杂性,系统不可避免地带来一定的技术,系统本身也是人们应对复杂应用需求的一个产物。系统研究的目的之一就在于工程问题的简化,能够更为有效地处理系统类型产品的问题,以达成量化评价的目的。但是,技术复杂性并非系统类型产品所独有的特性,非系统类型产品同样可以在技术上高度复杂,而系统的研究和处理思路就不再适用这种类型的非系统产品,因此,能够有效区分产品的"系统"与"非系统"特征必然是本书需要讨论系统概念的一个出发点。

也正是由于本书讨论的系统对象视点和关注点,系统类型工程产品所具有的典型可靠性相关特点和问题,均是本书需要讨论和面对的问题。这些典型特点和问题包括:

- 系统的多种失效模式、失效机理。
- 系统试验通常所面临的小样本情形。
- 系统评价模型。
- 系统的可靠性和寿命确定,包括定寿、延寿等方面的问题。

本书的第 3 个关键词是"硬件"。系统可靠性的硬件视点是一种非常传统和经典的产品可靠性视点,也是产品可靠性的一种基础性问题处理思路和关注点。依照产品可靠性工程实践和需求的实际状况,系统可靠性研究可以大体分为 3 种:

- 元器件或系统单元的可靠性。
- 系统关系(包括系统逻辑和系统集成等)相关的可靠性。
- 系统硬件可靠性。

元器件或系统单元的可靠性视点专注于系统具体失效的局部问题,尤其是失效发生的具体机制和过程,以求在源头了解和描述产品失效。但这种方式通常缺乏系统整体的观点与考虑,尤其是缺乏系统整体量化指标的评价能力。典型的例子就是失效物理的产品可靠性思路,适用于产品研发过程中,例如对一些重大可靠性问题的攻关和解决等的处理。系统关系相关的可靠性视点则关注不同系统可靠性问题之间的关联性、各问题之间的相互影响与因果关系、系统的逻辑错误与缺陷等方面的问题,系统的软件可靠性、系统测试性、系统网络的可靠性、系统整合等均涉及这个方面的问题。系统硬件可靠性视点是本书讨论的视点。这一视点重点关注各类型产品根源失效问题以及这些失效对于整个系统可靠性最终影响的问题。

在实际工程中,系统硬件可靠性主要用于处置设备一级的产品可靠性问题。总体而言,如果说前面的第 1 类问题是系统单元的可靠性问题,第 2 类问题则是单元与系统可靠性的关系问题,而第 3 类则是系统的问题模式与影响关系的问题。

需要明确的最后一个关键词就是本书讨论的"工程及理论"视点。可靠性以及相关研究在本质上是一个工程研究学科,可靠性研究来源于工程实际问题,且其终极目标在于帮助解决实际工程中的产品可靠性问题,提升和保障产品可靠性。因此,可靠性研究需要切实"从工程中来",需要紧贴工程的实际需求。但另一方面,理论基础仍然是当前工程中系统问题处理的一个主要制约因素,提供一个更为清晰的理论依据和支撑是本书讨论的主要兴趣点。因此,还需要解决"回工程中去"的问题,理论不仅需要从工程实际中抽象出来,而且还要能够支撑最好是能够系统性地支撑工程实际问题的最终解决。

这样的工程及理论视点也决定本书的一个基本定位,即讨论的是一个实际工程问题,但重点专注于系统性地讨论支撑这一工程问题处理的所有基础理论问题。因此,本书不仅在书籍的命名上,而且在章节安排、问题定位等方面,力求体现其明显的工程意义,但问题的处理则能够体现基本的理论、思路和方法论。从这一意义上说,本书的定位虽然不是基础可靠性教材,但可作为可靠性专业本科与研究生的参考读物。

1.4　本书讨论的基本问题与章节安排

可靠性评价是产品可靠性工程实践中的一项基本需求和工作,以满足这种需求为目的是本书讨论的核心出发点。同时,为可靠性工程问题的解决提供必要的理论支撑不仅是目前产品可靠性实际工程实践所面临的一个问题,也是可靠性学术研究的方向和重点。因此,将一个实际且明确的工程问题作为讨论主题,而将所有相关的基础理论问题和方法作为讨论的重点,成为本书讨论内容在组织和构成上的一个主要指导思想。

可靠性问题来源于工程,不同类型的工程产品、不同的产品寿命周期阶段均存在不同的可靠性问题。前面的讨论已经提到,从系统构成的角度,相关可靠性问题可以有 3 个不同的侧重点,即系统单元的可靠性问题、系统关系(包括系统逻辑和系统集成等)相关的可靠性问题、传统的系统硬件可靠性问题。其中,第一、三两类都属于硬件的可靠性问题,但不同于单元的可靠性问题,系统可靠性关注单元对于系统的影响以及系统整体的可靠性问题。

本书的主体部分,按照其工程处置在理论问题上的逐步深入,包括如下的若干章节:

- 可靠性量化指标的提取。
- 系统和系统失效。
- 产品失效性质与应力加速。
- 加速试验设计。
- 系统可靠性与寿命评价。
- 工程评价场景与案例问题处置。

"可靠性量化指标的提取"一章讨论基于产品失效数据提取和获取产品可靠性特征量的问题。产品可靠性评价的基础是产品的实际失效数据,即产品可靠性评价的证据部分,这部分信息的基本特性就是数据的随机性,因此,本章的核心内容主要涉及统计论以及所谓可靠性数学的内容,属于传统的可靠性理论内容。但与通常可靠性数学相关书籍展开讨论一般性的统计论基础知识不同,本书更加专注可靠性工程的专门理论问题,例如序贯统计论的内容,这部分理论也是相关现行工程标准的理论基础。

但是,仅仅是基于传统的可靠性数学仍然无法有效处理实际工程中的产品可靠性评价问题,因为实际工程产品和相关实践的一些关键性要素并非一定就能满足这些传统理论需要满足的基本假定,实际的工程状况要更为复杂,而且,其中的关键要素需要在评价理论中得以充分的考虑。这样的关键性要素包括了系统失效问题、失效的加速问题、实际产品不同性质失效的评价问题等等。所以,下面会有专门的章节讨论相关的问题。

"系统和系统失效"一章首先讨论系统对于产品失效的影响问题。这一问题的本质就是导致产品失效的多样性问题。而且这种多样性涉及产品失效的另外一个基本特征,即失效的物理过程特征或称失效机理,也是导致产品失效的确定性特征的部分。此外,系统失效还存在多种失效模式的问题,通常不能简单通过所谓的"成/败"假定来处置产品失效的随机性问题。

"产品失效性质与应力加速"和"加速试验设计"两章则在前两章讨论的基础上进一步引入了失效加速的处理问题,显然,加速是实际工程中获得产品失效信息和数据的基本手段,而且,在实际工程中存在大量加速与未加速数据(即通常的加速试验数据与现场数据)混合的状态。失效的加速本质上是一个物理问题,与产品的失效机理相关,它与数据的随机性属于两类不同的问题。加速问题的处理以及不同加速(包括非加速)数据的融合,属于实际工程产品可靠性评价的一类基础性问题。

"加速试验设计"一章与"产品失效性质与应力加速"一章的内容相比,更进一步专注处理试验设计中的基础性问题,显然,正如前面已经提到的那样,加速试验是评价产品可靠性的基本手段。在试验设计的过程中,涉及诸如样本量这种更深层次统计论问题在实际工程状况下的处置问题。

产品不同性质的失效,即随机失效、耗损失效以及描述二者产品失效行为的"浴盆曲线"是系统失效的核心特征,对于产品服役具有特殊意义。"系统可靠性与寿命评价"一章需要进一步综合考虑这一部分的影响。尤其对于实际产品的失效数据,并不能简单区分二者,因此,实际工程数据的处理方法和理论基础对于实际工程产品的评价尤为重要。

"工程评价场景与案例问题处置"一章则在前面讨论的基础上进一步讨论工程实际场景对于产品可靠性评价在实际运用时的复杂多样性问题,包括在不同工程实际条件下的操作流程和工作内容问题。同时,讨论了一些实际的工程案例的处理问题。

最后的"健康评价问题"一章讨论了产品可靠性评价的一个"近亲"问题,即健康评价问题。这一问题是目前工程上处于持续热度的研究问题。考虑到本书的视点和关注点问题,本章的目的并非详细介绍这一类型的研究问题,而是在于讨论产品的健康评价问题与产品可靠性评价的关系问题,尤其是二者的区别,因为二者的紧密关系对于一般工程人员是易懂且显而易见的。事实上,缺乏对二者差异性的深刻理解,也是在一定程度上阻碍系统健康评价相关研究和技术发展的因素之一。因此,本书讨论的目的在于在深入了解系统可靠性的基础上,帮助已经在研究相关问题的工程和理论人员对系统的健康评价问题能够有更深入的认识和理解。

　　总体而言,本书的定位不是一本可靠性工程专业的入门读物,对于可靠性工程的专业人员和相关读者需要具备可靠性理论相关的基本知识,如果具备一定的工程实践或研究的相关背景,会有助于对本书讨论议题的理解。

　　最后一点是关于本书章节安排的形式问题。本书章节中1～3级的标题涉及本书所要讨论的主体内容,在没有选读标题内容的情况下,已经构成整体内容上的完整性与逻辑上的连贯性。而选读标题的内容则作为深层次的专题性和细化性的讨论内容,可供读者在深入研究时作为参考性阅读内容。

第2章

可靠性量化指标的提取

提取产品的可靠性量化指标是进行数据处理并完成系统评价的基础且核心步骤,提取的量化指标信息为产品的可靠性相关决策提供关键性依据。

本章将讨论的产品可靠性量化指标提取,简单而言,就是指基于已有的产品试验数据或是实际外场使用数据,使用统计论的理论和方法,对产品的相关可靠性指标或是特征量进行数量上的估计,并在此基础上进一步给出产品可靠性在数量上的评价结论。

毫无疑问,统计论是本章讨论的理论基础,而且,针对具体工程问题,详细说明其统计论理论过程和依据是本章讨论的一个侧重点。对于实际工程需求而言,从统计论的基础理论角度看待问题,不仅能更好地处理和回答可靠性数据处理当中关键、典型的具体工程问题,而且也能够更好地澄清和区别可靠性数据处理过程可能容易混淆的概念,解决不同方法对于工程实际问题的适用性与适用范围方面的问题。

考虑基础理论的处理过程,同时结合所面对的实际工程问题,本章讨论依照先后顺序包括如下内容:

- 估计值与推断的不同概念。
- 可靠性量化评价的统计论基础。
- 基于指标定义的数据统计。
- 失效分布曲线拟合与参数估计。
- 基于序贯假设检验的失效率指标确定。
- 失效率的区间估计。

由于本书讨论的核心不是统计论,本章讨论所涉及有关统计论的内容,一方面会限于所讨论工程主题的需要,另一方面也会按照工程问题的逻辑顺序,而非通常统计论的逻辑讨论顺序,而且原则上,本章的讨论也不涉及有关统计论基础概念的系统性介绍,读者在有必要进行相关基础知识的补充学习时,可以参考统计论的相关书籍和教材[13-15]。不仅如此,由于系统可靠性这类问题通常所具有的小样本特点,统计论的小样本相关理论和方法也是本章讨论所涉及的一部分内容。

对于实际工程产品的可靠性问题而言,统计论所处理的仍然是一个高度抽象化和一定程度简化的情形,针对的首先是实际产品所具有的随机性这一首要特性;而实际产品的工程问题还会不可避免地耦合其他类型的产品可靠性特性,例如产品失效的性质、产品的系统失效、产品失效的加速等。

本章的讨论首先局限于产品可靠性中经典和传统的统计论相关的理论与工程实践部分的内容,涉及上述更为复杂和综合性产品可靠性评价内容的讨论会在后续的章节中逐步展开,而且在后续的讨论中,仍然会不可避免地反复涉及统计论和产品随机性的有关问题。因此,相较于本章所讨论相对单纯的统计论问题而言,后续章节的讨论会侧重和涵盖更多的实际产品可靠性工程的问题。

2.1 估计值与推断的不同概念

估计值和量化评价结论在统计论上是两个不同的概念,在工程的实际使用和实践中也需要明确加以区分。

- 估计值是基于数据,即实际证据,通过分析所得到的一个数量结果。显然,这样的结果一定受到所处置数据情况的影响,由于数据本身存在随机性(或称不确定性),导致这样的分析结果也存在不确定性。
- 量化评价结论则是基于上述分析结果进而最终给出的推断(即一个统计推断),构成对产品可靠性相关问题的决策依据。

例如,下面这样的一个简单案例:

"假设在某个环境条件下,某位工程师对某个产品的5个样本进行了寿命试验,并得到这5个样本的寿命均值大于1 000 h。因此,这位工程师认为:该产品的寿命均值已经达到1 000 h的产品寿命要求。"

在这里,5个样本的寿命试验值为试验证据,1 000 h的样本寿命均值则是通过上述试验数据分析所得到的一个估计值。基于这样的分析结果,如果进一步认为,这一产品能够达到1 000 h的平均寿命要求,这样的论述则构成了基于上述分析结果的一个结论,即一个统计意义上的推断。能够看到:样本估计值这样的数据分析结果仅仅是针对试验得到的5个样本的数据,而统计推断的涵盖范围则是扩展至整个产品,至少是某个产品批次。因此,估计值和评价结论(或统计推断)是两个完全不等价的概念。而在实际工程中,前者只是手段,后者才是目的。

从这样的一个例子不难看出:从一个估计值进而引申到一个推断并非一个自然而然的过程,因为这么做会立刻带来一些显而易见的疑问,例如,如果再拿5个样本来做同样的试验是否会得到同样的结果、如果结果不一样又该如何处理等。事实上,这样的问题本身就是统计论所要回答的关键且基础性的理论问题。

众所周知,随机性是产品可靠性问题的一个基本特征。即使对于产品可靠性行为的确定性特征,其实际可以构成证据的任何数据仍然不可避免地带有随机性(注:从严格意义上讲,仿真数据虽然没有随机性,但在得到验证以前,也仍然不是严格意义上的证据。而对其进行验证的时候则又不可避免地带来数据的随机性问题)。从这个意义上讲,随机性构成产品可靠性最为基础的特性。产品可靠性数据的随机性使得产品在不同的个体之间、个体与批次之间、相同个体在不同时刻的表现行为之间均会存在差异,这样的差异和不确定性使得产品可靠性量化评价需要首先构建在统计论的基础理论和方法之上。对于无论怎样获得的产品实际运行或试验数据,在实际的工程实践中,均不可避免地需要基于统计论来解决数据的估计,并最终完成产品可靠性的评价(包括以验证等为工程目的的)推断问题。

2.2　可靠性量化评价的统计论基础

众所周知,统计论是可靠性的基础理论之一。有关这一问题的常识性但趋于表面性的工程认知会包括一些内容,例如,统计理论是一个基础的数学分支,并且为可靠性提供了针对具有随机性数据的基本处理工具和方法。事实上,从更深的层次上讲,统计论的理论为产品可靠性的实际工程问题的最终决策提供了基础的理论支撑作用。

在很多高等院校的数学系中,统计论都是一个单独的研究方向和专业分支。但不同于概率论,统计论并不是一个严格意义上或者说是纯粹意义上的数学分支,尽管统计论的确面对主要的数学处理问题。从更深层次的意义上讲,统计论是一个科学分支;统计论理论在其基础性的思维逻辑和方法上与科学的方法完全相同,而非单纯数学的逻辑和方法[13]。从这个角度来看,可靠性工程研究与统计论的特殊紧密关系就更加容易理解,而且,统计论也揭示了一些随机现象的物理依据和背景,毫无疑问,物理意义对于可靠性问题的理论认知至关重要。

因此,在本章开始讨论具体的可靠性数据处理和量化指标提取以前,首先在本节的讨论中重新了解统计论的一些基础性问题、了解统计论到底为可靠性理论提供了什么样的基础、统计论的目的在于回答什么样的问题等。

结合本书的目的,本节有关统计论的讨论不涵盖一般性技术细节的讨论,相关问题可以参考统计论专著和相关书籍[13-15]。

2.2.1　统计论的基本问题

统计论所要解决的根本问题实际上只有一个,那就是如何通过试验结果、现场采集数据等的个案数据完成具有一般性、结论性的推断(Inference)问题。推断是人们进行决策的直接依据。

因此,针对上述通过个案进行推断的问题,有关统计论的所有问题均可以划归成为如下具体的若干基础理论问题:

- 参数估计的问题:基于个案的数据如何给出一个最优的参数估计或称点估计的问题,事实上也包括了如置信度与区间估计的问题,即估计本身的不确定性的表征问题。
- 假设检验的问题:对于一个假定的推断,如何判断这一推断是否可以被接受或简单理解为"对错"的问题。
- 推断的修正和改进问题:如果再有新的数据,如何对原有推断进行修正和改进的问题。

考虑到本书所讨论问题的视点和关注点,本章讨论内容的重点在于前面的两类问题。

首先是参数估计的问题。当无论从试验或是现场等采集到实际数据后,一个首要任务就是依据手上已有的数据给出某个推断的最佳估计。这里的推断是指某个具有某种一般性的规律,以便能够涵盖实际的工程状况,并对相应的可靠性问题作出决策。例如,产品失效数据所服从的分布规律。虽然这一分布函数的形式首先需要通过观察、经验、猜测等假定,但是,分布函数的参数仍然是未知的。在分布函数假定的前提下,我们需要完成的任务就是确定这些未知参数,同时确保由这些未知参数所给出的分布函数对于已知的实际数据的匹配是最优的。因此,参数估计的问题实质上解决了一个经过了最优化处理后的假设推断问题。

但无论如何,基于有限个案数据给出的推断是存在不确定性的。因为每个数据在理论上都存在随机性,有限个数据仍然存在随机性,依据有限个数据进行的推断也具有随机性或称不确定性。因此,在前面假设检验的过程中,即使假设推断是能够成立的,在理论上仍然存在错误判断的几率。置信度与区间估计的问题给出了一个推断不确定性的量化表征方法,但区间估计与点估计相比,并非提供更多的判定信息,本质上只是一种表征形式上的变化。

接下来就是假设检验的问题。虽然前面基于某种推断的假定对已知数据给出了最佳的匹配参数,即基于个案数据给出了一个假设推断,但毕竟对于有限个案数据的匹配仍然不一定能代表所有,因此,对于上述推断是否能够在一般性的范围内成立的问题仍然需要给出明确的肯定或是否定的回答。这就构成对于上述假设推断的检验问题。

最后一类就是推断的修正和改进问题。在上述的第一类统计论问题中已经看到,针对某个假设推断,参数估计已经给出了有关这一推断的最优参数估计,但这并不意味着推断本身的假设是最优的,例如,针对同样的一组产品失效数据,可以认为该数据服从 Weibull 分布的假定,也可以认为该数据服从 log - normal 分布的假定。但是,哪种推断更好,显然不只是数据拟合度的比较问题,因为拟合度仅仅说明了推断对于已知个案数据的匹配程度,仍然不能说明一般性结论的优劣问题。

事实上,前面所讨论的并非完全相互独立的问题,这在本章的后续讨论中,尤其在关系工程可靠性的实际应用与适用性等问题时会有所涉及。更多理论问题的讨论仍然有必要参考统计论相关书籍[13-15]。

2.2.2 基于统计的工程决策

对于产品的可靠性工程有一定深度的了解以后就能发现,产品可靠性工程的终极问题实际是个决策问题,例如,包括了对于产品设计是否满足相关设计要求的判断、对于来料可靠性的判断、对于产品试验结果的判断、对于产品发现问题是否能如期交付的判断、对于产品是否会在现场发生严重问题而制定或是启动应急预案等的决策问题。在可靠性缺乏科学性的状况下,行业内的所谓三拍(即拍脑袋式的想当然、拍大腿式的随意性和拍胸脯空洞无依据式的保证)干部形象地描述这样的实际工程决策需求和现状。

从理论上讲,决策的依据是推断,而推断的依据则是证据,即前面所说的实际个案数据。通常,对于需要决策的状况来讲,个案数据均无法直接代表工程的实际状况,否则就无须进行推断,而推断才具有一般适用性,且一定需要首先能够涵盖实际工程所需的决策场景。以可靠性为例,如果为了使得产品达到设计寿命要求,试验结果一定无法直接验证这一设计寿命的达成情况,而试验数据来源于加速条件,仅构成我们认为产品达成设计寿命要求的一个证据,而依据这样的证据,认为产品达成设计寿命要求则是基于这一试验证据的一个一般性的推断,这一推断显然涵盖了产品的实际使用条件和状况,而不再是限于试验的加速条件状况。

如上所述,统计论研究的根本问题就是解决如何通过随机性个案进行推断的问题,因此,统计论实际回答和解决产品可靠性的最为基础的理论问题,构成可靠性理论的基础。但同时需要说明的是:产品失效的基本特性不仅仅只有随机性,同时还具有典型的确定性特征,因为产品失效同时受制于某些特定的物理过程,这些物理过程在宏观意义上是确定的,因此,统计论构成了产品可靠性中随机特性部分的理论基础(注:有关产品的失效物理过程的问题参见本书后续章节讨论)。

正因为如此,统计论已经远远超出一般的数据处理工具和方法的范畴,从严格意义上说,

统计论甚至不是传统数学学科的范畴。从推断研究的本质来讲,可以总结为以下 3 个特点:

- 推断在逻辑上的非充分性特征:所有的推断都不是数学意义上的推导,本质是要从个案数据或证据出发推广至一个更为一般性的规律或结论,从推演逻辑上看,输入信息仅具备必要性,而不满足充分性要求,因此在研究方法上,统计论明显有别于一般的数学理论。
- 推断问题中的所谓先验(a Priori)与后验(a Posteriori)问题以及推断的验证要求:任何从有限信息所获取的具有某种一般性意义的推断,由于缺乏充分性,必然存在可能的局限性或称推断出错的概率;同时,任何的推断均客观存在所谓的验证要求;因此,统计论中一对常见术语就是先验(a Priori)与后验(a Posteriori)问题。
- 统计论的典型科学(Science)而非数学(Mathematics)特征:上述统计论的两点本质性特点实际均非数学(Mathematics)研究的特点,而恰恰是科学(Science)研究的本质性特征;推断在逻辑上的非充分性实际与科学研究中基于各种事实依据的归纳和理论化是一致的;例如,物理学中关于刚体运动和受力的牛顿定律、关于电磁场的麦克斯韦尔方程等,均不是通过某个充分性条件所推导得到的定理,而是基于某些客观事实进行归纳总结的结果,而另一方面,验证则是科学研究的另一大特点,也是必要条件;事实上,爱因斯坦相对论的伟大性毋庸置疑,但他从未因此获得诺贝尔奖,因为在当时这一理论仍然缺乏证据,即使现在人们仍然在为此寻找实验证据以证明相对论的正确性;从这样的案例能够理解,统计论有别于数学,也不乏有人将之归类于科学的范畴。

在一般有关统计理论的书籍中,常常将统计与概率放在一起,称为概率与统计等,显然,一个原因是统计论中大量用到概率相关的知识和方法。但从本质上讲,统计论与概率论有着本质的不同。

概率论仅仅是一个普通的数学分支,概率论的基本方法,尤其是其基本的逻辑推演方式完全是数学的方式,包括逻辑推导的充分性要求以及知识的先验性特征等等。但是,正如前面所讨论的,统计论则本质上具有科学研究的基本特征,其关于某种推断的结果具有后验要求,其逻辑推断的给出也不满足逻辑推理的充分性要求。

2.3　基于指标定义的数据统计

如果基于参数本身的定义就可以得到参数的估计值,则这样的处理思路显然最为简单和直接,是可靠性量化指标提取的一个基础方法。例如,"平均值就定义为所有样本数据相加后的算术均值"。所以,在获取了样本数据后,就可以通过上述定义,直接代入样本数据来计算该样本数据的均值统计量。类似地,本书在引言中总结的 3 类主要的产品可靠性指标或特征量,事实上均可以通过参数本身的定义进行处理。本节则重点讨论失效率指标通过定义的处理问题。

尽管通过定义可以完成参数的统计和提取,但从统计论而言,任何参数统计量的估计均不可避免地存在一些基础性理论问题,而这些问题同时也是工程所关注的问题,包括:

- 基于现有数据,这一参数估计值是否是最优的估计。
- 基于不同数据的估计值必然会存在估计结果的不确定性,那么基于现有数据所得到估计值的不确定性有多少、是否处于一个可以接受的范围。

事实上,上面这些问题在本章前面讨论有关统计论所解决的一般性理论问题时已经提到过,其中前一类就属于统计论中的所谓点估计问题,而后一类则属于假设检验和区间估计的问题。区间估计在统计论中属于假设检验的一个附带性问题,因为假设检验本身实际上在其问题的处理过程中已经给出了区间估计信息,因此,与区间估计相比,假设检验是一个更为基础的问题。

此外,这一方法保障统计精度的前提条件是样本量足够大,但样本量是多大才是足够大等这样的问题,实际上属于上面的第二类理论问题,这一节暂时不回答这样的问题,留作下一节的内容。

尽管如此,基于参数的定义获取统计参数为工程提供了一个简单可行的基础统计参数的估计方法。统计论构建了一套逻辑严谨的统计决策流程,但目前的工程状况可能仅限参数估计值的获取,而忽略其他相关的逻辑检验步骤,造成这种结果的原因之一很大程度上在于实际工程处置理论的复杂性。这就带来基于数据估计值产品决策的准确性问题,而问题的关键即样本量大小。毫无疑问,基于足够大样本的决策是可信的。

2.3.1　指数分布假定与失效率指标

指数分布的概率密度函数(Probability Density Function,简称 PDF)表示为:

$$f(t_{\mathrm{L}}) = \frac{1}{\theta}\mathrm{e}^{-\frac{t_{\mathrm{L}}}{\theta}}, \quad t_{\mathrm{L}} \geqslant 0 \qquad (2-1)$$

其中,t_{L} 为产品的使用寿命,是一个随机变量;θ 为产品 MTBF 的期望值或真值,是一个常数。其相应的累积函数(Cumulative Distribution Function,简称 CDF),即使用时间 t 的产品失效概率 $F(t)$ 为:

$$F(t) = P(t_{\mathrm{L}} \leqslant t) = 1 - \mathrm{e}^{-\frac{t}{\theta}} \qquad (2-2)$$

可以看出:对于满足指数分布假定的产品失效问题,一个重要的特性就是产品的失效率指标恒定;且失效率作为唯一的产品失效分布参数,不仅其工程上的物理意义明显,且可完全替代产品的失效概率,作为产品可靠性的量化度量指标。

同样需要指出的是:指数分布假定适用性的一个重要的工程依据和前提条件就是产品失效的所谓"浴盆曲线"特性,对于系统产品的失效而言,作为一类工程观察的结果,包括在一定工程可接受范围内近似的前提条件下,"浴盆曲线"的适用性在行业内具有普遍的认可和接受度。但另一方面,这样的适用性同样不能简单地向其他类型的工程产品进行推广,例如元器件和物料等类型的产品。IPC 的研究结果通过实际数据表明了焊点的失效通常不呈现"浴盆曲线",而主要是耗损失效行为[16]。

正如后续章节会进一步讨论到那样:"浴盆曲线"是系统产品失效行为的关键特性,而其中等失效率的指数分布阶段则反映了产品在其正常服役或使用阶段的随机失效性质。因此,指数分布在数量上描述了随机失效行为,在理论上表现为产品失效的发生概率与产品的使用时间成正比的一种量化关系。

【选读 4】　指数分布的数学模型解释

本小节选读内容希望仅从数学特性的角度来讨论指数分布的物理特征和本质的问题。显然,当某个工程现象被事实证明适用这一数学分布时,这样的物理特征和本质能够帮助我们通过分布深入理解和认识工程现象的本质。

一般来讲,如下的 3 个条件在理论上被认为是工程中常见具有随机性质过程较为基础性的假定条件(详细内容可同时参见后续有关基础分布假定的讨论),这些假定条件包括:

- 独立性条件:不同随机事件的发生相互独立。例如,从后面的系统和系统失效一章的讨论可以知道,系统的根源失效是相互独立的。
- 等概率条件:不同随机事件的发生等概率。从后续有关 Poisson 分布、指数分布、二项分布之间关系的讨论可知,这些可靠性常用分布满足等概率假定的成立要求。
- 离散性条件:小时间与小空间范围内,单一事件发生的概率趋于无穷小,或两个事件发生的概率成为单一事件发生概率的高阶无穷小。

上述假定的基础性是容易理解的。首先,不同随机事件的发生之间最基本的关系就是相互独立、不相关联,否则需要进一步定义和明确这样的关系。然后就是不同的相互独立事件发生概率相等进一步定义了各自事件之间的等价性。上述的最后一个条件则是在理论上定义了随机事件发生的离散性,在数学上是不连续且不稠密的。满足上述假定的随机事件的发生实际上构成了统计理论上的一个 Poisson 过程。

有一点需要特别指出:对于工程问题,上述假定条件仅适用于随机过程所主导或占主要地位的产品失效过程。而对于由失效物理过程所主导的产品失效过程,上述条件一定不适用。产品的耗损失效与到寿问题属于失效物理过程所主导的产品失效过程,因此,也不适用这类的假定条件。这类问题更多、更详细的讨论会在后续章节中有关产品失效和加速等内容中深入展开。

在上述 3 个条件的基础之上,指数分布的成立需要更进一步的条件。如果随机事件不仅满足上述事件发生的离散性条件,而且还满足一个线性化条件,即在小的时间间隔的范围内,单一事件发生的概率与该时间间隔的长短成正比,则这样的事件会呈现出一个指数分布的特性。

因此,汇总上面所有条件,可以将问题以数学的形式描述如下:

假定在一个小时间段 Δ 内,单一事件(例如一个失效事件)发生的概率 P_1 与该时间段的长度成正比,即满足如下关系:

$$P_1(\Delta)=\lambda\Delta+o(\Delta),\quad \Delta>0,\quad \lambda>0 \tag{2-3}$$

其中,$o(\Delta)$ 为小时间段 Δ 的高阶小量,λ 为比例系数。可以看出:在同样的时间段内,如果发生两个事件,且其发生的概率为 P_2,则 P_2 就成为该时间段长度的一个高阶小量,即

$$P_2(\Delta)=[\lambda\Delta+o(\Delta)]^2=o(\Delta) \tag{2-4}$$

事实上,在这样的时间段内,发生两个以上事件的概率同样是 Δ 的高阶小量,即

$$P_k(\Delta)=o(\Delta),\quad k=2,3,\cdots \tag{2-5}$$

所以,可以将某个小时间段 Δ 内无任何事件发生的概率表述成如下的形式,即

$$P_0(\Delta)=1-\lambda\Delta+o(\Delta) \tag{2-6}$$

因此,如果考虑一个有限的时间 t,且将该时间划分成为 n 个整数等分的小时间段 Δ,则满足如下条件:

$$\Delta\equiv\frac{t}{n}\to 0,\quad n\to\infty,t>0 \tag{2-7}$$

则在 t 时间内无事件发生的概率函数 $R(t)$(即可靠度函数)就因此可以表达成为如下的经过

展开后的一个多项式,即

$$R(t)=\left[P_0(\Delta)\right]^n=\left[1-\lambda\Delta+o(\Delta)\right]^n=\left(1-\lambda\,\frac{t}{n}\right)^n+n\left(1-\lambda\,\frac{t}{m}\right)^{n-1}\cdot o(\Delta)+\cdots$$

$$(2-8)$$

如果在上面的多项式中进一步考虑如下的极限关系,包括

$$\lim_{n\to\infty}n\cdot o(\Delta)=\lim_{\Delta\to0}\frac{t}{\Delta}o(\Delta)=0 \qquad (2-9)$$

$$\lim_{n\to\infty}\left(1-\lambda\,\frac{t}{n}\right)=1 \qquad (2-10)$$

就可以得到概率函数 $R(t)$ 在 $n\to\infty$ 时所满足的一个指数分布函数的关系表达式,即

$$R(t)=\lim_{n\to\infty}\left(1-\lambda\,\frac{t}{n}\right)^n=\mathrm{e}^{-\lambda t},\quad \lambda>0,\,t\geqslant0 \qquad (2-11)$$

所以,如果这里所讨论的随机事件是一个产品失效,则该事件发生的概率函数即构成该产品的一个失效概率函数 $F(t)=1-R(t)$ 以及相应的可靠度函数 $R(t)$,且上面的比例系数 λ 即为失效率,且与 MTBF 真值 θ 满足倒数关系,即

$$\lambda=\frac{1}{\theta} \qquad (2-12)$$

因此,从上面的讨论可以进一步看清指数分布的等速率失效概率特性。也正是由于这样的特性,指数分布主要用于表征产品正常使用时的失效行为,而无法表征具有典型耗损特性的失效行为,尤其是产品延寿评价中的产品到寿问题。

2.3.2　基于定义的失效率估计

美军标 MIL－HDBK－338 对于失效率估计给出了基本关系[1]。数量为 n 的产品样本的平均失效时间 MTTF(Mean Time to Failure)的估计值 $\hat{\theta}_n$ 为:

$$\hat{\theta}_n=\frac{1}{n}\sum_{i=1}^{n}t_i \qquad (2-13)$$

其中,$t_i(i=1,2,\cdots,n)$ 为每个单一样本失效时间(Time to Failure,简称 TTF)的试验值。这里有关产品寿命和产品失效时间概念的差别可以参见引言相关内容的详细讨论。

如果是针对可以修理的设备,则平均失效时间估计值的概念将被所谓的平均故障间隔时间 MTBF(Mean Time between Failure)所取代,且通过如下关系进行估计:

$$\mathrm{MTBF}=\frac{T}{r} \qquad (2-14)$$

其中,T 为设备的总工作时间,r 为该工作时间内所发生的失效数量。美军标 MIL－HDBK－338 也专门指出:MTBF 中的设备总工作时间实际就是指该设备工作过程中所有失效元器件工作时间的和,因此,MTBF 的试验估计值与平均失效时间 MTTF 的估计值 θ_n 在数量上是相等的[1]。

MTTF 与 MTBF 的等价性在理论上来源于产品随机失效所服从指数分布的所谓无记忆特性。

因此,由 MTBF 估计值可以得到对象设备的失效率估计值 $\hat{\lambda}$:

$$\hat{\lambda} = \frac{1}{\text{MTBF}} \qquad\qquad (2-15)$$

考虑到本书讨论的重点在于系统的失效及其可修性的特性问题,后面的讨论仅关注 MT-BF 的问题,不再提 MTTF 及二者关系的问题。

【选读 5】　指数分布的无记忆性

指数分布作为产品可靠性问题的一个基本分布,前面已经多次讨论提到并给出其函数表达式,下面详细讨论其分布的函数特性。

指数分布的密度分布函数 PDF 的表达式为:

$$f(t) = \frac{1}{\theta} \mathrm{e}^{-\frac{t}{\theta}}, \qquad \theta > 0, t \geqslant 0 \qquad\qquad (2-16)$$

前面已经提到:这里的随机变量 t 在产品可靠性的实际物理背景下表征了产品的失效时间 TTF,参数 θ 为 MTBF/MTTF。

因此,从某个失效事件发生概率的角度看,对于某个给定的时间 t,$T \leqslant t$ 和 $T > t$ 分别表示产品到 t 时刻(包括 t 时刻)会发生失效或是不会发生失效的两类互斥的状况,所以,各类状况发生的概率的表达式为:

$$P(T \leqslant t) \equiv F(t) = 1 - P(T > t) \equiv 1 - R(t) = 1 - \mathrm{e}^{-\frac{t}{\theta}} \qquad (2-17)$$

这里,$F(t)$ 和 $R(t)$ 分别为该指数分布函数的累计失效概率函数 CDF 和可靠度函数。

在这里,有必要明确澄清一下 $T = t$ 这个点对于上述两类状况的归属问题,即能否将 $T = t$ 这个点归类于 $T \geqslant t$,使得上面的区间划分成为 $T < t$ 和 $T \geqslant t$ 的两种情况,答案是不行。事实上,如果简单了解一下上面所定义的这两类概率发生状况的物理意义就能发现:$T = t$ 意味着失效事件发生,因此,必然属于失效函数 $F(t)$ 所定义的 $T \leqslant t$ 的区间,而可靠度函数 $R(t)$ 则只能定义 $T > t$ 这一区间,不包含 $T = t$ 这个点的情况。换句话说,不能将 $R(t)$ 的定义域表达成为 $T \geqslant t$ 的区间,虽然这样的表达在数量上可能没有问题,但从概率论的物理意义上讲,只有发生的事件(比如产品失效)才能确定,未发生(比如产品正常运行)不能成为一个事件。因此,在物理意义上,可靠度函数不存在 $T = t$ 的问题。

指数分布的一个重要函数特性就是无记忆或称无历史累积的特性。

假定在某个给定的时刻 s 已知产品正常工作,则在这一前提条件下,当产品再经历 t 时间的运行以后,容易得到下面的一个关于条件概率的数学表达关系,即

$$
\begin{aligned}
P(T > s+t \mid T > s) &= \frac{P\left[(T > s+t) \bigcap (T > s)\right]}{P(T > s)} \\
&= \frac{P(T > s+t)}{P(T > s)} = \frac{R(s+t)}{R(s)} \\
&= \frac{\mathrm{e}^{-\frac{s+t}{\theta}}}{\mathrm{e}^{-\frac{s}{\theta}}} = R(t) = P(T > t), \quad s,t > 0 \qquad (2-18)
\end{aligned}
$$

注意:这里 $T > s+t$ 和 $T > t$ 的两类状况分别表征产品在运行了时间 $s+t$ 和 t 以后仍然正常工作的概率,二类状况发生的交集显然为产品运行了时间 $s+t$ 以后仍然正常工作的状况。这里 $s+t > t$。

如果从上面有关 $T = t$ 归属问题讨论的意义上讲,式(2-18)应该以失效函数的形式表

达,以使得其物理意义更为明确,即

$$P(T \leqslant s+t \mid T > s) = P(T \leqslant t), \quad \forall s,t > 0 \qquad (2-19)$$

这一量化关系表明:如果某产品在某个 s 时刻去除所有在此之前发生了失效的样本,则剩余产品的失效时间均已知大于 s,则下一个时刻产品发生失效的时间与产品是否已经使用(包括在 s 时刻以后新增的新品产品个体)以及已经使用了多长时间无关。

总结上述指数分布函数与历史无关的特性,可以将其进一步解释成为如下两个产品失效的重要物理特性,即

- 产品失效服从指数分布可以理解成为产品发生第一个失效时的时间所满足的分布,即 MTTF。
- 对于产品发生多个失效的场合,每个失效发生之间的间隔时间服从指数分布,即 MTBF。

2.3.3 大数据样本要求

事实上,如果仅限前面对于 MTBF 定义完成数据统计,则需要满足大数据样本的要求才能获取稳定的、重复性好的量化估计结果。其理论基础就是数据统计理论中所谓的中心极限定理。

假定产品的现场使用寿命服从某一个共同的分布,则独立同分布的中心极限定理可以描述如下:

假定随机变量 $X_i (i=1,2,\cdots,n)$ 独立同分布,并且具有有限的数学期望 E 和方差 D

$$E(X_i) = \mu < \infty, \quad D(X_i) = \sigma^2 < \infty, \quad i=1,2,\cdots,n \qquad (2-20)$$

则定义新的随机变量 Y_n 和其相应的分布函数 F_n

$$Y_n \equiv \frac{\sum_{i=1}^n X_i - n\mu}{\sqrt{n}\,\sigma}, \quad F_n(x) \equiv P(Y_n \leqslant x) \qquad (2-21)$$

当 n 很大时,随机变量 Y_n 近似地服从标准正态分布 $N(0,1)$,即

$$\lim_{n \to \infty} F_n(x) = \Phi(x) \equiv \frac{1}{\sqrt{2\pi}} \int_{-\infty}^x e^{-\frac{s^2}{2}} \mathrm{d}s \qquad (2-22)$$

因此,基于上述中心极限定义,如果定义 n 个样本的均值估计值 θ_n,即

$$\hat{\theta}_n \equiv \frac{1}{n} \sum_{i=1}^n X_i = \frac{\sigma}{\sqrt{n}} Y_n + \mu \qquad (2-23)$$

θ_n 构成 MTBF 的一个估计值,同时也是一个随机变量,还是随机变量 Y_n 的一个函数。考虑两个随机变量函数分布之间的关系,即

$$f_1(\hat{\theta}_n) = f_2(Y_n) \Big/ \frac{\mathrm{d}\hat{\theta}_n}{\mathrm{d}Y_n} = \frac{\sqrt{n}}{\sigma} f_2(Y_n) \qquad (2-24)$$

这里,f_1 和 f_2 分别为随机变量 θ_n 和 Y_n 的概率密度函数。于是,进一步考虑在 n 很大时,依据上面的中心极限定理,随机变量 Y_n 近似地服从标准正态分布 $N(0,1)$,代入式(2-24)即可以知道,θ_n 将近似服从如下的一个正态分布,即

$$\hat{\theta}_n \sim N\left(\mu, \frac{\sigma}{\sqrt{n}}\right) \qquad (2-25)$$

这一结果表明:如果通过上面所讨论的基于统计量定义的数据量化估计方法,需要样本量

n 足够大,才能在理论上保证估计值收敛,同时使估计值稳定在一个小的方差值之内变动[13-14]。

从工程人员实际经验的角度看,所谓样本数量足够大,至少意味着样本数量在两位数以上,这对于设备以及大型系统一级的试验和测试来讲显然会存在实际可操作性的问题。因此,在基于统计论的处理中,引入和研究所谓小样本的理论是不可避免的。从统计论理论的角度来说,所谓小样本本质上就是考虑统计量本身的随机性和分布情况。

2.4　失效分布曲线拟合与参数估计

在实际的工程环境条件下,通过试验数据或是现场数据完成失效分布曲线或是其他曲线的拟合,是一项重要的工程需求和工作。由于曲线拟合的输出结果通常就是所拟合曲线的参数,因此,曲线拟合的过程本身就是分布函数参数的估计和确定的过程,二者首先可以大致理解成为本质上是在说同一件事情,但具有两个不同侧重的表述方式。也正是这样的原因,在工程环境条件下,二者可能被混合称呼。

而另一方面,曲线拟合与参数估计在其理论概念上也并非完全是同一件事情:

- 参数估计更多的是一个统计论的专用术语和概念。
- 曲线拟合则主要用于描述物理函数曲线,而非随机变量分布函数的确定问题。

从严格意义上讲,只有具有确定性的数据才存在拟合的问题,即换句话说,只有物理过程函数才存在拟合问题,而纯粹的随机分布函数则没有拟合的问题。事实上,随机分布函数代表的是一个随机事件发生的可能性,而对于一个实际已经发生的事件及其相应的数据(即使这是一个随机事件),这一数据与随机分布函数并没有直接的关联性,或者说,它原本就不是这一分布函数上的点,因此,二者之间不存在拟合的问题。显然,这与物理函数的情形完全不同。所以,在统计论的理论上,这种关系被称为似然性(Likelihood)。也正因为此,统计论上的参数估计本质上是一种基于似然性关系的估计。

显然,无论是曲线拟合,还是参数估计,在数学上都是一个寻找最优解的问题。但是,必须明确的是:最优或是最佳并不意味着也不等价于是可以接受或是能够接受的。举一个通俗的例子:

"比如 A 欠 B 十万元,有一天,B 找到 A 要求他还钱。A 说他目前手上没有那么多钱,但是正好有一万元,本来准备用于其他事项,为应对 B 的还钱要求,可以立刻暂缓当前事项的处理,而将一万元首先用于偿还 B。"

从这一例子容易看出:A 还 B 一万元可能确实是当时所能采取的最佳方案,但对于 B 来说,未必就是一个可以接受的解决方案,因为 B 的目的在于解决所有十万元欠款的问题。

因此,最优解仅仅是一个基于当前数据的最优化问题。在本章开始的内容介绍部分已经提到了统计论中关于估计值与统计推断在概念上的差异问题,所以,最优解解决的仅仅是估计值的问题,是否可以接受则是关于统计推断的问题,二者是完全不同的概念。甚至从另外一个角度来说,一个最佳的估计值也可能得出一个完全错误的推断。这与瞎子摸象是有异曲同工之处的。瞎子所摸到的大象局部的状况并没有错,但是基于这样的局部状况而得到的对于整体的判断则可能是完全错误的。

将这一讨论引申至产品的实际可靠性工程问题当中,可以得出结论:数据的拟合和估计未必能够得到正确的有关产品可靠性的判断,这也是为何在产品考核和评价中,产品通过了试验,但产品在现场仍然问题频发的可能因素之一。因此,也可以看出:曲线拟合与参数估计仅仅是统计推断的一个部分,但并非全部。

最后一点有必要指出:上一节的讨论提到分布参数可以直接通过参数本身的定义进行统计处理和估计的问题,那么这样的基于定义的参数统计的处理方式,和这里所说的曲线拟合与参数估计是什么关系等的问题,也在本节中进行讨论。

本节具体的子节内容按照顺序包括:
- 基本问题的定义。
- 参数的点估计与极大似然估计。
- 基于定义与基于参数估计的比较。
- Weibull 分布的参数估计。

2.4.1 基本问题的定义

从前面的讨论已经了解:在工程上所说的对失效分布曲线的拟合本质上是一个参数估计的问题。在这一问题中,通常不包含产品失效的物理过程,因此,在问题相关的数据中没有诸如加速因子这样的物理参数。当试验数据中涉及加速因子时,开始涉及物理曲线的拟合问题。这类问题放在后续有关系统可靠性与寿命评价等的章节中进行讨论。

从工程需求的角度来讲,参数估计,即失效分布曲线的拟合问题,实际上包含了如下两个更为基础性问题的处理:
- 一组已知数据所服从的分布函数是什么?
- 所服从分布函数的参数值是多少?

针对这样的问题,在 2.2 有关统计论基本问题的讨论中已经提到,这类问题本身就已经是"通过有限的案例数据进行推断"的范畴,因为上述两个问题与已知数据相比,均具有更为广泛的适用性,是一个更具一般性的推断。

从统计论的角度,这里首先解决的是:在假定分布函数的前提下,如何给出适合于已知数据的最佳分布参数,即参数估计的问题。尤其针对可靠性工程的问题,主要考虑的分布函数包括了指数分布在内的 Weibull 系列分布,在通常情况下,我们存在已知分布函数的基础。因此,我们基本是将失效数据曲线拟合的问题等同于统计论的参数估计问题。

2.4.2 参数的点估计与极大似然估计

从理论上讲,任何一个或是有限数量的样本数据及其统计量均存在不确定性,因此,由此得到的推断仍然存在不确定性。换句话说,完全相同条件下获取的不同样本,会给出存在差别的推断。因此,在统计论中的一个基本问题就是估计由于样本差别所带来的推断不确定性的问题,即前述的所谓置信度与区间估计的问题。在不考虑这一不确定性的前提下所给出的基于当前数据的最优参数估计称为点估计。

统计论给出了基本的对于已知样本数据最优匹配的点估计的求解理论和方法。其中,最为常用的参数估计方法就是所谓的极大似然估计(Maximum Likelihood Estimation,简称MLE)的方法。事实上,该方法并非参数估计的唯一方法,考虑到本书问题讨论的关注点仅限可靠性工程问题的范畴,对于其他方法有兴趣的读者可以参考统计论专业的相关书籍[11,13-15]。

　　参数估计所涉及的一个关键统计论概念就是所谓的似然度（Likelihood）或似然度函数（Likelihood Function）。似然度是指在已知样本数据的前提下，能够得出某个分布函数推断的可能性。

　　但是，在数量关系上，对于给定的一组数据样本，统计论给出了如下二者存在的等量关系，即似然度函数 $L_n(\theta;x)$ 与基于一个假设成立的推断分布函数，估计得到的上述给定数据样本的发生概率（即在该推断分布函数中代入给定样本数据所得到的概率值），二者在数量上相等。换一个角度来讲，这样的量化关系实际上也解释了似然度函数自身的物理意义问题。以数学的形式表达这样的等量关系，即可以得到如下方程：

$$L_n(\theta;x) = f_n(x;\theta), \quad x = \{x_1, x_2, \cdots, x_n\} \tag{2-26}$$

其中，$x = \{x_1, x_2, \cdots, x_n\}$ 为已知的一组样本数据；θ 为推断分布函数的参数，可以是一个，也可以是一组，即一般性而言，样本 x 和参数 θ 均为向量。进一步将上面等式两侧函数的物理意义描述解释为：

- 似然函数 $L_n(\theta;x)$ 是指在已知样本 x 的前提下分布参数 θ 发生的概率。
- $f_n(x;\theta)$ 则是一个普通的概率密度函数，是指在假设推断分布的参数 θ（或称为假设推断 θ，下同）的前提下，反过来估计样本 x 发生的概率密度。

　　所以，概率密度函数 $f_n(x;\theta)$ 也可表达为如下的条件概率，即

$$f_n(x;\theta) = f_n(x \mid \theta) \tag{2-27}$$

其中，$f_n(x \mid \theta)$ 的概率发生条件是假设推断 θ，而非通常意义下的随机事件（注：事实上，这一讨论已经涉及所谓的 Bayes 统计论的概念，限于本书讨论的问题关注点，更多有关这部分内容的详细讨论可以参见统计论专业书籍中有关 Bayes 统计论的有关内容）。

　　于是，参数估计的问题成为一个寻找推断分布函数参数 θ 最优解 $\hat{\theta}$ 的问题，即当分布参数 θ 达到最优的条件时，基于样本 x 的假设推断分布函数 θ 的似然概率最大。其量化关系表达如下：

$$L_n(\hat{\theta};x) = \sup_{\theta \in \Theta} L_n(\theta;x) \tag{2-28}$$

　　在可靠性工程条件下，通常都可以认为：样本失效数据所对应的相关随机事件是相互独立的（注：更多有关产品失效独立性的讨论，参见后续系统 δ 系统失效一章的相关内容）。因此，可以进一步将总体样本在假设推断分布函数条件下的发生概率，表征成为单独样本发生概率的乘积，即

$$L_n(\theta;x) = f_n(x;\theta) = \prod_{i=1}^{n} f(x_i;\theta), \quad x = \{x_1, x_2, \cdots, x_n\} \tag{2-29}$$

　　考虑到如下两点函数特征，对于上述函数最大值的求解问题通常做如下处理：

- 常见概率分布函数多与自然底的指数函数 e^x 有关。
- 自然底的对数函数 $\ln y$ 为单调增函数，不改变原函数 y 的极值所在位置。

　　（注：事实上，不仅仅限于对数函数，极值点在任何严格单调函数作用下均具有不变性。有关这一问题的一般性讨论，可以参见后续系统可靠性与寿命评价一章中有关极值点在严格单调函数作用下不变性的讨论内容。）

　　所以，先将上面似然度函数取对数后再求解极值。因此，首先定义函数 $\ln(\theta;x)$：

$$l_n(\theta;x) \equiv \ln L_n(\theta;x) = \ln \prod_{i=1}^{n} f(x_i;\theta) = \sum_{i=1}^{n} \ln f(x_i;\theta) \tag{2-30}$$

然后对于所有的假设分布函数的参数 θ 求偏导数并置为 0,以决定似然函数的极值点位置:

$$\frac{\partial l_n(\theta;x)}{\partial \theta_j} = 0, \quad \theta = \{\theta_1, \theta_2, \cdots\}, \quad j = 1,2,\cdots \tag{2-31}$$

【选读 6】 似然度与似然函数的概念

似然度(Likelihood)与似然度函数(Likelihood Function)是所谓 Bayes 统计论中的核心概念与基础工具。这一概念比较抽象,且与传统概率论的概念有明显不同,不易理解,在这里,作为参考性的讨论内容,做一些简要的说明。有兴趣的读者自行参考更多相关的专业书籍[11,13]。

就似然度与似然度函数概念的理解问题,从如下的若干角度进行一个补充说明,以便工程人员在进行具体问题的处置时,能够避免由于基础概念的理解问题而产生困扰。这些补充说明的点具体包括:

- 仅从基本概念和定义的角度:关于基本概念,正如上节已经提到的,似然度(Likelihood)是指在已知样本数据的前提下,能够得出某个分布函数推断的可能性。似然函数(Likelihood Function)就是用量化表征这一发生概率的函数。

- 对于如何理解一个推断假设发生概率的问题:关于推断假设的发生概率,由上面的定义可以看出,似然度显然不是传统意义上的关于随机事件的发生概率,而是指假设推断的发生概率。这是 Bayes 统计论(Bayes Inference)在传统的、随机事件发生概率概念上的一个重要延伸,也正是因为这样的延伸,才构建了整套的 Bayes 统计论的推断处理方法。

- 关于何谓 Bayes 统计论以及这一统计论有何特殊性的问题:传统的基于随机事件发生概率所构建的统计论,即所谓传统统计论(Frequentist Inference)的理论框架,通常不认为推断假设也存在概率问题,这也是传统统计论与 Bayes 统计论(Bayes Inference)的关键性差异。当然,目前的统计论,尤其在工程使用层面交叉使用不同的概念,并不明确区分这些概念的不同来源。

- 不同于随机事件的发生概率:传统意义上的概率专指随机事件的发生概率(Probability),显然不同于似然度(Likelihood)的概念,因为似然度不是针对随机事件,而是指假设推断的概率问题。除此之外,仅从随机事件的角度来看,随机事件的发生概率是指尚未发生事件未来发生的可能性,而似然度的定义仅限已经发生的、有限样本的事件,与尚未发生的事件无关。

【选读 7】 样本数据的频率直方图

在工程实际中,通过数据完成分布函数的参数估计,常常是通过对频率直方图的数据拟合来完成的(如图 2-1 所示的演示性案例,同时可以就有关直方图的处置思路的问题,参考选读 6 中所介绍的传统统计论的思路)。在频率直方图中,首先将数据点按照某个通常的等分数据分布区间计算数据在各区间发生的频率,然后通过曲线拟合找到一个最佳拟合的分布参数。

通过频率直方图进行分布函数的参数估计,主要存在如下的一些优点:

- 数据处理的直观性:频率直方图具有良好的工程直观性,便于工程实际处理与方法上的理解和掌握。此外,频率直方图近似的是分布的密度函数,而对于不同的分布函数,

分段	累计	频率占比
～56	1	0.14%
57～58	5	0.57%
59～60	24	2.70%
61～62	68	6.25%
63～64	133	9.23%
65～66	189	7.95%
67～68	253	9.09%
69～70	326	10.37%
71～72	383	8.10%
73～74	442	8.38%
75～76	483	5.82%
77～78	520	5.26%
79～80	567	6.68%
81～82	604	5.26%
83～84	631	3.84%
85～86	665	4.83%
87～88	680	2.13%
89～90	690	1.42%
91～92	697	0.99%
93～94	701	0.57%
95～96	703	0.28%
99～100	704	0.14%
101～102	704	0.00%

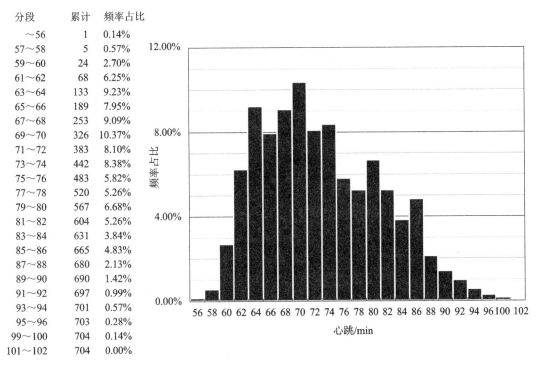

图 2 - 1　工程数据处理中的频率直方图（用以表示数据的分布情况）

其密度函数具有易于辨别的外形特征,在工程中同样具有良好的直观性效果,便于工程数据与处理结果的图示化展示。

- 将参数估计问题转变成为一个数据拟合问题:正如本节已经讨论的,分布函数的参数估计,在理论本质上并不是一个函数的拟合问题,但通过频率直方图的方法将一个分布函数参数估计的问题近似变成了一个普通函数的拟合问题,这在工程上也使得问题便于理解和实际操作。

关于这里的第二点,即直方图将一个参数估计问题从本质上转换成了一个数据拟合问题,在本节关于曲线拟合与参数估计讨论的一开始已经提到,随机分布函数代表的是一个随机事件发生的可能性,而对于一个实际已经发生的事件,采集和记录下来的有关该事件的数据显然与随机分布函数所表征的事件发生概率并不是一件事情,前者是已经发生的事件,而后者则是尚未发生的事件,从这个意义上讲,分布函数的参数估计问题本质上一定不是一个数据拟合的问题。但另一方面,频率直方图又通过已有的样本数据完成了对于未来事件发生概率的估计,因此使得分布函数的参数估计转化成了一个普通函数的数据拟合问题。

但是,尽管存在上述实际工程使用中的直观性与便利性,频率直方图在理论上是不严格的。有关这一点,通常在实际的工程处理中同样需要关注和了解。这种不严格性主要反映在如下的若干方面:

- 数据处理的结果不具有唯一性:正是由于频率直方图在理论上是不严格的,导致其处理结果也不是唯一的,其数据拟合的结果以及频率直方图的外形都会与数据分布域的划分及频率的计算统计方式存在依存性,并随后者的变化而发生变化。
- 该处理方法在实际工程中对于样本数量的要求:频率直方图需要较大的数据样本量,

不适用于小样本数据的情形,而系统产品的实际可靠性工程问题则常常可能是小样本问题。

- 频率直方图与累计失效示意图:尽管存在同样的理论近似性,但与频率直方图相比,累计失效示意图具有更好的一致性,同样是工程上常用的图示方法。但是,由于累计频率的外形对于不同的分布函数不易识别和区分,在工程上,通常需要借助线性化分布纸,如 Weibull 纸、正态分布纸等完成数据分析。

更多有关分布函数参数估计与普通函数数据拟合的讨论,还可以进一步参见后续章节有关系统可靠性与寿命评价中关于寿命数据的拟合与外插部分的内容。而关于频率直方图与累计失效示意图方法的数据处理问题,可以自行参考更多其他专门的统计论以及工程数据处理方面的书籍和文献[14-15,17]。

2.4.3 基于定义与基于参数估计的比较

从可靠性工程的角度,Weibull 分布的参数估计问题是本节讨论的一个焦点问题。但在此之前,细心的读者可能会发现:在上节已经讨论了如何基于分布参数的定义,通过对数据进行统计而实现参数估计的问题。那么一个自然产生的问题就是:二者估计结果的关系是什么?

首先,通过参数的定义进行数据统计并完成参数估计的过程一定是个显性的过程,即所需要获取的参数(仅在方程的左侧)可以完全通过已知数据进行表示(数据则全部出现在方程的右侧)。但显然,通过统计论所给出的参数估计方法,则不仅仅限于上述最为简单的状况,允许包括隐性表达以及非解析表达在内的一般性状况。

限于可靠性的工程场景与应用范畴,上述二者通过不同途径所得到的统计结果都是一致的,即通过直接依据定义进行统计实际也给出了分布函数参数的最优估计。这使得在实际的工程场合,如果可以通过定义完成对于分布参数的估计,则无须再考虑统计论的参数估计理论和方法,直接根据参数定义的形式进行统计即可。

以正态分布函数为例,其分布参数分别为均值 μ 和方差 σ,两参数的定义分别为如下的显性表达式,即

$$\mu \equiv \frac{1}{n}\sum_{i=1}^{n} x_i, \quad \sigma^2 \equiv \frac{1}{n}\sum_{i=1}^{n}(x_i - \mu)^2 \qquad (2-32)$$

而指数分布的场合,仅有唯一一个分布参数,即失效率 λ,其表达式为:

$$\mathrm{MTBF} = \frac{1}{\lambda} \equiv \frac{1}{n}\sum_{i=1}^{n} t_i \qquad (2-33)$$

式(2-33)中的 n 均为样本数据的个数,而带有下角标 $i(i=1,2,\cdots,n)$ 字母均表征样本数据。因此,上面案例分布函数中的参数均可以依据定义,直接经过数据统计完成最优的参数估计(对于上述特定案例的具体推导,有兴趣的读者可以继续参见本部分选读小节的讨论内容)。

【选读8】 正态分布参数的极大似然估计

基于上述极大似然估计的理论,且考虑可靠性工程的实际应用条件,以下在不再特别说明的情况下,均不失一般性地假定随机事件的独立性成立(有关这一独立性条件的更多讨论,参见后面有关系统和系统失效章节的有关内容)。

在正态分布的场合,其似然函数 L_n 的表达式为:

$$L_n(\mu,\sigma;x) = \prod_{i=1}^{n} f(x_i;\mu,\sigma) = \prod_{i=1}^{n} \frac{1}{\sqrt{2\pi}\sigma} e^{-\frac{(x_i-\mu)^2}{2\sigma^2}}, \quad x=\{x_1,x_2,\cdots,x_n\} \quad (2-34)$$

其中, μ 和 σ 是分布参数, x 是样本数据。所以, 式(2-34)取对数后得到似然函数 l_n 为:

$$l_n(\mu,\sigma;x) \equiv \ln \prod_{i=1}^{n} L_i(\mu,\sigma;x_i) = \sum_{i=1}^{n} \ln f(x_i;\mu,\sigma)$$

$$= \sum_{i=1}^{n} \left(-\ln\sqrt{2\pi} - \ln\sigma - \frac{(x_i-\mu)^2}{2\sigma^2} \right)$$

$$= -\frac{n}{2}\ln(2\pi) - n\ln\sigma - \frac{1}{2\sigma^2} \sum_{i=1}^{n}(x_i-\mu)^2 \quad (2-35)$$

为获得极值, 对式(2-35)完成偏导并置 0 后, 求解方程组即可得到正态分布假定推断条件下的参数估计结果, 即

$$\frac{\partial l_n}{\partial \mu} = 0 = \frac{1}{\sigma^2} \sum_{i=1}^{n}(x_i-\mu), \quad \rightarrow \mu = \frac{1}{n} \sum_{i=1}^{n} x_i$$

$$\frac{\partial l_n}{\partial \sigma} = 0 = -\frac{n}{\sigma} + \frac{1}{\sigma^3} \sum_{i=1}^{n}(x_i-\mu)^2, \quad \rightarrow \sigma^2 = \frac{1}{n} \sum_{i=1}^{n}(x_i-\mu)^2 \quad (2-36)$$

可以看到: 参数极大似然估计的结果与参数本身的定义是一致的。

【选读 9】　指数分布参数的极大似然估计

类似选读 8 所给出的处置过程, 在指数分布的条件下, 似然函数 L_n 的表达式为:

$$L_n(\lambda;t) = \prod_{i=1}^{n} f(t_i;\lambda) = \prod_{i=1}^{n} \lambda e^{-\lambda t_i}, \quad t=\{t_1,t_2,\cdots,t_n\} \quad (2-37)$$

其中, t 为样本的失效时间数据, λ 是分布参数。

有必要指出的是: 显然, 这里假定了所有的样本均存在有失效结果, 即每一个样本均得到了失效时间数据。因此, 这里显然没有考虑在实际的可靠性工程条件下, 试验可能存在中止, 因此导致数据信息可能存在截断的情形(有关这类实际工程情况, 继续参见后续有关加速试验设计章节以及试验终止与数据信息截断的相关讨论内容)。

所以, 继续对式(2-37)进行对数作用以后得到如下的表达式:

$$l_n(\lambda;t) = \sum_{i=1}^{n} \ln(\lambda e^{-\lambda t_i}) = \sum_{i=1}^{n}(\ln\lambda - \lambda t_i) = n\ln\lambda - \lambda \sum_{i=1}^{n} t_i \quad (2-38)$$

类似前面小节的处理过程, 对式(2-38)求导数并置 0 以后得到如下的参数估计结果, 即

$$\frac{dl_n}{d\lambda} = 0 = \frac{n}{\lambda} - \sum_{i=1}^{n} t_i, \quad \rightarrow \frac{1}{\lambda} = \frac{1}{n} \sum_{i=1}^{n} t_i = \text{MTBF} \quad (2-39)$$

这　参数估计结果与参数定义同样是一致的。

2.4.4　Weibull 分布的参数估计

众所周知, Weibull 分布是可靠性工程中最为常用的数据分布模型, 因此, 其参数估计的量化关系也是本书所讨论和关注的一个问题, 本小节通过极大似然估计给出其相应的表达式。

Weibull 分布的可靠度函数 $R(t)$ 和失效概率函数 $F(t)$ (即 CDF 累计分布函数)的表达

式为:

$$R(t) = 1 - F(t) = e^{-\left(\frac{t}{\eta}\right)^{\beta}}, \quad \beta, \eta > 0, \quad t \geqslant 0 \tag{2-40}$$

其中,β 和 η 分别是 Weibull 分布函数的形状参数和尺度参数。同样重复上述极大似然估计的参数估计过程,得到似然函数 L_n 为:

$$L_n(\eta, \beta; t) = \prod_{i=1}^{n} f(t_i; \eta, \beta) = \prod_{i=1}^{n} \frac{\beta}{\eta} \left(\frac{t_i}{\eta}\right)^{\beta-1} \cdot e^{-\left(\frac{t_i}{\eta}\right)^{\beta}}, \quad t = \{t_1, t_2, \cdots, t_n\}$$

$$\tag{2-41}$$

其中,$t = \{t_1, t_2, \cdots, t_n\}$ 是样本的失效时间数据。求对数后得到:

$$l_n(\eta, \beta; T) = \sum_{i=1}^{n} \ln f(t_i; \eta, \beta) =$$

$$n \ln \beta - n\beta \ln \eta + (\beta-1) \sum_{i=1}^{n} \ln t_i - \sum_{i=1}^{n} \left(\frac{t_i}{\eta}\right)^{\beta} \tag{2-42}$$

继续对式(2-42)进行偏导并置 0 后得到上面极大似然函数 l_n 的极值条件,得到如下关系:

$$\frac{\partial l_n}{\partial \eta} = 0 = -\frac{n\beta}{\eta} + \sum_{i=1}^{n} \frac{\beta}{\eta} \left(\frac{t_i}{\eta}\right)^{\beta}, \quad \rightarrow \eta^{\beta} = \frac{1}{n} \sum_{i=1}^{n} t_i^{\beta}$$

$$\tag{2-43}$$

$$\frac{\partial l_n}{\partial \beta} = 0 = \frac{n}{\beta} + \sum_{i=1}^{n} \ln(t_i/\eta) - \sum_{i=1}^{n} \left[(t_i/\eta)^{\beta} \cdot \ln(t_i/\eta)\right]$$

因此得到一个联立的关于待求解分布参数 β 和 η 的方程组。首先得到一个关于 η 的表达式,将其代入另外的方程,经过整理后可以再得到如下关于 β 的表达式,即

$$\frac{1}{\beta} = \frac{1}{n} \sum_{i=1}^{n} \left[\left(\frac{t_i}{\eta} - 1\right)^{\beta} \cdot \ln\left(\frac{t_i}{\eta}\right)\right], \quad \left(\frac{t_i}{\eta}\right)^{\beta} = \frac{nt_i^{\beta}}{\sum_{i=1}^{n} t_i^{\beta}} \tag{2-44}$$

由上面关于 β 和 η 的关系可以看出,首先需要求解 β,然后再将其代入 η 的表达式,但这里 β 的表达式对于样本数据不是显性表达的,需要进行方程求解或是数值计算。

其他方法和相关工作参见相关文献[18]。

2.5 基于序贯假设检验的失效率指标确定

本节开始讨论涉及统计论假设检验的可靠性量化指标问题。假设检验是统计论完成统计推断的核心理论,是支持可靠性结论、完成可靠性相关决策的理论基础。不同于上一节讨论的参数估计,本节假设检验从统计论的角度,为基于有限样本数据的统计推断提供了一个不仅具有一般性的理论流程,而且该流程在逻辑上满足充分性要求。显然,上节所讨论的参数估计问题不能满足这样的充分性要求。

事实上,统计论假设检验的相关理论以及逻辑思维过程,对于一般的可靠性工程应用而言仍然比较复杂,在实际的操作过程中存在难以理解、难以使用的问题。在关于可靠性工程的专业书籍中,通常不去触及或是讨论这类内容,其结果就是导致工程人员在可靠性结论与决策上发生偏差甚至可能是错误,这一类型的决策性问题至今仍然是困扰可靠性工程的一类问题[19-20]。

序贯试验是针对可靠性实际工程问题而提出的,用于处置特定条件但仍然不失一般性的

假设检验理论和方法,是目前被美军标 MIL - STD - 781 纳入工程实践的,建立在严格统计论理论基础上的假设检验流程。鉴于假设检验问题的理论复杂性以及本书讨论的问题关注点,本节将较为深入地讨论和介绍序贯试验背后的统计论理论问题。此外,序贯试验的假设检验问题属于所谓简单假设的范畴,是假设检验理论中最为实用化,且对于可靠性工程而言已经实用化的理论假设情形,而简单假设理论处置过程的核心是所谓的 Neyman - Pearson 引理,因此,相关内容均作为本节讨论的主要内容。但是,序贯试验本身的内容,作为可靠性工程的基础内容,并不在本书中做过多详细介绍,需要补充了解的读者可以参考其他相关书籍和可靠性相关工业标准[1,19-20]。此外,本节内容中理论性较强的部分,会作为选读小节的内容,供有兴趣的读者进行更加深入的研究和参考。

尽管前面所讨论的序贯假设检验相关理论对于可靠性工程实践很重要,但是,鉴于这一理论在其自身的复杂性、工程实用性等多方面的因素,序贯试验在实际的产品工程实践中,尤其是研发试验和相关可靠性评价中的使用仍然是限于有限场景的,仅限于某些产品寿命周期环节和目的的特定评价工作。这一方法引入了更多的变量和输入参数,在实际的工程条件和一般的使用环境下难以确定,使得评价结论难以避免地引入部分主观因素的影响。这反映了单纯的传统统计论思维仍然难以有效应对工程实际问题这样的实际情况。也正是因为这样的原因,从系统可靠性评价的角度出发,仍然需要随着本书后续章节的讨论逐步引入对于更多问题和影响的考量。

由于这一理论问题的复杂性,本节的讨论在进入主题以前,需要首先讨论有关统计论假设检验的一些基本问题作为准备和铺垫,然后处理序贯假设检验的问题。

本节具体的子节内容按照顺序包括:

- 基础分布假定。
- 假设检验的基本问题定义。
- 序贯假设检验和 MIL - STD - 781。
- 序贯试验的统计论问题定义。
- 序贯试验与截尾条件。

2.5.1 基础分布假定

虽然在通常情况下,人们并不能通过一个实际的工程状况来事先判定样本数据所满足的分布,而是在得到样本数据后,拿这些数据试图去匹配不同的分布函数。但反过来讲,任何的随机分布函数,尤其是那些工程中常用的分布函数,实际都具有明确的物理意义。显然,了解这样的物理意义能够帮助人们更加深刻和透彻地了解和把握工程本质,帮助解决实际工程的建模和量化评价问题。

事实上,可靠性工程中所常用的分布函数都与一些基础分布存在某种物理意义上的关联性。这些基础分布,只要在一些通常较为常见且容易得到满足的条件下就能够成立,而这些条件在通常的工程条件下一般是能够得到满足的。从前面小节关于中心极限定理的讨论就能够看出:正态分布实际就属于这样的一类分布。一个随机事件只要服从某个分布,且样本量足够大,随机量的均值估计值就收敛于一个正态分布。

对于前面已经提到的 Poisson 过程而言,一个工程问题,例如产品的失效问题,只要能够满足如下的 3 个基本条件,即

- 独立性条件:不同随机事件的发生相互独立。
- 等概率条件:不同随机事件的发生等概率。
- 离散性条件:小时间与小空间范围内,单一事件发生的概率趋于无穷小,或两个事件发生的概率成为单一事件发生概率的高阶无穷小。

该工程问题的样本数据,就能够满足如下的3个分布函数:

- n 个独立事件中有若干数量成功事件的发生概率满足二项分布。
- 在一定的时间或空间范围内成功事件发生的数量满足泊松分布。
- 足够大数量随机变量的均值收敛于正态分布。

这些分布分别表征如下:

1. 二项分布 $b(p,n)$

$$P(X=x) = \binom{n}{x} p^x (1-p)^{n-x}, \quad x=0,1,\cdots,n, \ 0 \leqslant p \leqslant 1 \qquad (2-45)$$

其中,随机变量 X 为 n 个随机事件中成功事件的数量,p 为事件成功的概率,$1-p$ 为事件不成功发生的概率。

2. 泊松分布 $P(\tau)$

$$P(X=x) = \frac{\tau^x}{x!} e^{-\tau}, \quad x=0,1,\cdots, 0 < \tau \qquad (2-46)$$

其中,随机变量 X 为一定时间 τ 内所发生成功随机事件的数量。

3. 正态分布 $N(\mu,\sigma)$

$$f(x) = \frac{1}{\sqrt{2\pi}\sigma} e^{-\frac{(x-\mu)^2}{2\sigma^2}}, \quad -\infty < x, \mu < +\infty, \ 0 < \sigma \qquad (2-47)$$

其中,μ 和 σ 分别是分布的均值和方差。

针对同样的随机过程,二项分布与 Poisson 分布,以及系统可靠性大量讨论的指数分布均存在相关性。这一相关性实际反映了产品可靠性问题随机特性的一些本质,更多详细问题在涉及具体的工程评价问题时逐步展开。

此外,在后面有关系统和系统失效章节的讨论中会提到:在实际的工程条件下,产品的根因失效事件具有一般性地可以满足独立性要求,相同类型的根因失效事件也一般性地满足等概率发生条件,对于系统的随机失效,在微小时间区间内产品失效发生的小概率条件要求也可以满足。因此,对于系统可靠性问题,上述基础分布可以作为产品可靠性数据处理和量化评价的一个基本出发点。

此外,在上面基础分布的基础之上,作为后续进一步讨论假设检验中样本空间问题的基础,在选读 10 和 11 的内容中进一步讨论满足上述基础分布函数随机量的统计量的分布问题,包括随机量的均值统计量和方差统计量。显然,二者仍然是一个随机变量且满足某个分布函数。而这些分布函数也是后续讨论产品可靠性假设检验问题的理论出发点。当然,这部分的讨论仍然仅限产品可靠性通常所关注的部分,不做一般性问题的讨论和介绍。

有关产品根因失效的相关概念和定义,参见有关系统和系统失效问题讨论的章节。有关上述理论更多的讨论则可以参见相关文献[13]。

【选读 10】 均值统计量的分布

对于正态分布的情形,如果两个相互独立的随机变量 X_1 和 X_2 均服从正态分布,则由二者变量及其构成的新的随机变量 X 仍然服从一个正态分布,且新分布的均值和方差分别为原均值和方差的和,即

$$X_1 \sim N(\mu_1, \sigma_1^2), \quad X_2 \sim N(\mu_2, \sigma_2^2)$$
$$X \equiv X_1 + X_2 \quad \rightarrow X \sim N(\mu_1 + \mu_2, \sigma_1^2 + \sigma_2^2) \tag{2-48}$$

基于上面的关系容易得出:对于 n 个相互独立的,均服从均值为 μ、方差为 σ 正态分布的随机变量 $X_i(i=1,2,\cdots,n)$,其和的随机变量仍然服从一个正态分布,即

$$X_i \sim N(\mu, \sigma^2), \quad i=1,2,\cdots,n$$
$$Y \equiv \sum_{i=1}^{n} X_i \quad \rightarrow Y \sim N(n\mu, n\sigma^2) \tag{2-49}$$

所以,对 Y 做一个简单的函数变换,即得到 n 个随机变量 X_i 的均值估计值 $\overline{X}_n$ 所服从的分布也是一个正态分布,即

$$Y \sim N(n\mu, n\sigma^2), \quad \overline{X}_n \equiv \frac{Y}{n} = \frac{1}{n}\sum_{i=1}^{n} X_i$$
$$\rightarrow \overline{X}_n \sim N\left(\mu, \frac{\sigma^2}{n}\right), \quad \frac{\overline{X}_n - \mu}{\frac{\sigma}{\sqrt{n}}} \sim N(0,1) \tag{2-50}$$

从上面的结果可以看出:对于 n 个相互独立的且服从完全相同正态分布的随机变量 $X_i(i=1,2,\cdots,n)$,其均值估计值分布的均值与原来分布的均值保持不变,而方差则缩窄为原方差的 $1/\sqrt{n}$。

对于正态分布以外分布均值统计量的情形,有兴趣的读者可以自行参考统计论的专业书籍[1,11,14-15]。

【选读 11】 方差统计量的分布

对于 r 个相互独立且均服从标准正态分布的随机变量 $X_i(i=1,2,\cdots,r)$,其平方和的随机变量 X_r 服从一个自由度为 r 的卡方分布 $\chi^2(r)$,即

$$X_i \sim N(0,1), \quad i=1,2,\cdots,r$$
$$X_r \equiv \sum_{i=1}^{r} X_i^2 \quad \rightarrow X_r \sim \chi^2(r) \tag{2-51}$$

这里,卡方分布 χ^2 的密度分布函数 PDF 的具体表达式为:

$$f(x) = \frac{1}{\Gamma(r/2)2^{r/2}} x^{\frac{r}{2}-1} e^{-\frac{x}{2}}, \quad r>0, x>0 \tag{2-52}$$

这里的 Γ 为伽马函数。可以看出:卡方分布不是某一个分布函数,而是一组由不同的自由度 r 所定义的分布函数族。

如果一组随机变量 $Y_i(i=1,2,\cdots,r)$ 均服从相同的参数为 μ 和 σ 的正态分布,则可以经过一个简单的线性函数变换,从而构建一个相应的随机变量组 $X_i(i=1,2,\cdots,r)$,使其满足一个标准正态分布,即

$$Y_i \sim N(\mu, \sigma), \quad i = 1, 2, \cdots, r$$

$$X_i \equiv \frac{Y_i - \mu}{\sigma} \quad \rightarrow X_i \sim N(0, 1) \tag{2-53}$$

所以,结合上面的结论可以看出:一组由 r 个相互独立且满足相同正态分布的随机变量 $Y_i(i = 1, 2, \cdots, r)$ 所构成的方差统计量 X_r,满足一个自由度为 r 的卡方分布,即

$$Y_i \sim N(\mu, \sigma), \quad i = 1, 2, \cdots, r$$

$$X_r \equiv \frac{1}{\sigma^2} \sum_{i=1}^{r} (Y_i - \mu)^2 \quad \rightarrow X_r \sim \chi^2(r) \tag{2-54}$$

一般而言,如果进一步有两个相互独立的随机变量 X_1 和 X_2 均服从卡方分布,自由度分别为 r_1 和 r_2,则由二者变量的和所构成的新的随机变量 X 仍然服从一个卡方分布,且新分布的自由度为原分布自由度的和,即

$$X_1 \sim \chi^2(r_1), \quad X_2 \sim \chi^2(r_2)$$

$$X \equiv X_1 + X_2 \quad \rightarrow X \sim \chi^2(r_1 + r_2) \tag{2-55}$$

在上面卡方分布特性的条件下,下面来进一步考核指数分布情形下其方差统计量的分布问题。

从上面给出的具体的卡方分布的密度函数 PDF 的表达式可以看出:指数分布是卡方分布的一个特例,即在卡方分布的自由度为 2 时,一个卡方分布退化成为一个 MTBF = 2 的指数分布:

$$f(x) = \frac{1}{\Gamma(r/2) 2^{r/2}} x^{\frac{r}{2} - 1} e^{-\frac{x}{2}}, \quad r = 2$$

$$\rightarrow f(x) = \frac{1}{\theta} e^{-\frac{x}{\theta}}, \quad \theta = 2 \tag{2-56}$$

所以,利用卡方分布随机变量和的特性就可以知道:由 r 个相互独立且满足同样 MTBF = 2 的指数分布 $E(2)$ 的随机变量 $X_i(i = 1, 2, \cdots, r)$ 的和满足一个自由度为 $2r$ 的卡方分布,即

$$X_i \sim E(2), \quad f(x_i) = \frac{1}{2} e^{-\frac{x_i}{2}}, \quad i = 1, 2, \cdots, r$$

$$X \equiv \sum_{i=1}^{r} X_i \quad \rightarrow X \sim \chi^2(2r) \tag{2-57}$$

显然,对于一个 MTBF 参数为 θ 的一般指数分布,做如下简单函数变换 $T_i(i = 1, 2, \cdots, r)$,即可以得到:$T_i(i = 1, 2, \cdots, r)$ 满足一个参数为 θ 的指数分布,而 T_i 的和则满足一个自由度为 $2r$ 的卡方分布,即

$$T_i \sim E(\theta), \quad f(t_i) = \frac{1}{\theta} e^{-\frac{t_i}{\theta}}, \quad i = 1, 2, \cdots, r$$

$$\rightarrow X_i \equiv \frac{2}{\theta} T_i, \quad X_i \sim E(2) \tag{2-58}$$

$$\rightarrow T_r \equiv \sum_{i=1}^{r} X_i = \frac{2}{\theta} \sum_{i=1}^{r} T_i, \quad T_r \sim \chi^2(2r)$$

指数分布是工程产品可靠性问题处置的一个基础假定和理论基础,因此,对于这一分布的物理意义以及这一分布与其他统计分布的关系的理解,对实际工程问题理论基础的认知会有重要的帮助。如图 2-2 所示,总结了指数分布与前面基本已经讨论的主要分布函数之间的量

化关系。

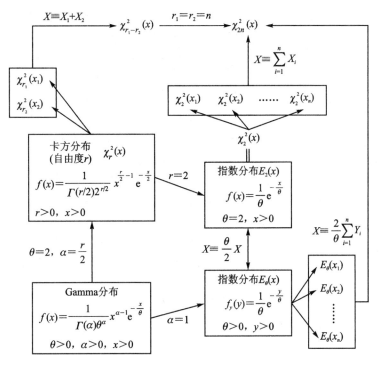

图 2-2　Gamma 分布、卡方分布和指数分布之间的关联性示意图

结合本书所讨论的产品可靠性问题的工程需求,式(2-58)所给出的两点意义有必要在这里进一步加以明确。首先是式中的随机变量 $T_i(i=1,2,\cdots,r)$,由指数分布的实际工程含义可知,T_i 表征了产品的失效时间 TTF,而随机变量

$$T \equiv \sum_{i=1}^{r} T_i \qquad (2-59)$$

表征了系统的累计失效时间。其次,对于一个参数为 θ 的指数分布,其均值和方差分别为 θ 和 θ^2,即

$$f(t)=\frac{1}{\theta}\mathrm{e}^{-\frac{t}{\theta}}, \quad t \in [0,+\infty)$$
$$\rightarrow \mu \equiv \int_0^{+\infty} f(t)\mathrm{d}t=\theta, \quad \sigma^2 \equiv \int_0^{+\infty} \left[f(t)-\mu\right]^2 \mathrm{d}t=\theta^2$$
$$(2-60)$$

但从指数分布的物理意义而言,θ 表征了产品失效的分散性,即产品失效的随机性特征,而不存在具有集中特性的耗损失效特征。

相关问题的更多讨论继续参见后续章节的内容,而有关其他分布函数的方差统计量的分布,则可以自行参见统计论的专业书籍[11]。

2.5.2　假设检验的基本问题定义

假设检验是统计论的核心内容,是通过有限的数据,尤其是从数据不确定性的角度来判定推断的对错问题。例如,如果希望通过一个可靠性寿命试验,考核两个不同设计单位 A 和 B 的同类型设备的使用寿命,并因此选出那个使用寿命长的一方。如果产品寿命不存在随机性,则问题很简单,选出那个试验寿命长的一方即可。但在实际情况下,每个产品个体的使用寿命都已知是存在随机性的状况下,情况就可能比较复杂,可以举出如下若干的典型状况:

- 小样本状况的处理问题:对于设备一类产品的试验,样本的数量可能是非常有限的,一般为小样本状态(例如 3 台),这意味着即使是试验结果的估计值(例如产品的寿命均值),仍然可能存在较大的分散性。

- 试验结果估计值与推断需要区别对待的问题:显然,试验结果本身(例如试验得到的产品寿命均值)并非试验的真正目的,真正目的是依据试验的结果所得出推断(例如单位 A 设备的产品寿命长于单位 B 设备的产品寿命),而这一推断的本质则是产品寿命分布的特征量。

- 统计推断如何支持已有经验认知的问题:如果事先大概了解单位 A 的产品寿命应该长于单位 B 的产品寿命,但考虑到样本量非常小的状况,确实有可能发生实际试验的结果不支持事先的认知的情况,那该如何处理?

- 具有随机性数据的比较问题:如果需要进一步量化比较两个产品的寿命表现,如何处理? 可以将二者的试验均值相减得到吗? 那如何考虑小样本条件下试验结果估计值的分散性问题?

上述这些工程实际中所面临的直接问题,理论上显然涉及统计论中如何进行假设检验这样的一个基本问题。因此,一个首要的问题就是:在理论上,假设检验的问题是如何加以定义的。

因此,结合可靠性工程的实际需要,下面给出基于 Neyman - Pearson 假设检验条件的问题定义,更为一般性的讨论涉及有关 Bayes 统计论的问题,有兴趣的读者可以自行参考统计论方面的专业书籍[13]。此外,由于统计论理论本身的复杂性问题,与实际工程问题关系密切,但同时相对深层次理论问题的讨论,均安排在选读小节中处理,供有兴趣的读者参考。

一个假设检验问题的完整表述,在理论上包含了如下方面的内容,即

- 假设的定义。
- 样本和样本空间。
- 检验要求的表征。
- 推断的判定。
- 最高功效检验的构建。

1. 假设的定义

在前面讨论的例子中实际已经提到:统计论中所要获取的目标推断就是指分布,而假设则是可能得到的推断,因此,假设是一个分布的集合。显然,确定了分布,实际也就获得包括分布参数(例如产品可靠性中的失效率)在内的随机变量(例如可靠性中的产品失效时间)所有的不确定性信息。

下面将假设定义的问题总结成为如下若干点的问题:

- 备择假设与零假设的概念:所有的假设或可能得到的推断构成一个集合,被分成相互排斥的、没有重叠的两个部分,一部分为目标希望得到的假设,称为备择假设(Alternative Hypothesis)集合;剩余的部分则构成所谓的零假设(Null Hypothesis)集合。这里,不同类型的假设之所以会被称为备择假设与零假设,其本身就与假设推断的检验逻辑密切相关,有需要的读者可以参见选读小节有关内容的讨论。

- 推断是一个相对比较的结果：由上面形式的定义可以看出，假设检验存在一个相对和比较的概念，即如果最终选择了备择假设，这样的选择就是相对于某个零假设的集合而言所得到的推断。
- Neyman - Pearson 假设检验的简单情形：虽然相较于传统统计论（即 Frequentist Statistics，参见选读小节讨论的有关内容），在 Bayes 统计论中，上述所定义的假设集合可以是一个广义的由分布函数所构成的函数空间，但在可靠性工程所主要关心的范畴，通常仅涉及上述备择假设和零假设的简单（Simple）的情况，即备择假设和零假设集合仅各有一个可能分布函数的情形（即 Neyman - Pearson 假设检验的情形），这也是本书仅限产品可靠性问题所需要重点讨论的情形。
- 零假设和备择假设的数学表征：在统计论的推断理论中，零假设通常情况下是推断判定逻辑的主体（参见选读小节讨论的有关内容），而非作为目标推断的备择假设，因此，零假设在先。在单一分布函数假设的简单情形下，零假设和备择假设通常分别计为 H_0 和 H_1，各自分别为某个单一的分布函数。

上面定义涉及一些具体的统计论的基础概念，其详细讨论依照读者对于问题理解的需要参见选读小节的有关内容。

2. 样本和样本空间

相对于上述所讨论的推断是假设检验需要得出的结论，因此是问题未知和需要求解的部分，这里的样本就构成用于支撑这一结论的证据，因此构成问题的已知部分信息。

假定 X 为问题需要考察的随机变量，x 为样本。由于样本可以是一个，也可以是一组，因此，x 需要是以向量的形式进行表示。在统计论中，如果假定 $x_i(i=1,2,\cdots,n)$ 是随机变量 X 的 n 个值，则样本 $x \equiv \{x_1, x_2, \cdots, x_n\}$，或是将其表征成为向量的形式，即 $\hat{x} \equiv \{x_1, x_2, \cdots, x_n\}$。

显然，上述的 n 维自由度的样本存在着一定的取值范围，构成一个取值空间，称为样本空间（Sample Space），通常记为 S。由于零假设 H_0 和备择假设 H_1 均为样本 x 发生条件下的可能推断，因此，H_0 和 H_1 应该具有完全相同的样本空间（注：相当于由 H_0 和 H_1 分布函数相同定义域所拓展出来的相同 n 维空间）。

更多有关这一问题的讨论可以继续参见选读小节中有关统计论推断和假设的讨论。

3. 检验要求的表征

依照上面对于假设检验问题的定义，假设推断的错误来源于如下的两个方面：

- 错误地推翻了零假设 H_0，并因此接受了一个错误的备择假设 H_1。
- 错误地没有接受一个正确的备择假设。

前者被称为第一类错误（Error of 1st Kind），而后者则被称为第二类错误（Error of 2nd Kind）。可以理解：这样的两类错误事实上不是相互独立的（对于不熟悉这类内容或是有兴趣与需要的读者，参见选读小节关于这一非独立性的更多详细讨论内容）。

因此，理论上，假设检验的基本要求就是要在数量上同时限缩上述两个类型的误差。由于二者不是相互独立的，因此，仅有一方是检验事先所提出的上限误差水平（即问题的输入条件）。由于推翻零假设是假设检验的逻辑主体（具体参见选读小节的讨论内容），因此，满足第一类误差的量值不超过某个预先设定的上限值就构成了假设检验的基本要求。该上限误差要求被称为检验的显著性水平（the Level of Significance），与上面的第一类错误一起，在统计论

中通常分别记为 α 和 α_0,而因此这一误差限缩条件就成为 $\alpha \leqslant \alpha_0$。

另一方面,第二类错误实际是第一类误差的函数,因此,在第一类误差确定的条件下,第二类错误也达成某个概率水平,这一水平的量值被称为检验的功效(the Power of the Test),通常记为 β。虽然检验功效 β 是 α 的函数 $\beta(\alpha)$,但允许设定一个上限值 β_0,使得 $\beta(\alpha)$ 不超过这一上限值。

从工程的角度,可以如下解释这样的检验要求:

- 显著性水平 α 是假设检验的基础要求:表示了样本数据在满足这一条件的前提下,并在统计意义上得到某个目标推断的结论,在判定逻辑上具有充分性。
- 检验功效 β 量化表征了统计推断的功效:功效问题显然是指在实际的统计试验中,通过多少的样本就能够得出推断的一个度量。在统计论的理论上已经知道,只要统计的样本量足够大,总是可以得到推断结论的。因此,假设检验的推断问题总是存在功效问题,即如何在一个统计试验中,通过最少的样本数量就能够达成足够好的推断,而这里所说的足够好显然就是指上面所说的显著性要求。因此,显著性要求与检验功效要求是两个不同的概念,且在工程上也具有完全不同的意义。
- 显著性水平与检验功效之间可以达成一个检验的最优方案:虽然显著性水平与检验功效之间不独立,但可以在样本数量上达成一个最优的试验方案,即在样本量最少(即功效最大化)的前提下,满足检验的显著性要求。

更多详细内容的讨论参见选读小节的相关内容。

4. 推断的判定

至此已经定义了需要完成检验的假设(即需要检验的备选对象)、作为假设推断依据的样本以及进行检验的方式 3 个方面的信息,但是,通过与否的标准仍然不是直接和明确的,需要构建一个流程,使得样本数据在经过某种运算以后,可以知道是否能够满足检验通过的标准,从而决定是推翻还是接受某个备选的假设。

以本节开始所提到的可靠性产品寿命的比较问题为例,样本数据为每个样本在试验中实测获得的寿命数据,而产品寿命是指产品寿命所服从分布的寿命期望值,因此,产品寿命的比较在样本数据上涉及所有试验样本所获得试验数据均值的比较,且样本需要依照假设检验的标准划分成相互排斥的两个范围,一个范围满足检验要求,而另一个不满足。当样本落入这个满足的范围时检验通过,否则即不通过。这就构成一个量化的假设推断的判定过程。

总结上述假设推断的判定过程:通过这样的一个过程,能够将样本空间 S 分成两个相互排斥的部分 S_0 和 S_1,使得当样本落在 S_1 中时,推翻假设 H_0,并接受 H_1。同时,按照上述检验要求,第一类误差的发生概率不超过检验的显著性水平 α。

5. 最高功效检验的构建

Neyman - Pearson 引理对于上述的推断判定给出了一个充分必要条件,该条件表述为:

$$\alpha = P\left[\frac{L(H_0 \mid x)}{L(H_1 \mid x)} \leqslant k\right] \tag{2-61}$$

其中,α 为所要求的检验显著性水平,x 为样本,$L(H_0 \mid x)$ 和 $L(H_1 \mid x)$ 分别为假设 H_0 和 H_1 的似然函数,k 为常数。

通过上述条件所构建的样本空间 S_0 和 S_1,不仅能够保障假设检验的显著性水平要求,同时允许第二类错误的发生概率,即检验功效 $\beta(\alpha)$ 最大化,达成所允许的上限值 β_0,在这一状态下,检验所需要的样本量最小。因此,称为最高功效检验。

相关内容的详细讨论参见后面 Neyman - Pearson 引理以及其他相关选读小节的内容。

【选读 12】　统计论的推断与假设

前面已经提到:统计论是依据已知样本数据进行推断的理论。而统计论中的假设则是指有待通过已知样本数据完成检验(其结果包括推翻、接受和无结论,同时参见前面有关假设检验问题定义的相关内容)的所有可能推断。因此,统计论需要首先通过数学语言精确定义和描述推断和假设。

事实上,通过前述对于统计论所回答的基本问题就可以看出:统计论最根本性的推断就是所关心随机事件服从的分布(可以连续或是分立),因为分布实际提供了回答前面已经提到的统计论若干基本问题所需要的所有基本信息。这些问题包括:

- 参数估计的问题。
- 假设检验的问题。
- 置信度与区间估计的问题。
- 推断的修正和改进问题。

因此,假设就构成了一个所有有待检验的可能分布所构成的集合。其定义的数学表达方式如下:

假定 X 是一个随机变量, $\hat{P}$ 为一个所有有待检验分布的集合,即

$$\hat{P} = \{P_\theta, \theta \in \Omega\} \tag{2-62}$$

其中, P_θ 是一个特征参数为 θ 的分布,特征参数 θ 可以是一个,也可以是由一组参数构成; Ω 则表征了由所有 θ 所构成的域。

如果进一步将上面的分布集合 $\hat{P}$ 分开成为两个相互不交叠、一个可能被检验推翻、而另一个可能被检验接受的分布集合 H 和 K,即

$$H \bigcap K = \varnothing, \quad H \bigcup K = \hat{P}$$
$$\Omega_H \bigcap \Omega_K = \varnothing, \quad \Omega_H \bigcup \Omega_K = \Omega \tag{2-63}$$
$$H = \{P_\theta, \theta \in \Omega_H\}, \quad K = \{P_\theta, \theta \in \Omega_K\}$$

其中, H 称为假设集合或简称假设,而 K 则称为 H 的备择假设集合(Class of Alternatives or Alternative Hypothesis)或简称备择假设[13]。

而对于工程问题,包括本书所涉及的可靠性量化指标的提取问题,通常只针对 H 和 K 中的某个典型的单一分布 $P_0 \in H$ 和 $P_1 \in K$ 用于假设检验(即前面已经提到的 Neyman - Pearson 引理所定义的情形),并且,由于是单一分布的假设,进一步分别以 $H_0:P_0$ 和 $H_1:P_1$ 来表征假设(即零假设)和备择假设。

【选读 13】　假设推断的检验逻辑

在本章的开始讨论有关统计论的基本问题时已经提到:统计论所要解决的根本问题实际就是如何通过有限的样本数据给出推断的问题。而且还提到,统计论处理的这类问题的本质与其说是属于数学问题的范畴,更不如说是属于科学问题的范畴。

首先,统计论所要解决的推断问题不是一个严格意义上的数学问题,其本质的原因在于:数学的理论体系是一个构建在至少是满足充分性逻辑要求基础之上的,主要由引理和定理所

组成的严谨逻辑体系。除了个别的公理以外，不同的引理和定理之间存在先后的逻辑因果关系，且逻辑的推演过程满足充分性条件。

所以，具体一些来讲，如果已知 A 是成立的，且在逻辑上可以推演得到 B 也成立，则这样的逻辑充分性就保障了在 A 成立的基础上 B 同时成立，而且在理论上，按照这样的逻辑过程所构建的整个体系都是严格的，只要 A 成立，由 A 推演得到 B 的逻辑充分性成立，B 就成立，且无须再对 B 进行（实验）验证。

但是，在统计论所处理问题的场合，已知成立的 A 是样本数据，属于个案（记为 EA，即 Evidence $-A$），而所期望得到的目标结论 B 则是推断（记为 HB，即 Hypothesis $-B$），在理论上，HB 与 EA 相比具有更为一般的适用性，一般而言，从 EA 得到 HB 在逻辑上是不能满足充分性要求的。因此，这样的基本逻辑关系决定了统计论的理论体系不是传统意义上的数学理论体系，而必须有别于数学理论体系中的充分性逻辑关系。

从前面的讨论可以看出：统计论体系不满足逻辑的充分性要求，但却一定要满足其必要性要求。从推断的角度来讲，如果推断成立，则样本数据作为个案，至少在该推断的假定条件下是成立的。这样的逻辑过程实际就是一个验证过程，与所有科学分支的理论体系构建过程的基本逻辑是一致的。而且，很显然，统计论也需要一个适合自身状况的充分性条件，以满足理论体系在逻辑上的推演需求。

因此，还是借用上面所述案例，在统计论的场合，EA 的成立属于个案，在逻辑上，具备满足否定一个一般性推断的充分性要求，因为对于一个一般性推断，只要存在任何一个个案能够推翻该推断，则在逻辑上就能证明该推断不成立，因此构成该结论的一个充分性条件。

以一个通俗的状况为例：如果假设推断 B 为"地球上的水都可以流动"，而实际发生的已知成立的某个个案 EA 为"一个杯子里的水在某个冬天放在户外结冰了"，EA 作为个案否定了 HB 的一般性推断的正确性，因此，EA 构成了否定 HB 成立的一个充分性条件。

因此，总结上面的讨论可以看到，如下的逻辑场景构成了统计论推演和理论构成的逻辑基础，包括：

- 如果 EA 成立且可以得到 $\overline{HB}$（即非 HB）不成立，则知 HB 成立。
- 如果 EA 成立，但无法推导确定 $\overline{HB}$ 不成立，则无结论。

其中，HB 与 $\overline{HB}$ 均为满足某种一般适用性的推断，即构成某类型个案事件的集合，且需要满足如下关系：

$$P(B \cup \overline{B}) = 1, \quad B \cap \overline{B} = \varnothing \tag{2-64}$$

【选读 14】 零假设的概念

零假设是假设检验理论的一个核心概念。由上述有关假设推断检验逻辑的讨论可以看出：如果假定 A 是已知的样本数据或称证据，而 B 则为希望通过 A 所获取的推断，也就是希望通过 A 得到的目标假设，则由前面的讨论知道，由 A 推导 B 不具备满足逻辑充分性要求的条件，因此不能由 A 直接推导出 B；而满足推导充分条件要求的逻辑则是由 A 推导 $\overline{B}$ 不成立，即由 A 首先否决假设 $\overline{B}$，从而接受假设 B。

这样的逻辑过程使得虽然 B 是基于 A 的目标假设，但逻辑推演过程的核心却是非 B 的假设 $\overline{B}$，将 $\overline{B}$ 在假设检验理论中称为零假设或称无效假设（Null Hypothesis）。因此，零假设构成了一个所有非目标假设的假设集合。而另一方面，则将目标希望接受的假设 B 称为备择假设,也称为对立假设或备选假设,即待选择假设之意(Alternative Hypothesis)。

因此,再次总结上述的假设检验的逻辑推演过程为:

- 如果能通过已知证据推翻某个零假设,则接受该零假设的备择假设。
- 如果无法通过已知证据推翻某个零假设,则该假设检验没有得到任何进一步的结论。

基于这样的推演逻辑,当上述的推断存在不确定性时,其推演逻辑就需要进行如下的推广,即

- 在某个零假设成立的前提条件下,已经实际发生的样本事件不应为小概率事件。因此,如果能够证明已知证据对于该零假设为小概率事件,则推翻该零假设并接受其备择假设。
- 如果在上述零假设成立的前提条件下,无法证明已知证据为小概率事件,则该假设检验没有得到任何进一步的结论。

【选读 15】　p 值的概念

进一步考虑上述推翻零假设推演逻辑的细节可以发现:假定零假设是一个连续分布的场合,则对于任何实际发生的单一或若干有限数量的随机事件,在该零假设成立的前提下估计得到的事件发生概率的量值均为零(即一个连续分布条件下的一个或若干点的发生概率均为零),因此,无法从发生概率上判定随机事件是否具有小概率发生的特性。

上述的零假设推翻的推演逻辑有必要进一步做如下的扩展:

- 如果在某个零假设成立的前提条件下,已经实际发生的样本事件,再加上发生概率不大于该事件(即与该事件相比,实际更不容易发生事件)的所有可能发生事件的集合仍为小概率事件,则推翻该零假设并接受其备择假设。
- 如果在上述零假设成立的前提条件下,无法证明上述事件集合为小概率事件,则该假设检验没有得到任何进一步的结论。

在这样推广后的逻辑条件下,单一或有限样本数量的事件被推广至一个区间内所有事件的集合,尤其对于一个连续分布的零假设,该集合构成了一个连续区间。

在统计论中,上述小概率事件的概率要求水平通常以 α 表征,而上述以实际发生样本事件的发生概率为上限所定义的所有可能事件集合,在零假设成立的前提下所估计得到的发生概率被称为 p 值(p - Value)。因此,按照上述的推演逻辑,已有证据能够推翻零假设的数量要求即表示为:p 值不高于或小于等于 α。

如果从数学的角度,p 值定义如下:

假定零假设 H_0、备择假设 H_1、随机变量 X,已发生样本事件的量值为 x,且不妨假定 $\{X \geqslant x\}$ 为所有更小概率事件的集合,则 p 值定义为概率 $P(X \geqslant x \mid H_0)$(同时参见图 2 - 3 所示)。

所以,上述零假设的推翻判定逻辑条件为:

- 如果 p 值 $P(X \geqslant x \mid H_0) \leqslant \alpha$,推翻零假设 H_0 并接受备择假设 H_1。
- 如果 p 值 $P(X \geqslant x \mid H_0) > \alpha$,无结论。

关于上述的 p 值概念与零假设的推翻逻辑,给出如下简单案例的一个具体操作过程以便于理解。案例如下:

假定某海域经过了一定时间的休渔期以后,仅前 3 次出海的渔获量已经达到平均 110 t,

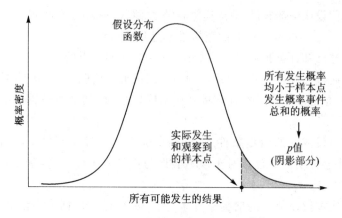

图 2-3　p 值数学问题定义示意图[11]

而以往一次出海渔获量的统计均值仅为 100 t，因此推断：这次休渔已对生态繁衍生息、提升渔获产量产生明显效果，即渔获均值将高于 100 t。同时，认定出海渔获量呈正态分布，且单次渔货量的变动幅度不会超过均值的 10%。问题是：实际数据是否支持这样的推断？

依照案例所述条件，假定 $\alpha = 5\%$，同时，定义零假设 H_0 及其备择假设 H_1 如下：

- H_0：本次渔获均值 $\mu \leqslant 100$，渔获 $X \sim N(\mu, \sigma)$ 且 $\sigma/\mu \leqslant 10\%$。
- H_1：本次渔获均值 $\mu > 100$，渔获 $X \sim N(\mu, \sigma)$ 且 $\sigma/\mu \leqslant 10\%$。

本次渔获均值仍然服从正态分布（可参见前述小节中有关常见统计量分布的讨论），即

$$\frac{\overline{X}_n - \mu}{\frac{\sigma}{\sqrt{n}}} \sim N(0,1) \tag{2-65}$$

其中，$N(0,1)$ 为标准正态分布，本次数据的样本数量 $n = 3$。于是，在假定 H_0 成立的基础上，则可以估计出数据方差 σ 的大小区间为：

$$\sigma \leqslant 10\%\mu \leqslant 10\% \times 100 = 10 \tag{2-66}$$

同时，进一步估计出本次样本事件在零假设分布中的位置 z 为：

$$z \equiv \frac{\overline{X}_n - \mu}{\frac{\sigma}{\sqrt{n}}} \geqslant \frac{\overline{X}_n - 100}{\frac{10}{\sqrt{n}}} = \frac{110 - 100}{\frac{10}{\sqrt{3}}} = \sqrt{3} > 1.73 \tag{2-67}$$

这一结果表明：基于上述零假设 H_0 的 p 值要小于 1.73 所对应的标准正态分布的累积概率值（可同时参见图 2-3 示意图所示 p 值），且小于 $\mu = 100$ 所对应标准正态分布的累积概率值，即

$$p \equiv P(Z \geqslant z \mid H_0, \mu \leqslant 100) < P(Z \geqslant 1.73 \mid H_0, \mu \leqslant 100)$$
$$< P(Z \geqslant 1.73 \mid H_0, \mu = 100), \quad \forall \mu \leqslant 100 \tag{2-68}$$

所以，$z = 1.73$ 时标准正态分布的累积概率值

$$p < P(Z \geqslant 1.73 \mid H_0, \mu = 100) = 1 - \Phi(1.73) \approx 4.2\% < \alpha = 5\% \tag{2-69}$$

$$\Phi(z) = \frac{1}{\sqrt{2\pi}} \int_{-\infty}^{z} e^{-\frac{s^2}{2}} \, ds \tag{2-70}$$

这一结果满足推翻上述零假设 H_0 的条件，因此，推翻 H_0 并接受 H_1，即已有数据支持本期渔获均值将高于以往所记录的 100 t 数值。

【选读 16】　假设检验的错误概率与限缩要求

在本小节有关假设检验基本问题定义的讨论中已经提到了假设检验一般性的两类错误问题,下面就有关问题进行一些详细的讨论。

这两类错误是指:

- 第一类错误(Error of 1st Kind):错误地推翻了零假设而接受了一个错误的备择假设。
- 第二类错误(Error of 2nd Kind):错误地没有接受一个正确的备择假设。

如前面小节所讨论,由于推翻零假设并接受备择假设是假设检验的目标,因此,容易理解:未能正确处理此类检验被称为第一类错误,或者简单地理解成为一个主要的错误。

这里有必要进一步说明一下上面的两类错误是否是假设检验所有错误的可能性问题。显然,第一类错误不会有任何问题,正如上面已经说的,由于推翻零假设并接受备择假设是假设检验的工作目标,所以假设检验的工作结果只有是与否两种可能性,因此,相对应的这样的两种工作结果如果与实际状况不符,即检验发生了错误也是存在这样相对应的两种可能性。其中,第一类错误的状况与上面所说的第一类错误(Error of 1st Kind)完全相对应,没有问题,所以,这里主要是对于第二类错误(Error of 2nd Kind)的理解问题。事实上,基于这里的讨论,假设检验发生错误的第二种可能性是指:假设检验中未能推翻零假设并接受备择假设,但这样的结果与实际不符。而这样的假设检验结果并不意味着接受零假设,也可能意味着没有结论,即仅仅是证据不充分,不足以推翻零假设,而并不等同于接受零假设(关于这部分的逻辑问题,参见选读小节有关假设推断检验逻辑的讨论内容)。但不论是否接受零假设,只要是不能推翻零假设,就一定不能接受备择假设,所以,假设检验第二类错误发生的可能性就总是可以描述成为错误地没有接受一个正确的备择假设。需要注意的是:这一点不同于 Neyman - Pearson 引理的情形,这里的情形是一个一般性的状况,存在灰色地带的可能性,而 Neyman - Pearson 引理则是一个简单(即单一分布)情形,使得所有情况非黑即白。有关后者问题的讨论,可继续参见选读小节有关 Neyman - Pearson 引理假设推断简化情形的讨论内容。

从上面有关假设检验逻辑的讨论可以看出:当假定零假设成立,但在这一假定成立的前提条件下样本的发生则又是小概率事件时,就可以推翻零假设。但在同样的情形下,仍然存在着这样小概率的可能性,使得推翻这一零假设的推断可能是错误的。因此,这一小概率实际构成了假设检验的第一类错误。

显而易见,为了限缩这一错误,需要设置一个第一类错误发生概率的上限值 $0 < \alpha < 1$,这一量值就是假设检验的显著性水平(the Level of Significance)(同时参见本节一开始有关假设检验基本问题定义的相关内容)。而另一方面,从逻辑上讲,第二类错误应该也同时得到限缩。第二类错误发生的概率水平通常被称为检验的功效(the Power of the Test),也称为检验的效力,用 $\beta(0 < \beta < 1)$ 表示。

由上面的讨论可以看出:检验的显著性水平 α 是一个检验的限定性要求,因此是一个预先设置的给定量值;而检验强度 β 则不同,它不是一个独立的量值。一般而言,β 不仅是 α 取值的函数,同时也是假设分布的函数,即

$$\beta = \beta(\alpha, \theta : \theta \in \Omega_K) \tag{2-71}$$

其中,θ 为假设的参数,Ω_k 为备择假设的参数集合。

下面仅限本书可靠性工程的关注范围,在单一分布的零假设 H_0 和备择假设 H_1 的情况

下,解释上面所提到的 β 对于 α 的依存关系问题。

假定随机变量 X 并有已知样本 $(x_1, x_2, \cdots, x_n)$，H_0 和 H_1 的假设分布函数则分别为 $f_0(x)$ 和 $f_1(x)$（例如，假设分布分别为正态分布 $N(\mu_0, \sigma)$ 和 $N(\mu_1, \sigma)$），即

$$H_0 : f_0(x) \equiv f(x; \theta_0)$$
$$H_1 : f_1(x) \equiv f(x; \theta_1) \tag{2-72}$$

其中，θ 为假设分布的参数。于是，对于上述样本构成样本空间的随机量 $\hat{X}$ 以及单一已知样本 $\hat{x} \equiv \{x_1, x_2, \cdots, x_n\}$（例如，$\hat{X}$ 为上述 n 维样本的均值统计量，于是，在上述假设 H_0 和 H_1 成立的前提下，分别服从正态分布 $N(\mu_0, \sigma/\sqrt{n})$ 和 $N(\mu_1, \sigma/\sqrt{n})$)，在上述假设成立的前提下满足如下关系，即

$$H_0 \to \hat{f}(\hat{x}; \hat{\theta}_0 | H_0), \quad H_1 \to \hat{f}(\hat{x}; \hat{\theta}_1 | H_1) \tag{2-73}$$

上述假设分布函数通常共享同样的样本空间 S，将这一空间分割成为两个部分 S_0 和 S_1（如图 2-4 所示），其中，当样本 $\hat{x}$ 落于 S_1 中的时候，用于给出推翻零假设 H_0、接受 H_1 的判定；而当其落于 S_0 中的时候，则不能接受 H_1，即得到如下量化关系：

$$S_0 \cap S_1 = \varnothing, \quad S_0 \cup S_1 = S$$
$$p = P(\hat{x} | H_0, \hat{x} \in S_1) = \int_{S_1} \hat{f}(\hat{x}; \hat{\theta}_0 | H_0) \, d\hat{x} \leqslant \alpha \tag{2-74}$$
$$\beta = P(\hat{x} | H_1, \hat{x} \in S_0) = \int_{S_0} \hat{f}(\hat{x}; \hat{\theta}_1 | H_1) \, d\hat{x} = \beta(\alpha; n)$$

其中，P 表示概率或累计积分的量值，p 即为 p 值。

由上面的量化关系可以看到：检验功效 β 是不能独立于显著性水平 α 的，β 是 α 的函数。不仅如此，随着样本数量 n 的增加，对于任何两个确定的假设 H_0 和 H_1，其相应样本统计量的分布 P_0 和 P_1 会更加集中和远离（如图 2-4 所示），这样，在 α 确定的情况下，β 的实际量值还受到样本空间维度，即采样数量的影响，所以，$\beta = \beta(\alpha; n)$。

【选读 17】 Neyman - Pearson 引理与最高功效检验

从假设检验的角度来讲，只要样本量达到无穷大，一个基于已有样本数量的推断总是可以精确得到的。因此，即使考虑检验的实际操作问题，检验的样本数量显然并不是越多越好，相反，而是足够为最好，即在满足前述检验的显著性水平 α 和检验的功效 β 要求的前提下，使得 β 的量值达到最大。而此时，所需要的样本量最小，且同时满足假设检验第一类和第二类错误的限缩要求。

因此，这样的假设检验被称为最高效检验（the Most Powerful Test）。Neyman - Pearson 引理就给出达成这一检验的一个充分条件，且证明了在上述单一分布假设 H_0 和 H_1 的条件下，最高效检验的存在性。

Neyman - Pearson 引理描述如下：

对于随机变量 X 以及单一分布的假设 $H_0 : P_0(x; \theta_0)$ 和 $H_1 : P_1(x; \theta_1)$，其中 θ_0 和 θ_1 为假设分布的参数，则存在常数 $k > 0$ 并可以确定一个样本空间 S_1 满足如下关系，即

$$\Lambda(x) \equiv \frac{L(\theta_0 | x)}{L(\theta_1 | x)} \tag{2-75}$$
$$\alpha = P[\Lambda(x) \leqslant k], \quad S_1 = \{x; \Lambda(x) \leqslant k\} \tag{2-76}$$

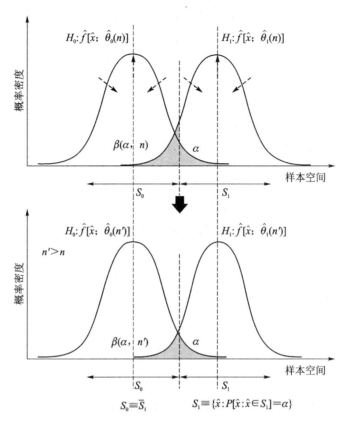

注：假设检验的第一类错误达成显著性水平 α 的误差限缩要求（上图），以及在前者满足要求的基础上，第二类错误 β 进一步满足最高检验功效的误差限缩要求（下图）。

图 2 - 4　假设检验的第一类与第二类错误的限缩要求关系示意图

这里，k 是样本空间分割点，通过 α 确定，然后生成 S_1 和 S_0。于是，构成假设检验条件，即如果样本 $x\in S_1$，推翻 H_0 并接受 H_1。同时，在同样的状况下，该假设检验构成满足显著性水平 α 且检验功效 β 达到最大的一个最高效检验。此外，在式（2 - 75）中，L 为似然函数，即

$$L(\theta_0\,|\,x)=P(x\,|\,\theta_0)=P_0(x),\quad L(\theta_1\,|\,x)=P(x\,|\,\theta_1)=P_1(x) \qquad (2-77)$$

（关于似然函数的表征问题，参见前面小节有关似然函数的讨论）。

Neyman - Pearson 引理实际给出了构建最高效假设检验的一个实现条件，这一条件表明：假设检验不仅需要要求零假设对于样本的似然度，即 $P_0(x)$ 足够小，还需要零假设对于样本的似然度相较于备择假设似然度的比例，或称为"零假设的相对足够小"仍然是足够小（或称"零假设足够小的效率"足够大），即 $P_0(x)/P_1(x)$ 也足够小，此时的假设检验最为高效。

从工程实用性的角度讲，最高效检验是必须的。在最高效检验（这一统计论概念）的条件下，样本检验所需的样本量达到最小，样本检验的效率（这样的通常工程概念）最高。

【选读 18】　Neyman - Pearson 假设检验计算案例

下面通过一个实际案例进一步说明 Neyman - Pearson 引理所定义假设检验的流程细节以及这一流程对于工程实际应用的意义。

假定随机变量 X 的一组样本为 $\bar{x}\equiv\{x_1,x_2,\cdots,x_n\}$，已知 X 服从一个正态分布 $N(\mu,\sigma)$，

且其中的分布参数标准方差 σ 是已知的,两个关于均值期望值 μ 的简单假设为:

$$H_0:\mu=\mu_0, \quad H_1:\mu=\mu_1, \quad \mu_0<\mu_1 \tag{2-78}$$

对于随机变量 $X\sim N(\mu,\sigma)$,其分布函数 PDF 的表达式为:

$$f(x\mid\mu)=\frac{1}{\sqrt{2\pi}\sigma}e^{-\frac{(x-\mu)^2}{2\sigma^2}} \tag{2-79}$$

表达式中,由于 σ 已知,因此,仅有 μ 作为分布函数的参数。对于 n 个样本数据 $\bar{x}\equiv\{x_1,x_2,\cdots,x_n\}$,如果假定其各自相互独立,则样本 $\bar{x}$ 的似然函数可按如下表达,即

$$L(\mu\mid\bar{x})=\prod_{i=1}^{n}f(x_i\mid\mu)=\left(\frac{1}{\sqrt{2\pi}\sigma}\right)^n\cdot e^{-\frac{\sum_{i=1}^{n}(x_i-\mu)^2}{2\sigma^2}}, \quad \bar{x}=\{x_1,x_2,\cdots,x_n\} \tag{2-80}$$

代入上面所给出的 Neyman - Pearson 的假设检验的限定条件,即得到两个假设 H_0 和 H_1 条件下似然函数的比值满足不等式:

$$\Lambda(x)=\frac{L(\mu_0\mid x)}{L(\mu_1\mid x)}=e^{-\frac{1}{2\sigma^2}\left[\sum_{i=1}^{n}(x_i-\mu_0)^2-\sum_{i=1}^{n}(x_i-\mu_1)^2\right]}\leqslant k \tag{2-81}$$

整理上述不等式得:

$$-\frac{1}{2\sigma^2}\left[\sum_{i=1}^{n}2\left(x_i-\frac{\mu_0+\mu_1}{2}\right)(\mu_1-\mu_0)\right]=-\frac{\mu_1-\mu_0}{\sigma^2}\left(\sum_{i=1}^{n}x_i-n\cdot\frac{\mu_0+\mu_1}{2}\right)\leqslant\ln k \tag{2-82}$$

为检验 X 所服从分布的均值期望值参数,首先通过样本数据 $\bar{x}$ 构建一个均值估计值 $\hat{\mu}_n$,即

$$\hat{\mu}_n\equiv\frac{1}{n}\sum_{i=1}^{n}x_i \tag{2-83}$$

该均值估计值服从正态分布 $N(\mu,\sigma/\sqrt{n})$,其分布函数表达式为:

$$f(\hat{\mu}_n\mid\mu)=\frac{1}{\sqrt{2\pi}(\sigma/\sqrt{n})}e^{-\frac{(\hat{\mu}_n-\mu)^2}{2(\sigma/\sqrt{n})^2}} \tag{2-84}$$

于是得到上面的 Neyman - Pearson 假设检验条件为:

$$\hat{\mu}_n\geqslant\frac{\mu_0+\mu_1}{2}-\frac{\sigma^2}{n(\mu_1-\mu_0)}\ln k \tag{2-85}$$

其中,k 为某待定常数。按照上述 Neyman - Pearson 引理假设检验的不等式条件,将如下的样本空间 Ω 分成两个相互排斥的部分 S_0 和 S_1,即

$$S_0\bigcap S_1=\varnothing, \quad S_0\bigcup S_1=\Omega\equiv\{\hat{\mu}_n:-\infty<\hat{\mu}_n<+\infty\} \tag{2-86}$$

• 如果对于样本 $\bar{x}$,其均值估计值 $\hat{\mu}_n$ 属于 S_1,则推翻假设 H_0、接受 H_1。

• 如果对于样本 $\bar{x}$,其均值估计值 $\hat{\mu}_n$ 属于 S_0,则接受假设 H_0。

所以,得到样本空间 S_1 和 S_0 的表达式分别为:

$$S_1=\{x;\Lambda(x)\leqslant k\}=\{\hat{\mu}_n;\hat{\mu}_n\geqslant\hat{\mu}_{n_0}\}=\{\hat{\mu}_n;\hat{\mu}_n\in[\hat{\mu}_{n_0},+\infty)\}$$

$$\hat{\mu}_{n_0}\equiv\frac{\mu_0+\mu_1}{2}-\frac{\sigma^2}{n(\mu_1-\mu_0)}\ln k \tag{2-87}$$

$$S_0 = \{\hat{\mu}_n; \hat{\mu}_n \in (-\infty, \hat{\mu}_{n_0}]\} \tag{2-88}$$

在得到上述样本空间的表达式以后,Neyman - Pearson 引理进一步要求假设检验的第一类误差 α 和第二类误差 β 满足一定的限缩条件。按照上述两类误差的定义,给出其基本量化表达式为:

$$\alpha \equiv P[\text{Reject } H_0 | \mu_0] = P[\hat{\mu}_n; \hat{\mu}_n \in S_1 | \mu_0] \tag{2-89}$$
$$\beta \equiv P[\text{Accept } H_0 | \mu_1] = P[\hat{\mu}_n; \hat{\mu}_n \in S_0 | \mu_1]$$

因此,对于事先给定的第一类误差上限值,即假设检验的显著性水平 $\alpha_0 > 0$,Neyman - Pearson 的检验条件保障了上述实际的第一类误差值 α 不大于此要求的上限值,即

$$\alpha = P[\hat{\mu}_n; \hat{\mu}_n \in S_1 | \mu_0] \leqslant \alpha_0 = P[\Lambda(x) \leqslant k] \tag{2-90}$$

代入上面给出的样本 $\bar{x}$ 的均值估计值 $\hat{\mu}_n$ 的概率密度分布函数表达式,即得到如下积分不等式:

$$P[\hat{\mu}_n; \hat{\mu}_n \in S_1 | \mu_0] = \int_{\hat{\mu}_n \in S_1} f(\hat{\mu}_n | \mu_0) \, d\hat{\mu}_n$$

$$= \int_{\frac{\mu_0 + \mu_1}{2} - \frac{\sigma^2}{n(\mu_1 - \mu_0)} \ln k}^{+\infty} \frac{1}{\sqrt{2\pi}(\sigma/\sqrt{n})} e^{-\frac{(\hat{\mu}_n - \mu_0)^2}{2(\sigma/\sqrt{n})^2}} \, d\hat{\mu}_n \leqslant \alpha_0 \tag{2-91}$$

对于上述正态分布函数的积分限,如果按照标准正态分布函数 $N(0,1)$,可以进行如下的等效表达,即

$$z \equiv \frac{x - \mu}{\sigma} \geqslant z_{1-\alpha_0}, \quad \rightarrow x \geqslant \mu + z_{1-\alpha_0} \sigma \tag{2-92}$$

其中,x、μ 和 σ 分别为普通正态分布的随机变量、均值期望值和方差。所以,分别代入式(2-91)的实际量值,即得到如下不等式:

$$\frac{\mu_0 + \mu_1}{2} - \frac{\sigma^2}{n(\mu_1 - \mu_0)} \ln k \geqslant \mu_0 + z_{1-\alpha_0} \cdot \frac{\sigma}{\sqrt{n}} \tag{2-93}$$

整理后得到关于 k 的如下不等式,即

$$\ln k \leqslant \left(\frac{\mu_1 - \mu_0}{2} - \frac{z_{1-\alpha_0} \sigma}{\sqrt{n}}\right) \frac{n(\mu_1 - \mu_0)}{\sigma^2} \tag{2-94}$$

下面来进一步估计和限缩其第二类检验误差。正如前面已经讨论的,由于样本空间 S_0 和 S_1 的确定与检验的显著性水平 α_0 有关,因此,第二类检验误差 β 是 α_0 的函数,但是,可以将这一误差限缩在某个量值 β_0 以内,这一上限量值 β_0 称为检验的检验功效,同时,希望在满足上述限缩条件的基础上,最大化第二类检验误差 β,使其尽可能接近甚至达到 β_0,这样的检验称为最高功效检验。在最高功效检验或称最高效检验的条件下,检验所需要的样本量最小。

因此,同时代入上面 β 的定义表达式,即得到如下的积分不等式:

$$\beta = P[\hat{\mu}_n; \hat{\mu}_n \in S_0 | \mu_1] = \int_{\hat{\mu}_n \in S_0} f(\hat{\mu}_n | \mu_1) \, d\hat{\mu}_n \leqslant \beta_0 \tag{2-95}$$

类似第一类检验误差 α 的处理,可以得到关系:

$$\frac{\mu_0 + \mu_1}{2} - \frac{\sigma^2}{n(\mu_1 - \mu_0)} \ln k \leqslant \mu_1 - z_{\beta_0} \cdot \frac{\sigma}{\sqrt{n}} \tag{2-96}$$

整理后得到另外一部分关于 k 的约束条件,即

$$\ln k \geqslant \left(\frac{z_{\beta_0}\sigma}{\sqrt{n}} - \frac{\mu_1 - \mu_0}{2} \right) \frac{n(\mu_1 - \mu_0)}{\sigma^2} \qquad (2-97)$$

因此,得到假设检验的显著性水平 α_0 以及检验的功效要求 β_0 所决定的 k 量值的上下边界,即

$$\ln k_{\alpha_0} \equiv \left(\frac{\mu_1 - \mu_0}{2} - \frac{z_{\alpha_0}\sigma}{\sqrt{n}} \right) \frac{n(\mu_1 - \mu_0)}{\sigma^2}$$

$$\ln k_{\beta_0} \equiv \left(\frac{z_{\beta_0}\sigma}{\sqrt{n}} - \frac{\mu_1 - \mu_0}{2} \right) \frac{n(\mu_1 - \mu_0)}{\sigma^2} \qquad (2-98)$$

k 的量值需要限定在上述上下限边界的范围之内,即

$$\ln k_{\beta_0} \leqslant \ln k \leqslant \ln k_{\alpha_0} \qquad (2-99)$$

且当 k 的量值达到由检验的功效要求 β_0 所决定的下限值时,此时的检验称为最高功效检验。

下面以案例更进一步显示和说明最高功效检验样本数量的取值问题。通常情况下,检验的显著性水平 α_0 和检验的功效要求 β_0 设置成为一样的水平(还可以参考下面有关序贯试验讨论的章节),同时将这一关系代入上面的 k 边界值的表达式,可以得到如下的关系,即

$$\beta_0 = \alpha_0, \quad \rightarrow \ln k_{\beta_0} = -\ln k_{\alpha_0} \qquad (2-100)$$

于是得到 k 值的取值范围,即

$$-\ln k_{\alpha_0} \leqslant \ln k \leqslant \ln k_{\alpha_0} \qquad (2-101)$$

同时,可以进一步看到其中各参数之间的输入/输出以及相关的函数关系。显著性水平 α_0 是一个事先设定的参数,Neyman - Pearson 的检验条件保障了第一类检验误差 α 达到这一水平。另一方面,第二类检验误差 β 不是独立的,是第一类误差 α 的函数,但是可以限定在某个最大值,即某个上限检验功效要求 β_0 之内,同时,在达到这一功效水平时,构成最高功效检验,即

$$\alpha = \alpha(n) = \alpha_0, \quad \rightarrow \beta = \beta(\alpha, n) = \beta(\alpha_0, n) \leqslant \beta_0 \qquad (2-102)$$

考虑到本案例所假定的正态分布函数假设,假定两个假设均值期望值之间的差 $\mu_1 - \mu_0$ 分别为 1σ 和 2σ,且两类的检验误差均限制在 2σ,即 2.3% 的水平,则相应的数值计算结果列于表 2-1。

表 2-1　在 N-P 引理检验条件下的样本量求解案例

序　号	$\mu_1 - \mu_0$	$z_{\alpha_0} = z_{\beta_0} = 2$	试　算	$\ln k_{\beta_0}$	$\ln k_{\alpha_0}$	n
1			$n=1$	1.5	-1.5	—
2			$n=4$	2	-2	—
3	1σ	$\alpha_0 = \beta_0$ $\approx 2.3\%$	$n=9$	1.5	-1.5	—
4			$n=16$	0	0	16
5			$n=25$	-2.5	2.5	—
6			$n=1$	2	-2	—
7	2σ	$\alpha_0 = \beta_0$ $\approx 2.3\%$	$n=4$	0	0	4
8			$n=9$	-6	6	—

从表 2-1 中的计算结果可以看出:在 $\mu_1-\mu_0=1\sigma$ 的情况下,试算了 $n=1,4,9,16,25$ 共计 5 种情况(即表中的 $\sharp1\sim5$),前 3 种情况(即表中的 $\sharp1\sim3$)不满足上面的 k 的限定条件,后两种情况(即表中的 $\sharp4\sim5$)满足 k 的限定条件,其中,$\sharp4$ 满足 Neyman-Pearson 的最高功效检验的条件。类似的,在 $\mu_1-\mu_0=2\sigma$ 的情况下(即表中的 $\sharp6\sim8$),$\sharp7$ 为最高功效检验。

这一具体案例进一步显示:最高功效检验是满足显著性水平要求,同时达成上限检验功效要求的检验,且在此时,样本量达成最小。本案例显示的另外一个结果是:当两个假设 H_0 和 H_1 相差得越远,即在本案例中 $\mu_1-\mu_0$ 越大,所需要的样本越少。这意味着:两个区别越显著的假设,在假设检验中,对于假设的推断越容易。这一结果自然符合人们的一般性常识和认知。

【选读 19】　Neyman-Pearson 对于假设推断的简化

下面从假设检验理论在工程实际应用的角度,来讨论 Neyman-Pearson 引理的若干意义。

首先,显而易见的一点是:Neyman-Pearson 引理仅限于处理两个单一假设 H_0 和 H_1 的检验问题,将检验集合的复杂度降至最小,更加有利于假设推断的理论用于实际工程问题的处理。

此外,通过 Neyman-Pearson 的假设检验条件所得以构建的最高功效检验,使得假设检验的结果允许直接推翻或是接受某个假设(H_0 或是 H_1)。正如前面章节所讨论的假设推断的检验逻辑,在仅仅是满足假设检验的显著性水平要求条件下,在逻辑上允许推翻零假设 H_0、并因此接受备择假设 H_1,但通常情况下,假设推断的检验逻辑在充分性上并不足以支持接受零假设的结论(注:具体参见选读小节有关假设推断检验逻辑内容的讨论)。

但是,在满足 Neyman-Pearson 假设检验条件下所能够构建出的最高功效检验,在数学上使得零假设 H_0 和备择假设 H_1 成为相互对等的两个假设,即在最高功效检验的条件下,H_1 也可以设置成为零假设,H_0 也可以设置成为备择假设。因为在这样的条件下,对于事先给定的功效上限,最高功效检验可以同样满足并达到这一上限条件,并不受限于事先已经给定的显著性水平要求。也使得在最高功效检验的条件下,显著性水平要求和功效上限要求二者对等、可以互换。因此,使得如下两类推断同样对等,即

- 如果 H_0 作为零假设,满足显著性水平要求,则允许推翻 H_0,并因此接受 H_1。
- 如果 H_0 与 H_1 互换,H_1 作为零假设,满足原来的功效上限要求,则允许推翻 H_1,并因此接受 H_0。

上面的推断逻辑即等同于推翻或是接受 H_0 或 H_1 假设中的任何一个。因此,最高功效检验的条件使得推断的两面均满足充分性要求,推断结论非黑即白,不再有无结论这样的模糊空间。

事实上,在一般假设检验的条件下,在样本空间 S 被分割成为相互排斥的两个部分 S_0 和 S_1 以后:

- 当样本 $x\in S_1$,第一类错误发生的概率满足显著性水平要求,因此,推翻 H_0 并接受 H_1。
- 当样本 $x\in S_0$,则第一类错误发生的概率不满足显著性水平要求,因此,无结论。

但在最高功效检验的条件下:

- 当样本 $x \in S_1$，第一类错误发生的概率满足显著性水平要求，同样，推翻 H_0 并因此接受 H_1。
- 但当样本 $x \in S_0$，则第二类错误发生的概率同样满足事先给定的功效上限要求，因此，如果将 H_1 和 H_0 互换，则可以推翻 H_1 并因此接受 H_0。（如图 2-5 所示）。

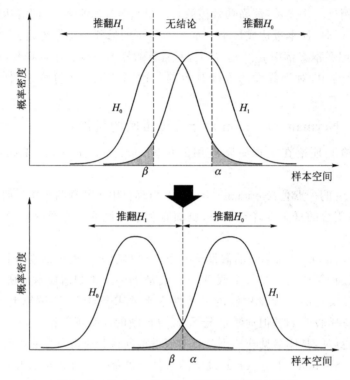

图 2-5　Neyman-Pearson 引理物理意义示意图

【选读 20】　假设检验的功效要求

前面的讨论已经提到：作为统计论的核心内容，基于有限的数据证据正向完成具有一般性意义的推断在逻辑上是不满足充分性要求的，因此，需要通过逆反逻辑，即推翻零假设的方式达成假设检验的目的。

完成具有随机性质数据的一般性推断，问题还不仅仅只是前面所说的判定逻辑的问题一点。事实上，判定本身也是问题。最简单的判定，如是与否，对于随机事件来讲都是不确定的，部分的样本个体可能是是，而另外一部分的样本个体则可能是否。因此，完成假设检验不仅需要构建一套判定与推断逻辑，还需要明确定义判定本身。

按照上述的假设检验判定逻辑，假设检验的出发点是推翻零假设，因此，需要能判定假设检验的证据不支持零假设。同时在另一方面，还需要能够判定假设检验的证据足够地支持备择假设。而前者是第一位的，由假设检验的显著性水平来表征，而后者则是从属且非独立的，由假设检验的功效来表征。

需要指出的是，显著性水平是假设检验的要求，因此是事先指定的。而功效则是一个在假设检验过程有待确定的表征量，并非针对所有类型的假设均能够简单确定。但是，对于假设是简单，即 H_0 和 H_1 为两个单一假设的情形，Neyman-Pearson 引理给出了样本空间的分隔条件,使得检验功效达到最大。从前面的推断逻辑看出:只有当假设检验的功效同时达到最大,假设推断的结论才是最具可靠性的。

从工程应用,尤其是试验样本的角度,仅仅是显著性水平并不一定完全约束试验样本量的大小,检验功效可能同样影响样本数量的要求。主要总结如下的 3 个方面:

- 如果证据已经存在,即样本数据与样本量已经确定,则 Neyman - Pearson 引理给出最高功效检验,即在现有条件下,已经达成检验功效的最大值。但这个值是一定的,且不意味着就一定能够达到所期望的功效要求。这一点其实进一步说明:仅仅是满足显著性水平的假设检验,仍然未必能够得出一个可信的推断。
- 如果进一步增加样本,则可以调整样本数量,以使得检验功效也同时满足所期望的水平要求。
- 如果在上面的基础上进一步增加样本数量,则假设检验的工程效率下降,即假设检验的工程成本上升、样本的检验效率下降。

相关问题的讨论还可以参见序贯试验部分章节有关生产方与使用方风险的相关内容。

下面在理论上证明:对于两个简单的假设 H_0 和 H_1,Neyman - Pearson 引理给出了一个最高功效检验(注:相关工作参见相关文献[13,21])。

对于假设检验的第一类误差 α 和第二类误差 β,其检验相应的显著性水平和功效分别表示为:

$$\alpha \equiv P\left[\text{Reject } H_0 \mid \theta_0\right] = P\left[x : x \in S_1 \mid \theta_0\right] = \int_{S_1} L\left(\theta_0 \mid x\right) \mathrm{d}x$$

$$1 - \beta \equiv 1 - P\left[\text{Accept } H_0 \mid \theta_1\right] = P\left[x : x \in S_1 \mid \theta_1\right] = \int_{S_1} L\left(\theta_1 \mid x\right) \mathrm{d}x$$

$$(2-103)$$

其中,θ_0 和 θ_1 分别为零假设 H_0 和备择假设 H_1 的参数,x 为样本,S_1 为推翻 H_0 的样本空间,L 为似然函数。下面实际需要证明:在 α 满足显著性要求 $\alpha \leqslant \alpha_0$ 的前提下,Neyman - Pearson 引理使得检验功效 $1 - \beta$ 最大。

下面分别按照 Neyman - Pearson 引理条件和其他情况构建样本空间 S_1,分别记为 S_{NP} 和 S_A,显然,依照 Neyman - Pearson 引理,S_{NP} 和 S_A 需满足如下条件:

$$S_{NP} = \left\{x : \frac{L\left(\theta_0 \mid x\right)}{L\left(\theta_1 \mid x\right)} \leqslant k, k > 0\right\}, \quad \forall S_A \neq S_{NP} \qquad (2-104)$$

且按照上述方式构建的两类样本空间,其相应的第一类检验误差 $\alpha(S_{NP})$ 和 $\alpha(S_A)$ 按照上面两类误差的定义以及 Neyman - Pearson 引理,应分别满足如下条件:

$$\alpha\left(S_{NP}\right) = \int_{S_{NP}} L\left(\theta_0 \mid x\right) \mathrm{d}x = \alpha_0$$

$$\rightarrow \alpha\left(S_A\right) = \int_{S_A} L\left(\theta_0 \mid x\right) \mathrm{d}x \leqslant \alpha_0 = \int_{S_{NP}} L\left(\theta_0 \mid x\right) \mathrm{d}x$$

$$(2-105)$$

下面将样本空间 S_{NP} 和 S_A 之间相互重叠与不重叠的部分分别考虑,即做如下的分割:

$$S_{NP} = S_{NP} \cap S_A + S_{NP} \cap \bar{S}_A, \quad S_A \cap \bar{S}_A = \varnothing$$

$$S_A = S_A \cap S_{NP} + S_A \cap \bar{S}_{NP}, \quad S_{NP} \cap \bar{S}_{NP} = \varnothing$$

$$(2-106)$$

容易看出:其中包括了一个重叠的部分和两个各自分开的部分。于是,上面的概率不等式关系可以表示为两个各自分开部分样本空间的积分比较,即

$$\int_{S_A} L(\theta_0 \mid x) \, \mathrm{d}x \leqslant \int_{S_{NP}} L(\theta_0 \mid x) \, \mathrm{d}x$$

$$\rightarrow \int_{S_A \cap \bar{S}_{NP}} L(\theta_0 \mid x) \, \mathrm{d}x \leqslant \int_{S_{NP} \cap \bar{S}_A} L(\theta_0 \mid x) \, \mathrm{d}x \qquad (2-107)$$

而对于上面不等式的右侧部分,考虑去积分域属于 S_{NP},所以被积函数应该满足 Neyman - Pearson 引理对于似然函数的条件,即

$$\int_{S_A \cap \bar{S}_{NP}} L(\theta_0 \mid x) \, \mathrm{d}x \leqslant \int_{S_{NP} \cap \bar{S}_A} L(\theta_0 \mid x) \, \mathrm{d}x \leqslant k \int_{S_{NP} \cap \bar{S}_A} L(\theta_1 \mid x) \, \mathrm{d}x \qquad (2-108)$$

在上面已得到有关第一类检验误差关系的基础上,下面来进一步考核检验功效的部分。首先将 S_A 样本空间构建方式条件下的功效的积分按照与 S_{NP} 重叠与不重叠的两个部分进行表示,即

$$1 - \beta(S_A) = \int_{S_A} L(\theta_1 \mid x) \, \mathrm{d}x = \int_{S_A \cap S_{NP}} L(\theta_1 \mid x) \, \mathrm{d}x + \int_{S_A \cap \bar{S}_{NP}} L(\theta_1 \mid x) \, \mathrm{d}x$$

$$(2-109)$$

式(2-109)右侧的第二项积分由于在 S_{NP} 的样本空间以外,因此被积函数同样需要满足 Neyman - Pearson 引理对于似然函数的条件,即得到关系

$$\int_{S_A \cap \bar{S}_{NP}} L(\theta_1 \mid x) \, \mathrm{d}x \leqslant \frac{1}{k} \int_{S_A \cap \bar{S}_{NP}} L(\theta_0 \mid x) \, \mathrm{d}x \qquad (2-110)$$

同时考虑上面已经得到的两个积分不等式关系,并代入检验功效函数的表达式,即得到如下的不等式关系:

$$1 - \beta(S_A) \leqslant \int_{S_A \cap S_{NP}} L(\theta_1 \mid x) \, \mathrm{d}x + \frac{1}{k} \int_{S_A \cap \bar{S}_{NP}} L(\theta_0 \mid x) \, \mathrm{d}x$$

$$\leqslant \int_{S_A \cap S_{NP}} L(\theta_1 \mid x) \, \mathrm{d}x + \frac{1}{k} \times k \int_{S_{NP} \cap \bar{S}_A} L(\theta_1 \mid x) \, \mathrm{d}x$$

$$= \int_{S_{NP}} L(\theta_1 \mid x) \, \mathrm{d}x = 1 - \beta(S_{NP}), \quad \forall S_A \neq S_{NP} \qquad (2-111)$$

【选读 21】 Bayes 对于原假设修正的基本思路

通过新获取的数据亦称为证据(Evidence),对原有的假设推断(Hypothesis)进行修正是 Bayes 统计论的基石。其量化关系就是众所周知的 Bayes 公式,即

$$P(H \mid E) = \frac{P(E \mid H) P(H)}{P(E)} \qquad (2-112)$$

其中,E 表示证据,H 则是原假设推断。$P(H \mid E)$ 表示基于证据的假设修正,而 $P(E \mid H)$ 则表示基于原假设条件下同样证据发生的推定概率。这一量化关系表征了如何通过一个所谓的先验推断 $P(E \mid H)$ 去进一步完成修正,并获取一个后验推断的 $P(H \mid E)$ 的过程。

为进一步理解这样的一个量化修正关系及其问题处理的基本思路,下面通过一个具体的案例来进行说明。案例的详细情况描述如下:

假定有一个中学的国际交流项目,共有 5 名美国学生和 3 名日本学生同时来访,并与 22 名本地的中国学生一起做游戏。假定所有来访学生均为亚裔,且仅从外貌无法区分其国籍。游戏被分成了 A,B,C 3 个小队进行,每个小队 10 人,各小队的人员构成情况如下:

• A 小队:美国学生 0 人,日本学生 0 人,中国学生 10 人。

- B 小队:美国学生 3 人,日本学生 1 人,中国学生 6 人。
- C 小队:美国学生 2 人,日本学生 2 人,中国学生 6 人。

其中的 A 小队全部是中国学生,而 B 和 C 则是三国学生的混合小队。按规则,这个时候各小队都需要首先完成队内讨论并推荐一人当队长,然后由队长到主席台领号旗。如果此时第一个完成队长推荐并过来领旗的是个中国学生,那么,这个最先完成讨论推荐的小队是 A 队的概率是多少?

按照一般经验,对于首先完成讨论并产生小队长的小队,可以是任何 3 个小队之一,因此,是 A 小队的概率是 1/3。这可以理解为是先验推断。但是,当实际发现这个队长是中国学生后,这个小队是 A 队的概率就似乎应该变得更高,因为 A 小队全部是中国学生,而其他小队均混有外国学生。这样的情况可以理解为:在有了新的证据(即第一个领旗的小队长是名中国学生)的条件下,后验推断在原始先验推断(即首先完成讨论和队长推荐的小队是 A 小队)的基础上发生了变更。

于是,做如下的事件设定:

- 假设推断 H:首先完成讨论和队长推荐的小队是 A 小队,$P(A)=1/3$。
- 证据 E:第一个领旗者是名中国学生,$P(E)=22/30$。

容易理解,仅从第一名过来领旗的学生身份的角度看,他是中国学生的概率为 22/30,因为总计 30 名学生中有 22 位是中国籍学生。另外,如果在假定是 A 小队的条件下,他是中国学生的概率为 1,即 $P(E\mid H)=1$。

所以,按照上述 Bayes 公式得到一个修正后的后验推断,即

$$P(H\mid E)=\frac{P(E\mid H)P(H)}{P(E)}=\frac{1\times 1/3}{22/30}\approx\frac{1.364}{3}>\frac{1}{3} \qquad (2-113)$$

显然,这一修正后的推断要明显大于原始的推断,大致高出了 36.4%。正如前面所看到的:A 小队所有成员均为中国学生,因此是 A 小队的概率在新证据的支持下应该高于其他的混合成员小队。

但是,更进一步的思考仍然可以发现:在上述的案例中,证据 E 和假设推断 H 均可以定义成为随机事件,因此可以做如上的简单计算。但是,通常意义下的假设推断可能很难作为一般的随机事件处理,正如前面也已经提到的,假设推断与样本数据或证据相比,通常会是更为一般性的结论,例如事件服从某个分布函数等,而这样的假设推断不是一个一般意义上的随机事件。

【选读 22】　Bayes 统计论与传统统计论

正如前面所述,Bayes 公式是 Bayes 推断理论的核心内容。而 Bayes 公式当中,假设的概率,尤其是基于证据修正后假设概率的概念,在传统统计论中是难以理解的。

传统的统计论(即 Frequentist Statistics)不是广泛地认为任何的统计过程均存在随机性(即不确定性),随机性的概念和模型仅限于用来描述采样(Sampling)以及预计采样会得到的结果,而 Bayes 统计论则将随机性进一步扩展至统计论最为基础的概念——假设,即所有可能推断集合中具体推断决定的不确定性。因此,按照上一节的讨论,Bayes 统计论认为样本数据所服从的分布也存在随机性。这构成了 Bayes 统计论与传统统计论最为根本的不同点。

考虑到本书的可靠性工程关注点,更多有关 Bayes 统计论的问题,有兴趣和需要的读者可

以自行参考统计论专业书籍。

2.5.3 序贯假设检验和 MIL - STD - 781

序贯假设检验方法以及完全在此理论基础上建立起来的美军标 MIL - STD - 781(而 MIL - HDBK - 781 则提供了详细的理论过程的说明),即使在今天仍然是可靠性工程实践中包括鉴定、验收等在内的系统产品评价的一个最为基础的手段和方法。虽然国内翻译和引入了这一标准并建立了相应国军标 GJB899[22],但考虑到序贯假设检验理论本身的复杂性以及本书的目的,有必要在进一步就该理论的相关细节进行讨论以前,对于序贯假设检验理论的产生在工程需求以及技术要求两个方面的背景和目的在本节做一个简单的说明,以便于读者对后续内容的理解。

序贯统计理论发端于第二次世界大战后期(1943 年)美国对于武器系统的研发与测试需求,尤其是来源于由美国海军部(Navy Department)给美国哥伦比亚大学统计论研究室(the Statistical Research Group, Columbia University)所提出的研究需求且由后者所得到的研究成果。在这一研究中,Ward 是其中主要的完整理论的建立者。从当时的实际工程需求出发,该研究的核心要求包括如下的两个方面:

- 当前统计论的工程实用化要求。
- 提升当前产品的抽样和评价效率。

一方面,鉴于统计论逻辑复杂、不易理解,尤其是工程不宜实施的问题,研究的首要需求就是统计论的实用化问题,而事实上,后续 MIL - STD - 781 的建立明确体现了这样的需求。而另一方面,通过序贯试验的方式,在现行抽样(注:这里的现行抽样,即非序贯的抽样方式,更多有关这一问题的详细讨论可以参见选读小节中的相关内容)的基础上实现样本数量的减少,进一步提升试验效率,也因此成为序贯统计理论研究的核心问题。

除序贯试验方案以外,MIL - STD - 781 所纳入的另外一部分研究内容就是所谓试验的截尾条件。这部分的相关内容主要来自 Epstein 等人在 1954 年的研究工作。但是,从选读小节的讨论也可以看出,由于这里的试验截尾条件可以看成是产品失效指数分布条件序贯试验的一个自然的衍生结果,因此,作者 Epstein 等人这一部分的工作相较于 Ward 的工作,文献中提及的相对更少。由于本书对于工程问题理论基础部分的侧重,有关截尾问题理论依据部分的讨论,在后面的小节中进行。

从序贯分析的理论角度而言,序贯分析首次将产品的可靠性抽样和评价问题从一个统计论的严格的意义上进行了定义,并将这一工程问题转化成了一个统计论的序贯假设检验(Sequential Probability Ratio Test,简称 SPRT)的问题。但另一方面,序贯分析的理论仅仅是 Neyman - Pearson 假设检验理论在工程上的一个具体应用案例,因此,具体而言,问题限于统计论的简单假设(即假设集合中仅有单一可能的假设分布)情形,同时,假定产品失效服从指数分布。当然,这样的理论假定被认为符合系统失效的实际工程状况。

但从序贯试验其后已经历经若干世纪的在工程中的实际使用情况来看,这一抽样方法存在一些局限性,制约其在工程中的广泛使用。这些制约因素可以大体从方法本身以及工程需求两个方面来看。首先,从方法本身来看:

- 方法本身引入更多工程中并不非常明确或是难以完全客观确定的参数:定义一个完整产品鉴定验收的序贯试验,过程中还需要用到生产方风险、使用方风险、鉴别比等多个预先设定的试验要求参数。

- 方法本身不涉及实际产品通常复杂的失效模式和情况:如果假定产品仅发生一个特定的故障模式,则产品试验样本满足成败样本条件,可以按照所期望接受的 MTBF 水平的区间估计出一个需要的样本试验定时截尾时间以及试验允许的样本失效数量等参数。

此外,从实际的工程需求来看,以产品可靠性量化评价为目的的试验的实施与上述标准所考虑的产品鉴定验收试验场景存在一定的差异。主要表现在如下的一些方面:

- 通常情况下所允许的试验样本量是由实际状况预先确定:样本数量的多少经常可能是由试验设计要求以外的因素所决定,尤其是实际是否可以获取。而且,试验通常是所有样本一次性同时进行的,而非序贯试验方式。
- 通过上述定时截尾理论所估计和要求的试验时间可能会比较长:通常情况下的试验时间是通过加速条件的实际状况,包括经验、成本等综合来确定的,一般认为产品的使用是有寿的,这一点与基于 MTBF 的理论假定是有差异的。
- 并非所有的非序贯类型试验都一定是低效率的:一般情况下,上述所定义的定时截尾的序贯试验会设计至试验中发生产品失效的程度,但实际工程条件下零失效的产品可靠性评价试验则非常普遍,一般情况下试验到认为"够用"即可。

2.5.4　序贯试验的统计论问题定义

序贯试验的问题是一个在严格的统计论理论基础之上定义的实际可靠性工程问题,因此,包含了理论和工程实际两个方面。鉴于本书的目的,本节重点讨论直接工程应用的理论部分内容,工程部分的内容详细参考 MIL – STD – 781[19-20],而全面的理论性内容可以参考 Ward 的序贯分析以及其他基础统计论的相关内容[23]。

前面讨论假设检验的基本问题时已经提到,一个假设检验问题,在理论上包含了如下若干方面的内容:

- 假设的定义:定义零假设 H_0 和备择假设 H_1。
- 样本和样本空间:定义样本和样本空间。
- 检验要求的表征:检验错误的定义。
- 推断的判定:最高功效检验的构建。

下面就按照这些内容的要求,首先在理论上定义序贯试验的问题。

首先,假定产品的失效时间满足指数分布条件,即产品随机失效的情况。通过试验决定产品是否满足所期望的 MTBF 要求。因此,零假设 H_0 和备择假设 H_1 分别定义为:

- H_0:产品的 MTBF 真值达到期望检验上限 θ_0。
- H_1:产品的 MTBF 真值低于可接受的检验下限 θ_1,$\theta_1 < \theta_0$。

这里,θ_0 和 θ_1 即为假设检验的指数分布参数。需要指出的是:前面也已经多次提到,统计论的假设检验理论是以推翻零假设 H_0 为推理的逻辑出发点的,但是,对于这里的简单假设的情形,在满足 Neyman – Pearson 引理的判定条件下,推翻零假设并接受备择假设,与推翻备择假设并接受零假设,是逻辑相互对等的。因此,上述 MIL – STD – 781 中实际是以推翻备择假设 H_1 为目的的假设方式与通常统计论中的定义方式虽然不同,但在理论上是没有问题的。

然后就是假设检验的样本与样本空间问题。由于序贯试验每次均需要对发生失效的样本进行检验,因此,不可能像传统的试验那样,在试验完成之后一次性进行检验,从而满足 Neyman - Pearson 样本空间的检验判定要求(更多详细的讨论参见本部分选读小节有关非序贯试验的内容)。序贯分析理论将样本空间分为拒收空间的部分 S_1(即推翻 H_0 并接受 H_1)、接受空间的部分 S_0(即接受 H_0)以及不确定,因此,继续试验的空间部分 S 的 3 个样本空间,即

$$\Omega \equiv S_0 \bigcup S \bigcup S_1, \quad S_0 \bigcap S \bigcap S_1 = \varnothing$$

$$S_1 = \left\{ x: \frac{L(\theta_1 \mid x)}{L(\theta_0 \mid x)} \geqslant A \right\}, \quad S_0 = \left\{ x: \frac{L(\theta_1 \mid x)}{L(\theta_0 \mid x)} \leqslant B \right\} \tag{2-114}$$

$$S = \left\{ x: B < \frac{L(\theta_1 \mid x)}{L(\theta_0 \mid x)} < A \right\}, \quad A > B > 0$$

其中,Ω 为样本的整体空间,x 为样本,A 和 B 为样本空间分割的边界,L 为样本的似然函数。更为详细的有关这一空间划分的存在性的证明可以参见序贯分析[21,23-24]。

在假设检验的要求部分,MIL - STD - 781 引入了生产方风险(Producer's Risk)与使用方风险(Consumer's Risk)这样的工程用语用于代替假设检验理论中第一类和第二检验错误这样的原始理论用语,且要求假设检验的两类错误同时小于指定的上限值 α 和 β。

最后,在推断的判定上,序贯分析理论要求假设检验在样本空间的 S_1 和 S_0 两个部分满足 Neyman - Pearson 的最高功效检验要求,并因此得到样本空间的划分边界 A 和 B,即

$$A \approx \frac{1-\beta}{\alpha}, \quad B \approx \frac{\beta}{(1-\alpha)} \tag{2-115}$$

更多详细有关条件的推导,有兴趣的读者可继续参见本部分选读小节中的相关内容,同时也可参考其他相关序贯分析的文献资料。

【选读 23】 序贯假设检验的样本空间

通过上节有关 Neyman - Pearson 引理实际物理意义和案例的讨论可以看到:在样本足够大的情形下,可以通过 Neyman - Pearson 引理构建一个被分割成两个互不相交的样本空间 S_0 和 S_1,使得当样本落在空间 S_1 中时推翻零假设 H_0、接受备择假设 H_1,或者样本落在样本空间 S_0 中时,则接受零假设 H_0。仅有两种选项,非黑即白,构成一种理想的决策状况。但是,当样本数量不足时,假设检验的两类误差不能同时得到足够的限缩,在样本空间上就体现为:除上述的 S_0 和 S_1 以外,还存在空间 S,当样本落在 S 的空间区域中时,对于假设 H_0 和 H_1 的判定是不确定的。

序贯试验显然就属于上面后者的情形,因为每次试验仅增加一个样本,一般情况下不能保证样本数量的充足性要求。所以,会存在样本空间 S 这样的模糊或称不确定的区域状况。基于这样的认识,序贯试验构建了相应的假设检验流程和条件。

首先,对于由 n 个数据构成的 n 维度样本 $(x_1, x_2, \cdots, x_n)$,通过 Neyman - Pearson 引理得到如下假设检验的判定条件,即

$$\Lambda(\bar{x}_n) = \frac{L_n(\theta_0 \mid \bar{x}_n)}{L_n(\theta_1 \mid \bar{x}_n)} \leqslant k, \quad \bar{x}_n \equiv (x_1, x_2, \cdots, x_n), \quad k > 0 \tag{2-116}$$

这里:L_n 为样本的似然函数,θ_0 和 θ_1 则分别为零假设 H_0 和备择假设 H_1 的参数(不妨假设 $0 < \theta_0 < \theta_1$,有关 H_0 和 H_1 的对称性问题,参见前面小节有关 Neyman - Pearson 引理物理意义的讨论内容)。对于序贯试验,由于每个样本是顺序进行的,且认为试验结果相互独立,因此,整体样本的似然函数为每个样本个体概率密度函数的乘积,即

$$L_n(\theta_0 \mid \bar{x}_n) = \prod_{i=1}^{n} f(x_i \mid \theta_0), \quad L_n(\theta_1 \mid \bar{x}_n) = \prod_{i=1}^{n} f(x_i \mid \theta_1) \qquad (2-117)$$

基于 Neyman - Pearson 引理所构建的样本空间为$(0, +\infty)$的正实数轴的部分,将其划分为 S_0、S 和 S_1 互不相交的 3 个部分,即

$$\Omega \equiv S_0 \cup S \cup S_1, \quad S_0 \cap S \cap S_1 = \varnothing \qquad (2-118)$$

其中,3 个部分的区域分别由两个正的实数点 A 和 B(不妨假定 $0 < B < A$)分割开来。

依据上面的 Neyman - Pearson 条件,可以进一步明确定义 3 个样本空间及其需要满足的条件。对于 S_1 有

$$S_1 = \left\{ \bar{x}_n; \frac{L_n(\theta_1 \mid \bar{x}_n)}{L_n(\theta_0 \mid \bar{x}_n)} \geqslant A, A > 0 \right\} \qquad (2-119)$$

S_1 中的不等式条件可以简单变形写成如下条件的形式,即

$$\forall \bar{x}_n \in S_1, \quad L_n(\theta_0 \mid \bar{x}_n) \leqslant \frac{1}{A} L_n(\theta_1 \mid \bar{x}_n) \qquad (2-120)$$

类似地,样本空间区域 S_0 和 S 则可以分别定义和表示为:

$$S_0 = \left\{ \bar{x}_n; \frac{L_n(\theta_1 \mid \bar{x}_n)}{L_n(\theta_0 \mid \bar{x}_n)} \leqslant B, \quad A > B > 0 \right\}, \quad S = \left\{ \bar{x}_n; B < \frac{L_n(\theta_1 \mid x)}{L_n(\theta_0 \mid x)} < A \right\}$$

$$\forall \bar{x}_n \in S_0, \quad L_n(\theta_1 \mid \bar{x}_n) \leqslant B \cdot L_n(\theta_0 \mid \bar{x}_n)$$

$$(2-121)$$

下面在上述样本空间定义的基础上确定边界 A 和 B 的具体表达式。该表达式构成所谓序贯假设检验(Sequential Probability Ratio Test,简称 SPRT)的核心内容之一,也是通过序贯试验完成产品可靠性评价与鉴定的核心试验参数。需要指出的是:考虑到本书的工程应用重点,下面理论逻辑过程中所有的细节,可以参考有关序贯假设检验理论的原著[21,23-24]。

依据假设检验两类错误概率 α 和 β 的定义,同时考虑上面样本空间中所要求样本似然函数所满足的不等式关系,可以得到如下的关系式:

$$\alpha \equiv P[\text{Reject } H_0 \mid \mu_0] = \int_{S_1} L_n(\theta_0 \mid \bar{x}_n) \, d\bar{x}_n \leqslant \frac{1}{A} \int_{S_1} L_n(\theta_1 \mid \bar{x}_n) \, d\bar{x}_n$$

$$(2-122)$$

$$\beta \equiv P[\text{Accept } H_0 \mid \mu_1] = \int_{S_0} L_n(\theta_1 \mid \bar{x}_n) \, d\bar{x}_n \leqslant B \int_{S_1} L_n(\theta_0 \mid \bar{x}_n) \, d\bar{x}_n$$

为进一步明确表示式(2-122)右侧表达式中的积分关系,下面进一步考察样本空间整体样本似然函数的积分关系,以其中的一个似然函数可以得到如下的不等式关系:

$$\int_{\Omega} L_n(\theta_1 \mid \bar{x}_n) \, d\bar{x}_n = 1$$

$$= \int_{S_0} L_n(\theta_1 \mid \bar{x}_n) \, d\bar{x}_n + \int_{S} L_n(\theta_1 \mid \bar{x}_n) \, d\bar{x}_n + \int_{S_1} L_n(\theta_1 \mid \bar{x}_n) \, d\bar{x}_n$$

$$(2-123)$$

$$\geqslant \int_{S_0} L_n(\theta_1 \mid \bar{x}_n) \, d\bar{x}_n + \int_{S_1} L_n(\theta_1 \mid \bar{x}_n) \, d\bar{x}_n$$

$$\rightarrow \int_{S_1} L_n(\theta_1 \mid \bar{x}_n) \, d\bar{x}_n \leqslant 1 - \int_{S_0} L_n(\theta_1 \mid \bar{x}_n) \, d\bar{x}_n = 1 - \beta$$

类似地,另外一个样本似然函数的不等式关系为:

$$\int_{\Omega} L_n (\theta_0 \mid \bar{x}_n) \, \mathrm{d}\bar{x}_n = 1 \geqslant \int_{S_0} L_n (\theta_0 \mid \bar{x}_n) \, \mathrm{d}\bar{x}_n + \int_{S_1} L_n (\theta_0 \mid \bar{x}_n) \, \mathrm{d}\bar{x}_n$$

$$\rightarrow \int_{S_0} L_n (\theta_0 \mid \bar{x}_n) \, \mathrm{d}\bar{x}_n \leqslant 1 - \alpha \tag{2-124}$$

共同代入上面 α 和 β 的表达式就得到如下两个关于样本空间边界参数 A 与 B 的不等式,即

$$\alpha \leqslant \frac{1-\beta}{A}, \quad \beta \leqslant B(1-\alpha) \tag{2-125}$$

简单整理即得到由 α 和 β 所表示的 A 与 B 的不等式:

$$A \leqslant \frac{1-\beta}{\alpha}, \quad B \geqslant \frac{\beta}{1-\alpha} \tag{2-126}$$

在实际的工程情形下,参数 α 和 β 是事先指定的,分别被称为生产方风险和使用方风险。由此就可以确定样本空间 S_0 和 S_1 的边界参数 A 和 B,从而用来定义样本试验通过与失败的判定条件。并且在实际的处置当中,近似取上述不等式的上下边界的部分,即

$$A \approx \frac{1-\beta}{\alpha}, \quad B \approx \frac{\beta}{1-\alpha} \tag{2-127}$$

更多详细的讨论参见相关文献[21,23-24]。

【选读 24】 非序贯试验的问题

非序贯试验在序贯分析中也被称为现行试验,用以区分二者。这里,虽然假设检验的试验是实际工程试验的一种理论抽象,但前者试验显然仍然需要保留后者试验对于产品随机特性评价产生影响的关键性特征。

序贯与非序贯试验的特点主要区别于如下的两个试验环节,即

- 数据的采集。
- 数据的检验机制。

数据采集的方式主要是指如下的 3 种主要方式,即

- 在线测试。
- 离线测试。
- 试验前后两端的测试。

对于产品样本的失效时间而言,在线测试意味着样本在试验过程中可以随时获取其失效时间信息;而试验前后两端的测试仅仅能够了解样本在试验终止时的工作与失效状态;而离线测试则类似这样一种方案:即不能准确获取产品样本的失效时间信息,但可以了解样本失效的时间区间。因此,从理论意义上讲,这里重点来看在线测试和试验前后两端的测试两种数据采集类型。更多的讨论,还可以参见本书后续加速试验设计一章有关试验终止问题的相关内容。

容易理解,通常需要以样本失效时间为信息处理对象的假设检验问题,不论序贯试验还是非序贯试验,均需要在线测试的类型。但通常非序贯试验中基于二项分布的假设检验问题则属于试验起始两端的测试问题,因为二项分布本质上不关注试验样本的失效时间信息(更多的详细内容可以参见加速试验设计一章有关试验样本的讨论)。

数据的检验机制则是指:

- 随着样本失效时间数据的不断获取即进行检验,确定是否满足检验要求。

- 仅在试验完成后,对于所有数据一并完成检验。

这里,前者属于序贯试验,而后者则属于非序贯试验。因此,序贯与非序贯试验的主要区别在于数据的检验机制。容易看出:对于序贯试验的场合,由于假设检验随着数据获取后就立刻进行检验,一方面,可以更快地得到检验结果,节省样本;另一方面,在样本不足的情况下,理论上也允许不断地新增样本加入试验完成假设检验。

序贯与非序贯试验,以及 Bogey 试验的比较信息汇总于表 2 - 2。这里,Bogey 试验(Bogey Test)即是所谓的成/败试验。更多详细有关这一试验问题的讨论,可以参见后面加速试验设计一章中有关试验终止问题的内容。

表 2 - 2　序贯试验、非序贯试验以及 Bogey 试验的比较

比较项目	序贯试验	非序贯试验	Bogey 试验
分布	Poisson	Poisson	二项分布
数据测试	在线	在线	试验前后
信息	失效时间	失效时间	失效样本数
数据检验机制	随数据 *	随试验**	随试验**

* 随数据:随着样本失效时间数据的不断获取即进行检验,确定是否满足检验要求。

** 随试验:仅在试验完成后,对于所有数据一并完成检验。

2.5.5　序贯试验与截尾条件

在序贯试验的工程实际操作中,存在一些基本性的理论问题。序贯分析在理论上证明了序贯试验不会无穷无尽做下去而得不到检验结论,换句话说,序贯试验一定会在有限的试验样本步骤内结束,或者拒收,或者接受。这点显然至关重要(相关详细内容参见参考文献[23-24]),但是理论并没有说明如果试验过长会怎样,因此,序贯试验仍然存在结尾的问题。此外,序贯假设检验的初衷之一就是简化假设检验的理论流程,使其完全便于实际的工程理解和操作,因此,序贯试验的简易操作流程也是工程实际的一个关键问题。本节就这两个问题的理论依据做一个简单的讨论。

在假定产品失效时间满足指数分布的前提条件下,完成整套的假设检验流程是一个相当复杂的过程,而且其中的逻辑关系复杂,不易理解,在工程的实际环境条件下难以操作,因此需要一个更加简便直观的操作流程。而实际上,MIL - STD - 781 采用了 Poisson 分布的量化关系处理方法。

在本部分选读小节中详细讨论并给出了 Poisson 分布与指数分布在物理意义上的关联性及其量化关系。事实上,服从 Poisson 分布的样本失效首先是已经服从指数分布的。这实际表明:MIL - STD - 781 所采用的 Poisson 分布的量化关系处理方法满足产品失效时间服从指数分布的前提条件,这一点显然是 MIL - STD - 781 讨论的理论基础和出发点。

此外,在选读小节中进一步分别讨论了指数分布与 Poisson 分布的假设检验问题,这一假设检验的过程用以表明:通过 Poisson 分布完成的序贯假设检验的过程与通过指数分布进行的过程是等价的。因此,MIL - STD - 781 所采用 Poisson 分布的检验过程使得问题的处理更为简单和直观。不仅如此,上述讨论还表明:通过 Poisson 分布的检验同样满足假设检验理论

上所需要满足的 Neyman – Pearson 的最高功效假设检验条件。

另外一个问题就是试验的截尾问题。前面有关序贯试验和假设检验方法的重要原始目的之一就是:序贯试验能够进一步提升样本的试验和检验效率,减少样本量,降低试验成本。从理论上讲,序贯假设检验所需要的样本量最多也不应超过传统一次性检验所需要的样本量。因此,通过通常意义下对于指数分布的假设检验,容易得到这一条件即为 MIL – STD – 781 的试验截尾条件:

$$\frac{1}{\theta_1}\chi^2_{1-\alpha_0}(2r) \geqslant \frac{1}{\theta_0}\chi^2_{\beta_0}(2r)$$

$$\rightarrow \frac{\chi^2_{1-\alpha_0}(2r)}{\chi^2_{\beta_0}(2r)} \geqslant \frac{\theta_1}{\theta_0}, \quad 0 < \theta_1 < \theta_0 \tag{2-128}$$

(注:这里的表达式采用了与 MIL – STD – 781 一致的表达方式。事实上,上述表达式在形式上与卡方分布左右积分的定义以及最初假设的定义有关。)

图 2 – 6 以图示的方式显示上面试验截尾条件的具体的量化判定含义。图中数据的纵轴表示上面截尾条件不等式左侧的卡方分布函数的比值,横轴为产品失效数 r。从图示结果可以看到:

- 假设检验 MTBF 参数 θ_0 和 θ_1 之间差异对于试验结尾的影响:θ_0 和 θ_1 的取值越是接近的时候,即二者的比值更接近于 1,此时,对于这样邻近两个假设的比较,使得检验会需要很长时间,需要大量的样本以区分二者。
- 截尾判定条件解的必要性:在假设检验的两类误差要求 $\alpha_0 = \beta_0 < 0.5$ 的情形下,截尾条件不等式中的卡方分布的比值一定小于 1,这意味着这一不等式不会无条件成立,需要找到其中的解以使得这一截尾条件不等式成立。
- 截尾判定条件解的存在性:随着样本数量的上升,能够看到截尾条件左侧卡方分布的比值且趋近于 1,这意味着只要试验样本的数量足够大,总能找到试验的样本数量值满足试验截尾不等式的条件。

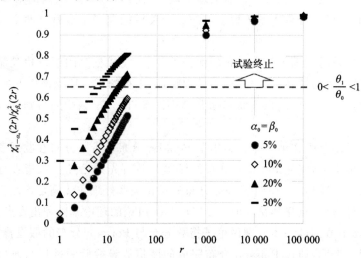

注:此图采用了与 MIL – STD – 781 一致的右积分表达式的形式。

图 2 – 6 序贯试验截尾终止条件示意图

- 两类误差要求对于试验结尾所需样本数量的影响：假设检验两类误差的要求越低，即误差的要求值越高，则满足截尾不等式要求所需要的样本数量就越少。相反，误差要求越高，就需要越多的试验样本以满足试验的截尾要求。

有关这一试验截尾条件更多详细内容的讨论可以参见选读小节关于指数分布假设检验问题的相关讨论，同时也可进一步参考原始作者的相关研究工作[7,25]。

【选读 25】　Poisson 分布与指数分布条件

总结上述指数分布函数与历史无关的特性，可以进一步将其解释成为如下两个产品失效的重要物理特性，即

- 产品失效服从指数分布可以理解成为：产品发生第 1 个失效时的时间所满足的分布，即 MTTF。
- 对于产品发生多个失效的场合，每个失效发生之间的间隔时间服从指数分布，即 MTBF。

下面来考察 Poisson 分布的情况。Poisson 分布是用以描述一定的时间 t 内、发生 K 个事件的概率问题。因此，事件的发生个数 K 为问题的随机变量（注：按照统计论的符号处置规则，这里 K 大写，表示随机变量），时间 t 则是参数。此外，由于随机变量 K 为离散性变量，Poisson 分布通常是以 PMF(Probability Mass Function)的形式进行表达的（即离散变量的概率函数表达式）。对于 r 个产品失效的情况，其表达式为：

$$P(K=r)=\frac{1}{r!}\left(\frac{t}{\theta}\right)^r e^{-\frac{t}{\theta}}, \quad t,\theta>0, \quad r=0,1,2,\cdots \tag{2-129}$$

其中，t 和 θ 都是分布参数。

如果假定产品的失效服从指数分布，则下面来看指数分布和 Poisson 分布的量化关系。

首先对照和考虑上面所讨论指数分布的第 1 个特性，即考虑产品的第 1 个失效发生时间所构成的随机变量 T，则 T 为指数分布。于是，对于一个给定的时间 t，$T>t$ 表征第 1 个失效的发生时间大于 t，即失效尚未发生（注：这里 $T>t$ 的区间不能增加并包含 $T=t$ 的点，具体有关这一区间问题的详细讨论参见本章前面基于指标定义的数据统计小节中有关指数分部无记忆性问题的讨论内容），所以，从 Poisson 分布的角度看，即 $K=0$，因此，二者应该等价且成立如下的概率关系，即

$$P(T>t)=P(K=0) \tag{2-130}$$

式(2-130)的两边分别代入二者分布函数的表达式，即可以确认式(2-130)两侧完全相同形式的结果，且其中各自的分布参数 θ 为相同参数，即

$$P(T>t)=R(t)=e^{-\frac{t}{\theta}}=P(K=0) \tag{2-131}$$

但是，上面所给出的指数分布与 Poisson 分布的关系显然仅仅是二者在一个特定状况下的关系（即分布所表证的随机事件仅限产品发生第 1 个失效时的时间或 MTTF）。事实上，如果进一步考察上面所讨论指数分布的第 2 个特性，即这里的随机事件仍然可以是 MTBF，则可以进一步构建二者分布更为一般性的量化关系。

对于 r 个连续发生的且之间相互独立的产品失效事件，假定产品的两个顺序发生失效事件之间的间隔时间（包括第 0 个与第 1 个失效发生之间的间隔时间）所构成的随机变量为 $T_i(i=1,2,\cdots,r)$，则 T_i 服从相同参数 θ 的指数分布，即

$$f(t_i)=\frac{1}{\theta}e^{-\frac{t_i}{\theta}}, \quad i=1,2,\cdots,r \tag{2-132}$$

显然,上述所有失效间隔时间 T_i 的和构成了 r 个产品的失效时间 T,该时间 T 构成了一个新的随机变量。参考选读小节有关指数分布假设检验问题的讨论(同时需要参考前面基础分布假定小节中有关方差统计量分布的讨论)可知:随机变量 T 满足如下分布,即

$$f_1(t) = \frac{1}{(r-1)!\,\theta^r} t^{r-1} e^{-\frac{t}{\theta}}, \quad t \equiv \sum_{i=1}^{r} t_i, \quad t > 0 \qquad (2-133)$$

这里,分布函数 f_1 的下标 1 仅用于区分上面的指数分布函数 f。

考虑到 Poisson 分布是一个离散变量的概率函数表达式(Probability Mass Function,简称 PMF),不是密度函数,因此需要考虑对于上述的密度函数进行积分以获取相应的概率函数表达式。考虑 r 个产品总的失效时间 $T \leqslant t$ 的概率情形,可以给出如下的积分表达式,即

$$P(T \leqslant t \mid r) = \int_0^t f_1(s)\,\mathrm{d}s = \int_0^t \frac{1}{(r-1)!\,\theta^r} s^{r-1} e^{-\frac{s}{\theta}}\,\mathrm{d}s \qquad (2-134)$$

于是,对于式(2-134)右侧部分的积分表达式进行分步积分处理以后,容易得到如下形式的左右等式两边概率相关的表达式,即

$$P(T \leqslant t \mid r) = \int_0^t \frac{1}{r!} e^{-\frac{s}{\theta}}\,\mathrm{d}\left[\left(\frac{s}{\theta}\right)^r\right] = \frac{1}{r!}\left(\frac{t}{\theta}\right)^r e^{-\frac{t}{\theta}} + \int_0^t \frac{1}{r!\,\theta^{r+1}} s^r e^{-\frac{s}{\theta}}\,\mathrm{d}s$$

$$= \frac{1}{r!}\left(\frac{t}{\theta}\right)^r e^{-\frac{t}{\theta}} + P(T \leqslant t \mid r+1) \qquad (2-135)$$

注意:式(2-135)中,左侧一边概率函数的参数为 r,右侧经过变换后则成为 $r+1$。

上述表达式表征了 r 个产品总的失效时间 $T \leqslant t$ 的概率情形(注:针对这一区间的确切定义问题,同样参见本章前面基于指标定义的数据统计小节中有关指数分部无记忆性问题的讨论内容)。这意味着:对于完全相同的情形,也可以换一个表述形式,即对于某个指定的时间 t 内会发生 r 个失效产品数量而言,如果产品总的失效时间 $T \leqslant t$,则等同于产品总的失效个数 K 至少应该是 r,即存在如下的概率等效:

$$P(K \geqslant r) = P(T \leqslant t \mid r), \quad r = 0,1,2,\cdots \qquad (2-136)$$

显然,式(2-136)左侧的概率表达式是一个分离变量的累积概率函数,且存在如下的求和关系,即

$$P(K \geqslant r) = \sum_{i=r}^{+\infty} P(K = i) \qquad (2-137)$$

容易看出,分离变量累积概率函数存在如下关系,且方程的左侧表达式为 PMF 概率函数的形式,即 Poisson 分布函数通常所使用的表达形式:

$$P(K = r) = P(K \geqslant r) - P(K \geqslant r+1) \qquad (2-138)$$

在式(2-138)中代入上面已经得到的概率表达式即得到 Poisson 分布函数:

$$P(K = r) = P(T \leqslant t \mid r) - P(T \leqslant t \mid r+1) = \frac{1}{r!}\left(\frac{t}{\theta}\right)^r e^{-\frac{t}{\theta}} \qquad (2-139)$$

【选读 26】 指数分布的假设检验问题

前面小节给出了有关正态分布均值的假设检验案例(注:具体参见 Neyman - Pearson 假设检验计算案例选读小节的讨论内容),同时也讨论了方差统计量的分布问题(注:具体参见基础分布假定中选读小节的讨论内容),在此基础上,本节讨论指数分布的假设检验问题。显然,

按照前面的讨论可知:指数分布参数是一个方差类型参数,其参数统计量服从一个卡方分布。

有关指数分布的统计量分布,首先总结一下前面小节的讨论内容(具体参见基础分布假定小节中关于方差统计量的分布选读小节的讨论内容)。假定随机变量 T 服从 MTBF 参数为 θ 的指数分布 $\mathrm{Exp}(\theta)$,$t_i(i=1,2,\cdots,r)$ 为 T 的 r 个样本数据,即

$$T_i \sim \mathrm{Exp}(\theta), \quad f_1(t_i) = \frac{1}{\theta}\mathrm{e}^{-\frac{t_i}{\theta}}, \quad i=1,2,\cdots,r \qquad (2-140)$$

则该样本数据的一个统计量 T_r 满足自由度为 $2r$ 的卡方分布,即

$$T_r \equiv \frac{2}{\theta}\sum_{i=1}^{r}t_i, \quad T_r \sim \chi^2(2r) \qquad (2-141)$$

且该卡方分布的密度函数 PDF 表达式为:

$$f(t_r) = \frac{1}{\Gamma(r)2^r}t_r^{r-1}\mathrm{e}^{-\frac{t_r}{2}} = \frac{1}{(r-1)!\,2^r}t_r^{r-1}\mathrm{e}^{-\frac{t_r}{2}} \qquad (2-142)$$

下面参考前面小节所给出的 Neyman - Pearson 引理的假设检验案例,处置本案例指数分布条件下的假设检验问题。

对于上面随机变量 T 的样本 $t=\{t_1,t_2,\cdots,t_r\}$,假定 T 所服从指数分布的简单假设为:

$$H_0:\theta=\theta_0, \quad H_1:\theta=\theta_1, \quad \theta_1 > \theta_0 \qquad (2-143)$$

需要注意的是:这里指数分布参数 θ_0 和 θ_1 的大小关系考虑了 MIL - std - 781 的工程表述习惯,即零假设 H_0 为目标检验的接受的假设,而非备择假设 H_1。这一点与通常的假设检验的表述习惯不是非常一致。但是,正如前面已经讨论到的那样,对于通过 Neyman - Pearson 引理所构建的最高功效检验而言,H_0 和 H_1 是相互对称的。假设的定义方式并不影响假设检验的最终结果。

于是,在假定样本数据各自相互独立的情况下,样本 t 的似然函数则为各自单独样本指数分布函数的乘积,即

$$L(\theta\,|\,t) = \prod_{i=1}^{r}f_1(t_i\,|\,\theta) = \frac{1}{\theta^r}\cdot\mathrm{e}^{-\frac{1}{\theta}\sum_{i=1}^{r}t_i}, \quad t \equiv \{t_1,t_2,\cdots,t_r\} \qquad (2-144)$$

然后将式(2-144)代入 Neyman - Pearson 的假设检验条件,即得到两个假设 H_0 和 H_1 条件下似然函数的比值所需要满足的不等式关系,即

$$\Lambda(t) = \frac{L(\theta_0\,|\,t)}{L(\theta_1\,|\,t)} = \left(\frac{\theta_1}{\theta_0}\right)^r \mathrm{e}^{-\left(\frac{1}{\theta_0}-\frac{1}{\theta_1}\right)\sum_{i=1}^{r}t_i} \leqslant k, \quad k > 0 \qquad (2-145)$$

整理上述不等式即得到随机变量 T 样本空间划分判定条件,即

$$\sum_{i=1}^{r}t_i \geqslant \frac{\theta_1\theta_0}{\theta_1-\theta_0}\left[r\ln(\theta_1/\theta_0) - \ln k\right] \qquad (2-146)$$

于是,按照这样的不等式情况,重新定义随机变量 T 的统计量如下:

$$\hat{t}_r \equiv \sum_{i=1}^{r}t_i = \frac{\theta}{2}t_r \qquad (2-147)$$

同时可以得到新的统计量变量所服从的统计分布的密度函数 PDF 为:

$$f_2(\hat{t}_r\,|\,\theta) = \frac{2}{\theta}f(t_r) = \frac{1}{(r-1)!\,\theta^r}\hat{t}_r^{r-1}\mathrm{e}^{-\frac{\hat{t}_r}{\theta}} \qquad (2-148)$$

这里，f_2 为新的分布函数，f 则是统计量 T_r 的自由度为 $2r$ 的卡方分布。

这样，上面通过 Neyman - Pearson 引理所得到的样本空间条件就可以简化表示成为如下的形式，即

$$\hat{t}_r \geqslant \frac{\theta_1 \theta_0}{\theta_1 - \theta_0} [r\ln(\theta_1/\theta_0) - \ln k] \qquad (2-149)$$

于是，得到两个相互排斥样本空间 S_0 和 S_1 的表达式为：

$$S_1 = \{t : \Lambda(x) \leqslant k\} = \{\hat{t}_r : \hat{t}_r \in [\hat{t}_{r_0}, +\infty)\}, \quad S_0 = \{\hat{t}_r : \hat{t}_r \in [0, \hat{t}_{r_0}]\}$$
$$\qquad (2-150)$$
$$\hat{t}_{r_0} \equiv \frac{\theta_1 \theta_0}{\theta_1 - \theta_0} [r\ln(\theta_1/\theta_0) - \ln k], \quad t \equiv \{t_1, t_2, \cdots, t_r\}$$

然后进一步估计两类误差 α 和 β 并使其满足限缩条件 $\alpha < \alpha_0$ 和 $\beta < \beta_0$，即

$$\alpha \equiv P[\text{Reject } H_0 | \theta_0] = \int_{\hat{t}_r \in s_1} f_2(\hat{t}_r | \theta_0) \, \mathrm{d}\hat{t}_r$$

$$= \int_{\frac{\theta_1 \theta_0}{\theta_1 - \theta_0} [r\ln(\theta_1/\theta_0) - \ln k]}^{+\infty} f_2(\hat{t}_r | \theta_0) \, \mathrm{d}\hat{t}_r \leqslant \alpha_0 \qquad (2-151)$$

在上面的积分不等式中，注意已经给出的如下随机分布函数的关系和积分变量之间关系，即：

$$f_2(\hat{t}_r | \theta) = \frac{2}{\theta} f(t_r), \quad \mathrm{d}\hat{t}_r = \frac{\theta}{2} \mathrm{d}t_r \qquad (2-152)$$

同时考虑积分上下限的变化以后，就可以完成一个积分变量的变换并得到如下结果：

$$\alpha = \int_{\frac{2\theta_1}{\theta_1 - \theta_0} [r\ln(\theta_1/\theta_0) - \ln k]}^{+\infty} f(t_r) \, \mathrm{d}t_r \leqslant \alpha_0 \qquad (2-153)$$

注意：经过上面积分变量的变换以后，积分不等式中的被积函数 f 已经成为一个自由度为 $2r$ 的卡方分布。因此，容易确定上面积分不等式中积分下限需要满足如下的不等式关系，即

$$\frac{2\theta_1}{\theta_1 - \theta_0} [r\ln(\theta_1/\theta_0) - \ln k] \geqslant \chi^2_{1-\alpha_0}(2r) \qquad (2-154)$$

或者写为：

$$\frac{2}{\theta_1 - \theta_0} [r\ln(\theta_1/\theta_0) - \ln k] \geqslant \frac{1}{\theta_1} \chi^2_{1-\alpha_0}(2r) \qquad (2-155)$$

类似地，处置第二类检验误差与检验功效的要求，可以得到如下积分关系不等式，即

$$\beta \equiv P[\text{Accept } H_0 | \theta_1] = \int_0^{\frac{\theta_1 \theta_0}{\theta_1 - \theta_0} [r\ln(\theta_1/\theta_0) - \ln k]} f_2(\hat{t}_r | \theta_1) \, \mathrm{d}\hat{t}_r$$

$$= \int_0^{\frac{2\theta_0}{\theta_1 - \theta_0} [r\ln(\theta_1/\theta_0) - \ln k]} f(t_r) \, \mathrm{d}t_r \leqslant \beta_0 \qquad (2-156)$$

于是得到另一部分的有关 Neyman - Pearson 常数 k 的不等式关系，即

$$\frac{2}{\theta_1 - \theta_0}\left[r\ln\left(\theta_1/\theta_0\right) - \ln k\right] \leqslant \frac{1}{\theta_0}\chi^2_{\beta_0}(2r) \tag{2-157}$$

联立上面得到的两个不等式就得到有关常数 k 的限缩区间,即

$$\frac{1}{\theta_1}\chi^2_{1-\alpha_0}(2r) \leqslant \frac{2}{\theta_1 - \theta_0}\left[r\ln\left(\theta_1/\theta_0\right) - \ln k\right] \leqslant \frac{1}{\theta_0}\chi^2_{\beta_0}(2r) \tag{2-158}$$

由前面有关 Neyman - Pearson 引理案例的讨论已经指出:上面这一不等式实际给出了获得最大功效检验所需要的最小试验样本数量 r,在可靠性试验中,即为试验所需要的最小失效样本数量,且在该样本数量时,上面的区间的上下限基本相等,即

$$\frac{1}{\theta_1}\chi^2_{1-\alpha_0}(2r) \approx \frac{1}{\theta_0}\chi^2_{\beta_0}(2r) \tag{2-159}$$

(注:这里所采用卡方分布为左积分表达式。)

【选读 27】　指定失效样本数量的假设检验

在产品的可靠性工程应用中,在指定失效样本数量的条件下,产品失效的分布函数就需要使用 Poisson 分布。显然,二项分布携带同样失效样本数量的信息,这就带来 Poisson 分布和二项分布的关系问题,而且有必要清晰了解这一问题。下面首先来讨论这一问题,在明确这一问题的基础上,再来进一步讨论基于 Poisson 分布的假设检验问题(注:事实上,由于系统可靠性问题工程处置的理论基础是指数分布,因此,上述问题实际上涉及 3 个分布,即指数分布、Poisson 分布和二项分布之间的共同关系问题。前两者的讨论已经在本部分选读小节中完成,而前两者与二项分布的关系在这里有个概括总结,但详细讨论则留在后面加速试验设计一章中有关试验样本量问题的讨论内容中进行)。

在前面小节有关 Poisson 分布与指数分布关系的讨论中已经表明:Poisson 分布实际上是一个在满足指数分布的产品失效关系基础上关于指定失效样本数量的分布。因此,Poisson 分布包含了产品失效时间的相关信息,而二项分布则没有这部分的信息。二项分布所关注的仅仅在于:在指定时间点,失效产品与仍然正常运行产品的数量关系。这一点构成了二者区别的关键点。因此,总结如下:

- Poisson 分布:关于指定失效样本数量的分布,同时包含产品失效时间的相关信息。
- 二项分布:没有失效时间信息,仅关注在指定时间点,失效产品与仍然正常运行产品的数量关系。
- 二者均满足指数分布要求,且三者均源于所谓的 Poisson 随机过程。

也正因为如此,二项分布通常不能满足对于产品可靠性问题的信息与处置要求。

下面就 Poisson 分布假设检验问题做一个详细说明,二项分布的部分则在后续加速试验设计一章讨论有关试验样本量的部分给出详细说明。

正如前面说明的那样:Poisson 分布实际表征了在指定时间 t 内的失效样本数量的情况。因此,试验时间 t 和 MTBF θ 均为 Poisson 分布的参数,而试验的失效样本数量 X 为随机变量,所以,为在假设检验的过程清晰区分二者,下面将分布的参数和随机变量一并表示为如下的形式,即

$$P(X = r \mid \theta, t) = \frac{1}{r!}\left(\frac{t}{\theta}\right)^r \mathrm{e}^{-\frac{t}{\theta}} \tag{2-160}$$

在此基础上,定义零假设 H_0 和备择假设 H_1 分别为:

- H_0:产品 MTBF 参数为 θ_0。
- H_1:产品 MTBF 参数为 θ_1,且假定 $\theta_1 > \theta_0$。

有一点需要明确的是:正如上面已经提到的,Poisson 分布的随机变量为试验的失效样本数量 X,因此,在试验进行至时间 t 结束以后,所得到数据样本只有一个,即 $X = r$。而对于通常可靠性试验中所处理的失效时间样本,则有 r 组数据,这一点与 Poisson 分布是有区别的。由于试验仅有单一的样本数据,因此,似然函数在表达形式上直接就是分布函数,即

$$L(\theta, t \mid r) = P(X = r \mid \theta, t) = \frac{1}{r!}\left(\frac{t}{\theta}\right)^r e^{-\frac{t}{\theta}} \tag{2-161}$$

将式(2-161)代入 Neyman-Pearson 引理对于样本空间的不等式约束条件,即得到

$$\Lambda(t) \equiv \frac{L(\theta_0, t \mid r)}{L(\theta_1, t \mid r)} = \left(\frac{\theta_1}{\theta_0}\right)^r e^{-\left(\frac{1}{\theta_0} - \frac{1}{\theta_1}\right)t} \leqslant k, \quad k > 0 \tag{2-162}$$

整理式(2-162)右侧部分的不等式,即得到关于样本 r 的如下判定条件:

$$r \leqslant r_0 \equiv \frac{1}{\ln(\theta_1/\theta_0)}\left[\ln k + \left(\frac{1}{\theta_0} - \frac{1}{\theta_1}\right)t\right] \tag{2-163}$$

其中,r_0 为样本空间的边界。因此,分别得到推翻零假设 H_0 并接受备择假设 H_1 的样本空间 S_1 以及接受 H_0 的样本空间 S_0,即

$$S_1 = \{r : r \leqslant r_0\}, \quad S_0 = \{r : r > r_0\} \tag{2-164}$$

因此,考虑第一类检验误差 α 的定义以及检验的显著性水平要求 α_0,即得到如下关系:

$$\alpha \equiv P[r : r \in S_1 \mid \theta_0, t] = \sum_{i=0}^{r_0} \frac{1}{i!}\left(\frac{t}{\theta}\right)^i e^{-\frac{t}{\theta}} \leqslant \alpha_0 \tag{2-165}$$

也可进一步考虑限缩第二类的检验误差 β 使其达到一定的功效要求 $1 - \beta_0$,则还可以得到如下的约束条件,即

$$\beta \equiv P[r : r \in S_0 \mid \theta_1, t] = \sum_{i=r_0}^{n} \frac{1}{i!}\left(\frac{t}{\theta}\right)^i e^{-\frac{t}{\theta}} \leqslant \beta_0 \tag{2-166}$$

如果将这里的概率判定条件与前面章节有关指数分布的假设检验问题进行比较,同时注意如下概率等价条件,即

$$P(X \geqslant r_0 \mid t) = P(T \leqslant t_0 \mid r), \quad r = 0, 1, 2, \cdots \tag{2-167}$$

其中,T 为服从指数分布的产品失效时间,而 t_0 与 r_0 为同一个 Neyman-Pearson 样本空间约束条件的不同表述形式,即

$$t \geqslant t_0 \equiv \frac{\theta_1 \theta_0}{\theta_1 - \theta_0}\left[r \ln(\theta_1/\theta_0) - \ln k\right] \tag{2-168}$$

其中,在 Poisson 分布的表述中,对于指定的试验时间 t,划定样本空间的判定边界 r_0;而在指数分布中,则是对于指定的失效样本 r,划定失效时间的样本空间边界 t_0。

2.6 失效率的区间估计

统计论的置信度与置信区间为产品可靠性试验结果的不确定性提供了一个直观明了的度量,而且处置过程相对简单,在实际工程中有着广泛的应用。但同时在另一方面,置信度和置信区间对于试验结果不确定性所提供的这一度量在理论上并不满足充分性要求,验证和确认

充分性要求的满足与否仍然需要不可避免地完成假设检验。这样的客观情况限制了区间估计理论和方法对于解决工程问题的实际有效性。所以也容易理解：置信度和置信区间的估计在实际的大多数工程试验(也包括各行业的试验标准)中,对此都没有强制性要求。

因此,作为一个在工程中使用区间估计相关方法的基本理论问题,本节的内容会首先讨论区间估计与假设检验的统计论关系问题,在明确这一基本理论关系的基础上,再来进一步说明区间估计的基本方法与工程处置问题。

本节具体的子节内容按照先后顺序包括：

- 区间估计的基本方法。
- 区间估计与假设检验的关系。
- 序贯试验的失效率区间估计。
- 失效率的保守区间估计。
- 基于保守估计的试验设计。

2.6.1 区间估计的基本方法

产品可靠性指标的提取就是一个通过统计数据获得其某个统计量,并用此统计量估计真值的过程,这一过程构建了数据统计量与真值之间的某种量化关系,从而允许通过估计值来对真值可能的取值范围进行表示。这一取值范围即为所谓真值的置信区间。

因此,在一个统计假设成立的前提下,总是可以得到上述置信区间的估计。而这里的假设,按照前面假设检验理论的讨论即是指：在一定错误发生概率的前提下,已知数据满足某个参数真值的分布。而这里对于假设的判断可能实际是错误的概率,则决定了上述置信区间的所谓置信度。

所以,同置信度与置信区间相比,假设的成立是前提条件。在实际的工程条件下,置信度与置信区间确实为工程推断或数据分析结果的不确定性提供了一个简单直观的估计,但需要注意的是：如果相应的统计假定本身是否成立是不确定的,则置信度与置信区间的估计可以是没有意义的。

下面的案例以正态分布为例,解释了这一置信区间估计方法的基本过程。

假定随机变量 $X_i(i=1,2,\cdots)$ 服从均值为 μ、方差为 σ 的正态分布,即

$$X_i \sim N(\mu,\sigma) \tag{2-169}$$

这里,假定是待估计的真值。于是,问题是：需要通过 n 个随机变量 X_i 的均值来估计上述正态分布的均值真值。n 个随机变量 X_i 的均值构成一个 μ 的估计值：

$$\overline{X}_n \equiv \frac{1}{n}\sum_{i=1}^{n} X_i \tag{2-170}$$

这一估计值构成一个新的随机变量,且满足一个新的均值期望值 μ 相同,但方差更窄的正态分布：

$$\overline{X}_n \sim N\left(\mu,\frac{\sigma}{\sqrt{n}}\right) \tag{2-171}$$

因此,通过构建如下进行标准化处理后的随机变量可以使其服从一个标准正态分布：

$$\frac{\overline{X}_n - \mu}{\frac{\sigma}{\sqrt{n}}} \sim N(0,1) \tag{2-172}$$

于是,如图 2 - 7 所示,可以找到区间 $\pm z_{\alpha/2}$,满足

$$z_{\alpha/2} = -\Phi^{-1}(\alpha/2) \tag{2-173}$$

$$\Phi(-z_{\alpha/2}) = \frac{1}{\sqrt{2\pi}} \int_{-\infty}^{-z_{\alpha/2}} e^{-\frac{s^2}{2}} ds = \frac{\alpha}{2} \tag{2-174}$$

图示可以看出其分布的概率关系为

$$1 - \alpha = P\left(\left|\frac{\overline{X}_n - \mu}{\sigma/\sqrt{n}}\right| < z_{\alpha/2}\right) \tag{2-175}$$

以及满足上述概率关系的相应区间关系:

$$\overline{X}_n - z_{\alpha/2} \cdot \frac{\sigma}{\sqrt{n}} < \mu < \overline{X}_n + z_{\alpha/2} \cdot \frac{\sigma}{\sqrt{n}} \tag{2-176}$$

这一区间关系即表征了在数量上,通过一个由 n 个随机变量 X_i 所获取的均值估计值来给出一个对于 X_i 分布均值真值 μ 的区间估计,且该区间成立的概率为 $1-\alpha$(参见图 2 - 7 所示)。

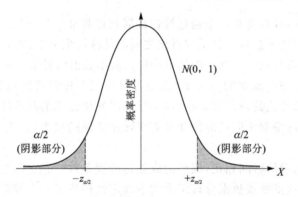

图 2 - 7 标准正态分布的随机变量区间 $\pm z_{\alpha/2}$ 与区间概率 $1-\alpha$ 的关系图示

在实际的工程应用中,这一理论的物理含义是需要强调的。首先,由 n 个随机变量 X_i 所获取的均值估计值本身就是一个随机变量,因此是不确定的,这意味着不同的试验数据会给出不同的估计。而在理论上,真值 μ 确是一个固定值,是不变的,只是未知而已。但即便如此,上述的估计区间仍然是在 $1-\alpha$ 的概率条件下成立的。所以,从严格意义上讲,$1-\alpha$ 仅仅是保障上述估计区间不等式成立的概率,即一种成立的"信心",所以才称之为置信度。其次,由上述的推导过程也可以看出,一个置信区间估计本身不仅本质上仍然是随机的,而且即便在同样的置信度 $1-\alpha$ 的水平上,置信区间的估计也不是唯一的,事实上,上述成立的不等式可以是无穷多个。这意味着,实际工程问题的估计也可以很多,而且都可以达成同样程度成立的"信心"。

【选读 28】 点估计与区间估计

通过区间估计的讨论,同时结合前面有关参数估计小节的内容可以看出:通常在随机分布事先未知的情况下,首先需要通过点估计(Point Estimate)确定分布,即在一个假定分布函数的条件下获得该分布函数的最优参数,然后再进行所谓的区间估计(Conference Interval),即在假定抽样误差水平的前提下,估计分布函数参数估计值的不确定性的可能范围。由于后者可以仅仅通过前者在逻辑上就能推导出来,因此,从统计论假设检验的角度,后者在本质上并没有比前者为假设推断提供更多的证据和信息,二者仅仅是同一推断结果的不同表达形式。

正如在前面有关参数估计小节的讨论内容中已经明确的:点估计仅仅是解决一个假定分布函数条件下的最优估计,但这并不意味着这个最优估计就一定是可以接受的。因此,区间估计同样不能解决一个假设推断的可接受性问题。一个假设推断的可接受性问题仍然需要假设检验才能完成。

2.6.2　区间估计与假设检验的关系

数据分析结果置信度与置信区间的估计仍然仅仅是一种数据的处理结果,这样的处理结果需要建立在一个前提条件下,即相关的统计推断在统计意义上是正确的或是可以接受的。而这样的前提条件成立与否,只有经过假设检验以后才能判断。显然,当这样的前提条件不成立的时候,通过试验数据分析所得到的置信度和置信区间结果不仅没有任何的实际意义,而且在实际工程评价中产品评价结论的部分还会产生误导,导致错误的决策和判断。

所以,上面的情形已经说明:数据的区间估计实际是统计论假设检验的一个附带产物,后者包含前者,且只有区间估计会存在局限性。实际也只有连带假设检验的区间估计才在理论上保障了区间估计结果,即置信度和置信区间的实际意义。

进一步总结一下区间估计在统计论中,尤其是这一概念在工程使用中的局限性问题,包括如下的若干点:

- 区间估计首先需要在分布假定成立的基础上进行,而分布假定正确与否则需要通过假设检验来完成判定。因此,区间估计成立的前提条件是假设检验已经判定分布假定的成立性。
- 在区间估计所给出的不等式结果中,分布参数的估计值是通过数据得到的已知量,而分布参数的真值则给出了通过估计值所表示的可能的变动范围,但其因果关系并非如表达式表面所显示的那样:估计值是因、真值是果,而实际正好是相反的。而且,从实际参数的性质来看,真值在本质上是一个定量,实际不发生变化;而估计值则是一个随机量,随不同的数据均会得到不同的结果(注:这也是为何在统计论中通过区间估计所给出的不等式结果被命名为置信区间,而非取值区间或变化区间等)。
- 虽然区间估计在形式上给出了分布参数真值的可能的取值范围,但在统计论的逻辑上,由于区间估计本质上是构建在分布假定基础上的一种附属或引申处理方法,所以,分布参数的真值并非通过区间估计获得的,而实际是通过假设检验来确定的(具体可参见本章前述相关内容)。
- 从后面所讨论的区间估计的处理过程可以看出,即使在估计结果的形式上用分布参数的估计值来表示真值的可能取值范围,这一范围也不是唯一确定的。

有关这里所述区间估计的理论与工程使用局限性的问题,读者可结合本章前述有关假设检验相关理论,同时继续参考后续区间估计方法的具体讨论。

限于传统可靠性试验数据处理问题的范畴,本节限于产品失效率指标的区间估计问题的讨论,寿命估计同样存在区间估计的问题。相关问题在后续的产品综合评价的部分讨论。

2.6.3　序贯试验的失效率区间估计

前面章节的讨论可知:序贯试验处置了指数分布条件下产品失效率的假设检验问题。事实上,这样的一个假设检验在理论上也同时确定了产品失效率真值在一定置信度条件下的置信区间估计问题。

由序贯试验问题的讨论可知：假定 $t_i(i=1,2,\cdots,r)$ 是产品失效时间的 r 个样本，且产品的失效时间服从一个 MTBF 参数为 θ 的指数分布，则如下定义的统计量 T_r 服从一个卡方分布，即

$$T_r \equiv \frac{2}{\theta}\sum_{i=1}^{r}t_i, \quad T_r \sim \chi^2(2r), \quad T_i \sim \mathrm{Exp}(\theta), \quad i=1,2,\cdots,r \qquad (2-177)$$

于是，按照前面章节序贯试验假设检验的讨论，同时结合前面置信度与置信区间的理论可知：如果定义一个双侧等概率的置信区间，则容易得到随机变量 T_r 如下的概率关系（注：此为左侧概率表达式），即

$$P\left[\chi^2_{\alpha/2}(2r) < T_r < \chi^2_{1-\alpha/2}(2r)\right] = 1-\alpha \qquad (2-178)$$

其中，α 为序贯假设检验中的第一类错误发生概率。所以，考虑随机变量 T_r 的定义，就可以得到在满足上述概率关系条件下的参数真值 θ 一个取值范围的估计，即

$$\frac{2r\hat{\theta}}{\chi^2_{1-\alpha/2}(2r)} < \theta < \frac{2r\hat{\theta}}{\chi^2_{\alpha/2}(2r)}, \quad \hat{\theta} \equiv \frac{1}{r}\sum_{i=1}^{r}t_i \qquad (2-179)$$

显然，式中的 $\hat{\theta}$ 为基于产品失效样本数据的一个 MTBF 估计值。

考虑置信度 C 与假设检验误差概率 α 的简单数量关系，上面对于 MTBF 真值 θ 的区间估计也可以因此以 C 表达成为如下的形式，即

$$\frac{2r\hat{\theta}}{\chi^2_{\frac{1+C}{2}}(2r)} < \theta < \frac{2r\hat{\theta}}{\chi^2_{\frac{1-C}{2}}(2r)}, \quad C \equiv 1-\alpha \qquad (2-180)$$

因此，产品的失效率真值 λ 则成为上面不等式的倒数，即得到如下 λ 的范围估计：

$$\frac{\chi^2_{(1-C)/2}(2r)}{2r\hat{\theta}} < \lambda < \frac{\chi^2_{(1+C)/2}(2r)}{2r\hat{\theta}} \qquad (2-181)$$

2.6.4 失效率的保守区间估计

假定 n 个试验样本，试验过程中发生 r 个失效，第 i 个样本的失效时间为 $t_i(i=1,2,\cdots,r)$，试验整体时长 t_0，则试验样本的总试验时间 T 为：

$$T \equiv \sum_{i=1}^{r}t_{L_i} + (n-r)t_0 \qquad (2-182)$$

如果试验过程中未发生任何的样本失效，$T=nt_0$。由于对产品的可靠性评价仅限于样本实际发生试验时间内的失效情况，因此可以认为试验停止意味着样本失效，且与此同时，也认为以此为依据所获取的 MTBF 评价值为实际产品的一个下限值。现有理论给出这一下限值 θ_L 的表达式为：

$$\hat{\theta}_L = \frac{2T}{\chi^2_{1-C}(2r+2)} \qquad (2-183)$$

其中，C 为这一下限估计值所基于的置信度量值。按照上面讨论，这里的失效样本数实际为 $r=n$，所以，得到产品 MTBF 期望值的下限估计：

$$T = nt_0 \qquad (2-184)$$

$$\theta \geqslant \frac{2T}{\chi^2_{1-C}(2n+2)} \qquad (2-185)$$

如果产品的量化可靠性指标由失效率表示，失效率为 MTBF 的倒数，因此，通过上述关系获取一个失效率估计 λ 的上限值，即

$$\hat{\lambda}_{\mathrm{U}} = \frac{1}{\hat{\theta}_{\mathrm{L}}} = \frac{\chi_{1-c}^2(2n+2)}{2T} \qquad (2-186)$$

2.6.5　基于保守估计的试验设计

显然，上述保守估计方法利用试验数据所获取的 MTBF 的下限估计值表征了试验结果以及试验设计本身对于产品 MTBF 目标值的达成程度。下面从如下的两个方面具体且直观地讨论试验时间与产品 MTBF 目标要求的关系：

- 当试验时间仅为产品的 MTBF 目标值的时候，试验实际所能保障的 MTBF，即其下限估计值与目标值的关系。
- 如果要求产品的试验时间至少能够达到产品的 MTBF 目标值，则所需要实际试验时间的增长情况。

首先，引入试验数据的 MTBF 下限估计值与产品目标值的比例系数 k，即

$$k \equiv \frac{\hat{\theta}_{\mathrm{L}}}{\mathrm{MTBF_0}} \qquad (2-187)$$

其中，$\mathrm{MTBF_0}$ 为产品 MTBF 的目标值。显然，k 量化表征了试验条件对于产品 MTBF 目标值的达成程度，在完全达成要求的情况下，$k=1$ 或 100%。

尤其是在试验时间正好为产品的 MTBF 目标值且要求零失效的条件下，定义此时的 k 为 k_0，则可以得到如下关系，用以估计试验条件达成产品 MTBF 目标值程度的情况，即

$$k_0 \equiv k(r=0, t_0 = \mathrm{MTBF_0}) = \frac{2n}{\chi_{1-c}^2(2n+2)} \qquad (2-188)$$

其中，r 为试验中的样本失效数量，t_0 为试验时间。由式 $(2-188)$ 可以看出：k_0 仅与试验估计值的置信度要求以及试验的样本量有关，其具体的一组数据如图 $2-8$ 所示。可以看出：置信度要求越高，试验的不足程度越大，且这样的不足程度可以通过样本量的增加得到补偿。

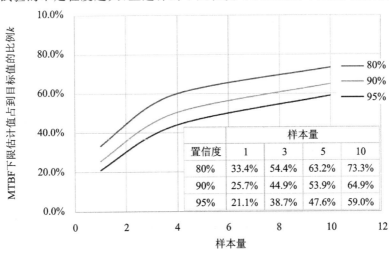

置信度	样本量			
	1	3	5	10
80%	33.4%	54.4%	63.2%	73.3%
90%	25.7%	44.9%	53.9%	64.9%
95%	21.1%	38.7%	47.6%	59.0%

图 2-8　当试验时间正好为产品的 MTBF 目标值的时候，在不同的置信度以及零失效要求条件下的试验数据的下限估计值与目标值的关系

如果要求产品的试验时间正好能够达到产品的 MTBF 目标值,即 $k=1$,则可以通过 k_0 来估计所需要的试验时间,即

$$t_0 = \frac{\text{MTBF}_0}{k_0} \qquad\qquad (2-189)$$

显然,所需的试验时间需要长于产品 MTBF 的目标值,即 $t_0 > \text{MTBF}_0$,因为 $k_0 < 1$。

基于上面这一量化关系,可以得到如下案例中所给出的数量关系:

假定某产品的使用强度为每天 10 h,需要累计 15 y 的目标工作寿命,所以,总目标工作时长约为 10 h×15 y×365 d＝54 750 h,假定试验可以达成的加速因子为 100,则基于目标 MTBF 的等效试验时间长度约为 54 750 h/100≈548 h。如果试验要求零失效以及 95％的置信度,则由上面的结果可以看出:3 个样本时的试验时间要求约为 548 h/38.7％＝1 415 h,即约为目标值的 1 415 h/548 h＝2.6 倍;如果试验样本允许增加至 5 个,则同样条件下的试验时间可以降至 548 h/47.6％＝1 150 h,即目标值的 1 150 h/548 h＝2.1 倍,试验时间下降了 48％。

第 3 章

系统和系统失效

显然，一个工程系统与系统性或是体系化是有差异的两个概念，前者是指一个具体的工程产品，后者则是指一个流程或者是方法特性。本书的讨论对象，即书名中的系统硬件一词是指前者，系统可靠性是指以系统类型工程产品为研究对象的可靠性问题。

系统可靠性问题是一个复杂的工程问题，不仅所涉及的内容繁杂、领域交叉，而且在实际的工程环境条件下，有时即使是针对相同的用语，不同的人说也可能会意味着不同的事情或是关注不同的问题。这是因为系统可靠性问题的内涵和关注点会很大程度受到所处的工程环境和角色等因素的影响。这些工程因素包括：

- 所处的行业与所针对的产品类型。
- 所处产品供应链的位置。
- 所处的工程部门与工程职责。
- 所处产品寿命周期的不同阶段。

此外，系统可靠性问题的理论和方法还需要顾及和考虑工程实践的问题，需要具备实际的工程可操作性与可实施性。这样的要求反过来也是在说：工程实际的可操作性与可实施性，以及最终实施的结果，也是系统可靠性相关理论和方法实际价值正确与否的一个核心检验标准。

鉴于上述系统可靠性问题在工程中所面临的实际状况，本章讨论重点聚焦在如下若干关注点，包括：

- 清晰定义和区分产品可靠性问题中的系统和系统可靠性问题：本章的核心讨论目的之一就在于进一步从工程实际的角度将系统的可靠性问题从其他非系统性问题中分离出来，使得工程人员一方面能够清晰地了解系统问题的处理方法，同时也能够从另外一方面了解系统可靠性问题的处理方法不一定适用非系统类型产品问题的处理。
- 明确规范系统失效定义和系统可靠性问题：系统失效一定具有多样性，因此在工程实际中的系统失效定义同时包含多种类型的信息，这样的信息与通常可靠性教科书中以物理失效为出发点的定义相比，显然要复杂得多，有必要更加明确地定义。
- 细化表述系统特性、满足系统的量化建模和评价要求。

鉴于这样的讨论关注点，本章涉及一个系列的讨论内容。讨论首先从实际工程产品的系统视点，即如何从理论的角度看待一个系统这一问题开始，再到系统的失效，最后是系统的量化模型这样的顺序。本章的讨论依次包括如下小节的内容：

- 产品可靠性问题的系统特征。
- 系统问题的工程处置和实践。
- 产品可靠性问题的系统视点。

- 可靠性系统硬件的视点。
- 硬件系统表征。
- 系统失效的定义和描述。
- 系统的根源失效特性。
- 系统量化模型。

事实上,在谈到系统的概念问题时,人们其实自然而然很容易将一个工程系统与其他的系统进行类比。所以,在本章说明的最后的部分,再简单说明一下有关一个工程系统与生物或是人体系统的区别问题。二者都称为系统,意味着二者之间的某些相似性,而且工程系统甚至借用和引入生物系统的概念,例如系统的健康状态评价与预测的相关概念和问题(参见本书最后一个章节的讨论内容)。但是,生物系统仍然与一个工程系统存在一些本质性区别,这样的区别导致工程可靠性研究与生物学或是医学等研究在方法和思路上的一些关键性不同点。这样的区别主要体现和总结为如下 3 点:

- 生物系统中的细胞、组织,或是器官可以自然认为是构成一个系统的单元,但生物系统的单元之间,事实上包括任意的系统实体(即生物实体)之间,均存在着物质交换、运输和变化(如物质的生物、化学反应)以及实体本身的变化(如生物组织的再生),工程系统内的不同实体或是单元之间则不存在这样的物质交换、运输和变化情形。
- 生物系统上面情形的另外一个结果就是:不同生物系统实体之间通常是物理强耦合(也包括生物、化学等的耦合关系)、强相关的,一部分生物实体的变化会影响到其他的系统实体。但对于一个常见的工程系统而言,物理强耦合关系通常可以近似认为仅限于一个系统的单元内部,不同的系统单元之间通常仅仅限于逻辑关联性。
- 生物机体、细胞、组织之间的某种逻辑关系完全是由物质本身所构建和决定的(例如,生物基因所构建和携带的遗传、复制信息,人类大脑中自然产生的意识等),从一定意义上讲,生物逻辑与物理实体是不可分的,而工程系统的逻辑则是人类赋予产品的,即使 AI 也是如此,因此,系统的物理实体与系统逻辑本质上是相互独立的,是一个工程系统的两个组成部分。

因此,二者系统所存在的不可类比性是在可靠性研究中需要注意的一个问题,显然,工程系统的情况从某种意义上说要更为简单。

3.1　产品可靠性问题的系统特征

系统可靠性一词虽然属于常见用语,但在绝大多数的可靠性专业书籍和文献中,系统一词仅仅限于使用,而并不对于或是避免对于这样的系统一词给出一个明确的定义[26]。因此,尽管在工程中频繁使用系统一词,但其严格的定义与工程内涵并非完全清晰。对现实可靠性工程实践中一些常见问题进行简单的审视就容易发现:即使不考虑元器件和原材料这类显然不属于系统的产品,系统以及系统可靠性的工程方法仍然不可能对其他的工程产品普遍适用。例如:

- 系统的量化可靠性评价模型,即所谓的 RBD(Reliability Block Diagram)模型,可以将一个实际系统的可靠性通过一个由构成该系统所有零部件的串并联系统来进行表征,但这样的系统可靠性建模方法显然并不适用所有同样可能由众多零部件所构成的工程产品,例如一个单纯的机械结构件或是一个像变速器这样的运动机构。

- 由于系统常见的复杂性问题,系统可靠性的思路和方法常常也被用于处理复杂系统问题的简化建模的问题。但复杂性显然并非系统的专有特征,非系统产品同样可以高度复杂。最为典型的工程案例就是航空发动机和汽车引擎类的动力装置,虽然这类装置安装了控制组件以后也成了一个系统,但其核心和基础的部分仍然是其纯粹机械结构与机构的部分。如果仅限机械的这一部分,虽然其在技术和设计上高度复杂,但仍然不是一个系统,其相关工程技术问题通常也并不能通过系统的研究思路和方法加以有效解决。

显然,系统的概念存在进一步清晰化定义,而系统建模的方法和手段等则存在进一步界定其工程适用性这样的客观需求。

结合目前的实际工程情况,可以发现如下系统的基础概念性问题需要进一步澄清和明确。包括:

- 工程中系统产品与非系统产品的严格划分和定义:需要就一些关键性特征区分系统与非系统类型产品。
- 符合工程实践的系统可靠性问题的分类与问题层级的划分:即使同为系统,不同类型、不同应用、不同规模工程产品可靠性问题的研究思路和关注点仍然会有不同侧重。以工程上常见的大型系统为例,这里的所谓大型是指系统本身的构成涉及众多的子系统、涉及不同类型与数量设备的集成,系统构成可能包括网络、通信以及各种的协议和策略等的系统逻辑。对于这样的系统类型产品,系统逻辑本身的问题就可能构成系统整体可靠性问题的一个主要来源。这样的来源,除了系统逻辑内部、不同的系统逻辑模块之间等逻辑自身的问题之外,还包括系统集成相关的问题,这类问题包括系统逻辑与系统单元、不同系统单元、子系统和硬件设备之间的集成与相互影响等方方面面的问题。这些有关系统逻辑与系统集成相关的系统可靠性问题与传统的硬件可靠性问题具有一些本质性的区别。这些问题均有必要加以区分。
- 系统可靠性模型方法的理论基础与工程适用性:基于上述对于系统概念的认识,系统研究的目的就容易理解,就是将系统关系提取和抽象出来、完成模型化,然后在模型中剔除系统构成实体的具体形态,实现对系统可靠性问题的分解和简化。因此,工程系统的构成关系与构成要素就成为本章讨论的一个主要内容。
- 系统失效的定义和表征:失效的物理特征仅仅是系统失效特征的一个部分,还需要包括系统不同失效之间的关系问题。

在引言中已经介绍了系统的一般性概念,这一概念通过一系列的基本特性用以明确界定一个系统。在这些所列举的特性当中,去除那些对于一个现实工程产品而言较为一般性且其他类型产品可能同样具有的特性,实际只剩下两点特性具有显著的、可用于明确区分系统与非系统工程产品的能力(同时参见引言有关系统概念部分的讨论内容)。这两点特性即

- 系统的非机械性质。
- 系统的抽象性逻辑关系本质。

这里的系统非机械性质是指系统的运行不仅仅受制于自然界的物理规律,系统中还存在有逻辑,系统的运行同样受到系统逻辑的制约。系统的逻辑构成了系统的关键性特征;而系统的抽象性本质则说明了系统的核心特征是关系,而非构成系统的物理实体,因此,可以通过系

统模型脱离物理实体的具体形态而描述这样的系统关系。这一概念构成了本章针对系统和系统失效问题讨论的基础,成为系统可靠性问题处理的一个基本出发点。

系统的非机械性表明了系统逻辑作为系统的一个核心特征。系统中的逻辑使得系统中部分的运行不完全受制于自然界的物理规律,再复杂的纯机械结构只能构成一个装置而不足以成为一个系统。系统逻辑的工程实现通常需要借助电子元器件和电子电路。

3.2 系统问题的工程处置和实践

除了上一节所讨论系统概念与特性问题,实际的工程产品在其整个寿命周期贯穿着不同的可靠性工作和任务,且各项工作和任务各有侧重、各有不同,而且还会具有各自不同的执行部门和责任工程师。因此,从这一角度而言,系统的可靠性问题侧重点已经是实际工程实践的一个客观存在。

针对这样的一种客观存在,本书讨论的关注点在于更加清晰化地定义这种系统可靠性问题侧重点,同时,更加清晰地说明工程中将系统可靠性问题进行分类处理的内在必要性和原则。这样的讨论能够帮助可靠性工程人员对实际的工程产品构建一个更加清晰化的系统概念和视点,帮助其更加有效地处置实际工程系统的可靠性问题。

事实上,针对一个实际工程产品的可靠性问题,MIL – HDBK – 338 按照问题的性质将其分为如下的 3 个类型[1]。包括:

- 设计问题:产品设计错误问题、材料或元器件的选择不当问题以及由此引发和产生的产品设计、制造、使用过程中反映出来的自身产品缺陷。
- 制造/质量问题:由于产品工艺设计不当问题或是制造过程中的质量控制问题引发的产品可靠性问题。
- 传统可靠性问题:由于产品使用环境、工况和条件等造成的产品退化与失效相关的可靠性问题。

从这样的分类可以看出:这样的问题性质的划分特点,完全符合实际工程实践中的部门和职责分类,在实际的工程条件下具有可操作性,也与产品的可靠性设计理念相吻合,将产品可靠性问题在不同的产品研发和寿命周期阶段进行分解,同时将可靠性设计要求纳入产品的整体设计要求(更多的相关内容还可以参见有关系统工程评价场景的有关讨论内容)。

如果进一步考虑相关各行业在企业内部各工程部门的设置情况,同时将上述设计与制造中来料质量和可靠性问题作为供应商的职责问题而从本产品的可靠性问题中剥离出来,则可以将产品的系统可靠性的侧重点分成如下的 3 类(其与工业部门设置的关系如图 3 – 1 所示),即

- 元器件与来料的质量和可靠性问题。
- 系统的产品设计与工艺设计问题。
- 传统意义上的系统可靠性问题。

从这样的侧重点划分可以看出 3 类侧重点问题:

- 本质上属于工程性质不同的系统可靠性问题。
- 在实际的工程实践中通常分属不同的职能部门。
- 工程中具有已经验证的实际可操作性。

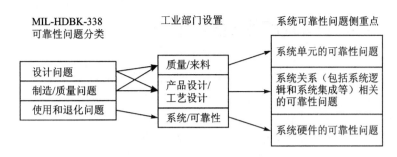

图 3 - 1　系统可靠性问题侧重点与工业部门设置的关系

* 服从可靠性设计的产品可靠性实现和保障原则。

因此,从系统的一般性概念总结上述系统可靠性侧重点问题,可以归纳为如下 3 个不同的侧重点,重要的是这样的侧重点在工程中已经是客观实际存在的。它们包括:

* 系统单元的可靠性问题:一类这样的问题例如复杂的机械装置与机构、系统中完全受物理规律控制和制约的物理实体部分的可靠性问题。或是关注在系统单元一级、存在强物理耦合(注:具体定义参见本章可靠性系统硬件的视点一节中有关系统物理耦合讨论的相关内容)的产品可靠性问题,例如产品元器件、零部件的可靠性问题,但通常基于问题的简化和可靠性设计思路,这类问题可能会仅限于孤立地考虑元器件、零部件自身可能存在的可靠性问题,忽略系统整体的实际运行环境和条件对于元器件、零部件带来的可靠性影响。

* 系统关系(包括系统逻辑和系统集成等)相关的可靠性问题:核心是关系本身的可靠性问题以及不同的问题对这类关系的影响,因此,这类问题通常也没有或是不一定关心系统使用时间相关的退化问题。而主要是关注系统中,尤其是具有确定性特征或本质物理问题与逻辑关系问题的处理和解决。主要关注系统中系统自身的逻辑与关系问题。这部分工作存在两个重点,一是系统逻辑中可能存在的错误或是缺陷,二是系统逻辑在实际的执行和实现中可能受到的物理载体的约束和影响的问题,在理想的情况下,系统逻辑与物理载体能够做到完全解耦。显然,这两类问题本质上都不是传统硬件可靠性中的时间退化问题。

* 系统硬件的可靠性问题:核心是关注系统可靠性与硬件相关的源头性失效问题,通常与系统性能的时间退化特性相关。关注系统产品,尤其是具有随机性失效表现的产品综合可靠性问题的考核、评价与处理问题。关注系统产品,在所定义和要求的运行条件下,包括了所有至此尚未考虑的、最终的系统可靠性表现问题。通常表现为产品硬件的退化问题,但同时也包含没有退化特性之系统问题的影响。

正如本书的标题以及引言所述:本书讨论的核心在于系统硬件的可靠性问题,即上面的第 3 类问题,是由于系统构成实体的某些根源物理失效所引发或是导致的系统可靠性问题。有关系统可靠性工程评价侧重点的问题,在本章的后续内容以及后续有关工程评价场景的其他章节的内容中仍然会做更多的讨论和说明。

本章下面的内容,就从这样的一个基本认知出发,详细、系统性地讨论系统和系统失效的相关概念与内容。

3.3 产品可靠性问题的系统视点

总结一下本章前面小节讨论的内容可以看出：从工程产品的可靠性整体而言，系统类型的产品有别于非系统，因此，系统可靠性视点首先就会存在工程适用性和适用范围的问题，例如前面已经屡次提到的引擎的可靠性问题不适用系统的思路和方法。然后对于系统产品，才有系统的可靠性视点和不同问题的处置方法问题（如图3-2所示）。

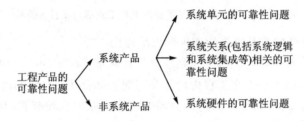

图3-2 工程产品可靠性问题的整体分类与视点

因此，产品可靠性问题的系统视点仅仅是一类适用于系统产品的工程处置思路和方法。产品可靠性问题的系统视点本质上就是在充分意识到系统产品实际特征的基础上，完全符合工程实践与实际部门划分的一种对系统产品可靠性问题的分类与认知。而这里所谓的系统产品的实际特征就是指系统有别于非系统类型产品的根本性特征，即系统的非机械性质以及系统的抽象性逻辑关系本质。产品可靠性问题的系统视点解释了实际工程环境中对于系统类型产品可靠性问题的处置方式与实践。

本节就这一可靠性的系统视点问题做一个详细的讨论。相关内容按照其先后顺序依次包括：

- 系统问题的工程侧重点。
- 系统的完整性问题。
- 系统问题的层级。
- 典型工程问题。

3.3.1 系统问题的工程侧重点

总结一下前面有关系统问题的讨论。产品可靠性问题的系统视点就是指在充分意识到系统产品实际特征的基础上，完全符合工程实践与实际部门划分的一种对系统产品可靠性问题的分类与认知。

基于这样的视点，系统可靠性问题按照如下原则，分别构成3个各自不同侧重点的系统可靠性问题，包括：

- 元器件与来料的质量和可靠性问题：构成系统单元的可靠性问题。
- 系统的产品设计与工艺设计问题：构成系统关系（包括系统逻辑和系统集成等）相关的可靠性问题。
- 传统意义上的系统可靠性问题：构成系统硬件的可靠性问题。

系统单元与系统硬件的可靠性问题均属于传统的可靠性问题范畴，包括问题的处理手段和方式，但是，系统关系的可靠性问题则有很大的区别，具有明显的设计问题的特点，主要包括了系统逻辑和系统集成所带来的问题。在下面做一些专门的说明和举例。

系统关系相关可靠性关注如下类型的系统问题,包括:

- 系统单元之间的物理耦合问题:不同单元之间存在系统所不希望的物理耦合与相互影响问题(注:具体定义参见本章可靠性系统硬件的视点一节中有关系统物理耦合讨论的相关内容)。
- 系统单元之间的协调与关系问题:系统之间的相互协调、相互融合、相互的性能匹配等无法部分或是完全达到系统设计要求的问题。
- 系统逻辑错误、不完备等的问题:存在包括软件和硬化逻辑在内的系统逻辑上的设计缺陷。
- 单元失效模式与系统模式的关系问题:系统不同单元、不同层级之间的功能关联性、失效模式的关联性等。
- 系统与运行环境、人因操作之间的匹配和耦合问题。

上述类型的问题在工程实践中通常反映为系统的设计和制造问题,且经常没有时间相关的影响因素,与系统硬件可靠性问题有明显区隔。以产品设计方面的问题为例,这类系统可靠性问题包括:

- 软件可靠性问题:软件设计和逻辑代码方面的错误或是缺陷。
- 电路的容差设计(Fault Tolerant Design)。
- 电路设计中的潜通路问题(Sneak Circuit Analysis,简称 SCA)。
- 信号完整性(Signal Integrity)。
- 电磁兼容性(Electromagnetic Compatibilty,简称 EMC)。
- 人因可靠性问题(Human Factor)。
- 测试性问题:与模式与关联性相关的可靠性。

从这些具体的工程问题也能看出:完全不同于传统的系统硬件可靠性问题,系统关系相关的可靠性问题本质上是一个具有确定性的产品问题,典型的像软件代码中的逻辑缺陷问题。因此,只要问题的发生条件满足,问题就会明确地发生和再现,所以是典型的设计问题,可以通过设计加以纠正。

但是,这类问题在产品应用中的发生,是可以受到产品随机因素的影响的,从而在表现上像是一个随机事件。还是以上面的软件缺陷为例,这样的缺陷是否发生,还取决于系统在运行时是否会调用到这种存在缺陷的逻辑,而是否调用这件事则取决于系统的业务情况,根据后面将要讨论到的系统随机性来源问题也能知道,系统业务具有随机性特征。

上面所讨论的系统关系相关可靠性问题的类别与所列举具体工程问题的对应关系如表 3-1 所列。由于系统关系相关的系统可靠性问题不是本书的讨论关注点,有兴趣的读者可以参考相关领域的专业性文献和书籍。

表 3-1 系统关系相关可靠性问题的类别与具体工程问题的对应关系

工程问题举例	系统单元之间的物理耦合问题	系统单元之间的协调与关系问题	系统逻辑错误、不完备等的问题	单元失效模式与系统模式的关系问题	系统与运行环境、人因操作之间的匹配和耦合问题
软件可靠性问题	NA	NA	√	NA	NA

工程问题举例	系统单元之间的物理耦合问题	系统单元之间的协调与关系问题	系统逻辑错误、不完备等的问题	单元失效模式与系统模式的关系问题	系统与运行环境、人因操作之间的匹配和耦合问题
电路的容差设计	NA	√	NA	NA	NA
电路设计中的潜通路问题	√	NA	√	NA	NA
信号完整性	√	NA	NA	NA	NA
电磁兼容性	√	NA	NA	NA	√
人因可靠性问题	NA	NA	NA	NA	√
测试性问题	NA	NA	NA	√	NA

注：NA——Not Applicable，不适用。

3.3.2　系统的完整性问题

前面小节讨论了基于系统可靠性问题的视点可以将系统可靠性问题分类成为 3 个不同侧重点的问题，而且这 3 类侧重点问题具有如下的工程应用特征，即

- 本质上属于工程性质不同的系统可靠性问题。
- 在实际的工程实践中通常分属不同的职能部门。
- 工程中具有已经验证的实际可操作性。
- 服从可靠性设计的产品可靠性实现和保障原则。

由于系统可靠性问题的复杂性，使得一些对于系统可靠性影响巨大，但性质可能有所不同的问题得以从最终产品的可靠性问题中剥离出来。系统的完整性问题就属于这样的一类问题。这样的工程处置思路完全符合产品可靠性设计的思想和原则。

由于系统是由单元构成的，而且单元的数量、种类和供应商来源还可以比较多，因此，各个单元之间、单元与系统之间的匹配问题就会成为影响系统可靠性的一个首要问题。这样的一些典型工程状况如下：

- 如果是设计一个结构承载类型的产品，则其中的任何结构部件如果存在强度设计不足或是材料选择错误的问题，都可能会造成产品无法达成所需要的设计要求，或是在使用过程中发生失效的问题。
- 如果是电子类型的产品和系统，会存在一定的温度运行范围和要求，则用于该产品的元器件在选型上就必须至少满足这样的温度运行范围的要求。

这种类型的问题在工程中通常划归为设计进行处置的问题，在产品的研发和寿命周期中常常被定义为完整性或适配性（Integrity）问题，换句话说，只有在有效处置了产品完整性基础之上的产品失效问题，才是严格意义上的可靠性问题。

系统可靠性中的完整性问题具有如下的特点：

- 与产品可靠性密切相关的完整性问题在工程上也会不加区分地被称为可靠性：显然，产品的完整性不是严格意义上的可靠性，但以可靠性为目的的产品完整性处置也会被称为可靠性。
- 从系统可靠性工程侧重点的角度看，系统单元与系统关系相关的可靠性问题显然会大

量涉及完整性问题:以系统单元的可靠性问题为例,在产品研发与寿命周期的早期阶段,产品来料和元器件的可靠性保障实际上主要都只能是限于完整性方面的处置,例如,审核纸面上的来料和元器件的可靠性试验结果与设计参数(参见表 3-2、表 3-3所示由 IC 供应商所提供的 IC 器件所实际完成和通过的可靠性试验,以及考核中所遵守的工业标准的情况举例)。

- 完整性在处置手段上仅限系统单元与系统可靠性相关的设计要求的验证与匹配问题:系统可靠性的验证需要同时满足设计要求验证(Verification)和用户要求验证(Validation),且二者要求相互独立(注:更多有关可靠性验证方式和要求方面的讨论参见加速试验设计与系统工程评价场景相关章节的内容)。但完整性仅限前者,因此不是严格意义上的可靠性,或者可以通俗地将完整性理解成为是可靠性的初级阶段或基线要求。

表 3-2　常见供应商提供的 IC 可靠性试验项目与试验合格举例

试验项目	条　件	样　本
预处理	96 h@30 ℃/60%RH	0/410
预处理	192 h@30 ℃/60%RH	0/110
上电 HAST	264 h@110 ℃/85%RH	0/180
上电 HAST	96 h@130 ℃/85%RH	54/72
温度循环	1 000cyc@-55/+125 ℃	0/230
高温贮存	1 000 h@150 ℃	0/230

表 3-3　常见基于 JEDEC 工业标准的 IC 器件试验项目举例

试验项目	标　准	目标考核失效
预处理	JESD22A113	开裂、分层、互联损坏
上电或非上电 HAST	JESD22A118	腐蚀、分层、污染迁移、老化
高温贮存	JESD22A103	扩散、氧化、材料退化、金属键化合物、蠕变
上电或非上电温湿度	JESD22A101	腐蚀、污染迁移
温度循环	JESD22A104	开裂、分层、疲劳
上电热循环	JESDA105	开裂、分层、疲劳、材料退化
机械冲击	JESD22B104	开裂、分层、疲劳、脆性断裂
振　动	JESD22-B103B	开裂、互联失效
弯　曲	JESD22B113	开裂、分层、封装与互联失效
热冲击	JESD22A106	开裂、分层、疲劳、脆性断裂
压力锅/高温湿压	JESD22A102	腐蚀、分层、迁移、界面污染
跌　落	JESD22-B111	互联失效
疲劳弯曲	JESD22-B114 IPC/JEDEC 9702	互联失效

- 产品的完整性对于可靠性而言是不充分的:完整性处置是产品可靠性设计流程的一个前期步骤,但只是一个部分,对于保障一个系统最终整体的可靠性是不充分的。

基于上面的讨论,可以如下总结完整性与可靠性的若干最主要的关系,即

- 系统完整性问题会直接关系和影响系统整体的可靠性表现。
- 系统完整性关注系统单元和系统整体相关产品设计要求与指标之间的匹配性及适配性问题,与系统可靠性属于在问题性质和问题关注点方面均有所不同的两个问题。
- 系统完整性问题在工程上主要是一个通过设计部门(包括制造和质量等部门)进行处置的问题。

二者与系统可靠性问题工程侧重点关系的汇总同时参见表3-4。

表 3-4　系统可靠性问题与系统层级的对应关系

项　目	系统单元的可靠性问题	系统关系相关的可靠性问题	系统硬件的可靠性问题
完整性/适配性	√	√	NA
可靠性	NA	√	√
寿　命	√	NA	√

注:NA——Not Applicable,不适用。

3.3.3　系统问题的层级

从前面一节的讨论已经可以清楚知道:系统可靠性问题侧重点的根本出发点之一是工程的可操作性问题,即在工程产品的研发和设计过程中,实践和实现产品的可靠性设计,达成产品可靠性目标,满足产品设计要求。

系统可靠性问题侧重点的划分实际也反映了系统可靠性问题的一种系统性的分解与简化处理思路,也是系统可靠性问题在工程处理时的层级化方式,这样的系统可靠性问题处置层级与产品实际所存在的物理层级是完全相对应的。

因此,系统可靠性的问题侧重点如果从系统问题层级的角度来看,可以对应和总结如下:

- 系统单元的可靠性问题:关注系统单元一级的产品可靠性(主要是其中的完整性)问题,例如产品元器件、零部件的质量和可靠性问题。职责属于工程的元器件管理与质量等相关部门,为系统可靠性问题的第一层级。
- 系统关系相关的可靠性问题:包括系统逻辑和系统集成相关的可靠性问题。核心是围绕系统功能实现的相关可靠性问题,通常不涉及系统的时间退化问题。职责属于系统设计、工艺设计等相关部门,为系统可靠性问题的第二层级。
- 系统硬件的可靠性问题:核心关注最终产品或系统硬件的可靠性相关问题,尤其是系统性能的时间退化、随时间的失效问题。重点是系统设计的可靠性增长、可靠性演示验证问题,包括系统整体的可靠性评价问题(注:更多内容参见工程评价场景与案例问题处置一章的相关讨论)。职责属于系统可靠性和试验等相关部门,为系统可靠性问题的最后层级。

【选读 29】　产品供应链与系统层级的相对性

在现代的工程环境中,一个系统类产品的设计和制造需要一整套供应链的支撑才能完成,

这使得某些类型系统的层级构成会变得更加复杂。

以一个大型系统，如车辆产品的研发和制造为例，就通常需要 3 个不同级别供应商所构成供应链的支撑，这 3 级供应商通常是指：

- 一级供应商：提供构成设备与分系统。
- 二级供应商：提供设备与分系统的元器件、零部件、组件和模块。
- 三级供应商：提供原材料。

这在引言部分作为系统的举例已经提到。那么在这样的情形下，如何来看待一个复杂系统的可靠性问题侧重点和层级问题？

在通常的工程实际状况和条件下，系统的研制单位仅会专注于本一级系统可靠性问题的处理和解决，而将供应商产品相关的问题留待供应商自己去解决。因此，不论对于如何复杂的系统，对于研制单位而言，实际只存在"内"和"外"的差别，所有通过外部采购的由供应商所提供的设备/子系统、元器件/组件/零部件或是原材料，均属于来料，对于该系统的研制单位而言，所有来料的可靠性问题均属于其产品的系统单元一级的问题。

从这样的讨论也能够看出：对于一个大型复杂系统的研制单位而言，其系统单元一级的可靠性问题的处置和评价可能会变得更加复杂，实际的工程情况也确实如此。虽然从理论上讲，这类问题可以由来料的供应商来解决其各自产品的问题，但实际的工程状况可能会更加复杂，导致系统的研制方需要投入一定的人力、物力以及其他资源，来帮助其供应商解决本属于对方的产品，但对于自身系统的研发则又属于其核心来料的部分。这实际就是通常所说的一个核心高技术企业（例如 Apple、微软，甚至华为）可能会带出一连串的供应商的场景。

上面这类状况的发生可能包括如下的一个以及若干实际的工程情况和条件，包括：

- 系统研制单位实力雄厚且涉及系统的关键来料。
- 供应商拥有对该来料产品的突出竞争力，包括在技术、价格、服务等方面的一项或是多项。
- 该供应商是某些来料的独家供应商，暂时没有任何替代。
- 系统研制单位因为某种原因（例如由于具有大宗的商业和利益关联）需要使用该供应商的产品。

3.3.4　典型工程问题

关于系统产品可靠性问题的侧重点，除电子设备一类的产品作为本书的重点讨论对象，这里简要说明另外两个其他类型的常见工程案例，来进一步说明实际工程中的系统可靠性侧重点问题。

首先是 IC(Integrated Circuit)类型器件的可靠性问题。不可否认，IC 器件，尤其是大型数字 IC，像 CPU(Central Processing Unit)和 MCU(Micro‐Controller Unit)等，从功能和运行逻辑上讲都是一个系统。这种类型产品的特点是：物理上高度集成且会存在硬化或是固件（即嵌入式）逻辑。因此，一方面，这类器件产品在工程开发中必然存在大量典型的系统可靠性问题，包括较为单纯的逻辑问题，例如软件逻辑问题，也包括物理载体对于逻辑实现的影响问题，例如信号完整性问题，但这类问题主要是设计问题，不考虑产品最终表现的分散性问题。另一方面，IC 器件在逻辑上的物理集成，必然带来产品的物理耦合问题（注：具体定义参见本章可靠性系统硬件的视点一节中有关系统物理耦合讨论的相关内容），因此最终将表现为典型的硬件可靠性问题,这也使得 IC 器件在工程上是按照器件可靠性或从其未来所应用的系统产品的角度来讲,属于系统单元的可靠性问题视点来处理的。

另外一个典型工程问题就是所谓的大型系统,包括其设备集成、网络等方面的可靠性问题,这类问题是典型的系统可靠性问题的处理视点。所谓大型系统是指由大量设备一级子系统所构成的系统产品。由于由设备构成,大型系统的物理尺度通常也会相应较大,因此也称为大型系统。此外,从价值角度,这类系统产品的自身价格通常会较高,而且为保障运行,还会涉及专门的运行和维护成本,因此,这类系统产品还通常会被称为资产(Asset),与通常的系统设备会有明显区别。

大型系统涉及众多的典型系统视点的可靠性问题,例如:

- 软件逻辑问题:如软件可靠性等问题。
- 不同失效与故障模式之间的关系问题:如测试性所涉及的典型问题。
- 不同子系统之间以及与外部环境的电磁干扰和屏蔽问题:如 EMC(Electromagnetic Compatibilty)相关问题等。

但由于大型系统的实际物理尺度以及试验等的技术复杂性与成本等因素,系统可靠性的视点问题正如上面已经讨论的,通常不会考虑或是考核系统整体最终产品表现的分散性问题,因此,通常也无法给出产品最终的可靠性评价结果。这类系统的量化可靠性评价问题需要另行专门进行讨论,不再是本书的视点。

【选读 30】 系统的运行可靠性问题

运行可靠性(Operating Reliability)属于工程可靠性相关行业中有时会出现的用语,通常是指系统运行过程中,表现为与系统的运行条件以及偶然因素相关联,但没有明显的时间相关或时间退化现象的系统可靠性问题。

显然,从上面所讨论的系统可靠性问题侧重点或是层级的角度来看,系统的运行可靠性问题主要是属于系统关系相关的一类可靠性问题。但是,在产品的可靠性问题中,任何随机因素均是与时间相关的,即是以一个随机过程的形式表现的,例如系统的偶然失效就是一个随机过程(参见后面有关系统失效的"浴盆曲线"特性章节的讨论),因此,任何受到随机因素影响的产品可靠性问题都会与时间相关,但不一定是一个随时间退化的可靠性问题。从这个意义上讲,可以将产品的运行可靠性问题定义成为一个"非时间退化的产品可靠性问题"。

简而言之,产品的运行可靠性问题可以归结为如下两个问题中的一个或是两个问题的一个综合问题,即

- 系统关系(包括系统逻辑和系统集成等)相关的可靠性问题。
- 系统硬件可靠性中的随机失效问题。

而且由于实际工程中的系统层级以及对于不同层级问题实际存在的处置顺序问题,这里的两个问题会在实际工程的产品研发和寿命周期阶段分别进行处理。更多有关产品研发和寿命周期不同阶段的产品可靠性评价和处置问题讨论,可继续参见后面工程评价场景与案例问题处置一章的讨论内容。

3.4 可靠性系统硬件的视点

系统硬件的可靠性问题是系统可靠性的 3 个侧重点之一,也是系统可靠性问题的最后一

个层级,属于传统视点的可靠性问题。这类问题属于本书所讨论问题的核心视点问题,是本书所讨论的主要内容。因此也在本节作为专门一节的内容进行讨论。

由 MIL‐HDBK‐217 为基础所建立起来的传统的系统可靠性预计的方法反映了系统硬件可靠性问题的一系列典型问题的处理思路和处置方式。这些问题包括:

- 系统可靠性的 RBD(Reliability Block Diagram)表征方式:即系统可靠性由单元的可靠性来表征,且单元之间的关系为串并联等简单逻辑关系。
- 系统单元失效的独立性问题:可靠性基于随机的独立性问题。
- 包括系统逻辑在内的产品系统设计与产品 RBD(Reliability Block Diagram)模型的对应关系:即系统的功能与逻辑关系同系统可靠性关系之间的关联性与对应关系问题。

虽然正如引言所讨论的那样,这类系统可靠性预计方法本身已经基本被实际的工程实践所否定,但是这些问题仍然有待进一步地研究和澄清,以使得系统硬件可靠性问题的处置能够更加清晰。

因此,在本节前面的 3 个小节已经将产品的系统硬件可靠性问题从其他类型问题中剥离出来,后面的小节就集中讨论系统硬件可靠性的问题,同时,逐步完成针对上面传统的系统评价的进一步讨论和修正,以达成本章对于系统和系统失效问题的定义,满足后续系统建模和评价的需要。

本节的讨论首先从传统可靠性预计的视点开始,逐步延伸至其他系统硬件可靠性问题视点和其他主要关注点的讨论。具体的子节内容按照顺序包括:

- 传统可靠性预计的视点和修正。
- 产品的随机性来源。
- 产品失效的随机性。
- 系统中的物理耦合。

3.4.1　传统可靠性预计的视点和修正

前面的讨论已经说明:系统的核心本质是系统的构成和运行逻辑关系,而非构成系统的物理实体;系统的这种逻辑关系独立于系统运行所受制的物理规律之外,且与这一物理规律一道共同决定系统的运行。

因此,容易理解这样的一种系统可靠性研究和系统评价思路,即系统整体的可靠性问题是由系统的某个物理实体的某种物理失效所造成的,系统整体的可靠度或失效概率就完全由这一物理实体之物理失效的发生概率所决定。这样的一种可靠性思路构成了经典的系统可靠性研究和评价思路。

详细而言,这一经典系统可靠性思路包括了如下的一些具体的假定,即

- 系统可靠性问题已经主要是硬件问题:系统的逻辑关系不是系统可靠性问题的主要来源,这一系统的逻辑关系在进入系统硬件整体的可靠性一级时,认为是基本正确的、没有太多问题的,不在产品系统硬件可靠性问题的重点考虑之列。
- 硬件可靠性问题可以归结于物理失效问题:造成系统失效的根源在于系统实体所发生的某个物理失效问题,该物理问题的发生主要受到制约系统运行之物理规律的影响。
- 物理失效可以实现探测和隔离定位:造成系统整体可靠性问题的根源是物理失效可以在系统中实现探测、确认、隔离和定位。

- 系统评价的核心是系统失效概率的确定问题:系统可靠性问题的关注点仅限系统整体的失效概率问题,不考虑不同的系统失效模式对系统运行、系统任务等在重要性和影响上的差异。

在这样的一种假定条件下,系统实体物理失效的发生概率与系统整体可靠度的关系就可以大为简化,成为一种以串联关系为基础的系统可靠性模型关系。

这样的一种经典的系统可靠性思路,在实际的可靠性工程实践中,仍然存在有待完善的地方,以提升其应对和解决工程问题的实际效果,达到工程所需要的水准。这一点实际也是本章讨论需要处理、是系统硬件可靠性问题需要有效应对的问题。

从对基础的系统可靠性知识的了解已经知道:上面的这种传统的系统硬件可靠性的相关理论和量化评价方法主要就是由美军标 MIL - HDBK - 338 和 MIL - HDBK - 217,以及以此为基础引申的一系列工业文件等定义的相关内容。这部分的内容早在本书的引言部分就已经讨论和提到。

因此,传统的系统硬件可靠性量化评价的视点就是以系统的物理失效,即系统单元物理失效为基础的,且专注于系统单元物理失效对于系统整体可靠度或失效概率影响的研究和系统可靠性评价视点。

3.4.2 产品的随机性来源

毫无疑问,任何工程产品在其个体的可靠性行为上都具有一定的不一致性或称为随机性。产品可靠性行为随机性的根源在于产品个体之间存在固有的、某种程度的差异,而且这种差异是不确定的,具有随机性特征。

工程产品可靠性行为的随机性可以来源于其整个寿命周期的任意某个环节,可以归纳为如下的 3 个主要方面,即

- 产品自身在材料、几何外形等方面的随机性。
- 系统业务的随机性。
- 系统使用环境上的随机性。

其中,第一条来源于产品的来料与生产制造环节,后两条则来源于产品的使用环节。同时,这样的随机性可能与一个随机过程相关联(参见表 3 - 5)。

表 3 - 5 产品随机性来源的产品寿命周期环节与时间相关性

产品随机性来源	产品研发与寿命周期	时间相关性
产品自身在材料、几何外形等方面的随机性	来料与生产制造环节	否
系统业务的随机性	产品的使用	是随机过程
系统使用环境上的随机性		

首先是产品自身的随机性问题。由于工程材料以及产品加工过程中所产生的产品在几何尺寸和外形方面的随机性是固有的,即包括:

- 实际加工尺寸上的变化和分散性:如机械加工中的公差(PCBA 的加工分散性会更大,参见图 3 - 3 举例)。
- 形状和几何外形的规范性:例如,微加工、3D 打印需要再加工、需要余量。
- 材料的缺陷与材料均匀性:晶结构、单晶叶片,如图 3 - 4 所示。

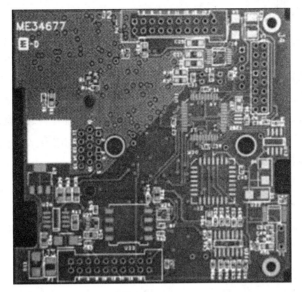

Specifications	Details
SMD Pitch	0.080" - 0.020" - 0.010"
Soldermask Type	LPI Glossy, LPI-Matte, SN1000
Soldermask Color	Green, Red, Blue, Black, White, Yellow

图 3 - 3　PCBA 加工公差要求与公差表举例

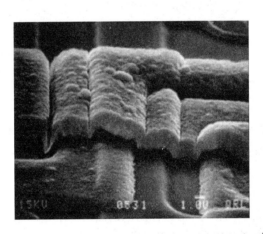

图 3 - 4　IC 器件金属层外形的不规则与随机性示意图[27]

因此,产品自身的随机性是不可避免的。

其次就是系统在实际使用的随机性问题。系统业务对于系统内部单元的实际使用情况,部分是通过系统业务来执行和控制的,这一部分是可以确定的。但是,系统业务也可以是通过人的执行和操作完成的,这一部分的操作会不可避免地引入随机性因素。

显然,系统的使用环境带有类似的随机性特征,例如,产品运行中最为常见的机械冲击,系统运行过程突然接收到的电脉冲,等等(还可参见 Intel 的相关 FA 文献[28])。

3.4.3　产品失效的随机性

随机性和确定性被认为是产品失效同时存在的两个固有特性。具体一些而言,二者分别是指：

- 产品失效的随机性：源于产品个体之间存在的分散性，如前面小节的内容所述，在产品的整个寿命周期存在3个方面的主要来源。
- 产品失效的确定性：由产品整体上的一致性决定，主要是指产品在失效物理过程上的确定性以及产品失效在统计意义上的一致性两个方面。

因此，如果以产品的可靠性量化评价为例来说明上述的固有特性，就能归结为引言已经讨论的如下3个方面且与上面特性相对应的量化指标或参数（同时参见表3-6），包括：

- 个体随机性参数：TTF参数。
- 物理确定性参数：产品寿命。
- 统计确定性参数（即随机过程的统计量参数）：MTBF/MTTF。

表3-6 产品失效的随机性与确定性特性及其相应的评价参数

可靠性评价参数的分类	所表征的产品失效特性	失效特性分类	可靠性评价参数
个体随机性参数	失效的随机性	随机性或分散性	产品失效时间
物理确定性参数		失效物理过程上的确定性或一致性	产品寿命
统计确定性参数	失效的确定性	产品失效在统计意义上的确定性或一致性	MTBF/MTTF、产品失效概率

尽管确定性与随机性一样，是工程产品失效的固有属性，但从产品失效的最终结果来看，即使是完全确定的产品特性，只要其造成最终产品失效过程中的影响因素存在随机性，其最终的产品失效结果则仍然可以表现为具有随机性的特征。下面是工程产品失效中的若干常见案例：

- 由于系统软件逻辑缺陷所导致的产品故障：尽管系统中的软件逻辑缺陷是一种完全确定的错误，不存在任何的不确定性，但是，产品在使用过程中是否发生错误还取决于系统业务的情况，即在系统业务的处理过程中是否调用这一存在错误的逻辑，只有在调用且在满足错误触发条件的情形下才会导致产品的运行故障。因此，系统业务的不确定性决定了产品故障发生的随机性结果。
- 突发性环境应力，例如雷击导致的系统过应力失效：产品设计中如果存在缺陷，没有充分考虑有效应对雷击的措施，则这样的问题点也一定是确定的且适用所有该类型设计的产品。但是产品是否在使用过程中发生失效则还取决于雷击是否发生，而雷击的发生存在随机性。

从上面的讨论可以看出，产品失效的固有属性与产品失效实际发生的结果特性仍然是两个不同的概念。由于产品可靠性研究需要专注产品问题的解决，即相较于前者有关产品失效的固有属性，人们通常需要更加关注后者有关产品失效实际发生的结果特性，因此，从这样的角度而言，产品失效所表现出来的更加直接且基础性的特性为产品失效的随机性，而非产品失效的确定性。

因此，随机性是产品硬件失效的最基础特性。事实上，随机性也因此构成产品系统硬件可靠性研究视点的核心内容。

3.4.4　系统中的物理耦合

至此在有关系统概念的讨论中,已经多次提及系统区别于非系统工程产品的核心本质,即系统的非机械性质以及系统的抽象性逻辑关系本质。其中,前者表明了系统的运行同时受到物理规律和系统逻辑的制约,而这里的逻辑关系对于系统而言是抽象的,即与系统实体的具体物理属性无关,所以,上述两方面的系统属性并非完全是相互独立的,前者在一定程度上包含了后者。

在这里,我们将受到共同物理规律制约系统中不同实体之间的相互作用称为物理耦合。而对于系统逻辑制约部分,通过实际的工程实践状况可以看出,系统逻辑制约的实现在实际情况中是需要物理载体的,例如,"产品中的系统逻辑需要以代码的形式存储在硬件存储器中,并通过 CPU(Central Processing Unit)等物理器件来执行;生物系统中的遗传信息也需要以 DNA(Deoxyribo Nucleic Acid)等的生物遗传物质来表达和携带等"。

因此,所谓的系统逻辑及其制约作用并非完全能够独立于系统的物理实体之外,换句话说,任何受到系统逻辑的制约的实体也必然受到某种相应物理规律的制约。与系统的逻辑制约相比,物理规律的制约是基础。基于这样的认识,我们做如下定义:

- 强物理耦合:将受到物理规律制约所主导的系统特性称为强物理耦合。
- 松散物理耦合或弱物理耦合:将受到系统逻辑制约所主导的系统特性部分称为松散物理耦合或弱物理耦合。

由系统中这样的物理耦合性就会首先引申出产品系统构成中的系统单元问题。从工程中的实际产品来看,系统中的确存在松散物理耦合的状况。以逻辑电路中的信号传递方式为例,信号通路均为高阻抗通路,因此,在电路模型中可以近似为断路,即这样的通路之间只有信号传递,而没有能量或是电应力的传递,所以,发生在一端的电应力等的变化也不会因此而传递或影响到另外一端。这样的状况在系统模型上通常就会近似认为是物理解耦的状况,通路的两端也就因此被认为是两个不同的、相互独立的系统单元。

从上面的系统单元还可进一步引申出所谓系统根源失效的相互独立性问题。假定一个产品的失效总是可以追溯到产品中某个具体的局部物理点的失效问题,即在后面小节将要讨论的所谓系统根源失效的问题,则这样的根源失效会属于某个相应的系统单元,而且由于不同系统单元之间近似的物理独立性,使得这样的系统根源失效不会影响到其他的系统单元,因此,构成不同系统单元根源失效之间的相互独立性。

更多上面问题的详细讨论,包含在本章后续小节的内容中。

3.5　硬件系统表征

事实上,由前面系统硬件可靠性视点的讨论已经可以看出:包括系统硬件在内的所有工程产品之所以存在可靠性问题的根本原因,就在于产品的不确定性或是随机性,如果假想这样的随机性全部消失,则一个工程产品就只会有一个确定的寿命,而不再有任何可靠性问题。因此,容易理解,以系统可靠性评价为目的,对一个硬件系统进行表征的基本要素就需要以随机性为中心。

系统硬件的表征包括如下 3 个方面,这 3 个方面与前面已经讨论的系统随机性来源是存

在对应关系的,这也使得系统可靠性评价与模型构建能够充分考虑系统随机性的影响。这三个方面即

- 系统的逻辑与单元构成。
- 系统业务。
- 系统运行与环境条件。

本节的讨论内容也将依照这 3 个方面的顺序。

在上节有关系统硬件可靠性视点的讨论中已经提到,以 MIL - STD - 217 为代表的,实质上是以产品元器件或零部件作为系统单元的基本系统构成关系的局限性问题。这一局限性造成模型与工程实际的一些明显差异,这类问题在引言部分有关传统的可靠性预计问题的讨论中也已经提及。显然,这类问题是本节讨论有关系统的逻辑与单元构成关系的一个核心问题。

本节有关硬件系统表征的讨论,针对前面已经提出的系统硬件可靠性视点的单元表征问题存在如下两个核心认知,即

- 系统是可以在系统逻辑的意义上分解成为单元的。
- 系统单元也同时构成系统硬件的某种物理单元,但并不完全等同于产品的元器件或是零部件。

3.5.1　系统逻辑与单元

系统的非机械性特征决定了一个系统的运行不仅受到客观物理规律的制约,同时还受到系统逻辑的控制,系统逻辑独立于客观物理规律之外。

系统的运行受客观物理规律的制约,这意味着系统内部的各个组成部分是存在物理关联性的。尤其是当系统的某些组成部分的运行仅仅受到或是主要受到客观物理规律的控制,则这样的组成部分可以理解成为是物理紧密耦合的。因此,在系统逻辑的意义上,这样的组成部分在一定的运行状态下是不受逻辑控制的。

显然,物理紧密耦合并不是系统实体的概念。通常情况下,由于系统的实体都是物理的,因此,同一个系统实体自身通常都是物理紧密耦合的(例如,物理的几何形状、变形等等)。但不同的物理实体之间也可以物理紧密耦合,典型的就如通常所称的机械装置。例如,一个连杆机构可能由连杆和轴承等的多个零部件,即物理实体构成,但其运动轨迹是受到物理制约的,是不变的。更为复杂的机械装置再如内燃引擎,除去现代系统中电子控制的部分,剩余的引擎部分都是一个由物理规律所控制的机械装置。虽然其本身的构成高度复杂,但仍然不是一个系统,不存在逻辑的控制问题。而且,内燃引擎中的各构成零部件之间高度物理耦合,运行时需要协调一致,任何零部件的损伤和故障,均可能导致整个装置性能下降,甚至是功能输出不正常和完全失效。

物理紧密耦合的实体构成状态不仅仅存在于通常的机械装置,电子电路中的所谓强电或者称作是功率输送通道的部分也处于类似状态。以图 3 - 5 所示的一个简单电灯或是电机的电池驱动电路为例,整个电路受到欧姆定律等相关电路定律的制约,其中任何一个元器件参数的变化,例如电池内阻的变化等,都可能导致电路整体运行参数的变化,从而也因此影响到电路内其他元器件的运行状态。

与客观物理规律不同,系统逻辑是人对工程产品的主观需求,是人赋予系统的特性。但是,系统的运行在受到逻辑控制的同时,并不能超脱客观物理规律的制约,而且,系统逻辑对于

系统运行的控制也同样需要物理载体,因此,物理上也一定是耦合的,只是限于从产品可靠性和产品失效的角度来看,这样的物理相互作用是弱的和松散的。例如,两个电子组件如果通过柔性导线相连,二者之间的机械相互作用在工程上就可以认为是忽略不计的。

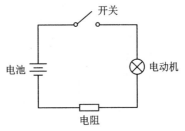

图 3-5　电机系统单元的模型构成

从实际工程系统逻辑实现的实际状况来看,系统逻辑是通过信号实现的,包括电、光信号等,这些信号通路通常都是高阻抗通路,即不同的逻辑单元之间仅存在信号流动,而能量的流动非常微弱,通常在工程中可以忽略不计。以电信号为例,在理想状态下,即仅有电压信号在两个不同的逻辑单元之间交换,而没有电流流过两个单元,这也就是电路当中常说的"弱电"的部分。这种逻辑处理和控制机制的结果就是两个不同逻辑单元之间的电耦合性很弱,导致一个逻辑单元的运行参数变化或是失效,并不会影响到其他单元的正常运行。

通过上面有关系统运行的逻辑控制与客观物理规律制约的讨论可以看出:如果考虑系统的组成性,即系统不仅是由物理实体构成,而且是由系统单元构成,且系统单元具备物理的独立性,则系统单元需要满足如下条件或称具备如下特征,即

- 系统的一个实体构成系统可能的最小系统单元,即系统的一个物理实体不允许拆分和形成多个系统单元。
- 一个系统单元至少由一个,但可以是多个完整的逻辑单元构成。
- 两个不同的系统单元之间没有紧密的物理耦合关系。

3.5.2　系统业务

从一般性意义上讲,业务是指涉及一个以上组织,按某一共同的目标,通过信息交换实现的一系列过程,其中每个过程都有明确的目的,并延续一段时间[9]。

而对于实际的工程系统,业务是指依照在不同的时间上所接收到的用户要求,系统协同完成相应工作并提交用户所需输出的过程。可以看出:业务与系统在不同时间所接收到的用户要求相关,具有随机性特征。同时,由于系统所接收到的用户要求,针对不同的用户和不同的时间均会有所不同,因此,业务决定了系统整体以及不同系统单元的使用和工作情况,即总体上决定了系统与各单元的运行载荷、运行强度以及运行的持续时间等。

因此,从产品可靠性的角度而言,系统业务反映了产品的系统整体以及其内部各组成单元在一定时间进程上的实际使用情况。对于军用行业产品,系统业务反映了产品的任务运行状况。图 3-6 所示为 MIL-HDBK-338 运用火控雷达的任务运行流程举例。可以看出:在不同的任务阶段,系统内部单元的使用和载荷状况是不一样的。

在军用系统的可靠性相关用语中,经常会涉及任务的问题。与业务所不同的是,任务除带来产品自身的系统业务问题以外,任务同时还强调用户需求的目标、目标达成的重要性以及目标达成失败而可能造成的安全性等相关重大危害性等问题。因此,任务可靠性问题不仅仅是系统自身的可靠性问题,还存在系统万一失效时任务的继续随行的可能性等问题。相关问题还可继续参见本章后续系统量化模型小节中关于任务问题的讨论。

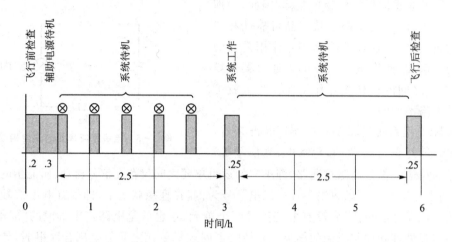

图 3-6　系统业务案例(MIL-HDBK-338 火控系统工作流程举例)[1]

对于一个系统整体及其相应的业务控制与运行逻辑,每一个的系统单元通常具备相对简单和标准化的逻辑功能,从而使得一个系统业务的执行成为是一系列的标准化功能在一个时间序列上完成执行的集合。以电子系统为例,这样的标准化功能可以包括[29-30]:

- 产生(E):产生或传输信息。
- 应答(A):接收到一个必须应答的命令。
- 检查(C):接收一个关于已发出的命令或请求的报告。
- 报警(W):接收不需考虑当前操作状态的重要信息。
- 监控(M):接收有关系统状态和资源管理操作的信息。
- 局部监控(L):局部意义的 M。
- 安全(H):交换保密数据,如密钥、口令,对用户身份的确认。

此外,系统中逻辑的控制和执行均需要依托物理平台,其基本形式包括如下的 3 类,即

- 电路逻辑:系统硬化逻辑,即电路自身的逻辑部分。
- 固件逻辑:通常存储于 ROM(Read Only Memory)中的逻辑部分,也称为嵌入式逻辑。
- 软件逻辑:用户软件的部分,通常存储于系统的硬盘等大容量存储设备当中。

系统会通过用户的业务要求以指令的形式实现对系统的控制和操作。所有系统业务的运行均会通过特定的系统单元来执行,而且,业务量的变化会导致物理载体本身状态的变化,引发相应的硬件可靠性问题。

图 3-7～图 3-8 所示是一个逻辑电路中最为常见的 CMOS 或 CMOSFET(Complimentary Metal Oxide Semiconductor Field Effect Transistor)逻辑单元,该单元构成了一个最为基本的逻辑非门。其中,图中横向构成逻辑单元的信息流向或称业务流向;而纵向则构成逻辑单元的电流流向或称功耗流向。在信息流量少,即电位切换频率低的时候,纵向的电流或功耗也小,CMOS 单元的理想功耗为零。而当信息流量增加以及时钟频率增加时,功耗也会快速上升。

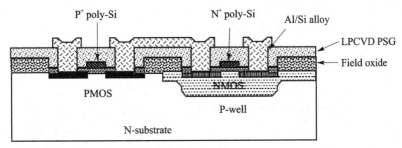

LPCVD Low Pressure Chemical Vapor Depostition
PSG Phospho Silicate Glass
CMOS Complimentary Metal Oxide Semiconductor

图 3 - 7　CMOS 场效应晶体管的物理结构示意图[11]

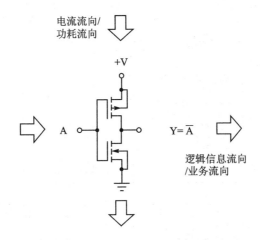

图 3 - 8　CMOS 场效应晶体管的逻辑功能与单元模型示意图[11]

3.5.3　系统使用环境

　　除系统业务在很大程度上决定了系统硬件的物理运行状态和条件外,产品的外部环境也会影响系统硬件的运行状态和条件。如果说系统业务是用户对系统内部的使用要求,则系统使用环境则来源于系统外部,或是系统自身设计等固有运行所需的状况和条件。

　　同任何的工程产品一样,系统的使用环境(即产品的现场使用环境或称在役使用环境等)(Service Use Profile)通常情况下,都不是单一环境。从产品寿命周期不同阶段的角度,MIL - HDBK - 338 将其分为:

　　• 运输、存储环境:主要是指产品后勤与保障过程中所经历的环境和条件。

　　• 运行环境:产品的业务或是任务执行过程中的环境和条件。

　　事实上,即使是在产品的研发相关的寿命周期环节,也可能涉及制造过程,如筛选等的典型环境条件。因此,所有的一组典型环境条件构成一个完整的环境载荷抛面,即一个随时间变化的载荷曲线。而且,从产品的局部来看,不同产品局部各自具体的载荷抛面可能是不一样的。

　　此外,按照载荷的物理性质,系统使用环境还可分为:

　　• 工作条件:系统正常工作所需要的电、光等驱动条件。

- 环境条件：系统的外部环境条件，包括热、湿度、振动、温度变化等。

而对于上面的环境条件，按照其来源还可分为：

- 自然环境(Natural Environment)。
- 引入环境(Induced Environment)。

更多有关这类问题的讨论可参见相关文献[1]中的详细内容。

需要进一步强调的是：系统使用环境，包括其相应量化表征的载荷抛面，并非一个单一的环境条件，而通常是一组条件，这一组条件中的每一个单一环境条件都可能具有明显的差异和不同。以图3-9的讨论案例为例可以看出，一个军用系统的使用或称入役后的运行环境就可能包括：

- 系统运行和任务执行。
- 系统运输、装载。
- 系统维修保障。

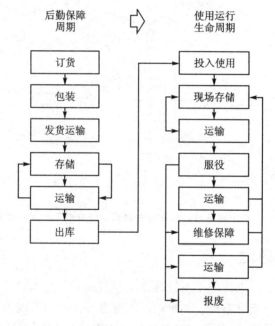

图3-9　MIL-HDBK-338系统服役环境举例[1]

因此，在对系统进行量化评价时，需要一并考虑系统使用和任务执行过程中的所有典型环境条件。这样的一组环境条件，在后续的讨论中就被称为系统的典型工作环境，在加速试验的设计中，也被称为是试验设计的参考环境或参考点环境条件。在系统的可靠性量化评价中，系统典型工作环境的概念尤其强调了系统的使用环境或是使用过程中的载荷抛面，通常是一组条件和抛面，不是一个。

在工程评价中，系统使用的载荷抛面通常会进行一定程度的简化，但即便如此，系统的使用环境仍然需要由一组而通常不只是一个典型的工作载荷抛面来表示。以一个更为具体的案例——一个机电作动系统为例，就存在如下3种典型的工作状态[31]，包括：

- 截止状态：包括电子装置待机、电气作动待机状态。
- 导通状态：包括电气作动工作。

- 状态切换:仅限电子系统工作。

3.6　系统失效的定义和描述

在了解了系统并掌握了系统的概念以后,本节开始讨论系统失效的问题。这里,系统失效更多会以一个专用语的方式出现,用以强调和区分系统失效概念的两个重要方面,包括:

- 系统失效有别于一个一般性产品或是一个系统类型产品的物理失效。
- 系统失效同样还会区别于非系统产品的失效。

在目前的工程行业中,一个普遍被接受的产品失效的定义就是通过明确如下具体的产品失效信息的方式对一个产品的失效(即产品的物理失效)进行定义。这些信息包括产品失效的失效模式、失效部位、失效机理和失效根因。

显然,这样的产品失效定义仅仅给出了产品失效的物理特征,但并不能反映系统失效本身的复杂性与多样性特点。不仅如此,以上面的失效模式为例,这样的失效模式在一个系统产品不同的系统层级可能是完全不同的,这就导致上述的定义对于一个系统产品而言可能是不唯一的。因此,这样的表征形式由于系统相关信息的缺失,而对于实际的工程实践需求是不充分的。事实上,对于实际工程的系统可靠性问题,这样的定义仅适用于系统逐步定位和深入到失效的物理底层时的情形。

在第 2 章讨论产品可靠性量化指标的提取问题时,实际遇到这样的问题,即在讨论产品失效的随机性问题时,并未考虑实际工程产品所表现出来的系统失效模式的多样性和复杂性问题,其中的讨论以及基于统计论的处理,仅仅是基于产品的简单失效,或是假定单一失效模式进行的。对于系统可靠性评价问题,这样的假定也是不成立的。

基于至此已经讨论的有关系统硬件可靠性问题视点的相关问题,可以了解到对于一个实际工程产品的系统失效定义需要满足一些基本的条件。这些条件包括:

- 失效定义包含失效的物理特征与信息:定义需要足够的细化,需要包含失效的物理局部信息,如失效的产品部位信息,以满足系统可靠性的量化评价和信息处理要求。系统的物理失效是指发生在某个系统单元的局部失效问题。因此,系统的物理失效与系统可靠性的关系本质上就是系统单元与系统整体失效的关系问题。
- 失效定义需要充分反映系统失效模式的复杂性与多样性特点:定义需要充分反映产品系统整体失效模式的多样性和复杂性特征。
- 失效定义满足工程的实用性与可操作性要求:定义还需要与现有的实际工程实践相吻合,保证量化评价的工程适用性以及量化评价所需原始数据和信息的有效工程来源问题,产品系统硬件失效关系信息的工程来源和获取问题。上述对于产品系统失效定义的要求不仅强调了定义的技术细节与充分性要求,同时强调了这一定义的工程实际可操作性,即这一定义能够与产品的实际工程现状相吻合,从而使得这样的工程现状成为系统失效信息的有效获取来源。
- 失效定义需要支持系统评价的量化建模:为达成系统整体最终的量化评价目的,事实上,基于像 MIL - HDBK - 217 这样的美军标和工业标准所构建的传统系统硬件可靠性的理论和工程体系就充分满足工程的实用性与可操作性要求。即使现在,基于完全相同理论和方法体系的可靠性量化预计标准,如通信行业的 Telcordia 标准等也仍然有效,虽然其实际的应用在减少,对于工程实际的有效性和作用在降低。

此外,针对前面已经提出的系统硬件可靠性问题的视点,本小节的讨论为下面进一步讨论系统单元失效的独立性问题进行了铺垫。

本节具体的子节内容按照顺序包括:

- 系统失效信息的工程来源与表述。
- 系统根因分析与失效根因。
- 系统根源失效。
- 系统失效的定义。
- 系统失效模式的层次与关联性。
- 系统失效模式与物理部位的对应。

3.6.1 系统失效信息的工程来源与表述

在实际的工程实践中,系统失效的原始信息有两个主要来源,即

- FMEA(Failure Modes and Effects Analysis)。
- FRACAS(Failure Reporting, Analysis, and Corrective Action System)。

其中,前者承载了系统的所有可能失效情况,后者则是系统实际的现场失效情况。二者不仅提供了系统失效的原始信息,而且具有清晰明确的信息承载格式,因此,也构成系统失效在工程环境条件下的表述形式。

FMEA 始于 20 世纪 40 年代,是由美国军方主持的,用以在工程实际条件下,可以按照一定的步骤分析和确定产品在设计、制造、组装与现场使用过程中可能发生或是存在的可靠性问题。因此,在现在的工程实际中,FMEA 被认为是产品失效的定义和分析工具,在应用于不同的实际工程场景和目的时,还存在如下的变形,例如:

- 失效对于系统的影响:FMECA(Failure Modes, Effects and Criticality Analysis)。
- 失效机理:FMMEA(Failure Modes, Mechanisms, and Effects Analysis)。
- 设计中的可靠性问题:DFMEA(Design Failure Mode and Effect Analysis)。

FRACAS 同样是由美国军方所主导的,最初在 20 世纪 80 年代导入的体系和方法,同样是在实际的工程条件下,处置和解决产品现场失效问题的报告、分类、分析和改进的具体操作性流程和步骤问题。FRACAS 流程的核心是由如下 3 个要素所构成的工作闭环,即

- 失效的报告(Failure Reporting,简称 FR):在标准化表格形式下完成的产品失效的报告和记录。通常所包含的内容如失效件的型号、名称、描述等相关信息,OEM(Original Equipment Manufacture)信息,现场 MTBF(Mean Time between Failures)信息,MTBR(Mean Time between Repairs)/MTTR(Mean Time to Repairs)信息等。
- 失效的分析(Analysis,简称 A):完成分析和确定失效根因。
- 失效的改进措施(Corrective Actions,简称 CA):找到和确定改进措施、实施以及措施有效性的验证与确认。

所以,FMEA 属于产品研发环节所有可能的产品失效信息,而 FRACAS 则是产品在服役和使用阶段所实际发生的产品失效信息。由于二者均为工程的实际可操作性流程,因此,在现代的技术条件下,其实际操作都通常要借助软件化平台,以提升实际操作的效率和信息的标准化要求。

FMEA 和 FRACAS 作为可靠性工程的基础性知识和内容,不在本书做详细的介绍和讨论。对于不熟悉相关内容的读者,可自行参考相关专业性书籍[1,11,17,32],了解更多的详细内容。

3.6.2　系统根因分析与失效根因

根因分析(Root Cause Analysis,简称 RCA)是产品可靠性与可靠性设计工程实践中的一个常用手段,也被称为工具(Tool)(更多相关讨论参见后面有关系统可靠性工程评价一章的相关内容)。根因分析用于确定产品具体的失效发生状况以及造成这一失效的原因。

图 3-10 所示为 IC 封装设计和研发过程中对于封装相关失效问题根因分析鱼骨图(Fish Bone Diagram)的举例示意图。从图中可以形象看出,工程条件下根因分析作为一个常用工程手段和工具的处置情况。

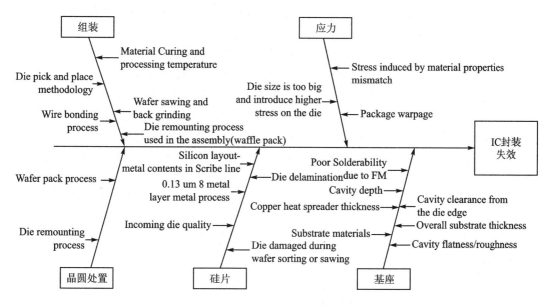

图 3-10　IC 封装失效的根因分析鱼骨图(Fish Bone Diagram)举例示意图[12]

根因分析在实际工程的根本目的上实际包含了两层含义,即

- 系统失效的物理机制。
- 系统失效的人因机制。

其中,前者是根因分析的基本出发点,而后者则是根因分析的最终目标。

系统失效的物理机制就是强调确定和发现导致系统整体失效的特定的物理发源点,以解明导致系统整体失效的物理根源问题。这样的物理发源点就因此称为系统的根源失效或根因失效(Root-Cause Failures or Primary Failures)[1,11,17,32]。

而另一方面,系统失效的人因机制则强调:针对这一系统的失效或可靠性问题,存在产品设计或是其他产品寿命周期环节中人为处置的错误、不当,或是有待进一步改进的地方和问题,从而为该系统的失效或可靠性问题提供最终的处置和解决方案。显然,这样的处置和解决方案在实际的工程环境条件下,必然涉及问题的落实、人员与部门职责的界定等的具体操作性问题。这样的根因分析结果称为系统的失效根因(Root Cause or Root Cause of Failures)。

本节首先讨论失效根因的问题,而根源失效作为本章的重点讨论内容,在下面的小节中进行专门和详细的讨论。

失效根因可以定义为:"导致产品失效的、在产品寿命周期环节中的人为处置错误、不当或是不足,并以此为依据,界定相关人员或部门的责任,针对产品的可靠性问题采取必要的改进、防范或是补救措施,完成相应的处置。"

为进一步说明系统失效的物理机制与人因机制的区别,这里进行举例加以说明。以下面有关系统根源失效讨论将要提到的产品电装单板的焊点断裂为例,其具体的物理破坏过程是焊点材料的疲劳断裂,所以,失效的物理机制是清晰的。但失效根因则未必明确,因此所应对的问题解决方案也不能明确。例如,如下均可能构成上述焊点断裂的人因因素:

- 焊点的断裂可以归因于产品这一部分的载荷水平较高,设计没有充分考虑结构强度的问题。
- 焊点的断裂也可以是产品制造过程中存在的缺陷造成的,因此需要解决产品工艺和质量问题。
- 焊点的断裂还有可能是由于用户使用不当的原因所导致的问题。

由此可以看出:产品的根源失效,即产品失效物理机制的确定与产品的失效根因本质上是两个不同的问题。产品失效根因的关注点聚焦于产品可靠性问题的工程处置环节,解决方向与责任对象方面的问题。

实际工程产品的系统一级的可靠性问题是多方面和复杂的。在前面小节有关系统问题的工程处置和实践的内容中已经提到:MIL-HDBK-338按照问题的处置性质,将系统可靠性问题归因于3个方面,即设计问题、制造/质量问题、传统的可靠性与产品随时间退化的问题。这样的划分与实际工程条件下,问题的处置责任方的认定或指定是直接相关的。

在进一步考虑产品可靠性问题的系统视点与侧重点,即系统可靠性问题本身的性质与处置以后,将上述问题中来自外部的来料和元器件等的供应商问题分离出来,就可以归类成为如下的3类问题,即

- 元器件与来料的质量和可靠性问题。
- 系统的产品设计与工艺设计问题。
- 系统可靠性问题。

这样的可靠性视点与工程实际中的处置及职责划分同样直接关联和相互吻合。这在前面小节的讨论内容已经反复提及。

此外,这种问题的责任和处置划分,已经一定程度上与产品的研发和寿命周期相关联。在不同的寿命周期环节和阶段,即使是同样一个部门对于问题的处置,可能会面临不同要求以及工程处置手段的有效性与可操作性等方面的问题。

从产品研发与寿命周期的角度看,系统可靠性问题需要经历产品所谓的可靠性设计流程,经过这样的流程确定问题根因,并在有必要的情形下,重新回到产品相应的责任部门进行处置,直到最终达到产品可靠性的考核要求。

更多有关产品寿命周期以及产品可靠性设计问题的讨论,参见后面系统可靠性问题的工程评价场景章节的有关内容[1,11,17,32]。

3.6.3　系统根源失效

系统根源失效,即系统根因分析所获得的系统可靠性问题物理机制的信息部分。其定义归纳如下:"造成产品整体所需功能或性能丧失的,可以追溯至该产品的某个具体部位的,存在明确物理过程的且仅由此物理过程和相关规律所决定的源头失效。"从这里可以看出:根源失效明确和具体化了系统失效的物理发源点。正如上节有关根因分析讨论已经提到的,根源失效通常是系统的失效分析或是失效根因分析的出发点。

系统的根源失效是物理失效,因此适用于产品可靠性中的物理研究手段和处置方法,例如失效物理法等。根源失效定义的基本信息包括失效模式、失效部位和失效机理。根源失效这样的定义与从失效物理的角度定义产品失效是完全一致的。

图 3-11 给出了一个 IC 芯片封装内部互联相关根源失效的举例。在该案例中,CALCE EPSC(Computer Aided Life Cycle Engineering Electronic Products and Systems Center)同时给出了对该根源失效进行失效机理确认的基本过程。

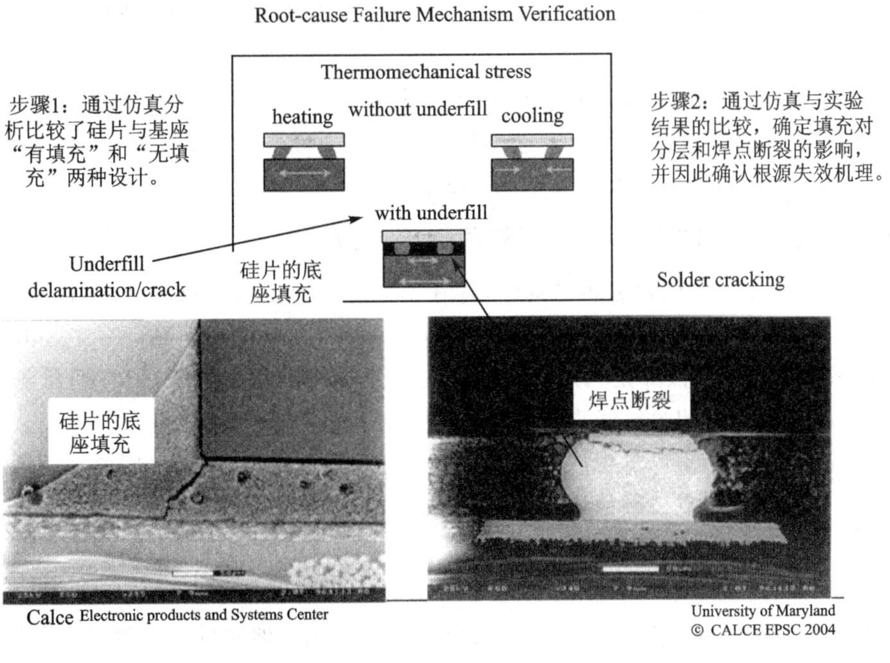

图 3-11　CALCE EPSC 根源失效机理的确认流程举例示意图[33]

基于根源失效这样的物理性质,从实际工程的角度,一个系统产品与其根源失效的关系可以总结如下 5 点:

- 根源失效具有特定的显现模式与发生部位:对于任何一个根源失效,在某种物理局部或是微观程度,不同的根源失效可以通过具体的、某个局部的发生部位及其失效发生的物理形态进行辨别。事实上,这也是微电子制造领域在 IC 硅片层级上进行电路设计或是工艺过程缺陷的排故与故障定位的依据和基础[28]。
- 失效机理是根源失效的属性:任何一个根源失效均存在相应的失效机理。如果失效的模式和部位完全一样,则认为所发生的根源失效为同一个事件,且具有完全相同的失效机理。如果根源失效模式与部位中的任何一个发生变化,则认为产品的根源失效发生了变化。

- 导致系统失效的原因通常存在多种不同机理类型(即不同类型的失效物理过程或失效机理)的根源失效:在系统全寿命过程中发生的失效事件中,通常涉及多种机理类型的根源失效,而非仅仅是一种。
- 相同机理类型的根源失效可以表现为不同的系统失效性质:相同的根源失效意味着相同的失效机理,但既可以表现为随机失效,也可以是耗损失效,这取决于失效随机性的大小,而非根源失效自身的物理特性。
- 根源失效的机理类型不能通过系统的失效性质加以辨别:根源失效自身属于物理失效,系统"浴盆曲线"所定义的 3 类不同性质的失效,即早期失效、随机失效和耗损失效,则表征了系统失效的随机特性,系统失效的随机特性与物理属性之间是相互独立的(注:更多失效随机性和确定性的讨论,参见后面产品失效性质与应力加速一章中有关失效"浴盆曲线"特性的有关内容)。

系统的根源失效是系统硬件可靠性评价视点或传统系统可靠性的一个核心内容,因此,有关这一问题会在后面的小节中专门进行更多详细的讨论。

此外,在工程实际系统的故障隔离与定位问题中,常常会出现不可复现故障(Can Not Duplicate,简称 CND)一类的故障问题。这类故障也属于系统可靠性问题的物理机制的类别。有关这一问题的更多讨论可以继续参见选读小节的内容。

【选读 31】 系统的"不可复现"故障

在产品的隔离定位与失效分析过程中,存在所谓的"不可复现"(Can Not Duplicate,简称 CND)故障,也称为未发现(No Failure Found,简称 NFF)或未发现问题(No Trouble Found,简称 NTF)故障。这一类故障是指产品在现场的使用过程中报出故障,但在返修测试中未能复现或是确认,也无法完成最终隔离与定位的一类产品故障。

在工程实践中,由于不可复现故障强调系统故障的物理定位和隔离,因此属于系统物理问题的层级,其物理的问题点被确认后,属于系统的根源失效类别。

由于"不可复现"一类的产品故障通常尚未或并未完成最终的确认与隔离定位,因此,也存在系统误报的可能。如果系统故障是确实发生的,系统故障也存在非物理性故障的可能性,例如软件逻辑缺陷,因此,不属于这里所讨论的根源失效问题。即使针对物理性质的问题,不可复现故障仍然会存在如下若干状况,包括:

- 故障的定位在技术上有困难,但客观上应该是存在的。
- 故障发生的必要条件在检测过程中未全部保证,因此在测试时,故障没有发生和复现。
- 故障是暂时的,在测试时已经恢复。

可以看出:在上述的 3 类主要状况中,对于前两类状况,根源失效是实际存在的,但在故障的确认与隔离定位过程中未能确认。而第 3 类状况,产品的根源失效在最初发生时是存在的,但是失效的物理过程是暂时和可逆的,到测试的阶段已经恢复。总体情况汇总于表 3-7。

此外,其他一些系统"不可复现"故障的常见工程用语还包括如下[34]:

- NFF:No Fault Found。
- UTRF:Unable To Reproduce(or Replicate)Fault。

- NPR：No Problems Reported。
- CND：Can Not Duplicate。
- CNRF：Can Not Reproduce Fault。
- NFI：No Fault Indications。
- RTOK：Re‐Test OK。
- FNF：Fault Not Found。
- NPF：No Problem Found。
- NTF：No Trouble Found。
- TNI：Trouble Not Identified。

表 3‐7　不可复现故障与根源失效的相关性列表

故障的实际存在性	故障的性质	故障不可复现的原因	是否存在根源失效
系统误报	NA	NA	NA
故障实际发生	非物理	系统逻辑故障	否
	物理性质	无法实现定位	是
		无法或未能满足复现发生条件	是
		暂时性,已自行恢复,问题消失	否

注：NA‐Not Applicable,不适用。

【选读 32】　系统根源失效的函数表达

正如上文所述,系统的根源失效作为一个失效物理过程,通常由如下的若干信息进行定义,包括失效模式、失效部位和失效机理。但通常情况下,在工程中并不详细说明和明确定义这些信息相互之间的逻辑关系,例如,是否存在因果关系、一一对应关系、函数关系等。这类明确逻辑关系的定义,事实上会影响到系统根源失效的判定与验证问题。而验证则是产品可靠性评价的一个核心问题。

本小节通过进一步明确定义根源失效,从而定义上述各类型相关信息之间的函数关系。

首先,依据根源失效一词的工程含义、根源失效的物理本质,以及其同时具有随机性的特点,这里将根源失效进一步称为根源失效事件,且二者完全等价(或者说二者可以完全混用),即

根源失效≡根源失效事件

所以,根源失效是指某个特定产品实际发生了的失效事件,且根源失效具有如下特性,包括：

- 根源失效一定能够复现:从理论上讲,根源失效是一个确定的物理过程,因此,在产品运行条件满足的前提下,相同的系统失效和现象应该能够再次发生。
- 根源失效的发生具有随机性:系统失效的实际发生情况,在取决于产品失效发生的条件及其发生的物理过程以外,还受到产品随机因素的影响,例如产品实际缺陷的分布情况,因此,根源失效的发生还带有随机性。
- 根源失效事件需要通过产品批次来完成复现。
- 根源失效事件的复现存在发生概率的问题:需要样本量以保障一定的发生概率。

此外,按照工程的使用含义,根源失效是一个批次性的概念,而非个体概念。换句话说:"同一批次的两个完全相同的产品个体,在经历完全相同的产品运行条件的时候,发生了完全相同的根源失效,则认为发生的是同一个根源失效事件,而非两个不同的事件。"

所以,如果用函数表达则有:

$$根源失效事件 \neq f(产品个体)$$

这里 f 泛指某个函数关系。当然,这样的根源失效事件,在这样的情况下也可能一个产品个体发生,而另一个没有发生,因为根源失效事件是带有随机性的。

基于这样的根源失效的定义,一个系统失效的复现或验证是指:"系统在保障一定试验样本量的前提下,在完全相同的运行条件下,发生了同一个根源失效事件。"

在这里,一个根源失效事件需要完全区别于失效机理。从工程含义的角度讲,一个失效机理是指具有相同物理过程的一个类型的产品失效过程。所以,失效机理一般而言不是一个产品的概念,而是一类物理过程的概念。换句话说,如果以一个具体的案例来说明,假定对两个不同设计的产品进行比较试验,试验完毕后,二者均发生了某个相同器件的相同(或是不同)管脚的疲劳断裂,因此,可以认为二者设计产品的失效机理属于同一个机理(或称同类型机理),与二者具体的产品无关。但对于根源失效而言,由于二者根本属于不同的产品,因此无疑是不同的根源失效。

总结上面讨论,同时结合本小节上一级小节已经讨论的有关系统根源失效的性质,这里将根源失效与其相关信息之间的函数关系定义如下:

$$根源失效事件 = f_1(失效部位,失效模式,产品批次)$$
$$失效机理 = f_2(根源失效事件)$$

这里,f_1 和 f_2 均泛指某个函数关系。这一函数关系的定义表明:

- 完全相同模式、相同部位的同一产品的根源失效就是指同一个根源失效,换句话说,相同产品的不同的根源失效,其失效模式或是失效部位中的至少一项是不一致的。
- 同一个根源失效的失效机理是一样的,换句话说,如果是一个相同产品批次的不同产品个体,如果它们发生了相同的根源失效事件,则认为其二者发生的失效机理是一致的。

这样的逻辑推断对于工程问题的验证是重要的。

3.6.4 系统失效的定义

在前面的讨论中已经多次提到:系统失效的清晰定义是系统可靠性量化评价问题的出发点,也是第一步。这意味着系统的可靠性量化评价需要建立在对系统失效一定认知和了解的基础之上。考虑到系统失效的复杂性,那么下面的问题是:都需要通过哪些内容才能完整而清晰定义一个工程产品的系统失效?

在本小节讨论的第一部分已经明确了系统失效信息的主要工程来源,即 FMEA(Failure Modes and Effects Analysis)和 FRACAS(Failure Reporting, Analysis, and Corrective Action System)的相关信息来源,系统失效的定义能够完全匹配这样的工程信息来源,即定义所需信息能够完全从这样的来源获取或者说这些来源实际上提供了同样类型的定义所需信息。这样的话,一方面,以保障系统失效的定义能够与工程实践保持一致;而另外一方面,也能够确保按照这样的系统失效定义能够在工程中实际获得产品的失效信息,保障系统可靠性量化评价的工程可操作性。

因此,综合上述各方面的因素以及结合产品系统失效的工程实际特征,产品的系统失效可以通过如下 4 个方面内容来进行定义,即

- 系统失效模式和影响:这部分内容描述了系统失效的表现形式及其对系统功能、性能以及使用等方面的影响,是系统失效定义的最基本、也是最直接的信息。
- 系统失效的发生条件与典型工作环境:这部分内容定义了系统失效发生的内部和外部条件。在前面有关系统构架一节内容的系统使用环境部分的讨论中已经提到:系统在使用过程的失效所经历的载荷环境和条件通常并非某一个,而是一组在时间上存在先后顺序的环境和条件,这样的一组典型环境和条件构成了系统的使用抛面(Service Use Profile)。
- 系统失效的物理隔离和定位:这部分内容的系统失效的物理隔离和定位取决于系统在相关失效过程中对失效处置的程度,包括排故(Trouble Shooting)、失效的隔离定位(Fault Isolation)、失效根因分析(Root Cause Analysis)等,为系统可靠性的量化评价提供了根源失效的相关信息。
- 系统失效的根因与处置:最后这部分内容则主要定义了系统失效根因等信息,以应对系统失效的处置问题。

这样的一个定义实际总结了 FMEA 与 FRACAS 所提供产品失效信息的所有类型,在工程的实际使用中,存在如下的两个关键性特征,包括:

- 系统失效定义与实际的工程实践和工程标准是完全吻合的,具备完全的工程可操作性。
- 这样的定义明确了相关工程处置中产品物理失效部分,即根源失效的信息内容,这一部分内容将作为系统硬件可靠性量化评价的基本出发点和处置依据。

3.6.5　系统失效模式的层次与关联性

系统失效模式是系统整体在丧失其设计功能或不达其设计性能要求时的表现形式。由前面关于系统失效的定义可以看出:系统失效模式是定义系统失效的首要信息。

另一方面,由于系统的复杂性与构成特点,系统失效模式仅仅是系统失效的最终表现形式,如果从其不同的来源,同时结合前面已经讨论的系统硬件的构成来看,系统的失效模式可以存在 3 个不同的层级,包括:

- 根源失效模式:根源失效是一个系统失效的物理源头。其失效模式主要是由相应失效部位所发生的根源失效机理,即失效物理过程以及产品对于该部位的性能或功能要求所决定。
- 单元失效模式:单元失效模式则是指一个系统单元在系统中失效的表现形式。基于前面的讨论已知,系统单元的运行主要受到物理规律的制约,可以是由一个物理实体、也可以是由多个物理实体构成,但实体之间具有物理的强耦合关系。因此,系统的单元失效模式不仅受到相应根源失效的影响,还受到单元内部物理耦合关系的影响。更多的讨论在后面系统量化模型一节的讨论中还会有所说明。
- 系统失效模式:系统的单元失效模式通过系统的单元与单元之间,以及单元与系统整体之间的逻辑关系影响到系统运行,构成系统失效模式。

如果在上述不同层级的失效模式中不考虑系统中的非物理失效(例如,由于系统逻辑的错误或是缺陷所导致的系统故障或失效,且这类产品可靠性问题不属于系统硬件可靠性问题所考虑的重点),则可以得到如下的若干有关系统失效模式的基础认知,即

- 不同系统失效模式之间的相互关联性:由于系统中逻辑的存在,使得不同的系统失效模式之间,以及不同层级的失效模式之间可能会存在某种关联性,即系统失效模式之间不是相互独立的。
- 系统失效均存在物理根源:任何一个单元失效模式和系统失效模式都可以最终归因于某个根源失效。
- 消除根源失效以外层级系统失效模式之间的关联性:在失效概率中可以通过仅考虑根源模式来消除其他模式对模型失效概率估计结果的重复性估计及其影响。

3.6.6 系统失效模式与物理部位的对应

从系统构成的逻辑关系(包括前面已经讨论的系统内部各单元的构成与系统的层次关系)出发,就可以依据系统最终所表现出来的失效模式追溯至实际发生故障的系统单元。这实际上也就是工程实际中进行和实现系统失效的物理隔离与定位的基本思路及方法,具体的方法或工具如前面已经列举的排故(Trouble Shooting)、失效的隔离定位(Fault Isolation)、失效根因分析(Root Cause Analysis)等。

系统失效模式实际反映了一个产品在其系统功能或是性能方面丧失或下降的情况,而系统失效的物理部位则明确了系统物理构成中失效发生的具体位置,包括系统构成中的层次关系等。系统功能与结构之间的对应关系,也就因此决定了系统失效模式与失效物理部位之间实际客观存在的某种对应关系。

图3-12给出了一个航空惯性导航系统的功能(工程中通常称为系统功能层)与其结构构

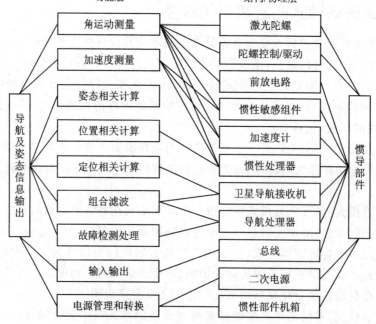

图3-12 某航空惯性导航系统的功能与物理位置的对应关系举例

成(即工程所称的系统物理层)之间的对应关系。这样的关系实际在工程 FMEA 和 FRACAS 的失效信息中是已经体现和反映出来的。这样的关系实际构成了上述系统失效物理隔离和定位工具的基础。

但是,有必要说明的是:单纯的系统故障隔离和定位与系统根源失效的确定,在理论上并非仅仅是局部物理失效部位的确定问题,而应该是如下的两个要求同时得到满足,即

- 系统失效局部物理发生部位的确定。
- 该部位失效与系统整体失效之间存在明确的因果关系。

这样的因果关系实际帮助确定了系统根源失效的物理机理。

所以,在前面有关系统根源失效问题的讨论小节中举例说明了 CALCE EPSC(Computer Aided Life Cycle Engineering Electronic Products and Systems Center)对于一个 IC 芯片封装内部互联根源失效的确定过程。这一过程借助了仿真工具,将仿真结果与实验结果进行比对,说明的仿真所反映的物理过程和模型吻合了产品失效的实际情况,因此确认的产品的根源失效机理,确定了这里根源失效机理与产品整体失效的因果关系。

3.7 系统的根源失效特性

本节详细讨论系统根源失效的问题。在上节关于系统失效定义的讨论中已经引入系统根源失效的概念。根源失效是指造成产品整体所需功能或性能丧失的,可以追溯至该产品的某个具体部位的,存在明确物理过程的且仅由此物理过程和相关规律所决定的源头失效。

根源失效是一个物理失效的概念,具有明确的失效发生部位和机理,因此,适用于产品可靠性中失效物理的研究方法。但另一方面,仅仅是限于失效物理的方法,则缺乏结合系统的视点看待和处理产品失效问题的能力,导致复杂产品的系统性设计因素难以在产品的可靠性评价上予以充分考虑。根源失效概念的引入实际构成了一个将失效物理引入产品系统设计和系统模型的切入点,并为借助这一方法辅助解决系统可靠性量化评价的问题提供支撑。

在上一节引入根源失效基本概念的基础上,本节重点讨论根源失效在系统中的基本属性问题,包括:

- 物理失效属性:根源失效是一个物理失效事件,存在明确的物理失效过程或失效机理,在产品中具有确定的部位和发生范围。
- 系统单元属性:一个根源失效所涉及的物理范围限定在某一个系统单元的内部,同一个根源失效不能同时跨越两个不同的系统单元。
- 随机独立性:不同随机事件之间的发生不存在因果关系。从发生概率的角度看,在其中一个事件发生的前提条件下来看另外一个事件发生的概率,与二者相互对调以后的事件发生概率在数量上相等。
- 随机失效的单发性:当产品整体发生失效时,造成其整体失效的只会是由一个元器件或零部件等物理实体所发生的失效引起,而不会有两个以上同时发生失效的情形。

因此,可以汇总有关系统根源失效的如下结论,包括:

- 系统根源失效是系统局部的物理失效,由模式、部位和机理进行定义。
- 根源失效具有特定的失效物理过程。
- 一个根源失效事件的发生限定在一个系统单元内部。

• 不同的根源失效事件具有独立性且在系统正常的运行状况下不会复数个事件同时发生。

3.7.1　根源失效的物理失效属性

根源失效作为一个物理失效事件，虽然单一事件的发生具有随机性，但事件整体在发生规律上具有必然性，即从失效物理的角度具有明确的物理失效过程或称失效机理，而且，这样的失效过程在产品中具有确定的部位和发生范围。

基于一般的工程产品，对于上述根源失效的机理和发生部位属性的观察，可以更进一步给出如下特性，包括：

• 物理位置恒定且不随时间发生迁移：根源失效不发生部位的迁移。一般认为，所有工程产品的失效一旦发生则具有确定的失效部位，虽然物理失效本身会发生演变，但不会发生迁移。这一点不同于生物系统的失效机制，生物系统的失效机制，例如癌症，可能具有迁移的特性。

• 根源失效机理：相互耦合的不同类型或是局部部位的失效物理过程属于同一失效物理进程，因此属于同一根源失效机理。所谓不同的根源失效机理，二者既不存在一方对另一方的因果关系，也不互为因果关系，因此，也不存在物理耦合的问题，至少在工程上可以近似认为相互解耦。因此，通俗地讲就是两个根源失效应该互不影响；如果二者在物理上存在耦合关系，则应该被视为同一个根源失效物理过程；如果一个失效是另一个失效的结果，则只有原因失效的那一个才应被视为根源失效。

• 不同的根源失效：不同根源失效不发生在完全相同的部位。就目前已知的如电子、机电、机械等常见类别的产品失效机理而言，不同的失效机理如果包括在一定的微观意义和尺度含义下，不同的根源失效实际并不发生在完全相同的部位，至少从产品设计和产品功能的角度来看，不同类型的失效机理实际发生在不同的工程部位。换言之，完全发生在相同部位的失效机理需要视为一个机理，因为在这样的状况下，各类型的作用会相互作用和耦合，属于同一个失效物理过程。

如表 3-8 所列，举例列出了一些常见的 IC 器件的失效与相应的发生部位。在通常情况下，对于相同设计和批次的产品，可能会发生不同机理的失效，从更加微观和局部的角度讲，不同失效机理通常发生在不同的物理部位。

当然，一个实际发生的产品失效的物理过程可能会更加复杂，例如，涉及更多类型应力和因素的相互影响和作用，涉及更多常见失效机理和过程的耦合，等等，构成一个进程和影响因素更为复杂的物理失效机理。一些常见的工程案例如：

• 海洋环境条件下材料的腐蚀疲劳问题。
• 高工业污染环境条件下电子设备的可靠性问题等。

显然，在这样的情形下，失效物理过程的描述会更加复杂，而且产品实际发生的失效物理过程也并非哪两个或多个失效物理过程的简单叠加。

根源失效的物理属性决定了根源失效对于一系列失效物理方法的适用性问题。但失效物理的方法与系统可靠性的方法显然是存在差异的。在工程中最为明显的问题就是通过失效物理处理系统可靠性问题，核心是针对系统的根源失效问题，但并不能简单明了地提供系统的可靠性量化评价结果。

表 3-8　IC 器件常见失效机理与发生部位举例

失效机理	发生部位				
	芯片金属化 Die Metallization	芯片 Die	器件 Device 氧化物 Oxide 晶体管 Transistor	互连 Interconnects 封装 Package	印刷线路板 Printed Wiring Board
应力引起的扩散孔隙 Stress Driven Diffusion Voiding(SDDV)	√	NA	NA	NA	NA
电迁移 Electromigration(EM)	√	NA	NA	NA	NA
过电应力 Electrical Overstress(EOS)	NA	√	√	NA	NA
静电放电 Electrostatic Discharge(ESD)	NA	NA	√	NA	NA
与时间相关的栅氧化层击穿 Time Dependent Dielectric Breakdown(TDDB)	NA	NA	√	NA	NA
热载流子效应 Hot Carrier(HC)	NA	NA	√	NA	NA
焊点疲劳 Solder Joint Fatigue	NA	NA	NA	√	NA
金属间化合物形成 Intermetallic Formation	NA	NA	NA	√	√
镀通孔疲劳 PTH(Plated Through Hole)Barrel Fatigue	NA	NA	NA	NA	√

注:NA——Not Applicable,不适用。

有关失效物理与系统可靠性方法的差异问题,可继续参见选读小节的讨论内容。

【选读 33】　失效物理与系统可靠性

事实上,以往的研究很早就已经指出了人们在实际的工程实践中已经存在,而且也已经意识到失效物理与系统可靠性有其各自不同的工作重点,显然这样的工作重点之间并不能进行简单直接的成果转化和相互利用[6]。

- 系统可靠性工程师:专注于系统的可靠性预计和分配、系统可靠性的鉴定、验收和演示验证等方面的工作。
- 侧重失效物理的可靠性工程师:重点处置例如失效分析、失效物理建模、失效的仿真分析等方面的工作。

导致这种差异的最根本原因毫无疑问是系统可靠性与失效物理对产品可靠性问题的不同视点,以及以这样的视点作为出发点而因此自然产生的问题处置方式。不同于前面各小节已经讨论的系统可靠性视点以及因此而产生的处置方式,失效物理聚焦于处理和解决产品应力与失效的物理关系问题。失效物理关系量化描述产品的失效过程以及特征,但对于产品而言,失效物理并不能解决系统的整体可靠性特性与量化指标问题。

失效物理与系统可靠性问题之间的差异总结如下:

- 失效物理是一种处理系统产品可靠性问题的局部视点,而系统可靠性则是整体视点:系统根源失效属于物理失效,因此,根源失效同样是一种从局部细节的角度看待系统失效的方式。

- 根源失效与系统失效在定义上的差异:这一点从前面讨论系统失效定义一节的内容就能够清楚看出,前者通过失效的模式、部位、机理进行完整定义,而后者则需要通过FMEA 和 FRACAS 信息加以定义。
- 失效物理不能解决系统产品可靠性设计过程的量化评价问题:这实际是失效物理和系统可靠性在问题处置结果上最为明显的不同点。事实上,关联二者的核心是系统模型,取决于系统模型的构建水平和细化程度。
- 失效物理与系统根源失效仅仅提供了系统整体可靠性问题的部分信息:系统根源失效是系统的一个局部,在没有系统关系的情形下,根源失效与系统功能的丧失或是系统失效模式并没有直接的联系,也无法构建这样的联系。因此,仅凭失效物理当然不能解决系统整体的可靠性评价问题。

因此,构建二者的关系,尤其是使得系统可靠性量化评价能够有效利用失效物理的研究结果,则需要构建所谓产品在系统一级的可靠性量化评价模型。这类相关问题的讨论在后面的一节中专门进行详细的说明。

3.7.2　根源失效的系统单元属性

由于系统单元之间或者能够完全满足,或者能够在工程上近似满足物理不耦合特性,因此,一个根源失效所涉及的同一个失效物理过程只会局限在某一个系统单元的内部,而不会跨越相互之间没有物理耦合关系的两个不同系统单元。

在这里,涉及系统单元的基本概念问题,有必要明确区分系统单元与系统中其他类型物理实体的区别和关系,主要包括:

- 系统单元不等同于系统实体:系统单元也是系统中的物理实体,但系统单元可能由系统中的一个或多个实体构成,系统单元之间需要满足物理不耦合的条件,不同单元之间的运行关系由系统逻辑控制。
- 系统单元不等同于逻辑单元:不同的逻辑单元之间主要是由逻辑控制和制约,但只有满足物理解耦的逻辑单元才构成一个系统单元。例如 IC 器件,其中的逻辑单元通常被认为物理相关,因此,作为一个器件整体才可能构成一个系统单元。
- 系统单元不等同于元器件:元器件是一个工程中具有特定功能的物理实体的概念,一个元器件不一定能构成一个逻辑意义上的单元,因此,系统单元也不是物理意义上的元器件或零部件。

因此,基于上述根源失效属于某个系统单元的基础属性,还可引申或关联如下的一些关系或特性,包括:

- 同一个根源失效的发生不一定是局限在严格意义上的一个物理实体,可以是属于相同系统单元的多个物理实体,这些物理实体受紧密耦合的物理关系所制约。
- 逻辑单元内部由于运行通常会存在应力载荷以及功率或能量消耗,但不同的逻辑单元之间则仅存在信号传递。因此,系统单元也是如此。
- 根源失效的最小分辨率为系统单元,而非物理元器件或零部件。系统单元内部的不同物理单元之间紧密的物理耦合关系可能相互影响,构成一个整体的根源失效机理。
- 如果两个不同的物理过程紧密耦合,它们则属于一个失效机理,需要用一个或一组量化关系进行描述,且关系之间并不相互独立。因此,从工程实际的角度而言,发生在完全相同部位的根源失效事件,具有确定且随时间变化是稳定的失效机理或失效物理过程,否则会被认为产品的使用环境发生了变化。这被认为是失效发生过程的物理确定性问题。

3.7.3　根源失效事件的独立性

随机性是产品失效的基本特性,因此,考察系统失效事件之间的独立性以及独立性如果成立所需要满足的相关条件,也是产品可靠性量化评价和系统模型的一个核心内容。

一般而言,随机事件的独立性是指不同随机事件之间的发生不存在因果关系。从发生概率的角度看,在其中一个事件发生的前提条件下来看另外一个事件发生的概率,与二者相互对调以后的事件发生概率在数量上是完全相等的。所以,如果假定有两个随机事件 A 和 B , A 和 B 之间的独立性可以通过如下的两个步骤进行判断:

- 事件 A 和 B 可以以任何的先后顺序发生。
- 任何一个事件的发生均不会以任何形式影响另一个事件的发生及其发生概率。

因此,确定系统失效事件之间的独立性需要考察不同事件之间存在的所有可能的关联性。

对于一个系统而言,结合其构成的主要约束可以知道,系统失效之间的关联性也会分别来自系统这样的两类约束关系,即

- 系统内部的逻辑约束关系或功能关联性:由于系统各单元之间所存在的逻辑关系所决定的失效模式之间的关联性,即系统不同的失效模式之间存在关联性。
- 系统内部的物理约束关系或物理耦合性:系统内部且主要是指系统单元内部由于物理规律的制约导致的不同局部失效之间可能存在的紧密关联性。

结合已经讨论的系统硬件可靠性问题的视点,可以进一步了解系统失效事件上述两类不同关联性的一些性质。对于系统失效事件的功能关联性而言:

- 不同系统失效模式之间可能存在关联性:从前面小节的内容已经了解了系统失效模式的层次性问题,这本身就意味着不同层级的失效模式之间可能会存在关联性的问题,因此,一般而言,不同的系统失效模式之间不具有独立性。
- 根源失效具有单发性特征:在随机失效的条件下,系统的根源失效事件具有单发性特征,有关这一点内容的详细讨论参见下面小节的内容。
- 系统所有的相关失效模式总是能追溯至某一个系统的根源失效:显然,这实际也是根源失效的定义和在工程中的实际处置方式。由于根源失效是系统实际的在某个局部具体发生的物理失效,因此,系统中的所有失效模式均应最终追溯至并归因于某个根源失效,即导致最终系统失效模式的发源点。
- 根源失效之间不再有功能上的因果关系:显然,如果两个失效之间存在因果关系,则最多只能有其中之一满足作为根源失效的条件。

而对于系统失效事件的物理耦合性而言:

- 单元内部的失效事件可以存在不同局部模式、部位和机理的耦合:事实上,依据前面已经讨论的根源失效的定义和概念,所有单元内部相互耦合的物理过程本身就属于同一失效物理过程,也属于同一根源失效。
- 单元内部的不同根源失效则相互独立:上面的讨论已经表明,不同的根源失效事件,不论是否存在于同一个系统单元内均没有物理耦合性,也没有因果关系,因此二者之间

相互独立。

上面所述有关系统失效与系统根源失效的关联性内容总结于表 3-9。

表 3-9　系统中失效事件关联性特性汇总

项　　目	功能关联性	物理耦合性
事件关联性的来源	系统逻辑	物理规律
关联性所涉及的系统实体	系统单元之间	系统单元内部
系统失效类型	系统失效模式	系统的根源失效
失效事件的独立性	所有相关事件对应唯一根源失效事件	相同单元内的不同根源失效相互独立

系统中失效事件的独立性是工程中系统可靠性预计的基础性假定,但这样的独立性假定是基于系统的元器件或零部件失效的,这在工程实际中不成立且需要放弃已经是目前行业内的一个普遍共识(参见引言部分有关系统可靠性预计内容的讨论)。通过这里对于系统根源失效定义与特性的讨论,可以因此实现对系统可靠性预计思路和系统可靠性量化模型的修正。更多的内容继续参见下面小节有关系统量化模型的讨论。

3.7.4　随机根源失效事件的单发性

对于一个实际的工程产品,在随机失效的条件下(注:依据系统的"浴盆曲线"失效理论,随机失效即是指系统处于其正常的服役或使用期间,尚未进入其到寿阶段),失效事件的单发性是指当产品整体发生失效时,造成其整体失效的只会是由一个元器件或零部件等物理实体所发生的失效引起,而不会有两个以上同时发生失效的情形(或者从失效随机性的角度称两个以上物理实体同时发生失效的情形为小概率事件)。

这样的一种单发失效情形,通常会在系统失效概率的模型中作为一种基础假定而加以使用。显然,在这样的一种假定条件下,系统整体的可靠性量化估计模型就可以得到简化。

有必要再次明确一下的是:基于系统可靠性问题的"浴盆曲线"特性(更多有关"浴盆曲线"的讨论可继续参见下面一章的详细内容),产品可靠性主要就是指产品随机失效的情形,即产品处于该曲线中段近似满足指数分布的产品使用阶段的部分,产品尚未进入耗损阶段,在产品进入到寿和退役之前。

基于前面可靠性量化指标的提取一章中有关指数分布数学模型解释的讨论内容已经知道:在满足指数分布假定的前提条件下,在一个足够小的时间段内,任意两个以上失效事件的发生概率均为高阶小量,这在理论上即意味着满足指数分布假定的产品失效行为满足失效的单发性假定。

但是,满足指数分布的失效行为均满足失效事件的独立性要求,在产品的系统失效行为中,根源失效能够满足这样的指数分布失效的相关要求,保障失效事件的独立性,因此具有单发性特征。

有关根源失效的单发性问题需要注意的是:根源失效的单发性并不意味着单一物理实体的失效。在一个系统单元的内部,不同物理实体之间可能存在紧密的物理耦合关系,导致同一个根源失效过程中可能涉及多个相互影响物理个体的失效。但从系统单元的角度看,根源失效具有单发性特征。

因此,有关根源失效的单发性,可以存在如下的引申:

- 由于根源失效不跨系统单元,因此,根源失效的单发性也意味着系统单元失效的单发性。
- 虽然同一个系统单元内部可能发生多个不同的根源失效,但是根源失效的单发性决定了一个系统单元内部同时发生多个根源失效,并导致系统整体失效的情形属于小概率事件。

系统根源失效的单发性状况在实际的工程中同样是一种典型和常见情形。

3.8　系统量化模型

在本章前面各小节讨论的基础上,本节讨论系统的可靠性量化模型问题。有了前面小节讨论的基础,已经可以将系统量化模型问题的核心归结成这样的一个问题,即系统根源失效与系统整体可靠性的量化关系问题。

基于系统的硬件可靠性视点,系统根源失效与系统整体可靠性总结为如下特性,这些特性将构成系统量化模型的基础,包括:

- 系统根源失效是发生在某个产品局部的物理失效,限于系统的某个单元的内部,包括系统互联部位,是造成产品系统整体失效的源头。
- 一个系统单元可以由多个系统实体所构成,一个系统单元的内部各部分存在紧密的物理耦合关系,整体仅受到相关物理运行规律的制约,一个单元内部所发生的根源失效机理或是失效物理过程,可以是多种常见机理的耦合或是复合而成的一个失效机理或是失效物理过程。
- 系统中不同的系统单元之间主要由系统逻辑所主导,所受到的物理制约与耦合松散允许在工程条件下忽略。
- 产品具体的某个根源失效的发生称为根源失效事件,一个根源失效事件的发生具有随机性,而且一个根源失效事件与某个具体的发生部位相关联,完全相同的物理部位仅存在同样一个类型的事件,且对应于同样的一个失效物理过程或根源失效机理。
- 一个失效事件仅发生在一个系统单元内的一个物理部位,一个系统单元可以发生多个根源失效事件。
- 不同根源失效事件的发生相互独立,即使属于相同类型的根源失效。
- 基于系统类型产品在其正常服役期间的指数分布假定与"浴盆曲线"行为,一个系统在大概率条件下发生失效时仅存在一个根源失效事件,存在两个以上根源失效的情形为小概率事件。

系统模型在系统可靠性量化评价中的作用在于:将一个系统的可靠性指标通过其各自构成单元的可靠性信息量化加以表征,从而解决了一个复杂系统评价问题的简化与分解的问题。

在前面的讨论中已经完成定义工程产品系统的基础上,本节将依次讨论工程系统量化评价的一些典型问题,主要的模型化问题包括:

- 系统 RBD 模型。
- 系统不同机理失效率的叠加。
- 系统失效率在载荷抛面上的等效。

- 系统模式的评价模型。
- 系统失效模式对任务的影响。

3.8.1 系统 RBD 模型

所谓的 RBD(Reliability Block Diagram)模型是系统可靠性的一种基础表达形式。这一模型表达形式的基本特性可以做如下总结,包括:

- 模型的抽象性:正如前面有关系统概念的讨论那样,系统本身具有抽象性特征,每一个系统单元并不关心其具体的物理构成和形态,因此可以用一个抽象的几何图形(通常则是用方块)来代表,不同的单元之间相互独立。每一个单元虽然在系统中原本存在复杂的输入/输出功能、功能丧失时的多种失效模式,以及不同功能和失效模式间的因果关系等的特性信息,但 RBD 模型中不再考虑。
- 单元间的串并联关系与相互独立性:在系统可靠性 RBD 模型的考虑中,不同系统单元之间是物理隔离的,单元的失效具有相互独立性,且系统单元之间的主要关系为串联和并联关系。
- 模型仅表征失效可能的随机事件,但没有模式信息:模型没有考虑具体的系统功能或是功能丧失以后的不同系统失效模式,也没有考虑功能的因果关系或是因果的方向性。事实上,RBD 模型的考虑正好是系统硬件的侧重点范畴,而没有考虑系统关系相关的可靠性问题。
- 同一个载荷在其作用期间对系统的可靠性影响是恒定的,不随时间发生变化的:事实上,由于系统业务的影响,系统内部各单元不同时刻的运行状态可能是不断发生变化的,因此,相同的外部载荷条件对处于不同运行状态单元可靠性的影响是不同的,例如,环境温度对正处在全负荷运行状态条件下的处理器与对正在休眠状态处理器的可靠性影响显然是非常不同的。但 RBD 模型通常仅考虑某个时间段的平均状况,不考虑每个运行时刻的影响。
- 系统单元之间的 RBD 逻辑关系与系统的功能逻辑关系之间没有必然联系:系统 RBD 模型中单元之间的串并联关系不是系统的逻辑关系,二者是完全不同的概念。RBD 逻辑关系仅表示单元可靠性对系统可靠性的贡献以及随机性关系(更多有关这一问题的讨论参见选读小节有关系统功能逻辑与 RBD 模型关联关系问题的讨论内容)。

RBD 模型表达形式的核心目的仍然是通过系统单元的可靠性水平来表征系统整体可靠性的问题,即完成所谓的系统可靠性预计。因此,实际也成为 MIL - HDBK - 217 可靠性预计标准的关键理论基础(注:更多有关这一问题的讨论可进一步参见选读小节的有关讨论内容)。

从上面所总结的系统 RBD 模型的特性也可以看出:RBD 模型实际也因此丢失且不考虑系统可靠性问题的一些主要特征,例如系统失效模式,正如上面已经总结的那样,系统 RBD 模型与系统逻辑,即系统自身的功能逻辑没有对应关系,因此不能考虑系统具体的功能模式问题,自然也无法考虑诸如 FMEA/FMECA 等类似的系统失效模式的各种情况,而这类信息则是系统失效定义的一类核心内容。从这里也能感受系统 RBD 模型所解决问题的限制与局限性问题。事实上,上面的系统功能关系与系统失效模式之间的关系是在测试性相关问题的研究中进行处理的。有关这一点,在前面小节关于系统可靠性问题侧重点中的系统关系相关可靠性问题的讨论也已经有所涉及。

众所周知,RBD 模型所包含的一些主要模型单元有:

- 串联系统。
- 并联系统。
- 混联系统。
- 表决系统。
- 旁联系统。

有关这方面的可靠性基础知识不再进行详细介绍,更多有关 RBD 模型的内容,可参见参考文献[1,26]。

不同于上面的基础内容,系统可靠性的 RBD 模型的确还存在一些更为深层次的工程和理论问题。有关其中一些问题的讨论,有兴趣的读者可以继续参见选读小节的内容。这些内容包括:

- MIL - HDBK - 217 的失效独立性假定和修正。
- 系统功能逻辑与 RBD 模型的关联关系。
- IC 器件的系统 RBD 模型。

【选读 34】　MIL - HDBK - 217 的失效独立性假定和修正

在引言中已经提到:美军标 MIL - HDBK - 217 一直是 20 世纪进行产品的系统层面可靠性预计的一个主要手段,即使是现在,通过手册进行产品的可靠性预计仍然被认为是产品可靠性量化指标评价的 4 个主要手段之一,而所有产品可靠性预计手册的最初源头均可以最终追溯至美军标的这一标准,即 MIL - HDBK - 217[4]。

虽然近些年,工程界,尤其是产品研发领域已经认识到通过手册进行产品的可靠性预计这一方法在某些方面仍然缺乏足够科学性等相关问题,并逐渐采用失效物理、仿真分析等手段来取代这一方法,但是,不可否认的是,以 MIL - HDBK - 217 为代表的手册的可靠性预计方法仍然是产品(从系统的角度来看)理论最为闭环(或称完整,虽然不一定完全科学)、工程实用性最为彻底、完全是从产品的系统角度(虽然并未能够考虑所有系统的关键性特征)处理产品可靠性量化指标评价的最为便捷的方法。

事实上,MIL - HDBK - 217 所构建方法的一些基本出发点,例如系统可靠性需要从构成该系统的元器件,而且是每一个元器件的角度来考察其整体的可靠性问题,即使是在现行的可靠性工程实践,尤其是可靠性设计中,也仍然是有效且没有争议的,虽然基于 RBD 的系统模型本身存在改进和修正的必要。

从本章至此已经讨论的系统可靠性问题视点,尤其是硬件视点的内容看,有必要对系统可靠性预计的 RBD 模型做如下的一些修正:

- 系统单元的定义(以取代 MIL - HDBK - 217 以产品元器件作为系统单元的模型处理方法):在传统电子系统的可靠性预计中,系统单元与元器件是不加区分的。这一点在前面有关系统的构成表征和系统根源失效有关概念的讨论中已经明确进行了讨论,不同的元器件之间由于电路以及物理构成因素可能存在物理耦合的情况,在这样的情况下,不能满足系统 RBD 模型的基本要求和条件,因此,总体上,不能通过可靠性预计给出系统整体合理的失效率预计结果。
- 系统根源失效之间的独立性(以取代 MIL - HDBK - 217 一般性元器件失效的模型处

理方法）：有关系统根源失效的独立性问题已经在本章的前面小节做了大量的讨论，这里不再重复。此外，单元失效的独立性问题在 MIL - HDBK - 217 中是以假定的形式导入的。根源失效则在系统构成理论的基础上给出了具有科学依据的说明。

- 系统单元失效率数据的获取（以取代 MIL - HDBK - 217 完全手册的数据处理方法）：在 RBD 模型条件下，系统整体的失效率数值是通过系统单元的数据进行估计的。因此，系统整体估计结果的准确性与合理性在很大程度上同样取决于系统单元数据的准确性与合理性。而在工程实际中，模型中系统单元无疑更接近元器件一级问题，其失效率数据主要是由元器件供应商进行试验和提供的。但是，显而易见，元器件一级的可靠性试验环境缺乏系统中的随机性因素。这也是为何元器件一级的可靠性通常也被称为完整性。

显然，在这样的修正条件下，系统失效率已经不再具有通过手册的方式简单进行预计特性，而是必须结合产品的实际设计与使用情况进行评价与考核。这种状况应该也更符合工程的实际情况。

【选读 35】 系统功能逻辑与 RBD 模型的关联关系

相对于系统功能逻辑而言，系统 RBD 模型的一个关键特征就是二者没有一个一对一的对应关系，而且，与系统的功能逻辑相比，系统的 RBD 逻辑关系非常的简单，导致基于这样的模型所得到的系统失效率评价结果与产品设计缺乏一个有机的联系，而这种联系对工程一线的设计和可靠性工程人员而言，至少在经验上就认为是必须的，而且事实证明也是必要的。所以，在理论上，系统的 RBD 可靠性模型有必要解释和说明与系统功能逻辑，即产品设计的一个核心内容之间的关系问题。

系统可靠性的 RBD 模型无疑仅仅是基于系统功能逻辑抽象出来的，且仅仅具有其中某些有限特征的简化模型。这样的抽象和简化关系可以总结成为如下的若干点：

- 系统 RBD 模型关系与系统功能逻辑关系无紧密的关联关系：系统 RBD 模型仅仅包含了实际系统单元之间失效事件的随机性关系，即单元失效是否存在对系统整体失效的影响以及这样的影响在随机性上的大小。这样的关系与系统的功能逻辑关系无直接的关联性。

- 系统的功能关系会直接影响各单元各自的运行环境和条件：虽然系统的功能关系不能纳入系统的 RBD 模型考虑范畴，但会直接影响系统单元的运行环境和条件，从而直接影响到单元的失效发生概率，而且这样的影响不能通过系统的整体运行环境进行表达，而且每个单元都可能是不一样的。

- 系统 RBD 模型需要通过系统单元和根源失效进行表达：因此，系统 RBD 模型不适合原有的通过产品元器件的表征方式，而且原有的产品元器件的失效率也需要由系统单元的根源失效率来表达。

- 系统单元之间保证物理的松散耦合以及根源失效的相互独立性。

- 有效区分系统 RBD 模型中的简化逻辑关系与系统功能逻辑的本质性不同：例如，系统功能逻辑中的串联和并联，与 RBD 模型中的串联、并联没有直接的对应关系。事实上，系统功能逻辑上的并联只要二者不是备份关系，则在系统 RBD 模型都是串联关系。

因此,不同于系统的逻辑关系,系统 RBD 模型主要是表达了不同系统单元中根源失效之间的随机性关联关系。而且 RBD 模型并非用于跟踪系统每个不同时刻运行状态的变化,而是一个统计意义下的整体效果。这实际上也进一步反映了系统硬件可靠性侧重点考虑问题的典型工程特点。

因此,通过一个系统的功能逻辑关系转化成为一个系统 RBD 模型关系,一般而言,具有如下的一些特点,即

- 系统中的串联能量传递通道:所有能量传递在物理连接上通常都需要视为一种串联,包括电磁耦合。这样的状况需要考虑成为单一 RBD 单元。在这样的工作条件下,系统该能量通路上的元器件或是系统物理实体均容易发生物理间的耦合与相互影响。
- 系统能量的分流或并联:这样的实际系统通常为 RBD 的串联单元关系,表征了单元所有的能量供给通道对于系统功能的必要性。
- 系统逻辑关联:为高阻抗通路、物理松散耦合,也通常表征为 RBD 模型的串联单元关系,表征了单元功能在逻辑上对于系统功能的必要性。

这样的特点实际也构成了系统 RBD 模型的一些主要构建原则。

【选读 36】　IC 器件的系统 RBD 模型

IC 器件是现代电子系统中几乎不可或缺的组成部分,因此,有关这一类型器件在系统模型中的地位需要加以说明。可以分别从如下的 3 个方面进行说明,即

- 工程实践。
- 开发设计。
- 可靠性评价。

如果这里的讨论仅限目前最为常见的基于 CMOS 技术的数字 IC 电路的话,按照本章前面有关系统的定义,IC 器件无疑是个标准的系统,而且往往还是一个大规模的复杂系统。但另一方面,IC 器件在实际工程中的处理包括其开发设计流程和可靠性评价,则都是按照元器件来进行处理的。那么,如果从我们已经讨论的有关系统可靠性概念与模型的角度看,IC 器件到底是个器件,还是一个系统?

从功能的角度看,IC 器件是一个系统。但是,如果是从可靠性评价与模型的角度看,虽然其功能存在系统特征,但是在物理上整个部分仍然紧密耦合,不存在相互之间的相对隔离,这样的特征主要反映如下的方面,例如:

- IC 器件的物理受力与不可分割性:尤其是机械受力状态。
- IC 芯片内部各电路之间可能存在的强耦合特性:如信号完整性、相互之间的电磁干扰等。

因此,按照前面所讨论的系统和系统单元的定义,从系统可靠性评价的角度看,IC 器件实际只能构成一个系统单元。

3.8.2　系统不同机理失效率的叠加

显然,系统失效机理是指系统失效所造成根源失效的机理。所以,下面讨论在多种不同类型的多个根源失效(实际是指具有随机性的根源失效事件,也包括可能涉及多个机理)的条件下,产品失效率的关系问题。

基于前面对系统根源失效的定义及其特性的讨论,考虑不同根源失效的相互独立性,同时 n 个不同根源失效(注:在存在随机性时,一个根源失效也称为一个根源失效事件。根源失效这一用词更加强调产品失效的确定性特征。由于随机性与确定性均为产品失效的固有特性,因此二者在文中混用,不再加以特别区分),可以得到系统在经历了工作时间 t 以后的可靠度 $R(t)$ 的如下表达式,即

$$R(t) = \prod_{i=1}^{n} R_i(t) \tag{3-1}$$

这里,下标 $i(i=1,2,\cdots,n)$ 表示不同的失效机理条件。因此,$R_i(t)$ 表示仅考虑某个单一机理时的系统可靠度。

利用上面的量化关系进一步计算系统的失效概率密度函数 $f(t)$,可以得到:

$$f(t) = \frac{\mathrm{d}F(t)}{\mathrm{d}t} = \frac{\mathrm{d}}{\mathrm{d}t}\left[1 - R(t)\right] = \frac{\mathrm{d}}{\mathrm{d}t}\left[1 - \prod_{i=1}^{n} R_i(t)\right]$$

$$= \sum_{j=1}^{n}\left[\frac{-\mathrm{d}R_j(t)}{\mathrm{d}t} \cdot \frac{1}{R_j(t)} \prod_{i=1}^{n} R_i(t)\right] = \sum_{j=1}^{n}\left[\frac{f_j(t)}{R_j(t)} \prod_{i=1}^{n} R_i(t)\right]$$

$$= \sum_{j=1}^{n} h_j(t) \cdot \prod_{i=1}^{n} R_i(t) = R(t) \cdot \sum_{j=1}^{n} h_j(t) \tag{3-2}$$

于是得到系统的瞬时失效率函数 $h(t)$ 与不同单一失效机理条件下失效率函数 $h_i(t)$ 之间进行线性叠加的关系表达式,即

$$h(t) = \frac{f(t)}{R(t)} = \sum_{i=1}^{n} h_i(t) \tag{3-3}$$

由这一关系可以看出:在失效机理的定义满足系统根源失效定义的前提下,系统在多机理条件下的失效率函数一般性地满足各单一机理失效率的线性叠加关系。这一叠加关系与系统失效时间具体所满足的失效分布无关,因此,也与失效的性质,即失效属于随机失效还是耗损失效这样的性质无关。

显然,当失效为随机失效的场合,失效时间服从指数分布,瞬时失效率函数成为常数 λ,则上面关系简化成为如下失效率和的关系,即

$$\lambda = \sum_{i=1}^{n} \lambda_i \tag{3-4}$$

可以看出:在通常所考虑的指数分布的条件下,多失效机理并不破坏产品失效分布的函数形式。

3.8.3　系统失效率在载荷抛面上的等效

由前面关于系统使用环境的讨论已经看出:载荷抛面是针对系统使用环境中具体载荷类型随时间变化的量化表述形式。任何系统在实际使用时的周期性特点包括:

- 系统所提供的某些特定功能在使用过程中反复被利用。
- 系统任务的重复与周期性。
- 系统在包括维修保障在内的大的任务周期的重复性等。

载荷抛面通过描述一个系统使用周期内载荷随时间的变化情况来表示系统在其整个使用寿命周期内的载荷变化情况。此外,正如前面也已经提到的,即使一个系统使用周期内的载荷

情况,通常也非单独一个,而是由一组典型使用环境所构成。因此,从工程描述的角度以及加速试验设计等的实际工程需求来看,就带来等效需求,即对于产品的一个使用条件,使其对应成为一个条件,而非一组条件,在工程上会更加容易理解和应用。

此外,载荷抛面上进行等效的另外一个效果就是:在同一个系统的使用周期内,对于潜在不同的根源失效,不再考虑其可能发生的不同时间和先后顺序的问题。以一个系统包含有两个单元 A 和 B 为例,任何系统对于单元的调用都不可避免地会存在顺序,例如,可以是"A—B—…"或"A—B—A—A—…"等,这里也会有反复多次调用等的问题,因此,系统的失效是发生在哪个单元,且是发生那个单元的哪一个被调用时刻等,在严格意义上都是有差异的。但是,这样的差异在系统可靠性模型中并不予以考虑,因为就系统的同一个使用周期而言,系统在这个周期内的哪一个时刻和具体哪一个单元失效,其对于系统功能和任务所造成最终失败这样的结果都是一样的。因此,从系统使用的角度,细化区分上述系统内部的失效细节完全不是系统可靠性所关注的内容。

因此,在载荷抛面上所完成的等效正好应了这样的一个要求,就好像系统在一个任务周期内的时候,只有一个量化定义的环境条件,且所有被调用的系统单元均在这样的环境条件下同步运行,最终完成所需任务,提供设计所要求的功能。

从另外一个角度讲,任何一个产品均需要反复使用相当长的一段时间,包括一次性使用的系统,例如导弹,这类系统虽然只有一次的最终使用,但使用过程中还包括贮存、维修检测、战斗值班等多次反复和长时间的使用周期问题,因此可以看出:一个系统在一个使用周期内具体失效发生的时刻不是系统可靠性所关注的问题。

基于这样的考虑,下面就将一个载荷抛面下的一组典型环境条件的不同失效率表现,在相同失效概率的前提下由一个等效的系统失效率数值来表示。

考虑系统失效时间满足指数分布的情形,在系统已经运行一段时间 t 的条件下,如果再增加运行一个时间段 Δt,则定义如下的两个随机事件 A 和 B:

- A:运行时间 t 以后仍然正常运行。
- B:运行时间 $t + \Delta t$ 以后仍然正常运行。

于是,A 和 B 的发生概率 $P(A)$ 和 $P(B)$ 则分别表示为:

$$P(A) \equiv R(t) = e^{-\lambda t}, \quad P(B) \equiv R(t + \Delta t) = e^{-\lambda(t + \Delta t)} \tag{3-5}$$

这里:R 为系统的可靠度分布函数,λ 是系统失效率。此外,按照上面随机事件 A 和 B 的定义,可以得到如下关于 A 和 B 交集的概率关系,即

$$P(A \cap B) = P(B) = R(t + \Delta t) \tag{3-6}$$

这样,对于从任何时间 t 开始运行 Δt 的系统,即系统的运行不再考虑 t 以前的运行历史的情况下,系统仍然正常运行的概率就由如下的条件概率表示,即

$$P(B|A) = \frac{P(A \cap B)}{P(A)} = \frac{R(t + \Delta t)}{R(t)} = \frac{e^{-\lambda(t + \Delta t)}}{e^{-\lambda t}} = e^{-\lambda \Delta t} = R(\Delta t) \tag{3-7}$$

这一结果即满足指数分布的产品运行与运行历史无关,永远就像新的一样。

有了这样的结果,对于任何一个载荷抛面的时间周期 t_0,就无须再考虑这样的周期是从哪一个时间点开始。假定这一载荷抛面包含了 n 个典型工作环境条件,每个环境条件所持续的时间长度为 $\Delta t_i (i = 1, 2, \cdots, n)$,且每个时间段 Δt_i 对于总的抛面周期时间长度 t_0 的占比为 p_i,即满足如下关系:

$$\sum_{i=1}^{n} \Delta t_i \equiv t_0, \quad \sum_{i=1}^{n} p_i \equiv \sum_{i=1}^{n} \frac{\Delta t_i}{t_0} = 100\% \qquad (3-8)$$

则系统经历了一个完整载荷抛面后的可靠度即可以表示为：

$$R(t) = \prod_{i=1}^{n} R_i(\Delta t_i), \quad R_i(t) = e^{-\lambda_i t}, \quad i = 1, 2, \cdots, n \qquad (3-9)$$

这里：下标 i 表示上述载荷抛面内的不同典型工作环境条件。简单整理上面表达式，就可以得到如下关系，即

$$R(t) = \prod_{i=1}^{n} e^{-\lambda_i \Delta t_i} = \prod_{i=1}^{n} e^{-\lambda_i p_i t} = e^{-t \sum_{i=1}^{n} \lambda_i p_i} \qquad (3-10)$$

容易看出：载荷抛面内的系统运行仍然满足指数分布，且在整个载荷抛面上，系统失效率满足如下的等效关系，即

$$R(t) \equiv e^{-\lambda t}, \quad \lambda = \sum_{i=1}^{n} \lambda_i p_i \qquad (3-11)$$

上面的理论正好构成了 ASHRAE(American Society of Heating, Refrigerating and Air - Conditioning Engineers)所处置的有关美国各主要城市数据中心系统 2010 年全年等效失效率估计这样一个实际操作案例的理论基础[35-37]。这里，数据中心系统属于典型数字化系统，且核心关注系统的可靠性指标，即系统失效率。

其主要数据处理的步骤包括如下的 5 个部分：

- 给出了不同环境温度条件下数据中心系统的失效率统计值，即上面公式中 λ_i，本案例的载荷类型仅为环境温度，同时实际所处理的失效率数值为相对量值。
- 统计美国各城市 2010 年在不同环境温度条件下数据中心的运行时间，即上面公式中 Δt_i。
- 对上面的温度环境区间和运行时间数据进行标准化和修正：修正的部分主要是考虑系统内部实际运行环境温度与系统外部整体环境温度的差异。
- 给出美国各城市 2010 年全年的失效率等效值：列表和作图。

事实上，从上面失效率等效的过程中可以看到：进行失效率部分的等效并非载荷抛面载荷水平表征的唯一方式。如果在整个的载荷抛面中，存在着一个最为主要的载荷环境条件以及相应的失效率水平，而其他部分的典型环境需要以此为基准进行修正，则在这种情况下，假定失效率水平不变，将其作为载荷抛面的参考点，然后对整个载荷抛面的持续时间进行等效，就可以构成另外的一种等效方式。考虑到第 2 种等效的实际工程应用背景以及完成该等效所需要进一步讨论的内容，有关这一部分等效方式，即基于失效率载荷作用时间等效的讨论，放到后续加速试验设计一章中有关加速试验参考点条件一节的内容中进行。

3.8.4 系统模式的评价模型

前面有关系统失效定义问题的讨论已经明确，系统失效并非一个单纯物理失效的定义，对于一个工程产品，它涉及如下 4 个方面内容，包括：

- 系统失效模式和影响。
- 系统失效的发生条件与典型工作环境。
- 系统失效的物理隔离和定位。

- 系统失效的根因与处置。

显然,仅仅是基础的系统 RBD 模型并不能全面地反映和考虑系统失效的特征,尤其是其中的首要特征,即系统失效模式和影响。

对于电子产品和系统,考虑了系统失效模式的可靠性模型,例如:

- 信息流模型:一种又被称作"GO 法"的图形化系统模型表征方法当中用于表征信息逻辑关系的方法。尤其适用于电子系统中逻辑电路模型的构建。
- 故障树:构建了系统失效模式与单元失效模式之间的关系,以及所有失效模式之间的逻辑关系,是一种图形化的系统模型表征方法。

故障树实际是一个系统所有失效模式的逻辑关系图,依据这样的逻辑关系,可以对系统各失效模式的发生概率进行估计和量化分析。信息流模型也是一种图式化的系统模型构建方法,但是模型的表征单元不再是失效模式,而是硬件的功能单元。与故障树的方法相比,该方法同样可以考虑系统的不同失效模式。同故障树的方法一样,信息流模型同样是一个可以进行量化分析的模型构建方法。

一般而言,这些方法在工程中的实际使用会存在如下的若干主要问题,包括:

- 模型的构建在很大程度上首先取决于人对于系统故障的认识,而且不同故障模式之间的逻辑关系对于复杂系统来说可能非常复杂,即使能够了解各种模式,它们之间逻辑关系的确定也会非常复杂。
- 模型与系统的电路设计本身缺乏简单而直观的联系,因此模型的构建缺乏显而易见的唯一性与建模结果的可重复性,使得模型构建的结果更取决于人的知识与认识。
- 模型的构建无法直观而简单地考虑工程的输入信息,如 FMEA/FMECA。
- 上述模型非用于系统评价量化的处理模型。

由于这些系统可靠性模型和分析方法均属于产品可靠性的基础性内容,不再在本书进行详细的讨论和介绍,有兴趣和需要的读者自行参考相关专业书籍。

3.8.5　系统失效模式对任务的影响

任务一词的基本含义通常是指目的明确,所需要采取的相关行动明确,且同时带有一定特殊性的工作项目[1]。而任务可靠性,简单而言就是指任务的成功概率。尤其在军用系统的可靠性相关用语中,经常会涉及任务以及任务可靠性的问题。

有关任务的问题,在前面章节讨论系统业务概念的时候就已经提及。在可靠性工程中,任务所使用的场合通常会涉及大型复杂系统,尤其是军用相关的系统,因此,容易理解,任务和业务都是系统可靠性的重要概念,存在关联性,同时又是两个不同的概念。

任务与业务的关键性概念异同点反映在如下的若干方面:

- 虽然任务和业务均涉及对象系统的运行和使用,但任务的责任主体是人,所使用的系统仅仅是任务执行和完成过程中的工具,所以,任务可靠性存在当系统发生故障时任务的执行和达成概率问题。业务则不存在目的问题,虽然业务涉及使用者的具体要求,但仅仅是指系统所需要完成的工作,与系统的操作或使用者无关。
- 任务除了给系统带来业务的问题以外,任务通常还强调目标达成的重要性,因此,系统不同的失效模式对任务的影响是不同的。业务对于系统而言,是影响系统运行过程中不同时刻、不同的系统功能部位上载荷与使用条件的一个主要因素,业务决定了系统的资源调用、占用和使用情况。

- 从可靠性的角度而言,任务可靠性对于每一次任务仅关注某个特定用于此次任务执行的系统,即使是同一个系统,任务可靠性需要关注其每一次的使用及其每一次使用的执行成功率。这里不存在产品批次的问题,在这一点上,任务可靠性与产品可靠性有着本质的区别。但业务则是针对产品可靠性(即系统类型产品)的概念,可以是个体,但通常是针对某个业务场景条件下的批次产品。

所以,上面的讨论同样指出了任务可靠性与产品可靠性概念的一些关键性差异,包括:

- 由于任务是一个纯粹的用户需求和概念,与产品的研制单位没有直接的关联性,因此任务可靠性也必然是一个纯粹的用户概念,而产品可靠性适用于研制单位,且与某个特定的用户没有直接的关联性。
- 任务可靠性针对的是任务,因此存在产品失效时任务的成功概率问题。而产品可靠性只是产品能够正常工作的概率,针对的是产品。
- 任务可靠性关注任务执行时所使用特定产品个体的可靠性问题,产品可靠性通常关心产品批次或产品整体的可靠性问题。
- 产品可靠性是为了保障产品在使用过程中不发生失效,任务可靠性同时关注当产品发生失效时,其失效模式对任务执行的影响。

MIL-HDBK-338 提供了如下的任务可靠性的量化计算公式[1]。注意:"任务成功"(Mission Success)在这里被看作是一个随机事件,而这一随机事件的发生概率就是任务可靠度。任务可靠度的计算包括了如下的两部分,即

- 任务系统能够正常工作时的情形。
- 任务系统失效时的情形。

所以

$$P_S = P_S|R_X \times R_X + P_S|F_X \times F_X, \quad F_X = 1 - R_X \tag{3-12}$$

其中,P_S 是任务可靠度或任务的成功概率、$P_S|R_X$ 和 $P_S|F_X$ 则分别是系统在任务执行期间正常工作与发生故障状态下的任务可靠度,R_X 和 F_X 分别是任务执行期间系统正常运行和发生故障的概率。

上面这一量化关系不仅清晰表达了任务可靠性与产品(或系统)可靠性的量化关系,同时清晰表明了二者量化参数所表征的对象,即任务和系统是两个完全不同的主体,在工程上是两个不同的概念。

第 **4** 章
产品失效性质与应力加速

"浴盆曲线"是系统失效的一个核心特性,这在产品的可靠性工程领域以及相关行业已经被人们所广为了解和认知。"浴盆曲线"按照不同的时间阶段和顺序定义了系统 3 种不同性质的产品失效,而且,这些失效在工程上决定和对应了不同的工程处置方法。例如:

- 早期失效:涉及筛选等,主要在制造环节。
- 随机失效:涉及维修保障等,主要在产品服役阶段,典型的情形如任务敏感系统。
- 耗损失效:涉及退役、延寿等工程处置问题。

因此,通过必要的可靠性评价方法和手段,获取和确定产品的"浴盆曲线"特性,服务于后续的工程任务和需求,是产品可靠性的客观需求。但是,某个个体产品的失效并不能用于区分和确定上述的产品失效性质,即产品失效模式不能用于判定产品的失效性质,或者说,产品具有不同的失效性质这一点并不能反映在个体产品的失效模式上。而产品不同失效性质的确定只能通过一定数量样本的试验数据或外场数据的统计特性加以区分。这就意味着在可靠性评价中,如果试验手段存在错误选取或是实施的问题,可以影响和改变产品的失效性质,而这样的问题却不能通过产品失效模式这样直观的试验结果来进行判别,这对于产品的可靠性评价而言,显然是一个潜在的风险问题,会导致产品的评价结果完全错误。这种类型的问题是本章讨论内容的关注点。

总结一下上面的讨论,本章讨论内容的关注点可以归纳为如下 3 点:

- "浴盆曲线"特性及其对于系统可靠性的意义。
- 产品失效的随机过程与失效物理过程之间的相互关系和影响。
- 不同失效性质对应力加速试验手段的影响。

本章通过从理论角度对这些问题的讨论和认知,来达到指导工程试验和相关处置的目的。

具体而言,本章讨论按照下面的先后顺序,依次包括如下内容:

- 失效的"浴盆曲线"特性。
- 产品失效的加速方式。
- 失效的应力加速模型。
- 失效的应力可加速性。
- "浴盆曲线"模型。
- 非失效率"浴盆曲线"。

在本章的最后,由于"浴盆曲线"并非有关产品失效率的专用名词,在产品疲劳损伤领域存在类似的现象和用语,显然,二者是完全不同的概念。前者描述了产品可靠性的随机性过程,后者则是关于一个确定性物理过程的描述。本章最后的部分进行简要的有关其理论细节上的区分和讨论。

4.1 失效的"浴盆曲线"特性

"浴盆曲线"是基于数据特性所定义的产品失效特性,描述了产品在其不同寿命周期阶段的失效行为特点,例如,随机失效定义了产品的服役周期,耗损失效则标志着产品的批次性到寿等,因此,这类失效特性作为产品寿命周期环节的标志性特征,成为产品可靠性评价的主要内容。

同时,加速试验是产品可靠性评价的基本手段。在实际工程中,所谓的加速试验通常是指应力加速试验,即在试验中,通过提升产品的应力载荷水平从而达到加快产品失效进程、缩短试验时间的目的。由于实际产品通常都需要满足和具备的耐用性设计要求和特点,如果需要在有限的时间和成本条件下完成试验,则加速试验就成为一种必然选择。

事实上,需要明确的是:通过应力加速实现提升的是产品失效的物理进程,而"浴盆曲线"正如其所反映的产品失效性质那样,是一个产品失效的随机过程与物理过程综合作用的结果。且对于不同性质的失效,二者在一个实际产品失效过程中的作用权重是不一样的。这样就容易理解:对于一个非物理性质的随机过程,应力的提升应该不能对产品的失效起到很好的加速作用。

在本节下面的讨论内容中,明确由产品失效的随机属性与物理属性分别定义产品失效的两类不同性质的进程,且二者在产品的失效过程中同时存在。因此,这就自然而然带来了产品应力加速对于失效加速的有效性问题。因此,理清产品"浴盆曲线"特性与失效加速的关系就成为本章需要讨论的一个首要问题。

4.1.1 产品失效的随机性与确定性

工程产品的失效行为同时具有随机性和确定性两方面的特性。随机性决定了失效个体行为的不一致,存在分散性的特点,因此产品可靠性的量化指标描述涉及产品失效的发生概率问题,需要用产品的失效分布函数来加以描述;另一方面,确定性说明产品的失效在产品的相对宏观层面同时服从某种特定的物理规律,属于一个物理过程(即包含了化学、力学、电化学等在内的具有确定性特征的广义物理过程)的范畴,因此,产品的失效也存在失效物理建模和量化描述的问题。

有关产品失效的随机性与确定性问题可以总结如下 5 点:

- 产品失效同时具有的随机性与确定性特征:随机性是指产品个体之间存在的在失效上的分散性;确定性则是指在相同的运行和使用环境条件下,产品在批次整体上存在的失效物理过程的一致性。
- 产品失效是一个随机性与确定性综合作用的结果:产品的失效行为是一个由其不确定的随机特性与其确定的物理特性共同作用的综合性结果。对产品失效的物理特性而言,任何产品在使用过程中,都必然要受到各种类型载荷的作用,这里所谓的载荷是指广义范畴下的载荷,不仅包括机械、热等最为常见的载荷类型,也包括电、光、化学、声、粒子等各种造成产品材料发生物理化学过程的产品内在以及外部的环境载荷。
- 随机性是产品失效的首要特征:事实上,这也是产品可靠性被定义成为产品失效概率参数的原因。

- 确定性是造成产品失效的根源：在上述各类型载荷的作用下，产品会最终发生某种失效的必然性是明确的，这也是产品在设计过程中尽可能减少这样的载荷作用所带来的影响，从而延长产品寿命和提升产品可靠性的主要原因。另一方面，明确产品失效的随机性产生的来源问题，显然对于产品可靠性的提升同样重要。
- 确定性物理过程是产品失效可进行加速的基础：产品的加速是确定和可控的，属于产品确定性特性的一个组成部分。

在前面系统和系统失效一章的讨论中已经明确了工程产品可靠性行为随机性的 3 个主要来源，即

- 产品自身在材料、几何外形等方面的随机性。
- 系统业务的随机性。
- 系统使用环境上的随机性。

其中，第一条来源于产品的来料与生产制造环节，是产品随机性的物理来源；后两条则来源于产品的使用环节，与产品寿命周期过程中的外部环境以及人为等的使用因素相关。

关于产品失效随机性的物理来源问题，在引言关于产品可靠性量化指标的讨论一节，从产品缺陷的角度，按照其物理尺度的大小，又将其大致分成 3 类以应对和解释产品的"浴盆曲线"行为，即

- 早期失效是由产品制造工艺的不确定性造成的数量有限，但较为严重的制造缺陷所造成的产品"非正常"失效，是属于随机性贡献最大的产品个体失效的类型。
- 第 2 个随机失效类型则是由任何产品中固有的材料缺陷所造成的，在工程上是不可避免的，同时随机特性稳定的正常产品失效行为。
- 第 3 类耗损失效则是在产品的外部载荷作用下，产品发生损伤并不断累积这样的物理过程主导的产品失效，是一种产品"到寿"的表现。

同时也能看出这 3 个类型的产品失效中随机性的贡献是逐渐弱化的。

4.1.2　"浴盆曲线"的统计特征

系统失效随机性表现的特征即为"浴盆曲线"。由于"浴盆曲线"在根本上仍然是基于人们对于产品失效行为的观察，因此，对于上述不同产品失效性质的描述和定义总体仍然局限在其数据特征上，人们对于其物理特性的讨论和认知也仍然基本局限于这样的数据特征。

产品在其实际的使用过程中呈现出 3 个不同阶段，在失效的机制上体现为不同的失效性质，即所谓的早期失效、偶然失效和耗损失效。

在上述 3 种性质的失效中，后两种涉及产品进入服役或现场使用后的失效行为，是通常所讨论系统可靠性评价问题的核心关注点。总结一下目前已知的二者系统失效性质的区别，至少包括如下的若干点：

- 二者所服从的失效分布不同：分布具有不同的形状特征，且通常由指数分布描述随机失效的不确定性失效行为。
- 用于表征二者的失效特征量不同：随机失效为产品失效时间（Time to Failure，简称 TTF），耗损失效为产品寿命。
- 发生的时间阶段不同：随机失效为产品的正常服役段，耗损失效则为产品到寿。

• 二者失效与产品历史的相关性：随机失效通常可以用一个随机过程来描述，失效与历史无关，而耗损失效与历史有关，通常假定寿命的损耗满足线性累计的原则。

由上一节对于产品失效随机性来源的物理解释也可以看出：在"浴盆曲线"这3个不同阶段的失效中，随机性对于失效的贡献由大变小，而在产品正常使用的阶段，即"浴盆曲线"底部的时间部分，产品失效的随机性贡献与同样决定产品失效的物理过程确定性部分构成了一种相互平衡的状态。而耗损失效则成为一个失效物理过程主导的部分，意味着产品整体到寿。

尤其是其中的偶然失效部分，表征了产品在其设计使用或是正常服役阶段的失效行为，是决定产品通常意义上可靠性量化指标的部分。这部分的失效随机性在"浴盆曲线"中由指数分布表示，在前面章节有关指数分布物理意义的解释和讨论中已经明确：这样的分布意味着系统失效属于一个稳定的随机性过程，且系统发生失效的概率与时间的长短成正比。在理论上，这样的一个随机过程又称为是一个均匀的泊桑过程（Homogeneous Poisson Process，简称HPP）[15]。

需要指出的是："浴盆曲线"通常是指系统失效特性。换句话说，元器件、零部件，以及材料等级别产品通常不讨论这样的"浴盆曲线"特性。事实上，很多情况下可能是不使用，例如，以焊点的失效为例，IPC的研究已经证明不存在所谓的随机失效阶段（同时参见图4-1所示）[16,38-39]。

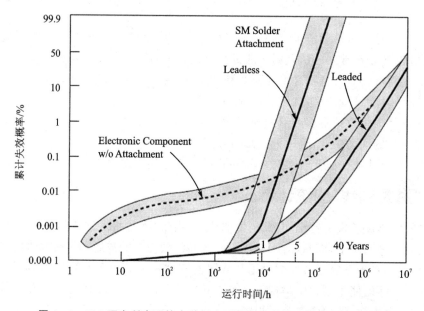

图4-1 IPC研究所表明的电装板表贴焊点的失效分布情况示意图[16]

【选读37】 Weibull 分布特性

由前面章节已经讨论的指数分布可以看出：与指数分布的形式类似，可以构建出如下一个形式更为一般，且同样构成分布的函数关系，即

$$R(t)=1-F(t)=e^{-\left(\frac{t}{\eta}\right)^{\beta}}, \quad t\geqslant 0 \quad (4-1)$$

其中，$R(t)$ 和 $F(t)$ 分别为可靠度和失效概率函数，β 和 η 是参数。因此，相应的密度函数就求导成为：

$$f(t) = \frac{\mathrm{d}F(t)}{\mathrm{d}t} = \frac{\beta}{\eta}\left(\frac{t}{\eta}\right)^{\beta-1}\mathrm{e}^{-\left(\frac{t}{\eta}\right)^{\beta}}, \quad t \geqslant 0 \qquad\qquad (4-2)$$

甚至增加新的参数 γ 而将分布进一步扩展成为如下形式：

$$f(t) = \begin{cases} 0, & \gamma > t \geqslant 0 \\ \dfrac{\beta}{\eta}\left(\dfrac{t-\gamma}{\eta}\right)^{\beta-1}\mathrm{e}^{-\left(\frac{t-\gamma}{\eta}\right)^{\beta}}, & t \geqslant \gamma > 0 \end{cases} \qquad (4-3)$$

从分布的形状（如图 4-2 所示）及其相应的数学含义容易理解：参数 $\beta>0$ 称为分布的形状因子，参数 $\eta>0$ 称为尺度参数，而参数 $\gamma>0$ 则称为最小寿命。

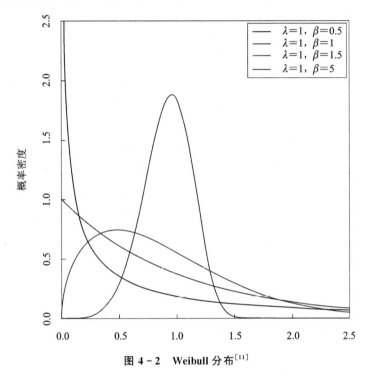

图 4-2 Weibull 分布[11]

以瑞典工程师和数学家 Waloddi Weibull 所命名的这一分布在可靠性工程上的使用非常广泛。尤其是形状因子 β 的不同取值使得这一分布构成了包括前面所讨论指数分布在内的特性不同的一组分布，涵盖了目前可靠性理论所定义的不同产品失效阶段，即

- $1>\beta>0$：早期失效阶段。
- $\beta=1$：随机失效阶段。
- $\beta>1$：耗损失效阶段。

与指数分布所不同的是：在 $\beta>1$ 时，Weibull 分布具有集中分布的特性，代表了耗损失效的分散性特征，可以进行产品耗损行为的失效分析。而且，从数学的角度，形状因子 β 的不同取值也代表了不同的典型分布（同时参见图 4-2），即

- $\beta<1$ 时为伽马分布。
- $\beta=1$ 时为指数分布。
- $\beta=2$ 时为对数正态分布。

- $\beta=3.5$ 时则近似为正态分布。

Weibull 分布的数学特性及其相应的工程应用价值是显而易见和容易理解的,但对这一分布的更进一步的物理含义通常讨论得不多。事实上,对这一分布物理意义的理解对于利用这一分布进行产品失效随机行为的建模和分析,尤其涉及耗损失效行为的处理,以及这一处理方式工程适用性的把握具有重要的意义。

4.1.3 "浴盆曲线"的工程意义

产品的不同失效性质本质上反映了产品失效的物理过程与随机过程、产品失效的确定性与分散性之间的一种对立统一的关系。仅从物理的角度看待产品的失效,产品失效是一个产品在外部应力作用下随时间退化的结果,是一个确定物理过程的必然性产物。从这样的角度,产品的失效可以通过增加相关应力的水平来加快这一物理过程的时间进程,达到加速产品失效的目的。

针对不同系统性质失效的认识对实际工程产品可靠性的指导性作用是明确的。例如,随机失效属于产品服役期间可以允许的失效,但是,产品服役期的使用环境需要尽量避免应力水平过高,避免加快产品的耗损失效进程、缩短产品的使用寿命。再以工程中制定产品的可靠性规格为例,规范中会提出产品的返修率要求,例如,产品的年返修率不高于 0.5%,这一指标要求通常是指产品失效率,表示产品的随机失效性质;而同时,产品可靠性规格中还会另外定义产品的使用年限要求,即产品的使用寿命,以限定产品的耗损失效行为。由此可见,人们对于系统失效性质的认知使得产品可靠性要求的定义实现清晰化和量化。

4.2 产品失效的加速方式

前面已经若干次提到:加速试验用于在合理的时间和成本条件下获取试验对象产品的失效信息,而且这些失效信息需要最终能够满足产品的可靠性量化指标评价要求。这里,在涉及产品及其失效的问题上面,涉及产品失效的两个类型的基本性质,即产品失效行为的随机性与确定性以及造成产品寿命周期失效的根因,包括产品在正常使用过程中所产生的失效。

加速试验由于其产品可靠性的评价目的,重点仅在于关心某些特定根因所导致的产品失效问题,不仅如此,对于不同性质的失效行为,试验加速在理论上的可行性与方式也需要考察。

4.2.1 应力加速与频率加速

前面的讨论已经指出:产品的失效行为是一个由具有不确定性的随机过程和确定性的物理过程共同作用的结果。失效的物理过程是指产品在使用过程中受到外部载荷的作用,导致产品内部的损伤并不断积累最终发生失效。因此,产品的物理失效过程可以通过增加产品所受载荷水平的方式来加速产品发生失效的进程。这样的加速方式称为应力加速,相应的试验称为应力加速试验。

但是,这样的加速方式不适用于一个纯粹的随机过程。试想这样的一个试验:"在一个看不见内部的箱子中有若干个白球和若干个物理性状完全相同的黑球,每隔一定时间从箱子中抓出一个球,是白球表示产品正常工作,是黑球则表示一个产品失效。直到所有的黑球全部被抓出,即表征产品的失效全部发生,试验终止。"

这样一个试验使得产品失效成为一个完全的随机过程,而且,这样的一个过程由于不存在某个特定的物理失效过程,因此无法进行应力加速。取而代之的是,缩短两次相邻抓球之间的时间间隔,即增加从箱子中抓球的频率,从而起到加快产品失效进程的目的。这样的加速方式称为频率加速,相应的试验则称为频率加速试验。

因此,应力加速通过增加产品使用的载荷水平加快了产品失效的物理进程,频率加速则是通过增加产品的使用频率缩短产品包括其随机失效特性在内的时间失效进程。

正如前面所说,由于产品失效通常是一个随机过程与物理过程共同作用的结果,应力加速仅仅加速了其中的物理进程,而频率加速则同时加速了二者在时间上的进程。另一方面,也能得出这样的结论,即"如果产品失效是一个随机过程主导的产品失效过程,则频率加速应该是更为有效,即高效的产品失效的加速方式;而如果产品失效是一个物理过程主导的产品失效过程,则应力加速才应该是产品失效加速的主要方式。"

从前面关于产品失效"浴盆曲线"特性的讨论可以看出:产品的早期失效更近似于一个随机过程所主导的产品失效行为,因此,高效的失效加速手段应该是频率加速。从工程的实际实践经验来看,运动机构的磨合属于消除产品早期失效的加速行为,其基本思想就是加快产品早期的使用,以尽早发现和剔除产品失效和缺陷,属于频率加速的行为。但是,在电子产品行业,HASS 和 HASA 也属于剔除产品早期失效的工业实践,但却主要采用了应力加速的方式(同时参见加速试验专用术语)。从目前几十年的实际工程效果来看,对于 HASS 和 HASA 的实际工程作用,行业内存在争议,更多的企业已废弃这一试验[6,12]。主要原因是这一工程实践的成本高昂,但实际效果不明显、存在争议。上述有关应力加速和频率加速试验的理论至少对这一实际发生的工程结果提供一种理论解释。

另一方面,耗损失效属于物理过程主导的失效,需要采用应力加速手段。这一点与目前实际发生的工程实践完全一致(可同时参见下面工程中的常见加速试验和术语一节中有关HALT 和 ALT 试验的相关讨论)。

4.2.2　工程中的常见加速试验和术语

加速试验是产品可靠性量化指标的技术途径之一。但目前的实际工程中所使用的加速试验术语,不仅很多不具备量化评价的目的,而且还可能具有特定的含义,在使用中需要加以注意。

由于历史发展的原因,加速试验由于工程目的、应用对象等的不同,一直存在一些仅仅从文字的角度不易区分、容易混淆的专用术语。这样的易混淆问题不仅存在于中文译文,国外的工程人员同样面临这方面的问题。

下面讨论如下的 5 个专用试验用语,翻译成中文的基本含义均为"加速或高加速""应力或寿命"试验,包括:

- HALT:Highly Accelerated Life Test。
- ALT:Accelerated Life Test。
- HASS:Highly Accelerated Stress Screening。
- HASA:Highly Accelerated Stress Audit。
- HAST:Highly Accelerated Stress Test。

首先需要明确的是:所有这些用语均有特定的历史背景,并已经完全固化成为一种专用语,相应的试验也在一定程度或是某种形式上成为工业标准,因此,这些用语本身已经不能仅仅通过字面的词义来完全加以区分。

上述用语主要在如下的若干方面有所不同:

- 试验所适用的工程对象。
- 在达成最终试验目的的过程中是否提供定量化试验评价结果。
- 试验的加速环境是否以产品的实际使用环境为参考。
- 试验在典型产品寿命周期中的实施环节。
- 试验样本试验完成后的报废或是可复用状态。

其中,在有关试验目的的部分,国内将提供定量化试验评价结果的试验称为统计试验,不提供者称为工程试验;而在加速环境的确定部分,以产品的实际使用环境为参考所确定的加速环境称为模拟试验,加速环境与产品实际使用没有必然联系的试验则称为激发试验。更详细的定义参见参考文献[40]。事实上,严格意义上的加速试验均需要以产品的实际使用环境为基本参考点,因此,所谓激发试验的条件不是一个严格意义上的产品加速环境,其试验也因此不能提供产品严格意义上的可靠性结果,而在产品可靠性中称为健壮性,在国外也称之为完整性(Integrity)。

按照这样的分类,可以将上述 5 个不同的试验完全区分开来。首先,HAST 特指一类针对元器件的所谓的压力锅试验,其试验对象是元器件,而其他试验对象则是设备、系统一级的产品,所以,HAST 首先不同于其他 4 类试验。HAST 的相关工业标准参见 JEDEC 相关试验标准[27,41-42]。

然后就是 ALT 不同于 HALT、HASS 和 HASA,ALT 通常为严格意义上的可靠性试验,即试验的加速环境以产品的实际使用条件为参考,且允许提供定量化指标评价结果。但是,系统的可靠性量化指标评价仍然没有一个简单明了的答案,因此,并非所有 ALT 均能最终提供量化的指标评价结果,所以,也有研究者进一步将其分为量化与非量化试验两个类型,即

- QuanALT:Quantitative ALT。
- QualALT:Qualitative ALT。

有一点需要在这里指出的是:Life 一词在英语中不一定是指寿命指标,而经常是指全寿命的,因此,Life Test 首先是指全寿命试验,即试验完成以后认为样本已经到寿并报废,不能再当作通常的产品使用。所以,从这个意义上说,HALT 和 ALT 正如字面所述,均为全寿命试验,试验完成以后,样品已经报废,不允许再复用。

最后就是剩余的 3 个试验:HALT、HASS 和 HASA。HASS 和 HASA 为生产试验,即产品生产流程中的一个环节。二者最早均由 Hewlett Packard(HP)开发和提出,其中 HASS 为筛选试验(Screening),即生产线上的产品 100% 需要进行试验;HASA 为抽样试验(Auditing),产品完成 HASS 或 HASA 后,如果合格则交付用户。而 HALT 则通常为产品的一个研发环节,即产品的 DfR 环节。HALT 特指一类多应力综合、特定气锤振动激发条件下的产品健壮性试验。

更多的有关上述试验的历史演化和发展的情况可以参见参考文献[43]。同时,上述试验类型的比较信息汇总并参见表 4-1。

【选读 38】 耐久性试验

耐久性(Durability)试验,顾名思义,是指在一定的载荷水平条件下,获取产品能承受这一

载荷,或是在这一载荷作用下正常工作而不发生失效的极限时间信息的一类试验。耐久性试验用于获取产品的可靠性相关信息,帮助间接衡量产品的某种可靠性指标表现(即寿命指标)。

表 4-1　加速试验专用术语的比较

试　验	全　称	对　象	量化评价	寿命周期
HALT	Highly Accelerated Life Test	系统	否	开发
ALT	QuanALT：Quantitative Accelerated Life Test	系统	是	开发
	QualALT：Qualitative Accelerated Life Test	系统	否	开发
HAST	Highly Accelerated Stress Test	元器件	否	开发
HASA	Highly Accelerated Stress Audit	系统	否	生产
HASS	Highly Accelerated Stress Screening	系统	否	生产

由于是测试耐久性,因此,可以理解,这类试验的试验对象一般是针对某种耐用产品,即产品具有较长的设计使用时间,因此,耐久性试验需要是加速试验类型。而另一方面,既然是耐久性,也意味着试验的载荷水平会保持与产品的设计使用载荷相同的水平,因此,耐久性试验不是应力加速试验,而是属于频率加速试验。因此,如上节所讨论的,一个频率加速试验同时加速了产品失效中的随机因素与物理过程的时间进程。但是,与严格意义下的产品可靠性试验相比较,产品耐久性存在如下若干方面的基础概念问题,与可靠性存在差异。包括:

- 所考核的产品失效性质。
- 用于考核的产品载荷条件。
- 试验考核对象。

首先,耐久性试验是一个寿命试验,核心用于考核产品的耗损失效行为,即由产品失效的物理过程所主导的失效行为,不关心产品失效的随机性贡献,因此,试验样本本身通常要以保障一定的产品一致性为前提。

其次,产品耐久性通常是作为产品的一种性能度量,最为常见的如产品材料在周期载荷作用下所能承受的疲劳载荷周期数,但这一度量不一定能够表征产品的实际使用寿命和可靠性,这主要是由于耐久性试验的载荷环境条件不严格追求与产品实际使用环境的一致性关系。因此,耐久性仅能作为产品可靠性的一种具有间接表征作用的量化参数。

最后一点就是耐久性试验通常仅用于零部件或元器件以及物料类型的产品考核问题,而一般不用于系统类型的产品(注:事实上,前面也提到,零部件或元器件以及物料类型的产品通常也不存在可靠性指标的评价问题。因为当应用于不同的系统产品以后,其产品环境和条件可能都是不同的)。由于系统类型产品的失效行为复杂,耐久性试验还不强调试验载荷条件与实际产品环境的一致性,因此,耐久性这样的参数度量对于系统类型产品的整体失效行为和可靠性就可能完全不具备任何的、即便是间接的表征作用。

4.3　失效的应力加速模型

应力加速是产品可靠性工程和研究领域的一个基础概念,在数量上,通过加速因子来衡量应力加速的程度。这里的加速因子是指在加速前后或在原始应力载荷的水平提升以后且在一个产品发生同样失效的前提条件下，其失效时间缩短的倍数。在这样的定义条件下，加速因子可以很好地表征产品应力水平对于物理失效进程的影响，一个纯粹的物理失效进程不考虑或者是忽略分散性的影响问题。

但正如前面的讨论已经反复强调的那样：随机性是实际工程产品失效的一个基本特征，一个实际产品的失效同时具有随机过程与物理过程的两种特征。显然，描述加速对于一个实际产品失效的影响，仅仅有加速因子是不够的。在本书的前面章节已经单纯从统计论的角度讨论了产品失效随机性的描述问题，显然，在这里需要进一步引入和讨论加速因子的影响问题，而且，需要讨论所涉及的量化关系问题。

在目前的工程处置和状况中，已经知道和认为至少某些状况下，应力加速对于产品失效的随机性是没有影响的。最典型的例子就是在通过 Weibull 分布或是对数正态分布描述产品的耗损失效时，一般认为加速试验对于前者分布函数的形状因子和后者分布函数的方差是没有影响的，而这两个分布参数均在分布中表征了产品失效时间的分散性大小。这类问题显然在本节的模型讨论中需要进行考察，而且是建立在严格量化关系基础上的考察。

在本章内容介绍的部分也已经提到：产品失效的"浴盆曲线"特性，在工程中面临对于产品失效的随机特性与物理特性所反映的有关其背后物理意义的更多的认识与解释问题。在本节的应力加速模型的构建问题上，仍然需要在上述对于加速因子的量化定义上引入更进一步的相关物理意义和解释：

- 在通常的非过应力载荷条件下，认为产品的物理失效进程是稳定的，即某种产品特性或参数的退化进程稳定。一般情况下，失效进程减速会导致这一进程的停止，而加速则通常是过应力的失效状况，均不符合人们对于产品失效的通常认知和观察。例如，材料在周期载荷作用下的疲劳破坏、材料裂纹的扩展，在一定的载荷条件下是稳定的，除非在过应力条件下才会发生失稳扩展。
- 产品局部的失效物理过程或称失效机理通常与某个物质量相关联，而该物质量具有线性的可相加与可度量性。这里所说的物质量，如物质的质量、不可压缩时的物质容量、物体的某个几何尺度等，表征这些物质量的相应物理参数均可线性相加和可度量。以产品可靠性中最常使用的 Arrhenius 模型为例，其所描述的产品失效机理就与某种化学反应的物质消耗量与反应速率相关，该化学反应的物质消耗总量决定了产品寿命。
- 在工程条件下，对于特定加速试验，通常认为试验的加速因子与不同的产品个体本身无关，是一个试验常数。

这些物理假定构成本节所讨论应力加速模型的基础和物理出发点。

本节具体的子节内容按照顺序包括：
- 产品失效的一般性物理过程描述。
- 应力加速条件下的失效概率不变性。
- 当前应力水平对失效加速的影响。

4.3.1 产品失效的一般性物理过程描述

在电子产品的失效过程和相应的失效模型中，线性损伤理论是一个工程最为常见的近似关系，而其中对于时间变量的线性可累计性又是一个具有典型工程意义的近似假定，即产品的

损伤速率可以近似表征为常数,且仅是应力载荷因素的函数:

$$u_D \equiv \frac{\mathrm{d}D}{\mathrm{d}t} = \dot{\xi}(\sigma_1, \sigma_2, \cdots) \qquad (4-4)$$

其中,u_D 为损伤速率;$\sigma_i (i=1,2,\cdots)$ 为产品失效过程的各应力载荷因素。这类情况的一个典型案例就是失效物理与产品可靠性理论中最为常用的 Arrhenius 模型,在这一模型中,材料的反映速率 v 可以近似表达成为环境温度 T 的函数,即

$$v = A e^{-\frac{E_a}{\kappa T}} \equiv u_D \qquad (4-5)$$

这里的 E_a 和 κ 均为模型常数。有关本书所重点讨论电子产品和系统的相关失效机理和模型的讨论,可以继续阅读本部分选读小节的相关内容,通过这些具体的案例可以进一步了解上述损伤速率阐述假定的具体工程含义。

所以,产品的破坏准则就按照时间的线性可叠加方式表达成为:

$$D = u_D t \leqslant D_0 \qquad (4-6)$$

$$t_L = D_0 / u_D \qquad (4-7)$$

其中,t 是时间,t_L 为产品寿命,D_0 为产品的损伤限。因此,在通常条件下,提升应力载荷水平会加快损伤速率、缩短产品到达失效的时间。这就是加速试验的基本原理。

上述量化关系构成了产品失效的一个一般性物理过程模型,其中不同的损伤速率函数 u_D 适用于不同产品失效机理,即产品的失效物理过程,因此是产品失效过程各类型影响应力载荷的函数,产品应力载荷的提升会加速产品的损伤速率,因此也缩短了产品的失效时间。但是,对于产品设计所设定的产品使用环境或是某种加速试验环境,该损伤速率函数被近似认为是时间常数,即不是时间的函数。

4.3.2　应力加速条件下的失效概率不变性

首先考虑单一失效机理的情况,即产品的失效仅涉及某个单一的失效物理过程。在这样的前提条件下,假定的产品在正常使用条件和加速条件下的损伤速率分别为 u_{D_0} 和 u_{D_1},因此,产品在两个条件下的失效时间 t_0 和 t_1 依据上一节所给出的量化模型关系就分别表示为:

$$t_0 = D_0 / u_{D_0} \qquad (4-8)$$

$$t_1 = D_0 / u_{D_1} \qquad (4-9)$$

应力加速的加速因子 AF 定义为:

$$AF \equiv \frac{t_0}{t_1}, \quad t_1 = \frac{t_0}{AF} < t_0, \quad AF > 1 \qquad (4-10)$$

因此,上述关系合并后可以看到加速因子 AF 与产品损伤速率之间的量化关系:

$$u_{D_1} = AF \cdot u_{D_0} > u_{D_0} \qquad (4-11)$$

由上节关于产品失效的随机性与确定性物理过程综合作用的讨论可以看出:这里的失效时间和损伤速率物理量在满足上述物理过程的基础上均存在分散性,即由于产品内在的分散性导致产品失效过程中的损伤速率 u_D 是一个随机函数,因此也导致产品的失效时间存在分散性。利用上面的量化关系,可以容易得到不同物理量的相应概率分布函数满足如下的分散性量化关系,即

$$f_i(t_i) = \frac{u_{D_i}^2}{D_0} f_{u_i}(u_{D_i}), \quad i = 0, 1 \qquad (4-12)$$

$$f_1(t_1) = AF \cdot f_0(t_0) \tag{4-13}$$

$$f_{u_1}(u_{D_1}) = \frac{1}{AF} f_{u_0}(u_{D_0}) \tag{4-14}$$

其中，$f_i(t_i)$ 为失效时间 $t_i(i=0,1)$ 的概率密度分布函数，$f_{u_i}(u_{D_i})$ 为产品损伤速率 $u_{D_i}(i=0,1)$ 的概率密度分布函数。

利用上述的随机性函数关系，可以进一步得到如下的产品失效发生概率的关系：

$$F_1(t_1) = \int_0^{t_1} f_1(s_1)\,\mathrm{d}s_1 = F_0(t_0) = \int_0^{t_0} f_0(s_0)\,\mathrm{d}s_0 \tag{4-15}$$

这一关系说明：产品在正常使用条件和加速条件下，产品从时间 t_0 加速至时间 t_1，产品的失效发生概率相等。事实上，上述的产品失效过程由于其失效物理过程的确定性，保障了环境应力加速后产品失效概率的不变性。

因此，总结上面讨论可以得到：对于特定的失效机理，如果产品的失效严格满足这一机理所限定的产品失效物理过程和量化关系，则产品的加速满足应力加速的失效概率不变性要求。

4.3.3　当前应力水平对失效加速的影响

从严格意义上讲，产品的载荷水平是指其整体来自外部的载荷，这一载荷作用于产品，形成产品内部的局部应力，随时间造成产品退化和最终的失效。因此，决定产品加速的是产品对外部载荷的应力响应，而不是载荷本身。以产品的振动环境为例，振动频率和所产生的位移等都是载荷，这样的外部载荷会使产品的内部形成机械应力和形变，这样的应力和形变是产品结构对于外部振动环境所产生的应力响应，这样的响应会造成产品损伤，因此也决定了产品失效加速的水平和程度。

除了外部载荷，产品的应力响应还与产品的设计密切相关，包括了产品的几何、材料、构成等因素，同时，在物理理论上，产品的应力响应是一个场函数，即是空间和时间的函数，而载荷构成了边界条件。因此，不同的外部载荷条件、不同的产品设计，产品内部不同部位的应力响应是不一样的，或者称为是不均匀的，有些部位高、有些部位低。总结一下就是：

- 相同的载荷对产品内部不同部位的加速是不均等的。
- 产品设计的变化，同样会影响产品失效加速的变化。

对于上面的第一点，以工程中最为常见的温度为例，通过 Arrhenius 模型的量化关系可以看出，在高应力条件下的加速是不容易进行的，例如温度的情况，温度越高，加速度越小。此外，通常所说的加速度都是名义加速度，是通过环境考虑，而真正的局部应力，尤其在相对微观层面是无法精确考虑的。因此，等加速只能是个理论概念，实际的等加速是难以实现的。

4.4　失效的应力可加速性

前面的讨论已经明确：产品的失效具有"浴盆曲线"这样的阶段性特点，而且，不同的阶段与产品失效的随机性和确定性物理过程之间的综合作用相关联，对应这样的不同过程，会涉及不同类型的加速试验，同时存在产品失效的不同加速机制和加速效率问题。

从实际的工程实践经验来看，也发生一些工程情形存在应力加速的有效性问题。例如：

- 早期失效的应力筛选问题：应力筛选对于产品早期失效的有效性问题一直是行业内有争议的问题，但一个实际发生的趋势是从最早的 Hewlett‐Packard 所开发的 HASS/HASA 体系开始，设备级产品应力筛选正在从一个 100% 的真正意义上的筛选变为抽样筛选，且逐步被取消和处于消亡的状态（有关问题可以同时参见本章前面产品失效的加速方式一节中有关工程中常见加速试验和术语部分的讨论）。
- 随机失效的加速问题：对于随机失效的加速，在工程行业内从未给出清晰的、加速因子的量化表达式，这一点与产品的寿命加速完全不同。这在一定程度上也反映了随机失效本身的可加速性问题。

从严格的意义上讲，加速问题需要一个严格意义上的定义，作为产品可加速性考量的一个基本出发点。一个产品的系统加速试验及其基本要求可以定义成：假定一个产品的所有系统功能对应了一个系统故障模式列表，且在产品所定义的使用环境条件下的某个时间 t_0 时具有列表中各自模式下的发生概率。则该产品的一个系统加速试验是说，在某一个缩短了的试验时间 $t_1 < t_0$ 时，该产品具有完全相同的系统故障模式且在各自的模式下具有同样的失效发生概率。

虽然在理论上，上述的系统加速试验的定义同样适用于应力加速和频率加速的不同类型试验，但在实际的工程实践中，应力加速试验是更为广泛使用和通常工程所指的加速试验类型，基于这样的实际状况以及上面的定义，下面讨论产品系统失效的应力可加速性问题。

本节具体的子节内容按照顺序包括：
- 应力可加速性的基本问题定义。
- 耗损失效的应力可加速性。
- 随机失效的应力可加速性。

4.4.1　应力可加速性的基本问题定义

总结前面小节有关应力加速问题的讨论，归纳为如下若干点：
- 产品的失效是一个产品失效的随机性与失效物理过程确定性综合作用的结果。
- 任何一个完全随机的失效过程不具备应力的可加速性，这即是说产品具备失效的应力可加速性的必要条件是失效服从某个确定的失效物理过程。
- 系统失效的"浴盆曲线"特征决定了可靠性是随机失效过程。
- 耗损失效是一个物理过程所主导的加速过程。
- 对于相同的外部环境，产品加速不同，局部环境对于加速的水平有影响。
- 事实上，如果同时考虑上节所讨论的产品加速试验的定义以及应力加速条件下产品失效概率的不变性就可以知道：产品失效服从确定的失效物理过程构成了产品失效应力可加速的充分必要条件。

这里，随机性因素对于产品失效的作用机制不同于确定的物理失效过程。实际产品中不可避免所存在的某些部位的材料缺陷、制造加工缺陷等，在具有一定随机特性的产品业务和环境载荷的作用下，同时叠加加速的应力条件等，均可以造成具有分散性特征的产品失效。因此，产品失效的随机性因素与确定性物理过程存在相互作用，但是，随机性因素本身并不存在应力加速的问题。

关于产品失效是否具备应力可加速性问题，显然可以想象两种极端状况，即当产品自身完全一致且其业务和环境应力也完全恒定的情况下,产品失效应该具有完美一致的应力加速结果;而在完全相反的情形下,即当产品自身普遍存在重大缺陷,但其业务和环境应力也处于完全随机的情况下,则产品失效会退化成为一个完全的随机过程,即使应力水平的增加并不能改变这样的随机过程。那么,如何定义一个实际产品的应力可加速性问题?

事实上,一个实际工程产品的应力可加速性可以以耗损失效的应力可加速性为参考点基准来加以定义,即假定"对于存在随机性的产品失效问题,产品的耗损失效具有应力可加速性。"显然,这样的假定在工程中是一般性成立的,其主要依据包含了理论和工程实践两个方面,即

- 在理论上,耗损失效是一个物理过程所主导的失效进程,应具备应力可加速特性。
- 在工程实践中,实际产品寿命的评价也是通过应力可加速试验来进行评价的,本质上即认定耗损失效的应力可加速性。

但是,产品失效是否满足某个具有确定性特征的失效物理过程,由于产品失效分散性的存在,无法通过样品个体来加以验证。而从整体的统计特征上讲,分布密度需要具有集中分布的特点,即"产品失效的物理过程参数统计分布的密度函数在定义域内连续可微具有峰值分布特征且仅有唯一峰值。"

结合上面讨论的产品失效的一般性物理过程的量化模型可以看出:一个产品的失效应力可加速性的基本问题可以定义为"如果假定某产品失效服从一个具有确定性特点的失效物理过程,则其相应失效机理的损伤速率应该服从一个具有集中分布特性的分布密度函数,因此该产品失效具有应力可加速性;如果没有上述的集中分布特性,则该产品失效没有服从具有确定性特点失效物理过程的统计特征,因此不具有应力可加速性。"

【选读 39】 密度分布函数的峰值与陡峭度

关于一个分布函数的形状,有如下一些基本概念和定义用以描述分布函数形状的一些关键性几何特征,包括:

- 峰值(Peak)与模态(Mode):一个密度分布函数的局部最大值,即函数极大值,称为该分布函数的峰值,也称为模态(Mode)。
- 单模态、双模态与多模态:仅存在单一峰值的密度分布函数称为单模态分布函数(例如正态分布函数),具有两个或两个以上峰值的函数则分别称为双模态和多模态分布函数。
- 陡峭度(Kurtosis):用于表征曲线的尖峰度(Peakedness)或是平缓度(Flatness)。其具体的数量关系如式(4-16)所定义:

$$k \equiv \frac{E\left[(X-\mu)^4\right]}{\sigma^4} - 3 \qquad (4-16)$$

这里,k 为分布曲线的陡峭度,μ 和 σ 分别为分布的均值和方差,E 为分布的期望值,X 为分布的随机变量。

考虑到在通常情况下,正态分布被认为是一种标准的受到扰动但本质上又是一个具有确定性特征量的分布,因此,会自然而然地作为所有分布曲线陡峭度的比较基准。在正态分布的情形下,陡峭度为 3,如陡峭度的量化表达式(4-16)所示,其他分布的陡峭度通常被定义成为与 3 的差值。

【选读 40】　单模态分布函数的物理意义

具有模态的分布函数对于由物理过程所主导的随机过程具有特殊意义。这里所谓的由物理过程所主导的随机过程就是指过程的随机性仅仅来源于对某个确定物理过程的有限的随机性扰动。这样的意义表现在如下的两个层面：

- 物理参数的分布一定具有模态峰值：分布函数的峰值或模态表征了随机过程中某些特定点的集中分布特性，即该点具有最大的发生概率。而对于一个受到随机性扰动但本质上具有确定性的物理过程而言，其物理参数发生在其物理真值的周围，应该具有最大的发生概率。因此，就其所表现出来的随机分布而言，需要具有模态峰值。

- 物理参数分布的模态峰值是唯一的，即为单模态分布函数：尤其对于宏观物理过程而言，相应的物理函数和参数一般连续、可微，在同一条件下唯一且没有奇异（即在数量上为有限值）。因此，在同样的物理条件下，任一物理参数的真值必须是唯一的。这也因此决定了在某个随机因素的扰动下，这一参数的分布仅存在唯一的模态峰值。

所以，具有模态且为单一模态的集中分布特性，构成描述一个具有分散性物理过程的必要性特征。这一特征构成后续讨论产品应力可加速性的理论基础。

【选读 41】　Weibull 分布的模态

前面也已经提到，Weibull 密度分布函数表示为：

$$f(t) = \frac{\beta}{\eta}\left(\frac{t}{\eta}\right)^{\beta-1} e^{-\left(\frac{t}{\eta}\right)^{\beta}}, \quad t \geqslant 0 \tag{4-17}$$

其中，β 为形状参数，η 为尺度参数。由于分布在 $\beta<1$ 和 $\beta=1$ 的时候均为递减函数，因此，首先考察 t 在 0 时刻的概率密度值，即

$$f(t) \begin{cases} \to +\infty, & 0<\beta<1 \\ = \dfrac{1}{\eta} \equiv \lambda, & \beta=1 \\ = 0, & \beta>1 \end{cases} \quad , \quad t \to 0 \tag{4-18}$$

由上面结果可以看出：对于形状参数 $\beta<1$ 和 $\beta=1$ 的情形，虽然二者的分布函数均递减，在形状上存在直观的相似性，但从二者分布的峰值上看，前者没有，而后者则有，为 λ，显然存在本质上的差异。

此外，对于 $\beta>1$ 的情形，显然也存在峰值，且发生在如下位置：

$$T_m = \eta\left(1-\frac{1}{\beta}\right)^{1/\beta}, \quad \beta \geqslant 1 \tag{4-19}$$

因此，对于 $\beta>1$ 与 $\beta=1$ 二者的情形，虽然从分布的形状上看存在明显差异，但如果从分布模态的角度看，二者则存在相似性。

如果进一步考虑前面所讨论产品失效的"浴盆曲线"不同的阶段与上面 Weibull 形状参数取值的对应关系，而且考虑产品失效"浴盆曲线"的不同阶段实际表征了失效过程中其分散性与确定性物理过程的综合作用程度，则可以看出：

- 分布函数的模态表征了产品失效中其分散性与确定性物理过程的综合作用程度，完全由分散性行为所主导的产品失效过程表现为无模态的分布函数。

- 产品的随机失效和耗损失效阶段均存在分布函数的模态，这一点与产品的早期失效行

为存在本质性差异。

【选读 42】 Weibull 分布的失效特征量

结合前面的讨论,可以将 Weibull 分布的形状参数 β 与产品失效的分散性和确定性物理过程的综合作用关系总结如下:

- $1 > \beta \to 0$:产品失效过程逐步完全由分散性主导。
- $\beta = 1$:产品失效的分散性与确定性物理过程达成某种平衡的作用。
- $\beta > 1 \to +\infty$:产品失效过程中分散性逐渐减少,逐步完全由确定性物理过程所主导。

这一总结表明:通过实际产品失效的具有分散性的统计结果可能进一步研究产品内在的具有确定性物理失效过程的特性,并进而提取相关的参数用于表征产品失效的确定性物理过程。

显然这一认识对于产品失效行为的定义是有重要意义的。目前对产品失效数据的分析,主要是针对失效分布的形状参数 β,形状参数 β 不同的取值范围表征了产品失效所处的不同阶段,按照现有的产品失效"浴盆曲线"的理论,产品的正常服役或是使用应该主要限于其随机失效阶段,但产品进入耗损失效阶段后,就意味着产品开始进入服役阶段的尾声。

但是,基于这样的理论框架,产品是不能通过试验数据获取产品基于其确定性物理失效过程的理论寿命值的,而且也由于同样的原因,即使人们通过失效物理模型而计算获得了这一理论值,也难以与试验量值进行比较,因此,现有理论难以帮助清晰了解产品使用的终结时间。上述总结表明:这一特性应该在形状参数 β 趋于无穷时提取和研究。

此外,由于实际产品的失效行为必然存在分散性,确定性物理失效行为的提取通常在如下的两个统计点进行:即

- 概率发生的峰值点:失效分布的模态点。
- 概率发生的均值点。

从下面的讨论可以看出:虽然在很多场合,峰值点和均值点具有等效性,但更进一步研究显示,峰值点从物理意义上是更为明确的点。详细讨论可以同时参见本章本节中随机失效的应力可加速性小节有关逆 Weibull 分布及其物理特性选读小节的相关讨论内容。

考察形状参数 β 趋于无穷大时的情形,同时考虑上节讨论所给出的 Weibull 分布的峰值点,得到:

$$T_m \to \eta, \quad \beta \to +\infty \tag{4-20}$$

即在形状参数 β 趋于无穷大时的分布峰值点为尺度参数 η,因此表明:尺度参数 η 表征了产品失效实际物理过程所存在的产品寿命值,且这一产品的寿命值与产品失效的分散性无关。

如果进一步考察产品失效分布的均值,能看出二者的结论是一致的。首先,Weibull 分布的均值表达式为:

$$\overline{T} = \eta \cdot \Gamma\left(1 + \frac{1}{\beta}\right) \tag{4-21}$$

其中,$\Gamma(n)$ 为 Gamma 函数,其一般性定义为:

$$\Gamma(n) = \int_0^{+\infty} e^{-x} x^{n-1} \mathrm{d}x \tag{4-22}$$

当 n 为正的自然数时,$\Gamma(n)$ 可简化为:

$$\Gamma(n) = (n-1)! \tag{4-23}$$

因此,得到 Gamma 函数的两个特定值,包括:

$$\Gamma\left(1+\frac{1}{\beta}\right) \to \Gamma(1)=1, \quad \beta \to +\infty \tag{4-24}$$

$$\Gamma\left(1+\frac{1}{\beta}\right)=\Gamma(2)=1, \quad \beta=1 \tag{4-25}$$

代入上面 Weibull 函数的均值表达式得到形状参数 β 分别为 1 和无穷大时的两个值为:

$$\overline{T}\begin{cases} =\eta, & \beta=1 \\ \to \eta, & \beta \to +\infty \end{cases} \tag{4-26}$$

因此,在形状参数 β 趋于无穷大时,失效分布的峰值点和均值点,即产品失效的 MTTF 值是相等的,均为分布的尺度参数 η 大小的位置。当产品失效的分散性逐步消失(或称:忽略产品失效的实际分散性,而仅考虑其内在确定的物理失效过程)以后,所有产品的实际失效时间,包括 MTTF 在内,均收缩为同一个时间点 η。这进一步验证了结论:Weibull 分布的尺度参数 η 表征了产品失效内在所服从确定性物理过程的产品寿命。

另一方面,失效率函数由于其明显的概率特性,则表征了产品失效的分散性特征。考察 Weibull 分布的失效率函数,其表达式为:

$$h(t)=\frac{1}{\eta} \cdot \beta\left(\frac{t}{\eta}\right)^{\beta-1}=\lambda \cdot \beta\left(\frac{t}{\eta}\right)^{\beta-1}, \quad \lambda \equiv \frac{1}{\eta} \tag{4-27}$$

众所周知,这一函数是一个随时间不断增长的函数,且在时间的变化上,存在一个以尺度参数 η 为底的时间比值,之前小于 1,之后则大于 1,如果正好考察在峰值点的时刻,即

$$h(t)=\lambda \cdot \beta\left(1-\frac{1}{\beta}\right)^{\frac{\beta-1}{\beta}}, \quad t=T_{\mathrm{m}}=\eta\left(1-\frac{1}{\beta}\right)^{1/\beta} \tag{4-28}$$

$$h(T_{\mathrm{m}}) \to \beta\lambda, \quad \beta \to +\infty \tag{4-29}$$

能看到:在形状参数 β 趋于无穷大时,失效率等速趋于无穷大。显然,这样的结果从物理的角度上看是必然的,因为当产品失效的分散性逐步消失以后,所有的产品均在尺度参数 η 的时刻发生失效,且此时的产品失效率为无穷大。此外,从式(4-29)失效率比例系数的角度也可以理解形状参数 β 的另外一种物理解释为:Weibull 分布的形状参数表征了产品失效由其确定性物理过程所主导时产品失效率在数量上的比例系数。

4.4.2　耗损失效的应力可加速性

对于耗损失效的情况,产品的失效分布满足 Weibull 分布的条件,且形状参数 $\beta>1$,即

$$f(t)=\frac{\beta}{\eta}\left(\frac{t}{\eta}\right)^{\beta-1} \mathrm{e}^{-\left(\frac{t}{\eta}\right)^{\beta}}, \quad t \geqslant 0, \beta>1, \eta>0 \tag{4-30}$$

类似于上一节的讨论可以看出:耗损失效情况下的产品损伤速率满足一个逆 Weibull 分布(详细内容参见选读小节有关逆 Weibull 分布及其物理特性的相关讨论),且可以表达如下:

$$f_{u}(u_{D})=\beta\left(\frac{D_{0}}{\eta}\right)^{\beta} u_{D}^{-(\beta+1)} \cdot \mathrm{e}^{-\left(\frac{\eta}{D_{0}}u_{D}\right)^{-\beta}} \tag{4-31}$$

$$u_{D}>0, \quad \beta>1, \quad \eta>0, \quad D_{0}>0$$

类似上节讨论中同样引入参数 $\lambda_{u_{D}}$,即表征产品失效所服从确定性物理过程所对应的理论损伤速率参数后,上面分布函数可进一步简化为:

$$f_u(u_D) = \beta \lambda_{u_D}^{\beta} u_D^{-(\beta+1)} e^{-(u_D/\lambda_{u_D})^{-\beta}}, \quad u_D > 0, \beta > 1, \lambda_{u_D} > 0 \qquad (4-32)$$

依据逆 Weibull 分布的物理特性的讨论可知:不同于逆指数分布近似满足产品失效的应力可加速条件,耗损失效的情况则是完全满足应力可加速条件。另外一点需要指出的是:同 Weibull 分布的尺度参数 η 一样,上面表达式中的参数 λ_{u_D} 实际并不表征分布的分散性特征,而是同 η 一样表征产品失效所服从的内在物理过程的特征,表征分散性特征的参数是产品的失效率函数 $h(t)$。

另外一个最为常见的耗损失效分布模型函数就是对数正态分布,这一分布与正态分布存在着显而易见的关联性,且很好地表征了产品失效物理过程的集中分布特性。

如果假定产品的失效时间服从对数正态分布,因此,失效时间的对数服从正态分布。将上节的一般性失效物理模型方程两边求导后,得到产品失效时间和损伤速率之间的如下关系:

$$\ln t + \ln u_D = \ln D_0 \qquad (4-33)$$

从这一关系可以看出:如果失效时间的对数 $\ln t$ 服从正态分布,则损伤速率的对数 $\ln u_D$ 也服从正态分布,因此,u_D 服从对数正态分布。所以,u_D 在全域内分布具有唯一模态,服从产品失效的应力可加速条件。

【选读 43】 对数正态分布

对数正态分布是指其随机变量的自然对数满足正态分布的分布函数,即假定 X 和 Y 均为随机变量,且 Y 是 X 的自然对数函数

$$Y = \ln X, \quad -\infty < Y < +\infty, \quad X > 0 \qquad (4-34)$$

如果 Y 服从参数为 μ' 和 σ' 正态分布 $N(\mu', \sigma')$,即

$$f_y(y) = \frac{1}{\sqrt{2\pi}\sigma'} e^{-\frac{(y-\mu')^2}{2\sigma'^2}}, \quad -\infty < y < +\infty \qquad (4-35)$$

则 X 服从一个对数正态分布,即

$$f_x(x) = \frac{1}{\sqrt{2\pi}\sigma'x} e^{-\frac{(\ln x-\mu')^2}{2\sigma'^2}}, \quad x > 0 \qquad (4-36)$$

4.4.3 随机失效的应力可加速性

基于产品失效的应力可加速性问题的定义,考察损伤速率在产品失效处于随机失效阶段时的分布情况。基于上节对于产品失效的一般性物理过程的描述模型,损伤速率 u_D 在一定的环境和工作条件下恒定,且与产品失效时间 t 呈倒数关系,即

$$u_D = \frac{D_0}{t} \qquad (4-37)$$

其中,D_0 为产品的损伤限,为常数。因此,产品损伤速率的分布函数 $f_u(u_D)$ 与失效时间的分布函数 $f(t)$ 之间存在如下量化关系:

$$f_u(u_D) = \frac{t^2}{D_0} f(t) \qquad (4-38)$$

事实上,在抛开一个常数的情况下,二者之间是一个互为逆分布的关系。详细参见选读小节有关逆分布与逆指数分布以及逆 Weibull 分布及其物理特性的相关讨论内容。

在产品失效处于随机失效阶段时,已知产品失效时间 t 服从指数分布,即

$$f(t) = \lambda e^{-\lambda t}, \quad t > 0, \lambda > 0 \tag{4-39}$$

所以,容易求得损伤速率 u_D 服从如下的逆指数分布函数关系:

$$f_u(u_D) = \frac{\lambda D_0}{u_D^2} e^{-\frac{\lambda D_0}{u_D}}, \quad u_D > 0, \lambda > 0, D_0 > 0 \tag{4-40}$$

并可以定义分布参数 λ_{u_D} :

$$\lambda_{u_D} \equiv D_0 \lambda = \frac{D_0}{\eta}, \quad \eta \equiv \frac{1}{\lambda} \tag{4-41}$$

在这里,由前面关于 Weibull 分布尺度参数 η 具有明确物理意义的讨论已知(相反分布参数 λ 并没有明确的物理意义),产品 η 表征了产品失效所服从确定性物理过程的理论失效时间,并在数量上等于 MTTF,因此,如果在这里同样引进此参数,可以容易地理解:分布参数 λ_{u_D} 实际表征了产品失效所服从确定性物理过程所对应的理论损伤速率。相关的详细讨论同时参见有关 Weibull 分布以及逆 Weibull 分布小节内容的讨论。

因此,得到损伤速率 u_D 的逆指数分布表达式为:

$$f_u(u_D) = \frac{\lambda_{u_D}}{u_D^2} e^{-\frac{\lambda_{u_D}}{u_D}}, \quad u_D > 0, \lambda_{u_D} > 0 \tag{4-42}$$

由选读小节关于逆指数分布的讨论可知:该分布是存在唯一峰值的,且峰值点处于如下位置:

$$U_{D_m} = \frac{\lambda_{u_D}}{2} \tag{4-43}$$

基于上节关于产品应力可加速性的基本定义,认为产品的随机失效可应力加速。

下面进一步考察产品应力加速后的失效分布关系。由下面关于逆指数分布的讨论可知,逆指数分布虽然存在峰值,但其均值却不存在,即产品损伤速率均值趋于无穷大:

$$\overline{U}_D \rightarrow +\infty \tag{4-44}$$

讨论中已经指出:这一结果意味着在随机失效的过程中,很多产品失效的损伤速率是趋于无穷大的,虽然这一类的产品失效仍然是少数(即不在分布的峰值点上),但是,这仍然意味着产品的失效不能完全满足加速的要求,即损伤速率趋于无穷大物理上意味着少数过应力失效的情况,因此,这部分失效不存在加速的问题。更多关于逆指数分布的讨论同时参见有关逆 Weibull 分布及其物理特性一节的相关内容。

但是,由于在随机失效的情况下,产品失效的损伤速率所服从的逆指数分布仍然存在峰值,因此,可以认为产品的随机失效是"基本"或是"差不多"可以应力加速的,即满足如下的加速关系:

$$u_{D_1} = AF \cdot u_D, \quad 0 < u_D < u_{D_1} < |\infty, \quad AF > 1 \tag{4-45}$$

其中, u_{D_1} 为加速条件下产品失效的损伤速率, AF 是加速因子。因此,得到加速条件下产品失效损伤速率的分布同样满足一个逆指数分布,即

$$f_{u_1}(u_{D_1}) = \frac{AF \cdot \lambda_{u_D}}{u_{D_1}^2} e^{-\frac{AF \cdot \lambda_{u_D}}{u_{D_1}}} \tag{4-46}$$

进一步引入如下加速条件下的常数 $\lambda_{u_{D_1}}$ 和 η_1 可以看到:在加速条件下,产品失效所服从确定性物理过程所对应的理论失效时间 η_1 与原始条件下的失效时间 η 同样满足加速因子的倍数

关系,即

$$\lambda_{u_{D_1}} \equiv AF \cdot \lambda_{u_D} \qquad (4-47)$$

$$\eta_1 \equiv \frac{D_0}{\lambda_{u_{D_1}}} = \frac{D_0}{AF \cdot \lambda_{u_D}} = \frac{\eta}{AF} \qquad (4-48)$$

因此,加速条件下的失效时间 t_1 满足如下指数分布:

$$f_1(t_1) = (AF \cdot \lambda)e^{-(AF \cdot \lambda)t_1} \qquad (4-49)$$

且比较加速后与未加速条件下产品失效时间的分散性特性、失效率,可以得到如下关系:

$$h_1(t_1) = AF \cdot \lambda = AF \cdot h(t) \qquad (4-50)$$

【选读 44】 逆分布与逆指数分布

在数学上,逆分布(Inverse Distribution)是指原分布随机变量倒数的分布。假定随机变量 Y 是另一个随机变量 X 的倒数,即

$$Y = \frac{1}{X} \qquad (4-51)$$

则 Y 的分布 $f_y(y)$ 成为 X 的分布 $f_x(x)$ 的逆分布。显然,$f_x(x)$ 也是 $f_y(y)$ 的逆分布,即二者互为逆分布。

如果假定随机变量 X 的分布服从指数分布,即

$$f_x(x) = \lambda e^{-\lambda x}, \quad x > 0, \lambda > 0 \qquad (4-52)$$

则可以得到 X 逆分布的密度分布函数(PDF)和累计分布函数(CPF)分别为:

$$f_y(y) = \frac{\lambda}{y^2}e^{-\frac{\lambda}{y}}, \quad y > 0, \lambda > 0 \qquad (4-53)$$

$$F_y(y) = 1 - R_y(y) = e^{-\frac{\lambda}{y}} \qquad (4-54)$$

由下节所讨论的逆 Weibull 分布的分布特性可以看出:不同于指数分布,逆指数分布是存在集中分布特性,即存在峰值的,其峰值点为:

$$Y_m = \frac{\lambda}{2} \qquad (4-55)$$

更进一步有关逆 Weibull 分布的详细讨论参见下节。

【选读 45】 逆 Weibull 分布及其物理特性

按照上节的逆分布定义,可以容易得到如下的逆 Weibull 分布的 PDF 和 CPF 分别为:

$$f_y(y) = \frac{\beta}{\eta^\beta}y^{-(\beta+1)}e^{-(\eta y)^{-\beta}}, \quad y > 0, \beta > 0, \eta > 0 \qquad (4-56)$$

$$F_y(y) = 1 - R_y(y) = e^{-(\eta y)^{-\beta}} \qquad (4-57)$$

其中,分布参数 β 和 η 均为原 Weibull 分布的参数,且在物理上表征为:

- 形状参数 β:表征了产品失效"浴盆曲线"的不同阶段。
- 尺度参数 η:表征了产品失效所服从确定性物理过程的理论失效时间或寿命。

此外,前面的讨论提到:失效函数 $h(t)$ 表征了产品失效分散性的特性,虽然指数分布时其在数量上等于尺度参数 η 的倒数,同时定义此倒数为参数 λ,但显而易见,由于 η 表征的是产品内在的物理失效寿命,与产品失效的分散性特性无关,因此,其倒数与产品失效的分散性不

应存在任何内在的关联性。

　　而由上节的讨论可知:尺度参数 η 的倒数实际在物理上表征了产品失效的物理损伤速率,所以,为了同时区分指数分布中的 λ,我们将尺度参数 η 的倒数定义为 λ_u,即

$$\lambda_u \equiv \frac{1}{\eta} \qquad (4-58)$$

　　于是,考虑如下逆 Weibull 分布的峰值点,即

$$Y_m = \frac{1}{\eta}\left(1+\frac{1}{\beta}\right)^{-1/\beta}, \quad \beta \geqslant 1 \qquad (4-59)$$

可以得到:在形状参数 β 趋于无穷大时,逆 Weibull 分布的峰值点正好就是 λ_u,实际就是表征了产品在忽略其失效分散性时其物埋失效过程的理论损伤速率,即

$$Y_m \begin{cases} = \dfrac{\lambda_u}{2}, & \beta=1 \\ \to \lambda_u, & \beta \to +\infty \end{cases}, \quad \lambda_u \equiv \frac{1}{\eta} \qquad (4-60)$$

　　另一点可以看到的是:在 β 为 1,即对应产品失效时间为指数分布的情况下,其逆分布同样存在峰值,且发生在理论损伤速率 λ_u 一半的地方,即理论损伤速率 λ_u 的一半是实际产品损伤速率的最大概率发生点。需要注意的是:这虽然与其原指数分布的失效率 $h(t)=\lambda$ 在数量上存在 1/2 的关系,但在物理意义上并没必然联系。事实上,从上节的讨论可以看出:产品理论损伤速率的严格定义为 λ_{u_D},与 λ_u 差一个常数,即

$$\lambda_{u_D} \equiv \frac{D_0}{\eta} = D_0\lambda_u \qquad (4-61)$$

详细内容同时参见有关随机失效的应力可加速性章节的讨论。

　　下面来考察逆 Weibull 分布的均值。首先,其均值的表达式为:

$$\overline{Y} = \frac{1}{\eta} \cdot \Gamma\left(1-\frac{1}{\beta}\right) = \lambda_u \cdot \Gamma\left(1-\frac{1}{\beta}\right) \qquad (4-62)$$

因此,在形状参数 β 趋于无穷大时,分布的均值与峰值是一致的,二者相等,即

$$\overline{Y} \to \lambda_u\Gamma(1) = \lambda_u, \quad \beta \to +\infty \qquad (4-63)$$

　　但是,在形状参数 β 接近 1,即产品接近随机失效的时候,如图 4-3 所示,结合图 4-4 所

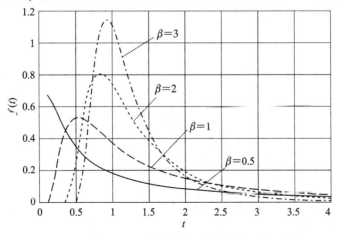

图 4-3　逆 Weibull 分布密度函数峰值情况图示[44]

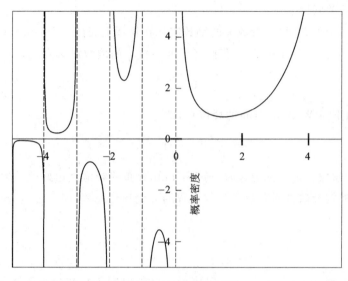

图 4 - 4   Gamma 函数[11]

给出的 Gamma 函数的取值状况可以看出：

$$1 > \left(1 - \frac{1}{\beta}\right) > 0, \quad \beta > 1 \tag{4-64}$$

$$\overline{Y} \to \lambda_u \cdot \Gamma(+0) \to +\infty, \quad \beta \to 1 \tag{4-65}$$

即此时的分布函数的均值也是趋于无穷大的。这实际揭示了在产品的随机失效状态，如果从产品的失效时间角度切换到产品的损伤速率这一角度来看的时候，所体现出来的另外的特性。在前节关于产品失效服从指数分布的物理意义和解释中提到：产品的失效在这种条件下是一个一个发生的，即在一个小的时间段内，发生两个以上失效的概率均为高阶无穷小，且发生的概率与小时间段的长度成正比。但尽管如此，在产品的早期时刻，仍然有足够多产品的损伤速率接近无穷大，进而导致均值趋近无穷大，但是，这些失效仍然不是产品失效发生的峰值概率事件，峰值概率的失效仍然是发生在有限值的 $\lambda_u/2$ 上。

4.5   "浴盆曲线"模型

说明产品失效的"浴盆曲线"行为，本质上就是需要解释产品物理失效与随机失效过程的相互关系问题。本节从物理及其量化关系的角度解释这样的一个系统产品失效的理论框架，其要点包括：

- 产品不同的部位存在发生不同机理失效（即某种根源失效）的可能性（或称失效概率），按照前面章节所讨论的系统框架，一个产品部位，仅存在发生一种机理失效的可靠性，当然，这样的失效机理可能是一个复合机理，或是由多个单一机理相互耦合影响的复杂失效物理过程。
- 对于相同一类失效机理的所有产品部位，即使对某一个单一的产品个体，也可以由一组部位所构成，但不同部位的应力水平和应力状态通常不一样。因此对于其中的失效发生概率最大的某一个部位，一个产品批次的所有产品个体的该部位构成一个样本组。

- 对于上面相同产品部位的样本组,该部位将经历完全相同的失效物理过程,但是所有样本部位的物理分散性状况是不一样的,包括该部位实际的几何、材料等物理一致性以及可能存在制造缺陷的情况,与设计要求相比较,向着强度最弱方向偏离最大者对产品的早期失效有贡献;部分偏离者对随机失效有贡献;剩余一致性较好者则属于耗损失效。

以大规模数字电路单板的焊点为例,总的产品样本数量假定 10 000,且全部为表贴工艺,焊点分为 BGA 类型与管脚类型,且均存在使用载荷条件下发生疲劳断裂的失效可能性。如果仅限考察某个特定的 IC 顶点的 BGA 焊点,则该焊点总共有 10 000 个样本,且如果假定其中的 0.1% 存在较大的缺陷,所以贡献于早期失效;1% 存在少量缺陷,因此贡献于随机失效;剩余的 98.9% 一致性较好,因此贡献于耗损失效。从理论上讲,后两者在质量上均属于合格范畴,因此产品对于该部位 BGA 焊点的合格率为 99.9%。

这里需要强调的是:工程中所观察的"浴盆曲线"的产品失效行为仅适用于系统一类的产品,或是由大量元器件或零部件所构成的复杂装置或机构。这一点从上面的举例也能看出,对于上面所说的单一的 BGA 焊点这样的产品部位而言,其可能失效的样本总量仍然是相对比较小的,不足以表现出"浴盆曲线"这样的失效行为特征[16]。但如果对于整个产品而言,存在很多可能的产品失效部位以及相应的失效机理,则总体样本的数量就足以让一个产品在不同使用阶段表现出不同的失效行为。

本节具体的子节内容按照顺序包括:

- "浴盆曲线"模型的工程认知。
- 单一根源失效的"浴盆曲线"模型。
- 系统的"浴盆曲线"模型。
- 系统失效性质的迁移。
- 耗损失效的单发性。

4.5.1　"浴盆曲线"模型的工程认知

基于人们对于"浴盆曲线"的已有认知,一个实际工程产品的失效率曲线通常被认为是早期失效、随机失效和耗损失效的某种叠加(如图 4-5 所示)。由于三者在其相应的随机行为上通常分别由不同形状参数的 Weibull 分布来进行表征,即

- 形状参数 $1 > \beta > 0$ 时,表征早期失效。
- 形状参数 $\beta = 1$ 时,表征随机失效。
- 形状参数 $\beta > 1$ 时,表征耗损失效。

因此,整体上,一个"浴盆曲线"所对应的失效分布函数可以大体上认为是一个不同形状参数范围 Weibull 分布函数的某个线性组合或是合成(注:相关讨论还可参见前面小节有关"浴盆曲线"统计特征,以及后面系统可靠性与寿命评价一章中有关数据 Weibull 合成模型的讨论内容)。

这样的工程认知提供了一个工程对于"浴盆曲线"问题的一种更加具体和细化的理解和视点,但总体仍然是示意性的和定性的。具体主要体现在:

- 需要清晰的物理意义基础。
- 需要明确的量化关系:分布函数与失效率的表达式都是不明确的,二者之间也没有一

个明确的量化关系。

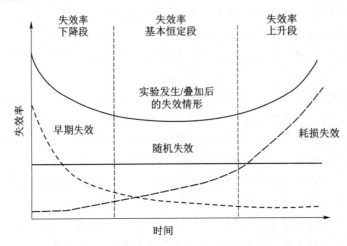

图 4-5　工程行业内所能够接受的"浴盆曲线"模型示意图

4.5.2　单一根源失效的"浴盆曲线"模型

事实上,前面的系统和系统失效一章以及本章有关"浴盆曲线"问题的讨论分别说明系统失效确定性与随机性的工程表现和特征问题,即

- 系统失效的确定性:体现在根源失效的物理本质上。
- 系统失效的随机性:表现为"浴盆曲线"特征。

基于这样的认知,就可以系统的根源失效作为出发点,然后在其基础上进一步考虑随机性,从而通过模型在一定程度上再现系统的"浴盆曲线"失效特性。

首先在本小节讨论单一根源失效的情形。基于前面系统和系统失效章节中关于根源失效的讨论,单一的根源失效首先意味着 一个产品个体仅存在一个根源失效,以及由此引发的其他相关联的系统失效模式。

此外,单一根源失效还意味着针对某个给定的产品设计,其所有的产品个体均存在某个确定的部位会发生(即存在一定概率会发生)一种具有某个确定局部模式的物理失效,且该失效具有某个确定的失效机理(注:参见系统根源失效小节以及系统根源失效的函数表达选读小节的有关讨论内容)。这样的情形在工程上也因此会被称为单一失效机理和部位产品失效情形。

由于产品物理性质的系统失效均可以最终归因为某个特定的根源失效以及相应的失效部位(也可能是物理紧密耦合的一组物理部位),且这一部位的物理一致性决定了其未来失效发生的性质,则可以将所有这样的部位划分成两个大的部分:一部分具有足够大的物理分散性,决定未来产品在此处发生的失效为随机失效;而另外一部分的部位则具有足够的物理一致性,决定了未来产品在这类部位的失效为耗损失效。

因此,对于一个产品批次,假定其产品个体总的数量为 N_0,其中的一部分将会发生随机失效,另一部分则会发生耗损失效,即

$$N_0 = N_1 + N_2$$

(4-66)

其中,下标 1 表示会发生随机失效的产品个体部分,2 则为耗损失效的个体部分。当然,按照

这样的思路,造成随机失效和耗损失效产品个体的数量存在一个比例 p,即

$$p_1 \equiv \frac{N_1}{N_0}, \quad p_2 \equiv \frac{N_2}{N_0}, \quad p_1 + p_2 = 1 \qquad (4-67)$$

如果假定随机失效部分在经历工作时间 t 时的产品失效事件 A 满足概率分布函数 $F_1(t)$,相应的耗损失效事件 B 满足函数 $F_2(t)$,即

$$A \sim F_1(t), \quad B \sim F_2(t) \qquad (4-68)$$

则从产品总体而言,随机失效 A 和耗损失效 B 的发生概率 $P(A)$ 和 $P(B)$ 就分别为:

$$P(A) = \frac{N(A)}{N_0}, \quad P(B) = \frac{N(B)}{N_0} \qquad (4-69)$$

其中,$N(A)$ 和 $N(B)$ 分别为随机失效事件 A 和耗损失效事件 B 在时间 t 的发生个数。因此,应该分别满足如下关系,即

$$N(A) = N_1 F_1(t), \quad N(B) = N_2 F_2(t) \qquad (4-70)$$

所以,可以得到产品整体所满足的失效分布函数 $F(t)$ 为:

$$F(t) = P(A) + P(B) = p_1 F_1(t) + p_2 F_2(t) \qquad (4-71)$$

对时间求导后得到其概率密度函数的表达式,即

$$f(t) = p_1 f_1(t) + p_2 f_2(t) \qquad (4-72)$$

由这样的一个模型表达式,同时结合本章前面已经讨论的产品的失效分布特性可以看出:作为典型的工程条件,函数 $f_1(t)$ 可以近似为一个指数分布,没有模态;而函数 $f_2(t)$ 则是一个典型存在模态的分布(如图 4-6 所示)。二者的线性结合生成的一个新的复合分布,在失效率坐标上呈现"浴盆曲线"的特征。

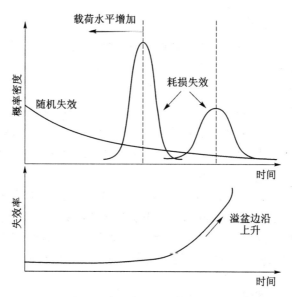

图 4-6　"浴盆曲线"不同性质失效分布的叠加和失效率示意图

4.5.3　系统的"浴盆曲线"模型

系统失效的复杂性是系统失效行为的一个主要特征。在前面单一根源失效模型的基础上,这里进一步将其拓展至一个多根源失效的情形,考虑一个在工程上也被称为存在多失效机

理的系统情形。显然,这样的情形会有助于更好地描述工程实际的产品可靠性状况。

基于到目前为止已经讨论的所有有关系统根源失效的性质,首先汇总一个多根源失效产品情形在构建其"浴盆曲线"模型时的所有前提条件(注:详细有关系统根源失效的讨论参见系统和系统失效一章中系统根源失效小节以及系统根源失效的函数表达选读小节的内容)。包括:

- 假定某个特定产品设计的产品批次存在 n 个根源失效:这意味着该产品的所有个体均存在有同样的 n 个根源失效,这是由产品根源失效的物理确定性所决定的。但根源失效事件同时带有随机性,因此,在对这个批次产品进行试验的时候,一个确定是存在的根源失效未必一定会发生,仅仅是存在一定发生的概率。

- 产品的失效机理可能少于等于 n 个:依据系统根源失效的函数表达关系,所有产品个体均存在同样的 n 个根源失效,但其中不同根源失效的机理可能是相同的。例如,发生在不同管脚焊点的疲劳断裂,由于不同的管脚,即根源失效发生的部位不同,因此属于不同的根源失效,但都是由同样的材料疲劳所导致的焊点断裂,属于相同失效机理(注:在本小节下面的讨论中,不再专门讨论失效机理少于 n 个的情形,但结论同样成立)。

- n 个根源失效允许存在全部表现为随机失效,或是全部为耗损失效的两类极端情形:事实上,工程中被认为是实际存在这样的两类状况的。例如,互联的疲劳寿命被认为仅存在耗损失效的情形,而 IC 器件则通常仅考虑其随机失效的状况(注:在本小节下面的讨论中,同样不再专门去讨论这两个当中的任何一个特殊情形,但结论同样成立)。

- n 个根源失效事件的发生相互独立。

这里,由于早期失效非本书讨论的兴趣点,在模型中没有考虑,以简化问题的讨论。基于所有这样的前提条件,下面从单一根源失效的情形向多根源失效的情形进行拓展。

前面有关单一根源失效的情形已经给出如下关系:

$$F(t)=p_1 F_1(t)+p_2 F_2(t), \quad p_1,p_2 \geqslant 0, \quad p_1+p_2=1 \tag{4-73}$$

这里,F 为产品的该根源失效事件实际会发生的概率,下标 1 和 2 分别表征随机失效和耗损失效的情形,p 则表示针对该根源失效,不同失效性质的产品个体所占批次中产品个体总数的比例。

对于一个产品中存在 n 个根源失效的情形,首先对不同的根源失效,其各自不同失效性质产品个体所占的比例可能是不一样的,这其中也存在各种的排列组合情形,这也因此可以解释导致产品个体允许有各种不同的实际失效发生的情况。此外,在一个产品个体内部,n 个根源失效是相互独立的,但是否会发生、发生的是哪一个、又是何种的失效性质,这些均是不确定的。

汇总上述这些情况可以得到 n 个根源失效情形下,产品在运行到 t 时刻产品整体可能发生失效的概率 $F_{sys}(t)$ 为:

$$F_{sys}(t)=1-\prod_{i=1}^{n}[1-F_i(t)]=1-\prod_{i=1}^{n}[1-p_{1i}F_{1i}(t)-p_{2i}F_{2i}(t)] \tag{4-74}$$

$$p_{1i}+p_{2i}=1, \quad i=1,2,\cdots,n$$

这里，F_{1i} 和 F_{2i} 分别表示第 i 个（$i=1,2,\cdots,n$）根源失效发生随机失效和耗损失效的概率；p_{1i} 和 p_{2i} 则分别表示针对第 i 个根源失效，随机失效和耗损失效的产品个体的数量各自所占整个产品批次数量的比例。

然后将式（4-74）对时间进行求导，以获得相应的产品失效概率密度函数 PDF 的如下表达式，即

$$f_{\text{sys}}(t) = \frac{dF_{\text{sys}}(t)}{dt} = \frac{d}{dt}\left\{ 1 - \prod_{i=1}^{n}\left[1 - F_i(t)\right]\right\}$$

$$= \sum_{j=1}^{n}\left\{ \left[p_{1j}f_{1j}(t) + p_{2j}f_{2j}(t)\right] \times \prod_{i=1,i\neq j}^{n}\left[1 - p_{1i}F_{1i}(t) - p_{2i}F_{2i}(t)\right]\right\}$$

$$i,j = 1,2,\cdots,n \tag{4-75}$$

这里，f 均为与各自失效概率函数 F 相对应的失效概率密度函数。这一函数即是与失效率"浴盆曲线"相对应的概率密度函数的一般性表达式。

为了更好地演示和分析得到上面分布函数具有直观工程意义的"浴盆曲线"特征，下面首先定义一些具有某些特征的系统运行使用周期中的时间域，以便能够在这些时间域中简化表达上面的"浴盆曲线"量化表达式和提取其中的特征。

将系统整个的使用运行周期的时间域用 Ω 来表征，且依据前面小节已经讨论的有关耗损失效分布的模态特性（注：有关这一特征的具体讨论，还可参见前面失效的应力可加速性小节中有关应力可加速性基本问题定义的讨论内容）可知：对于 n 个根源失效中的每一个，其耗损失效部分的分布函数均存在单一模态，因此 n 个根源失效总计 n 个模态，即失效密度分布函数 $f_{2j}(j=1,2,\cdots,n)$ 共计有 n 个单一模态峰值，在该峰值时间系统的失效发生概率达到最大。

这里所说的 n 个单一模态峰值，实际即是指产品在这 n 个根源失效中最大概率发生耗损失效的时间。在这里，如上面已经提到，不再专门考虑 n 个根源失效中模态峰值相同或近似相同的情形。在这样的情形下，后续的讨论仍然成立。

下面将这 n 个峰值的发生时间按照由小到大，即失效可能最早发生至最晚发生进行排序，得到：

$$0 < t_{m1} < t_{m2} < \cdots < t_{mn} \tag{4-76}$$

这里的 t_m 即为模态峰值发生的时间，数字脚标分别为 n 个根源失效。

为做到简化和特征提取目的，做如下的假定：

- n 个根源失效的 n 个峰值失效时间是足够分离的：工程上，由于耗损失效所导致的产品寿命时间各不相同。
- n 个根源失效的耗损失效部分同时也是足够集中分布的：产品的 n 个不同的寿命时间非常的确定，分散性很小。

则可以定义出两类时间域 Ω_R 和 Ω_W，前者为产品的随机失效段，后者为产品的耗损时间段，而且对于后者的耗损失效，针对其中的每一个峰值时间，可以分别定义 n 个不同的时间域，即其中的随机时间域 Ω_R 为：

$$\Omega_R \equiv \left\{ \begin{array}{l} t:0 < t < \Delta t, \quad f_{2i}(t) \ll f_{1i}(t), \\ F_{1i}(t) \ll 1, \quad F_{2i}(t) \ll 1, \\ i=1,2,\cdots,n \end{array}\right\} \tag{4-77}$$

共计 n 个的耗损时间域 Ω_{W} 为：

$$\Omega_{\mathrm{W}j} \equiv \left\{ \begin{array}{c} t:0 < t_{\mathrm{m}j} - \Delta t_{\mathrm{m}j} < t < t_{\mathrm{m}j} + \Delta t_{\mathrm{m}j}, \quad \Delta t_{\mathrm{m}j} > 0, \\ f_{2j}(t) \gg f_{1j}(t), \quad f_{2j}(t) \gg f_{2i}(t), \\ i \neq j, \quad i = 1, 2, \cdots, n \end{array} \right\}, \quad (4-78)$$

$$j = 1, 2, \cdots, n$$

这里的下角标 j 表示 n 个不同的根源失效所对应的每一个耗损时间域。

此外，在上面的简化假定条件下，产品的随机失效与耗损失效的总计 $n+1$ 个时间域均相互分离、各不相交，可以按大小进行排列，即

$$t \in \Omega, \quad \Omega \supset \Omega_{\mathrm{R}} \bigcup \Omega_{\mathrm{W}1} \bigcup \Omega_{\mathrm{W}2} \bigcup \cdots \bigcup \Omega_{\mathrm{W}n}$$

$$\Omega_{\mathrm{R}} \bigcap \Omega_{\mathrm{W}j} = \varnothing, \quad \Omega_{\mathrm{W}j} \bigcap \Omega_{\mathrm{W}i} = \varnothing \qquad (4-79)$$

$$i \neq j, \quad i = 1, 2, \cdots, n, \quad j = 1, 2, \cdots, n$$

且同时满足如下的时间排列顺序，即

$$\forall t_{\mathrm{R}} \in \Omega_{\mathrm{R}}, \quad \forall t_{\mathrm{W}j} \in \Omega_{\mathrm{W}j}, \quad j = 1, 2, \cdots, n$$

$$0 < t_{\mathrm{R}} < t_{\mathrm{W}1} < t_{\mathrm{W}2} < \cdots < t_{\mathrm{W}n} \qquad (4-80)$$

考虑上述特定时间域的定义并在产品运行至不同的时间域时，容易得到上面"浴盆曲线"失效分布密度函数的简化表达式。首先是在产品的随机失效段，得到：

$$f_{\mathrm{sys}}(t) \approx \sum_{j=1}^{n} p_{1j} f_{1j}(t), \quad t \in \Omega_{\mathrm{R}} \qquad (4-81)$$

$$f_{2i}(t) \ll f_{1i}(t), \quad F_{1i}(t) \ll 1, \quad F_{2i}(t) \ll 1, \quad i = 1, 2, \cdots, n$$

然后是产品的耗损时间段，共计 n 个：

$$f_{\mathrm{sys}}(t) \approx p_{2j} f_{2j}(t) \times \prod_{i=1, i \neq j}^{n} [1 - p_{1i} F_{1i}(t) - p_{2i} F_{2i}(t)], \quad t \in \Omega_{\mathrm{W}j}$$

$$f_{2j}(t) \gg f_{1j}(t), \quad j = 1, 2, \cdots, n \qquad (4-82)$$

$$f_{2j}(t) \gg f_{2i}(t), \quad i \neq j$$

将式（4-82）再进行一下简化，即可以得到如下更加清晰化的表述方式，即

$$f_{\mathrm{sys}}(t) \approx \lambda_j p_{2j} f_{2j}(t), \quad t \in \Omega_{\mathrm{W}j}$$

$$\lambda_j \equiv \prod_{i=1, i \neq j}^{n} [1 - p_{1i} F_{1i}(t) - p_{2i} F_{2i}(t)] < 1, \quad j = 1, 2, \cdots, n \qquad (4-83)$$

关注到上面的 $n+1$ 个分布密度函数的表达式，仅在其各自的时间域内对于产品的整体失效分布有贡献，而在所有其他的域均都没有贡献，所以，下面将其重新整合，进行一体化表达，并以此特别显示产品系统失效在其全运行时间域内的特征。

因此，下面近似仅考虑上面进行了简化处理的时间域，即

$$\Omega \approx \Omega_{\mathrm{R}} + \sum_{j=1}^{n} \Omega_{\mathrm{W}j} \qquad (4-84)$$

则在这种进行简化的全时间内，产品系统失效"浴盆曲线"失效分布密度函数的简化表达式成为：

$$f_{\mathrm{sys}}(t) \approx \sum_{j=1}^{n} p_{1j} f_{1j}(t) + \sum_{j=1}^{n} \lambda_j p_{2j} f_{2j}(t), \quad t \in \Omega \qquad (4-85)$$

这一表达式实际包含了一个随机失效和 n 个耗损失效。因此,作为一个更加清晰化的表达,将式(4-85)改写成为如下形式:

$$f_{sys}(t) \approx \underbrace{\sum_{j=1}^{n} p_{1j} f_{1j}(t)}_{t \in \Omega_R}$$

$$\underbrace{+\lambda_1 p_{21} f_{21}(t)}_{t \in \Omega_{W1}} \underbrace{+\lambda_2 p_{22} f_{22}(t)}_{t \in \Omega_{W2}} + \cdots \underbrace{+\lambda_n p_{2n} f_{2n}(t)}_{t \in \Omega_{Wn}} \tag{4-86}$$

考虑到在实际的工程条件下,产品的耗损失效实际仅发生在寿命最短的部位。为了能够看到上面的"浴盆曲线"表达式的确如实地表述了这一实际现象,下面对上述表达式进行更进一步的简化表达。

下面将讨论暂时仅仅聚焦在耗损失效的部分。其中的与 n 个根源失效相对应的 n 个系数 $\lambda_j (j=1,2,\cdots,n)$ 是一个仅考虑非本根源失效概率贡献的系数。考虑到所有的耗损失效时间域均是按照先后顺序排列,相互没有任何交叉部分的,因此,可以将所有的由非本根源失效概率贡献的部分分成早于本根源失效时间域与晚于本根源失效时间域的两个部分,即可以得到系数 λ 的如下表达式:

$$\lambda_j \equiv \prod_{i=1,i\neq j}^{n} [1 - p_{1i}F_{1i}(t) - p_{2i}F_{2i}(t)] =$$

$$\prod_{i=1,i<j}^{n} [1 - p_{1i}F_{1i}(t) - p_{2i}F_{2i}(t)] \times \prod_{i=1,i>j}^{n} [1 - p_{1i}F_{1i}(t) - p_{2i}F_{2i}(t)] < 1,$$

$$t \in \Omega_{Wj}, \quad j=1,2,\cdots,n \tag{4-87}$$

显然,在这里的乘积项中,如果没有满足要求的乘积项时,系数为1。同时进一步考察各时间域的简化定义可以得到:

$$\prod_{i=1,i<j}^{n} [1 - p_{1i}F_{1i}(t) - p_{2i}F_{2i}(t)] \ll 1,$$

$$\prod_{i=1,i>j}^{n} [1 - p_{1i}F_{1i}(t) - p_{2i}F_{2i}(t)] \approx 1,$$

$$t \in \Omega_{Wj}, \quad j=1,2,\cdots,n \tag{4-88}$$

这里需要注意:式(4-88)中仅限存在能够满足条件乘积项的情形,如果没有这样的乘积项,则系数仍然为1。

由上述这样的关系可以发现:与 n 个根源失效相对应的系数 $\lambda_j (j=1,2,\cdots,n)$,对应于晚发生耗损根源失效的系数总是对应早发生系数的高阶小量,即

$$\lambda_i = o[\lambda_j], \quad i > j, \quad j=1,2,\cdots,n \tag{4-89}$$

所以,在上面"浴盆曲线"的密度分布函数表达式中忽略高阶小量以后,就可以得到"浴盆曲线"更进一步简化后的表达式,即

$$f_{sys}(t) \approx \underbrace{\sum_{j=1}^{n} p_{1j} f_{1j}(t)}_{t \in \Omega_R} + \underbrace{\lambda_1 p_{21} f_{21}(t)}_{t \in \Omega_{W1}} \tag{4-90}$$

显然,这一表达式包含了系统前一阶段的随机失效部分以及后一阶段的耗损失效部分,且耗损失效仅发生在产品的最薄弱,即寿命最短的那个根源失效部位。

4.5.4　系统失效性质的迁移

前面小节有关系统"浴盆曲线"特性的模型讨论，实际也揭示了"浴盆曲线"对于实际产品能够呈现这样的典型特征时所需满足的条件，即

- 产品寿命足够长：产品到寿失效的发生时间需要足够地远离产品使用阶段，即需要产品的设计使用寿命充足，不能存在设计上的明确缺陷。
- 产品耗损失效的分散性足够小：产品的质量一致性足够好，即产品的工艺和制造水平也能够满足要求。

显然，在这样的条件不能很好满足的情形下，这样的曲线特征，即系统随机失效和耗损失效的区别可能会不明显，二者缺乏明显的区隔，呈现某种的混合状态。

按照这样的模型，容易看出系统在多机理条件下的失效行为具有如下所总结的一些特征：

- 在系统的整个使用寿命周期，存在着随机失效和耗损失效作用区间。在随机失效作用区间，随机失效是系统失效的主体；反之在耗损失效作用区间，耗损失效成为主体。
- 在随机失效的作用区间，失效的物理过程不是失效的决定性因素，同时，多种的失效机理共存，且以各自的成分或是贡献比例共同造成系统失效。
- 在耗损失效的作用区间，不同失效机理的作用可以是分散的。但是对于某一个特定的失效机理，存在集中失效特性，即体现为系统失效的批次性，决定了一个系统在该失效机理条件的寿命终结。
- 在系统的耗损失效阶段，系统的寿命取决于最短寿命的机理。虽然系统仍然可能发生其他性质以及其他机理条件下的失效，但最短寿命机理造成的失效是主体。
- 从系统失效的角度，随机失效和耗损失效的发生可以是相对的。显然在环境应力水平增加的时候，会使得耗损失效的控制区间进一步靠近随机失效的区间，因此，从产品实际使用的角度来看，超出产品所定义的环境使用条件会造成产品短寿（具体参见ASHRAE 的相关论述）[35]。
- 如果是从试验的角度来看，加速试验条件总是可能长时间在产品的设计环境工作范围之外运行，因此导致产品耗损失效机制的引入，因此，对于随机失效的考核，加速试验的加速应力水平和时间均是需要慎重选择的。

在上述这些对于"浴盆曲线"认知的基础上，就容易看出：加速试验总是会改变上述"浴盆曲线"的某些特征的。在加速应力作用的条件下，系统耗损失效会靠近随机失效的影响区域（同时参见前面小节"浴盆曲线"不同性质失效分布的叠加和失效率示意图），使得二者的试验结果在其统计特性上更加难以区分和辨别，甚至导致系统随机失效在某种程度上淹没在耗损失效中，使得在产品的可靠性试验结果上，样本看上去失效得更早、失效率水平会更高。所以，这也是一些研究以及工业标准已经明确的，在系统以可靠性评价为目的的试验中对于试验应力加速水平的限制和约束[35]。

一个实际工程案例就是如果考核的是网络设备和数字系统，当试验温度高于设计限水平时，这样的环境会导致诸如：

- 其电源部分经常使用的电解电容由于电解溶液的异常损失而导致的该类元件加速到寿问题。
- IC 器件由于环境温度过高，导致在多数的半导体失效机理作用下加速到寿并失效的

问题等。

这样的试验结果通常都会表现出远高于产品实际失效的情况[35]。

4.5.5　耗损失效的"单发性"

在前面有关系统和系统失效一章的讨论中已经提到了系统随机失效的单发性问题。系统随机失效的单发性是指对于某一个产品个体,假定在某个时刻发生失效,则此时存在两个以上根源失效的事件发生概率为高阶小量。这一单发性属性来源于系统可靠性在正常使用或服役阶段失效所服从的指数分布特性。

从上面有关系统失效的"浴盆曲线"特性的讨论与模型可以看出:产品的耗损失效同样存在某种的单发性特征,但这里的单发性是一种产品的批次性特征,即当产品由于到寿接近产品使用的终结时,这样的产品终结是由某一个特定失效机理的耗损失效所决定的。基于这样的批次单发性特征,产品在使用寿命终结时,总是可以归因于某个特定的根源失效机理,或是根源失效物理过程。

基于系统的随机失效与耗损失效的区别,容易总结二者不同失效在其单发性上的基本差异,即

- 耗损失效是物理或称物理机理主导的过程,产品失效的单发性明确了产品因为某一个特定的耗损失效问题而导致产品的批次性到寿。
- 系统的随机失效则是随机过程与物理过程共同确定和影响的综合失效过程,系统的根源失效可以叠加,产品失效的单发性与具体的根源失效机理或根源失效类型无关。

事实上,进一步的研究还可以将上述二者在"单发性"属性差异上的认知拓展至如下的一些方面,包括:

- 耗损失效并不决定产品的实际失效,失效是 TTF,因此,耗损失效虽然构成产品失效的一个部分,但并不决定产品的可靠性。
- 从个体失效的角度,并非最短寿命就首先发生失效。
- 耗损失效仅仅决定产品的批次性角度的到寿。

4.6　非失效率"浴盆曲线"

"浴盆曲线"是系统失效的关键特性,但类似特性并非仅限系统类型的产品以及这类产品的失效率行为。事实上,其他的工程产品,如机械结构等的非失效率特征可能也会具有类似特性,它们既有相同点,也有区别。

非失效率"浴盆曲线"在工程中也很常见,而且可能同样是在产品可靠性领域。但二者存在一个本质性区别,即

- 系统的失效率"浴盆曲线":描述的是产品的失效随机性问题。
- 其他的非失效率"浴盆曲线":例如,损伤速率的"浴盆曲线",通常描述的是产品的退化等的物理过程问题。

所以,从这个角度上讲,两类"浴盆曲线"是有本质区别的。由于这一部分的相关内容并非本书的核心关注点,本节重点是通过对二者在各方面的比较来澄清各自的概念。

本节具体的讨论内容按照先后顺序包括:

- 机械损伤与失效率"浴盆曲线"的相似性。
- 不同"浴盆曲线"的主要量化关系。
- 不同类型"浴盆曲线"特性的比较。

4.6.1　机械损伤与失效率"浴盆曲线"的相似性

大体来讲,"浴盆曲线"体现了产品在失效速率上所表现出来的 3 个阶段的典型特性,包括:

- 左侧下降段:产品的失效速率下降,逐步趋近稳定。
- 中段浴盆底:产品的失效速率稳定并达到最低,构成产品的主要服役或使用阶段。
- 右侧上升段:产品的失效速率重新上升并最终失效。

在前面的讨论中已经提到:尤其在电子产品和系统的失效中,这 3 个阶段分别定义了产品的早期失效、随机失效和耗损失效 3 个类型的产品阶段性失效,而且,具有其相应的物理基础和特点。

事实上,机械结构和产品具有类似特性。以运动机构的表面磨损为例,其呈现类似的"浴盆曲线"特性,且其上述"浴盆曲线"的 3 个阶段分别对应了磨损的所谓早期的磨合期、稳定磨损期和剧烈磨损期 3 个失效阶段。详细内容参见有关文献[26]关于磨损部分的讨论。

表 4-2 比较了如下 3 类失效的"浴盆曲线"所对应失效阶段的名称情况,包括:

- 产品失效率,尤其电子产品和系统。
- 运动机构的相对运动接触表面的表面磨损。
- 机械结构的裂纹扩展。

其中的后面二类均为机械机构或结构的失效。

表 4-2　不同类型失效"浴盆曲线"各阶段的名称比较

阶　　段	"浴盆曲线"类型		
曲线部位	产品失效率	表面磨损	结构裂纹扩展
左侧下降段	早期失效	磨合期	初始裂纹扩展阶段
中段浴盆底	随机失效	稳定磨损期	亚临界及稳定裂纹扩展阶段
右侧上升段	耗损失效	剧烈磨损期	快速和裂纹失稳扩展阶段

4.6.2　不同"浴盆曲线"的主要量化关系

尽管电子产品失效与机械类型失效在"浴盆曲线"特性上具有相似性,但是,二者所表征的物理量是不同的,前者为失效率,而后者为物理损伤速率。一个广义损伤速率的概念,具体不同的场合可能意味着不同的物理含义。例如,在表面磨损的场合为材料的磨损速率,而在机械结构裂纹扩展的场合则为裂纹的扩展速率。详细讨论同样参见产品失效的一般性物理过程描述。

因此,按照其物理含义以及前面章节的讨论,失效率函数 $h(t)$ 和损伤速率函数 u_D 的量化关系分别表示为如下微分关系,即

$$\frac{\mathrm{d}D}{\mathrm{d}t} = u_D, \quad t \geq 0 \tag{4-91}$$

$$\frac{\mathrm{d}R(t)}{R(t)\mathrm{d}t}=-h(t),\quad t\geqslant 0,\quad R(t)\in[0,1] \tag{4-92}$$

其中，D 为损伤函数，$R(t)$ 则为可靠度函数，t 为时间。另外，除了可靠度函数 $R(t)$，失效率函数 $h(t)$ 还可用失效概率函数 $F(t)$ 表达，即

$$\frac{\mathrm{d}F(t)}{[1-F(t)]\mathrm{d}t}=h(t),\quad t\geqslant 0,\quad F(t)\in[0,1] \tag{4-93}$$

此外，考虑到可靠度函数 $R(t)$ 和失效概率函数 $F(t)$ 的值域范围 $[0,1]$ 以及与之相应的可比性，可对损伤函数 D 进行类似的单位化处理，使其具有同样的取值范围。因此，考虑如下通常的线性损伤及失效条件，即

$$D=u_D t\leqslant D_0 \tag{4-94}$$

其中，D_0 为失效的临界损伤条件。于是，可以进一步得到如下单位化后的损伤函数 D' 所满足的微分关系：

$$\frac{D_0 \mathrm{d}D'}{\mathrm{d}t}=u_D,\quad D'\equiv\frac{D}{D_0},\quad t\geqslant 0,\quad D'\in[0,1] \tag{4-95}$$

$$0\leqslant t\leqslant D_0/u_D\equiv t_{\mathrm{L}} \tag{4-96}$$

其中，t_{L} 定义为产品的失效时间或使用寿命。因此，比较由失效率函数 $h(t)$ 和损伤速率函数 u_D 所表达的"浴盆曲线"分别需要满足如下关系。包括：

$$\frac{D_0 \mathrm{d}D'}{\mathrm{d}t}=u_D,\quad 0\leqslant t\leqslant t_{\mathrm{L}}\quad \begin{cases}D'=0,& t=0\\ D'=1,& t=t_{\mathrm{L}}\end{cases} \tag{4-97}$$

$$\frac{\mathrm{d}F(t)}{[1-F(t)]\mathrm{d}t}=\frac{-\mathrm{d}R(t)}{R(t)\mathrm{d}t}=h(t)$$

$$0\leqslant t<+\infty,\quad \begin{cases}F(0)=0\\ F(+\infty)=1-R(+\infty)=1\end{cases} \tag{4-98}$$

可以看到：二者在单位化损伤函数 D' 和失效概率函数 $F(t)$ 值域范围已经均为 $[0,1]$，且大体关系上存在相似性。尽管如此，二者所满足的微分方程是有明显区别的，而且时间自变量的取值范围也不一样。

因此，假定失效率函数 $h(t)$ 和损伤速率函数 u_D 可以用相同的曲线描述，即满足完全相同的"浴盆曲线"方程，且这里采用 Weibull 函数所表示的失效率函数进行表达时，会分别得到不同的可靠度函数 $R(t)$ 和单位化损伤函数 D'，即

$$D'=\frac{1}{D_0}(\lambda t)^{\beta},\quad u_D=\beta\lambda(\lambda t)^{\beta-1},\quad \lambda>0,\beta>0 \tag{4-99}$$

$$R(t)=\mathrm{e}^{-(\lambda t)^{\beta}},\quad h(t)=\beta\lambda(\lambda t)^{\beta-1},\quad \lambda>0,\beta>0 \tag{4-100}$$

能看到这里的失效率函数 $h(t)$ 和损伤速率函数 u_D 的量化表达式是完全相同的，即"浴盆曲线"相同。这里，在二者的方程中都使用了完全相同的参数 λ 和 β，但显而易见，其物理含义完全不同，仅仅是为了表达"浴盆曲线"形状的完全一致性。其中，在浴盆底的部分，失效率函数 $h(t)$ 和损伤速率函数 u_D 均为常数，即

$$D'=\frac{\lambda}{D_0}t,\quad u_D=\lambda,\quad \beta=1 \tag{4-101}$$

$$R(t)=\mathrm{e}^{-\lambda t},\quad h(t)=\lambda,\quad \beta=1 \tag{4-102}$$

由上面的关系可以看出：当二者均用 Weibull 函数表征"浴盆曲线"关系时，失效概率函数

为指数关系,而材料损伤则为幂函数。有关二者更为详细的比较在下节讨论。

4.6.3 不同类型"浴盆曲线"特性的比较

从前面的讨论可以看出:"浴盆曲线"的相似性是指在时间速率物理量表达上所体现的函数曲线形式的一致性,但是,在相应时间累计的物理量表达上,二者"浴盆曲线"所表示的含义则不尽相同。

图4-7、图4-8和表4-3给出了以失效率所表达的"浴盆曲线"以及以损伤速率所表达"浴盆曲线"在其相应时间累计物理量函数上的比较。其中,如上节讨论,对材料的累计损伤函数进行了单位化处理,使得二者的时间累计函数的取值范围均为[0,1]。

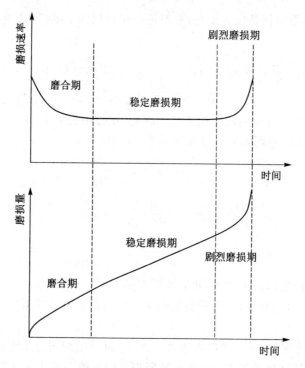

图4-7 表面磨损的3个阶段与磨损速率的"浴盆曲线"[26]

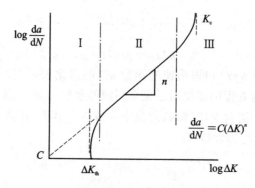

图4-8 疲劳裂纹扩展的3个典型阶段[12]

表 4－3　不同类型"浴盆曲线"的特征与参数的比较

特性参数	机械失效	电子系统失效率
时间速率物理量	物理损伤速率：材料的磨损速率、结构的裂纹扩展速率等	失效率：单位时间的产品失效概率
时间累计物理量	材料累计损伤	可靠度、失效概率
时间累计物理量的函数形式	幂函数	指数函数
值域范围	$[0,1]$	$[0,1]$
取值点	$D'(0)=0$，$D'(t_L)=1$	$F(0)=0$，$F(\infty)=1$

第 **5** 章

加速试验设计

产品失效性质及其表征参数,即随机失效与耗损失效及其相应的可靠性特征量失效率和寿命,是产品可靠性量化评价的核心内容。在第 4 章的讨论中赋予产品不同性质的失效更加明确的物理意义,并且讨论了这种意义与加速试验的关系,在本章进一步将这样的意义和关系用于实际工程加速试验设计问题的处置。

加速试验是产品可靠性评价考核的基本手段。由于大多数产品通常情况都有相当长时间的设计使用年限,因此,客观上需要通过加速试验的方式缩短产品从正常工作状态到失效的进程,使得产品试验能够在合理的时间和成本条件下完成,达成产品可靠性考核的目的。

有关加速试验的工程目的,MIL - HDBK - 338 将其总结为如下两点[1],即

- 寿命估计(Life Estimation)和评价。
- 产品问题或弱点的鉴别、确认或是改进(Problem/Weakness Identification/Confirmation and Correction):包括健壮性试验,如 HALT,以及产品制造环节的流程性试验项目,如 HASA/HASS 等。

本书全书讨论的关注点均限于系统可靠性的量化评价问题,本章讨论也因此仅仅聚焦在上面的第一点目的。针对所有以上面第一点为目的的试验设计问题,样本量的确定都是其中避不开的问题,也是试验设计中的难点问题,这类问题都属于本章讨论的重点问题。此外,与全书的大多数章节一样,针对具体工程问题的理论细节和过程的讨论也是本章讨论的侧重点。

总结上面内容,本章讨论的关注点汇总如下:

- 量化评价:这里所讨论的加速试验设计问题以产品可靠性的量化评价为目的。除上面提到的系统一级试验的复杂性以外,可靠性量化指标评价也是一个问题复杂点。正是由于这样的复杂性,在实际工程中,并非所有加速试验都被用于可靠性量化评价目的,甚至有些试验也并非严格意义上的可靠性试验,例如健壮性试验,以降低试验要求,弱化或是完全不考虑针对系统失效加速所需要遵循的基本原则与量化关系条件,达成量化评价的可靠性试验设计目的要求试验条件的量化设计,构建加速试验与产品典型使用环境条件之间的量化关系并提供相关的试验设计参数。

- 系统设备的评价对象:在前面有关系统的讨论中已经多次提到,非系统类型产品,甚至是大型系统类型产品,在实际工程可靠性问题上存在不同的关注点以及不同的条件和处置要求,本章对于系统硬件加速试验设计的讨论主要是针对设备一级产品的系统可靠性评价问题。事实上,通常在实际工程环境条件下最高一级加速试验基本就是到设备一级。对于那些由众多设备一级子系统等构成的更大型的系统,除少量特例如车辆和飞机整机等可能可以进行有限种类和数量的整系统加速试验以外,由于系统本身的

体积、成本等相关工程可行性的原因,加速试验通常也只会进行到设备一级。

- 难点问题的理论基础:例如试验样本量的问题。

围绕加速试验设计的有关问题,本章讨论按照先后顺序依次包括如下小节的内容:

- 试验设计原则。
- 试验设计内容。
- 试验的样本量。
- 试验的时间累计。
- 多应力加速问题。

5.1　试验设计原则

毋庸置疑,产品质量是产品可靠性的基础和前提。由于产品可靠性评价的终极目的是产品的可靠性保障,因此,从这个意义上讲,没有产品的质量保障作为前提,可靠性保障的目的是缺乏基础和无从实现的。但仅仅是这样的认识,停留在一个总体原则的层面,仍然不充分,对于加速试验设计以及可靠性量化评价的具体工作任务而言,存在细化和进一步明确具体操作性问题的实际需求。

事实上,在已经构建的现有质量体系中,对于产品质量保障所制定的基础性检验原则,对产品的可靠性评价具有同样适用性,需要在相关的试验设计与实施中得以全面和彻底地贯彻。对于工业产品,ISO 9000 产品质量体系定义了两类不同目的的必备检验步骤,以确保产品质量要求的满足得到保障[45]:

- 对于产品设计要求满足程度的检验,即设计要求检验(Verification)。
- 对于用户要求满足程度的检验,即用户要求检验(Validation)。

前者是指对于产品设计要求的检验,该要求来源于产品研发和制造单位的内部;而后者则是指对于产品用户要求的检验,相关要求来源于产品研发和制造单位的外部。ISO 9000 认为这两个步骤对于产品的质量保障是基础性和关键性步骤,甚至需要相互独立执行。

事实上,这样的检验要求对于可靠性保障同样是基础性和关键性步骤,需要在加速试验设计中予以考虑和执行。这类检验要求构成了产品加速试验设计中的一些顶层原则,需要贯穿和体现在可靠性试验的设计和实施当中。更多有关这方面的问题,仍将在后面工程评价场景与案例问题处置一章中有关试验验证的基本方式与要求等小节中继续进行讨论。

出于本书的工程关注点,这里所讨论的试验均是指以可靠性量化评价为目的的试验,我们在本章的后续讨论中使用可靠性评价试验一词,事实上,在实际的工程中,可靠性试验可能具有更为广泛的意义和目的,包括不是严格意义上的可靠性,如被称为健壮性、耐久性等类型的试验。试验设计原则的相关问题均在本节的讨论中逐步将其区分开来。

从更加具体的技术层面而言,针对以量化为基本要求的系统可靠性评价,其加速试验设计的指导原则首先在于如何将这类试验清晰区分于其他常见的工程可靠性试验,这包括:

- 有效区别量化可靠性与非量化,或是非严格意义可靠性试验的相关要求。
- 有效区别系统类型与非系统类型产品的试验要求或是条件。

在本节的内容中进行更多细化问题的讨论。

本节加速试验设计的原则问题,按照顺序包含如下的一些内容:

- 产品可靠性出发点。
- 可靠性评价的产品质量前提。
- 失效机理不变性要求。
- 根源失效机理已知。
- 加速试验设计的基本逻辑要求。

5.1.1　产品可靠性出发点

为了保障产品可靠性试验结果能够反映产品可靠性的真实情况,从基础理论层面,首先是指如下两个方面的基础性要求问题:
- 产品可靠性基本定义的要求。
- 产品失效行为的随机性要求。

首先,以可靠性量化评价为目的,加速试验设计需要以产品可靠性定义作为基本出发点。这一定义要求产品失效行为的评价需要满足如下 3 个基本条件,即
- 对于产品正常运行所必需的功能或性能要求。
- 产品所规定的使用环境和运行条件。
- 对于产品使用时间的要求。

试验条件与相关试验要求在理论上需要完全满足这样的要求。

此外,由于随机性是产品失效的基本特性,为保障产品可靠性试验结果的真实性,产品试验结果的随机性在理论上也需要与实际使用情况保持一致(注:事实上,产品可靠性概念的定义本身也已经明确可靠性的量化度量是产品失效的发生概率,即强调了产品失效的随机性特征)。在前面有关系统与系统失效的随机性问题的讨论,已知系统硬件的 3 个随机性来源,因此,具体而言,保持产品随机性一致即是指如下 3 个方面的一致性问题:
- 保障产品自身随机性的一致:在工程条件下,通常要求试验样品必须是线下来的产品,或是具有明确代表性的产品样本。
- 保障试验条件与产品业务的一致:产品的运行条件需要保持一致。
- 保障产品外部使用环境条件的一致。

除了上述 3 个一致性条件以外,随机性的评价还需要评价结果的显著性要求,即试验设计还需要有样本数量要求。

在实际的工程实践中,存在完全满足上述条件的可操作性以及可能的经济性等方面的问题,因此,以产品可靠性量化评价为目的,加速试验设计通常需要充分考虑上述条件的满足性,或是满足程度的问题。而如下工程实际中常见的加速试验类型,则通常不考虑上述试验设计的约束性条件,因此,也通常不认为是严格意义上的可靠性试验。这些试验包括:
- 健壮性试验。
- 基于工业标准的加速试验。
- 元器件的可靠性试验。
- 耐久性(Durability)试验。

一些详细的讨论可以参见选读小节的内容以及相关专业文献[43,46-47]。

【选读 46】　非可靠性量化评价试验

上一节讨论的所谓非可靠性量化评价试验并非泛泛地讨论非可靠性的试验类型问题,而

是在此特指在工程中，往往也被称为可靠性试验，却不严格满足产品可靠性定义的但又以可靠性量化评价为目的的试验。

因此，这里所说的非可靠性量化评价试验是指具有如下特征的评价试验：

- 非严格意义上的可靠性评价试验。
- 在工程上被认为与产品可靠性直接相关且直接以服务于产品可靠性为目的的评价试验。
- 不以量化评价为目的的评价试验。

这里从后往前依次看一下上面每一个条件的具体含义。首先，最后一点的不以量化评价为目的即指试验不能提供或是不用于提供产品的特征量或量化指标，而这里所说的产品特征量或量化指标则是专指在引言中已经讨论回顾的 3 类可靠性量化指标。而中间第二点有关可靠性评价这样的工程目的，无须再进行更多的解释。那么，剩下的最后一点，也是上面第一点中的非严格是指什么？

这里所谓的非严格定义为至少满足如下状况之一的情形，具体包括：评价试验不严格满足产品可靠性定义，不满足产品验证试验对于产品失效随机性的要求，不严格满足或是仅限部分满足产品的基本检验验证要求（即产品的 V&V 要求）。

需要强调的是：上面所说的 3 种情形在实际的工程环境条件下都不是相互独立的，三者之间存在交叠以及各自细化和强调不同重点问题点的情况。上面第一点中的产品可靠性定义说明了产品可靠性需要明确的 3 个基础条件及其最终的量化概率度量问题；第二点则说明了准确完成产品的可靠性量化评价需要考虑产品 3 个方面的随机性来源与试验结果的显著性要求；而有关最后一点的 V&V 验证试验问题，虽然用户要求验证（Validation）才是最终严格意义上的产品可靠性验证，但考虑到工程的实际可操作性问题，同样需要试验首先满足要求并完成设计要求验证（Verification）。

在工程中，最为常见的一类非可靠性量化评价试验就是所谓的健壮性试验。这类试验在工程中也会被称为可靠性试验，但是作为一个行业内的常识，它是已知公认的非可靠性试验。

下面引用了健壮性试验发明者的原文如下：

HALT 试验的应力环境条件已经远超产品实际的运输、贮存和使用环境，从 HALT 试验结果，我们不能预测产品可靠性。通过 HALT，我们使得产品的可靠性更高，但不知道是多少。（A test in which stresses applied to the product are well beyond normal shipping, storage and in-use levels. From the results of HALT, we cannot determine the field reliability. We make the product a lot better, but do not know how much better.)[48]

按照经验正确运用 HALT，能够帮助发现和改正产品中的可靠性问题，让产品变得更加健壮，直到产品的每次改正或改进变得成本过高，或是因此得到的产品可靠性安全余度过高而变得没有必要时再停止。通过 HALT，虽然无法了解产品失效的量化分布情况，但一个绕过这一问题的思路就是将产品的可靠性安全余度提升到足够高的水平，以使得这样的问题不再重要，人们也因此不再关注这样的问题。（The general rule of thumb in correctly applied HALT is to just keep fixing the product and make it more robust until the cost per fix becomes ridiculous for your product or the margins are obviously extremely excessive. [Often], the shape of the distribution will not be known in the HALT stage of operation. One way get around our ignorance of the distribution shape is to just make the margins very large, somewhat alleviating the question of distribution.)[48]

除了上面所说的健壮性试验,工程条件下的元器件评价试验也都属于非可靠性量化评价试验,确切地讲,是完整性试验。更多这方面的讨论可以参见前面系统和系统失效一章中有关系统完整性的内容,以及产品失效性质与应力加速一章中有关工程常见加速试验与术语相关的内容。

表 5-1 总结了工程中的常见非可靠性量化评价试验类型以及它们之间相关情况的比较。

表 5-1　常见工业环境非可靠性量化评价试验的比较

#	试验类型	试验对象	可靠性相关试验性质	是否量化评价试验	是否加速试验
1	健壮性试验	电装/设备	健壮性	否	是
2	基于工业标准的电装/设备加速试验	电装/设备	健壮性/完整性	否	是
3	元器件的可靠性试验	元器件	完整性	是	是
4	耐久性试验	元器件	耐久性/完整性	是	是

5.1.2　可靠性评价的产品质量前提

产品失效的随机性是产品可靠性问题的基本特征。这一基本特征决定了产品的质量一致性成为产品可靠性保障的基础和前提。

虽然一般性而言,可靠性试验的目的在实际工程中可能是多样的,不一定以量化评价为目的,在前面的讨论也具体提到了健壮、耐久性等的试验类型。但可靠性评价试验出于获取产品可靠性量化指标的目的,产品质量一致性作为评价的必要条件,反映在如下的两个方面,包括:

- 可靠性评价结果对于实际产品的真实性。
- 质量工作相较于后期可靠性保障的工程基础性。

综合前面的讨论,以产品可靠性量化指标评价为目的的加速试验需要满足如下的基本前提条件,包括:

- 以产品质量已经得到保障为前提。
- 与产品的实际使用环境和条件具有一致性。
- 与产品的实际失效行为,包括失效发生的机理具有一致性。

首先,可靠性评价试验需要以产品质量已经得到保障为前提条件。在有关产品失效过程的性质讨论中已经提到,产品的质量问题可以带来产品严重的失效分散性问题,这不仅使得因此获得的产品可靠性数据具有误导性,而且,从工程的角度来讲,产品质量的保障是一个更为基础的工作,在产品质量尚未保障的情况下试图考核产品的可靠性是没有意义的。由随机过程所主导的产品失效行为通常不是产品可靠性的关注点。事实上,在相较于产品质量的概念上,产品可靠性也经常被定义成为[49]:"随产品的使用、持续经历相应的使用环境和使用时间,仍然保持其初始产品质量的能力"。因此,可靠性不是关心产品质量本身,而是关心产品初始质量的保持能力。

其次,产品可靠性是在明确的使用环境条件下加以定义的。加速试验的设计需要基于同样的设计使用环境和条件,二者需要具有一致性。不仅如此,为达成量化评价的目的,通常这样的一致性关系还需要量化表达。试验设计通常不考虑产品的非正常使用（如用户的不正常使用）、产品失效的某些个案或是突发状况等的情况。

最后一点，试验所考核与评价的产品失效行为需要与其实际的行为保持一致。对于系统类型的产品，这一点尤其需要得到保障。系统类型产品的失效行为复杂，这里所说的产品失效行为首先是指产品的失效模式，产品评价试验中的失效判定条件需要与产品的失效模式具有高度的一致性。此外，这种一致性还体现在失效的发生部位和失效机理上。对于产品的应力加速试验通常所讲的产品失效机理保持不变的原则属于这一基本原则的一个部分。

5.1.3 失效机理不变性要求

产品试验设计的可靠性出发点与质量前提的核心考量是产品失效的随机性特征，而产品试验中失效机理的不变性要求则是反映了产品的确定性特征。

失效机理的不变性要求是严格意义下产品加速试验的基本要求。没有这一保障，加速试验的结果不再能够严格反映产品可靠性的实际情况，不具备与产品可靠性的量化关系。

已有的工程经验以及以往的研究已经知道，造成加速试验中产品失效机理发生变化的应力载荷因素是多方面的，包括：

- 试验应力类型的变化。
- 试验应力作用的方式。
- 作用应力的水平。
- 如果在多应力条件下，各应力在不同水平上的排列组合等。

首先，应力类型的变化对于失效机理的影响是显而易见的。如果以鸡蛋（或鸭蛋）在不同处置环境条件下的结果为例，众所周知，鸡/鸭蛋在孵化环境条件下可以孵化出小鸡/鸭；在盐水环境下腌制则会成为咸鸭/鸡蛋；在包裹着石灰的环境中则会变成松花蛋；在沸水中成为煮蛋；而储存不当还可以成为臭蛋等（参见图 5-1）。这个例子仅仅用来简单说明：不同的环境应力类型显然可以产生完全不同的结果。

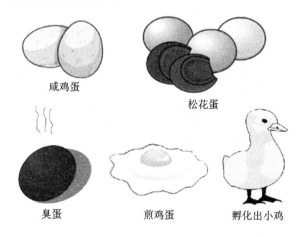

图 5-1 以鸡蛋（或鸭蛋）举例可以看到不同的加速条件所产生的不同结果[33]

应力作用方式是指应力的作用参数，例如作用的变化速率、载荷作用的路径和历史、作用方向、作用点的位置等，也可能导致产品失效机理，即失效物理过程的变化。下面是两个研究

案例:

- 案例一:对于电子产品最为常见的湿热类型试验,能够看到产品失效随时间的不同变化趋势(参见图5-2案例一结果示例)。
- 案例二:BGA封装是目前IC器件的一种主要的高密度封装形式,其互联焊点的疲劳破坏是产品可靠性研究的一个常见关注点。对于相关材料常数的问题,前期研究曾仅限应力载荷方式发生变化的条件下,试验比较所获得的材料常数的数值结果,虽然理论认为这一影响应该较小,但实际针对工程结果的研究表明,这样的影响仍然可以非常显著(参见图5-3案例二结果示例)。

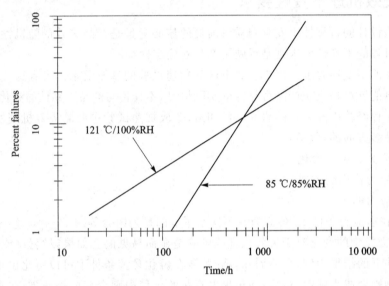

图5-2 不同湿热加速试验条件下产品失效趋势的不同(案例一)[49]

应力作用水平是试验中最为经常的考虑因素,同时也是加速试验中最为基本的加速手段。工程产品的工程应力载荷可以大体分成两大类,即

- 工作应力,主要是指驱动电子与机电类元器件工作所需要的电载荷应力,如电压、电流及其相关载荷,电场、磁场等应力。
- 环境应力,则主要是指其他产品环境类型应力,如机械、热、光、湿与化学腐蚀、生物等相关应力。

而前者在加速试验中由于工程实际的可操作性问题,通常不增加应力的水平,试验应力水平的增加主要是涉及环境应力水平的增加。此外,系统产品的应力水平会按照产品的设计使用要求定义不同的范围,主要包括:

- 性能限(Specification Limit)。
- 设计限(Design Margin)。
- 运行限(Operating Margin)。
- 破坏限(Destruct Margin)。

试验加速按照不同的目的和要求,需要参考这样的产品定义(更多详细的讨论参见后面选读小节有关应力限和应力区间的讨论内容)。

此外,多应力状况是实际产品的典型工作状态。因此,多应力条件也是加速试验的典型要

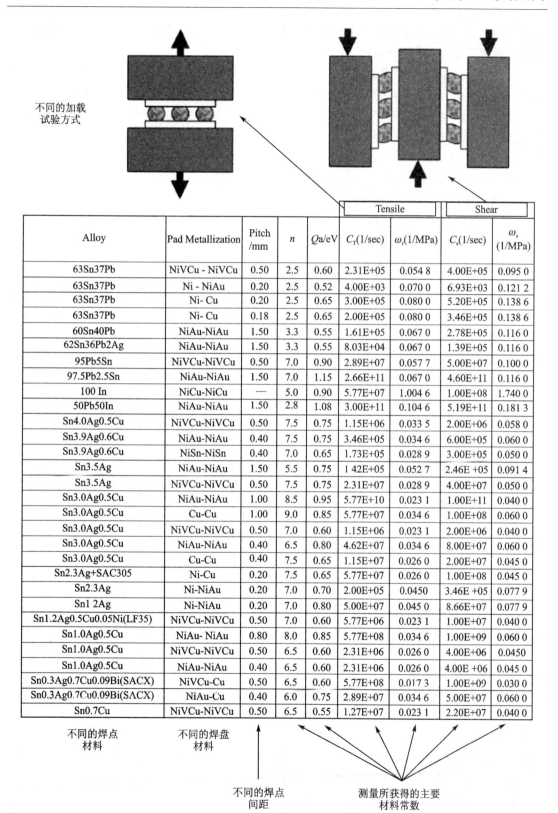

不同的加载
试验方式

Alloy	Pad Metallization	Pitch /mm	n	Qa/eV	Tensile		Shear	
					$C_T(1/\text{sec})$	$\omega_t(1/\text{MPa})$	$C_s(1/\text{sec})$	ω_s (1/MPa)
63Sn37Pb	NiVCu - NiVCu	0.50	2.5	0.60	2.31E+05	0.054 8	4.00E+05	0.095 0
63Sn37Pb	Ni - NiAu	0.20	2.5	0.52	4.00E+03	0.070 0	6.93E+03	0.121 2
63Sn37Pb	Ni- Cu	0.20	2.5	0.65	3.00E+05	0.080 0	5.20E+05	0.138 6
63Sn37Pb	Ni- Cu	0.18	2.5	0.65	2.00E+05	0.080 0	3.46E+05	0.138 6
60Sn40Pb	NiAu-NiAu	1.50	3.3	0.55	1.61E+05	0.067 0	2.78E+05	0.116 0
62Sn36Pb2Ag	NiAu-NiAu	1.50	3.3	0.55	8.03E+04	0.067 0	1.39E+05	0.116 0
95Pb5Sn	NiVCu-NiVCu	0.50	7.0	0.90	2.89E+07	0.057 7	5.00E+07	0.100 0
97.5Pb2.5Sn	NiAu-NiAu	1.50	7.0	1.15	2.66E+11	0.067 0	4.60E+11	0.116 0
100 In	NiCu-NiCu	—	5.0	0.90	5.77E+07	1.004 6	1.00E+08	1.740 0
50Pb50In	NiAu-NiAu	1.50	2.8	1.08	3.00E+11	0.104 6	5.19E+11	0.181 3
Sn4.0Ag0.5Cu	NiVCu-NiVCu	0.50	7.5	0.75	1.15E+06	0.033 5	2.00E+06	0.058 0
Sn3.9Ag0.6Cu	NiAu-NiAu	0.40	7.5	0.75	3.46E+05	0.034 6	6.00E+05	0.060 0
Sn3.9Ag0.6Cu	NiSn-NiSn	0.40	7.0	0.65	1.73E+05	0.028 9	3.00E+05	0.050 0
Sn3.5Ag	NiAu-NiAu	1.50	5.5	0.75	1 42E+05	0.052 7	2.46E +05	0.091 4
Sn3.5Ag	NiVCu-NiVCu	0.50	7.5	0.75	2.31E+07	0.028 9	4.00E+07	0.050 0
Sn3.0Ag0.5Cu	NiAu-NiAu	1.00	8.5	0.95	5.77E+10	0.023 1	1.00E+11	0.040 0
Sn3.0Ag0.5Cu	Cu-Cu	1.00	9.0	0.85	5.77E+07	0.034 6	1.00E+08	0.060 0
Sn3.0Ag0.5Cu	NiVCu-NiVCu	0.50	7.0	0.60	1.15E+06	0.023 1	2.00E+06	0.040 0
Sn3.0Ag0.5Cu	NiAu-NiAu	0.40	6.5	0.80	4.62E+07	0.034 6	8.00E+07	0.060 0
Sn3.0Ag0.5Cu	Cu-Cu	0.40	7.5	0.65	1.15E+07	0.026 0	2.00E+07	0.045 0
Sn2.3Ag+SAC305	Ni-Cu	0.20	7.5	0.65	5.77E+07	0.026 0	1.00E+08	0.045 0
Sn2.3Ag	Ni-NiAu	0.20	7.0	0.70	2.00E+05	0.0450	3.46E +05	0.077 9
Sn1 2Ag	Ni-NiAu	0.20	7.0	0.80	5.00E+07	0.045 0	8.66E+07	0.077 9
Sn1.2Ag0.5Cu0.05Ni(LF35)	NiVCu-NiVCu	0.50	7.0	0.60	5.77E+06	0.023 1	1.00E+07	0.040 0
Sn1.0Ag0.5Cu	NiAu- NiAu	0.80	8.0	0.85	5.77E+08	0.034 6	1.00E+09	0.060 0
Sn1.0Ag0.5Cu	NiVCu-NiVCu	0.50	6.5	0.60	2.31E+06	0.026 0	4.00E+06	0.0450
Sn1.0Ag0.5Cu	NiAu-NiAu	0.40	6.5	0.60	2.31E+06	0.026 0	4.00E +06	0.045 0
Sn0.3Ag0.7Cu0.09Bi(SACX)	NiVCu-Cu	0.50	6.5	0.60	5.77E+08	0.017 3	1.00E+09	0.030 0
Sn0.3Ag0.7Cu0.09Bi(S∧CX)	NiAu-Cu	0.40	6.0	0.75	2.89E+07	0.034 6	5.00E+07	0.060 0
Sn0.7Cu	NiVCu-NiVCu	0.50	6.5	0.55	1.27E+07	0.023 1	2.20E+07	0.040 0

不同的焊点
材料

不同的焊盘
材料

不同的焊点
间距

测量所获得的主要
材料常数

图 5 - 3 　不同试验条件下焊点材料常数测量值的变化 (案例二)[50]

求的情形。更多有关多应力条件下加速试验所造成产品失效机理的迁移问题,留待本章后续多应力加速问题一节进行详细内容的讨论。

需要指出的是:失效机理的不变性要求是产品可靠性评价对于加速试验设计的一个基本要求。但这一要求的保障,在实际的工程实践中并非一个理论问题,需要产品实际情况的验证与交叉检验。这样的验证与交叉检验的实施需要实际工程中综合手段的运用与相关体系的构建,这样的综合手段包括但不限于:

- 历史产品的使用与可靠性表现数据。
- 供应商的试验与数据。
- 友商的产品与可靠性情况。
- 与前期相似产品的比较。
- 历史的研究数据和经验等。

【选读 47】 应力限和应力区间

通常设备会定义工作环境与使用条件的限值或范围。不同类型设备可能定义的项目及名称会有所不同,但一般均可以归结为如下的 4 个层级,其名称与定义如下(参考图 5 - 4):

- 性能限(Specification Limit):保障产品所提供的所有功能与性能要求。
- 设计限(Design Margin):产品的正常设计范围,但在超出性能限范围以后,可能自动采取一定的保护措施,如降额运行、暂停某些功能、暂时停机、进入安全模式等,运行条件恢复后,系统重新自动恢复正常运行。
- 运行限(Operating Margin):超出系统设计范围,系统可能发生非正常停机等非正常状态,造成设备信息丢失等问题,但设备重启以后,系统能够恢复正常工作状态。
- 破坏限(Destruct Margin):系统可能发生永久性故障或失效,需要修理或是更换。

显然,设备一级的系统可靠性试验需要参考这些应力限的相关定义。同时,不同的试验和评价目的会采用和参考不同的应力限或区间作为试验环境。对于研发阶段试验,尤其是 TAAF(Test Analyze and Fix)类型的试验(详细内容参见后续工程评价场景与案例问题处置一章有关可靠性设计小节的讨论),试验的主要目的是 V&V,其次产品可能兼顾考察产品的失效率,则试验环境的应力水平会比较低(注:应力水平增高会导入更大可能的产品寿命失效,详细内容

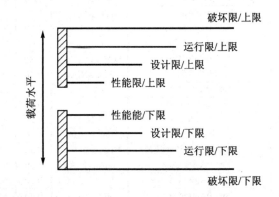

图 5 - 4 不同级别载荷限示意图[33]

还可参见后续系统可靠性与寿命评价一章的讨论),会限制在设计限的范围之内。如果是产品的验收试验,尤其是产品的寿命试验,则可能引入更高的应力水平,会选择介于设计限与运行限之间。而如果不严格限定产品的可靠性试验,如健壮性试验,则应力水平可以更高,超出产品一定的运行限运行和试验,例如 HALT 试验。

【选读 48】 系统根源失效的不变性

针对上一级小节所讨论的有关失效机理不变性要求的问题,需要在这里进行一些更加细

化的讨论。

事实上,虽然加速试验的这样一个设计原则在传统上一直是称为失效机理不变,但是,按照前面产品失效性质与应力加速一章中有关应力加速定义的讨论就能知道:这里所说的失效机理不变是指有关原本实际发生根源失效,除速度以外的所有失效物理特性均不能发生改变,包括了根源失效的模式和发生部位,而非仅仅限于根源失效的特定物理过程。因此,按照前面章节中已经讨论的有关系统失效相关概念的定义,上一级小节所讨论的失效机理的不变性要求,实质上更确切地应该是根源失效的不变性要求。

在前面有关系统失效内容章节的讨论中,尤其是系统根源失效相关概念的讨论中,已经明确了定义系统根源失效各信息要素、即失效的模式、部位和机理之间的函数关系。基于这样的关系能够看出:如果产品的加速试验满足其根源失效的不变性要求,则必然也满足失效机理的不变性要求。所以,从这个意义上讲,根源失效的不变性要求与失效机理的不变性要求相比,是一个要求更高、更加严格的条件。这实际也从理论层面解释了在实际的工程条件下,以可靠性评价为目的的加速试验本身事实上也的确是一个条件严格的试验和评价过程。

因此,带来的一个实际问题就是:这样的讨论到底有何实际的工程意义和目的?事实上,工程所真正关心的问题并非失效机理的不变性要求或是根源失效的不变性要求指什么,而是关心什么样的工程状况会导致这样的条件不满足的情形发生,以解决人们在产品实际的加速试验设计中能够容易地避免错误、正确完成设计和实施试验的问题。那么根源失效的不变性要求就清楚表明了如下的上述 3 种情形,即

- 产品原有根源失效的发生部位发生了改变。
- 产品原有根源失效的模式发生了改变。
- 二者均发生了改变。

5.1.4　根源失效机理已知

在加速试验的设计中,对于所评价的失效机理是已知的并非一个独立的要求。事实上,前述对于加速试验失效机理不变性的要求已经隐含了对失效机理的已知要求。

失效机理已知作为加速试验设计的前提条件,详细而言,包含了如下若干方面的具体含义,即

- 应力加速试验:这里的加速均是指应力加速,因此是对于产品物理失效过程的加速。
- 针对产品物理失效的加速:不是所有系统的失效过程都是物理过程(具体参见前述有关系统可靠性问题研究侧重点的讨论),因此,也并非所有的系统失效都能通过应力实现加速(具体参见前述有关系统失效加速方面的相关讨论)。
- 系统的根源失效:系统根源失效属于物理失效,通过对于系统根源失效的了解,保障系统应力加速过程中不同失效的相互独立性(具体参见前述有关系统根源失效的相关讨论)。

对于系统硬件而言,产品失效机理是指其根源失效及其物理失效过程,根源失效机理已知意味着如下失效信息已知,即该根源失效的失效模式、局部失效部位和失效机理。加速试验需要在这一信息的基础上进行和完成设计。也正是因为这样的一个必要条件,在产品相关信息缺失或是不充分的情况下,首先需要通过分析等手段完成相关信息的获取工作,这部分工作也因此构成了加速试验设计的首要内容(详细内容继续参见后续小节的讨论)。

5.1.5 加速试验设计的基本逻辑要求

基于前面所讨论的加速试验设计的原则,要求工程中的加速试验设计流程需要包含有一些必要的元素,尽管具体的处置步骤和处置内容可能会因为不同的应用场景而发生变化。这些要素会包括:

- 对象样本目标失效的定义。
- 对象样本失效判据的定义。
- 对象样本的失效物理过程、载荷影响因素和量化模型;基于产品失效物理过程的加速模型。
- 加速载荷与试验设计。
- 样本试验结果的必要性验证:根源失效的验证,包括根源失效时间的模式和发生部位。
- 试验结果的充分性验证:产品实际使用结果对于试验评价结论的验证。

其中,加速试验的设计属于具有主观性和技术性或是技巧性的工作内容,因此,加速试验设计在理论上一定是存在试验结果验证的问题的。没有验证环节存在的加速试验设计与实施,在工程中会因此容易产生谬误或是误导性评价结果与结论。

5.2 试验设计内容

围绕可靠性量化评价要求,加速试验设计包括如下的若干主要内容,即

- 试验对象系统失效机理与模式的确定和定义。
- 试验对象系统的使用环境,即试验参考点条件的确定和定义。
- 试验加速因子的确定。
- 试验样本量估计。
- 试验终止条件的定义。

这里,两方面的工作内容涉及产品的可靠性评价对于加速试验设计的基本工作要求,即系统失效机理模式与参考点环境的确定与定义问题。前者作为被考核对象产品的可靠性问题评价项目,而后者则是有关这一问题环境条件的具体量化定义。这两项工作内容都是后面进一步完成量化试验设计的基础,尤其是其中的第一项工作,同时也是试验设计工作中的难点和关键问题。

需要指出:前两项工作均是整体可靠性评价以及产品试验设计部分的输入条件,而且是基础输入条件。前面已经讨论到有关产品质量和可靠性对于用户要求检验,即对于 Validate 的基本性检验原则的问题(具体参见上一小节内容的讨论),遵守这样的原则,要求可靠性评价对象产品的失效机理模式和参考点环境的定义与产品实际使用中发生的情况保持一致。这一原则是造成以产品可靠性评价为目的的试验设计工作存在这种最大难点问题的根本性原因。

紧跟的第 3~4 项工作均属于试验量化设计的直接内容。其中,加速因子是加速试验的基本加速参数,决定了加速试验对于试验时间的估计以及对于样本失效数据的最终处理和结果量化解释等方面的问题,而样本量则决定了试验结果的显著性和可信度的问题。

在实际的加速试验,尤其是寿命试验的设计中,为了保障在有限的试验时间的框架内能够完成所有的试验、得到样本的失效数据,通常会使用不同应力水平,例如阶梯递增应力条件的

试验方式,在这样的情况下,总的试验时间为不同应力水平下所设计时间的总和。另外,对于样本量的问题,考虑到其理论问题处理上的复杂性,将其放到下面一节做专门的讨论。

最后一点有关试验终止的设计问题,实际反映了试验设计以及可靠性量化评价最终的工程目的以及实际的工程所能够提供的试验设施、时间、成本等的条件问题。相关问题均在本节做更多详细的讨论。

必须强调:试验设计本质上是一种试验参数以及相关试验条件的估计,并非试验未来实际会发生的结果,甚至试验的估计与最终的试验结果可能存在相当的出入。试验设计的目的仅仅是保障试验的顺利完成并同时能够达成可靠性量化评价的预设目标,尤其是量化考核目标。因此,试验在完成并得到结果数据以后,仍然需要进行独立的数据处理与修正,依据实际发生的样本失效结果重新进行参数估计,而非直接利用试验设计时的估计结果,即需要一个完全独立的数据处理过程。

有关数据处理部分的相关问题在下面的有关系统可靠性与寿命评价的一章中专门进行讨论。

本节具体的子节内容按照顺序包括:

- 失效模式与机理信息。
- 参考点条件。
- 加速因子。
- 试验终止。

5.2.1　失效模式与机理信息

失效机理已知是加速试验设计的一个前提条件,同时结合其他针对系统硬件应力加速的试验设计原则,以及 MIL - HDBK - 883 定义的可靠性规格要求(可参见引言的相关讨论),因此,决定了加速试验设计理论上在其一开始的阶段就需要对产品失效进行完整和详细的定义,这一内容成为产品试验设计需要完成的首要工作。而且,这一定义需要满足产品的设计与实际失效情况,即满足产品失效的 V&V 要求。

在工程条件下,完成产品失效的定义,提供产品失效模式与失效机理的完成信息,通常可以来源于如下的 3 个类型中的某一个或者是其中的若干个产品信息来源与渠道,包括:

- 产品的实际使用情况信息:例如产品的 FRACAS 信息。
- 产品的试验数据和结果:产品可靠性试验数据。
- 分析结果:结合元器件、零部件以及其他产品来料供应商所提供的产品来料的可靠性信息与数据,结合产品的设计与生产工艺等信息完成的 FMEA/FMMEA(Failure Mode Mechanism and Effect Analysis)分析结果等。

表 5 - 2 实际给出了国内某公司对于其所开发产品可靠性试验评价文件中提供的案例。失效机理的确定为下一步确定量化的寿命评价模型提供依据,失效模式则为试验中失效的判定与检测方法提供支持。

【选读 49】　产品可靠性试验与评价的基本逻辑

在引言介绍有关产品可靠性量化评价的问题时就提到产品的可靠性规格问题,这一规范实际详细描述产品的可靠性相关要求,构成产品可靠性评价的出发点(详细内容参见引言的

表 5－2　某公司所分析给出的屏蔽泵主要失效机理和模式

主要部件	失效模式	失效激发手段
壳体内表面	腐蚀,液体长期冲刷,内部轻微腐蚀	长期高温运行
轴、轴承及轴套	振动,磨损或润滑缺少,振动产生噪声	长期高温、高压运行
	卡死,润滑不好,泵启动困难	长期运行、启停
密封圈	泄露,材料老化,尺寸变化	长期高温运行
	磨损,压力偏大,装配不当	长期高温、高转运行
定子、转子及电机组件	短路,过热绕线烧坏	长期高温、高转运行
	烧坏,过热、过载绕线烧坏	长期高温、高转运行
	老化,电路中电子器件老化	长期高温、高转运行
叶轮	破损,气蚀,异物撞击	长期高温、高转运行

1) 泄露、磨损、卡死、电子器件老化、短路、烧坏是主要的失效模式;
2) 长期高低功率交替运行、间断性长期启停、长期高温运行是主要的失效激发手段。

讨论)。它包括如下 5 个方面的内容,即

- 产品的量化可靠性要求。
- 产品使用环境。
- 产品的使用时间与任务要求。
- 产品的失效与判定。
- 产品的统计学判定要求。

有一点需要关注的是:该可靠性规格并未如产品的可靠性要求那样,定义所谓的产品功能与性能要求,而定义产品相反意义的失效,对于系统一级产品而言,这一失效定义意味着如下 4 个方面内容(详细内容参见系统和系统失效一章有关系统失效的定义与描述的讨论):

- 系统失效模式和影响。
- 系统失效的发生条件与典型工作环境。
- 系统失效的物理隔离和定位。
- 系统失效的根因与处置。

那么,这样的要求是否是必要的? 事实上,对于一个产品而言,定义其功能和性能要求应该更加简单清晰,但失效的定义反而复杂且可能存在很多的不确定性。

在本书的前面章节,曾经讨论了统计论推断的假设检验逻辑,事实上,这一逻辑与这里的产品可靠性评价的逻辑是一致的。对于任何一个实际的工程产品而言,其任一试验结果不仅具有随机性或不确定性,而且其实际可能发生工作环境和状态的数量是无穷大的,所以,对于任何定义的产品功能和性能要求,均无法在评价试验中一一进行穷举和验证。因此,理论上讲,从产品所要求功能和性能要求的角度定义的产品可靠性评价要求是无法进行充分性验证的。必须要按照统计论中假设检验的理论,通过推翻零假设的方式来完成产品可靠性水平的评价问题。这里的零假设就是有关产品失效的定义。

由此可以看出:完成产品可靠性试验和评价的基本思维逻辑本身就要求在产品的可靠性规格中首先完成产品失效的定义。这是产品可靠性试验和评价的出发点。这在理论上也揭示

了系统 FRACAS/FMEA 等分析工作的重要性。

5.2.2 参考点条件

参考点条件是指在加速应力试验中,作为试验应力提升数量水平的基准参考条件,是基于产品使用环境条件所确定和得到的一组相关应力的参数值,完成对于加速环境、加速因子、试验时间的估计。

虽然加速应力试验的参考点条件源于产品的使用环境定义,这样的使用环境定义常见于产品的可靠性要求、可靠性规格或是产品设计规范等的相关文件中,但这里的参考点条件,与使用环境条件相比,仍然存在如下若干方面的基本不同点,包括:

- 参考点条件完全是指量化的参数值,用于试验加速环境的估计,而产品使用环境条件的定义则允许是文字描述。例如,产品使用环境条件中要求产品用于室内环境,则参考点条件需要给出具体的室内温度值。
- 参考点条件完全用于产品试验加速应力的估计和定义,产品使用环境中不涉及加速的应力部分无须定义参考点条件。例如,产品的正常工作条件包括电源电压,但由于电源电压通常不属于加速应力的范畴,因此,电源电压参数与使用量值就无须进入参考点条件。

除上述这些基本的不同点以外,参考点条件与使用环境条件还存在更为复杂的不同点问题,包括:

- 虽然参考点条件本质上是基于使用环境条件,但在量化估计应力加速的时候,可能需要某些特定的物理量,用于定义参考点条件,而同样的物理量并非也会明确定义在产品的使用环境中。以随机振动为例,即使产品规定了某些类型的振动环境,这类环境通常通过功率谱密度加以定义,而参考点条件由于应力加速估计的需要,需要进一步给出振动的均方根密度。
- 产品的应力加速除环境条件外,工作条件也是应力加速的范畴。这类工作应力通常会与产品设计有关,使得这一类型的参考点条件有时并不能仅仅是通过产品的使用环境定义而直接给出。例如,通过振动环境增加接触件的微动磨损、腐蚀等方面的问题,与摩擦的接触正应力的大小有关,而这方面的参数通常与产品的使用环境条件的定义无关。
- 应力加速是指产品特定失效物理进程的加速,因此,涉及产品的局部环境和过程的加速,所以,参考点条件也可能涉及产品局部环境与条件的定义问题。而产品使用环境通常是指产品的整体环境,而不是局部环境,因此,在某些场合涉及产品整体环境与局部环境的修正问题(有关这方面更多的讨论,请参见后续有关系统可靠性与寿命综合评价的相关章节和内容)。

事实上,从加速试验本身来讲,不同目的和要求的试验,在试验手段、方法、应力类型等方面并没有太多本质上的不同,因此,可靠性量化评价试验与非量化试验,以及其他非严格意义下的加速应力试验,在上述的试验手段等各方面也没有本质上的不同,其中的关键不同点主要集中体现在如下的两点,即

- 是否满足上节所讨论的可靠性评价试验设计原则。
- 是否能够明确给出试验应力加速的量化关系。

满足了上述的第一点即构成严格意义上的产品可靠性试验,而进一步满足第二点就完成了量化试验设计。由上面关于试验参考点条件的讨论可以看出:明确应力加速试验的参考点条件是满足上述第二点条件,并进而可以完成加速因子估计的基本标志和工作要求。

结合上面有关加速试验设计中有关参考点条件的工作目的和要求,通过如下若干步骤完成加速试验参考点条件的细化和明确。这些步骤包括:

- 描述产品使用环境、提供产品载荷抛面等信息。
- 明确试验加速的失效机理、量化失效机理模型以及模型所涉及的环境条件参数。
- 结合上面两项条件,提供所有环境参数的数量。

表 5-3 所示为某屏蔽泵加速试验设计中参考点条件参数及其量值的定义案例[31]。

表 5-3　某屏蔽泵加速试验设计中参考点条件参数及其量值定义举例[31]

#	用于加速的应力与载荷	参考条件	典型工作状态			参考条件确定的输入变量	输入变量的参考值	确定依据
			运行	起步/止步	停止			
1	单位质量对磨损面法向载荷	0.11 N/kg	√	NA	NA	振动加速度有效值	0.11 m/s²	根据参考泵型号手册,查询 GB/T 29531—2013 泵的振动测量与评价方法中给定的泵评价要求
2	转速	2 900 r/min	√	NA	NA	NA	NA	参考泵的型号手册,转速影响摩擦滑动距离 $L=vt$
3	温度(老化)	25 ℃	√	√	√	NA	NA	室温
4	疲劳受到的振动谱加速度幅值	0.16 m/s²	√	NA	NA	振动加速度有效值	0.11 m/s²	根据参考泵型号手册,查询 GB/T 29531—2013 泵的振动测量与评价方法中给定的泵评价要求,设振动为标准正弦振动,载荷谱为平均应力为 0 的正弦谱。SN 曲线公式中 $\lg S = A + B\lg N$,根据轴承材料与 GJB150.16A,可取 $B=-1/6$
5	泵入口气压值	70.9 kPa	√	NA	NA	NA	NA	以 50 mm 管径的两垂直 1 m 钢制粗糙直管和 90°粗糙弯管连接,水流流速 2 m/s。后根据垂直高度与压头损失进行公式计算
6	温度(气蚀)	25 ℃	√	NA	NA	NA	NA	室温

注:NA——Not Applicable,不适用。

【选读 50】 基于失效率的载荷作用时间的等效

在前面讨论有关系统可靠性模型的问题时,已经涉及了有关系统失效率在整体载荷抛面上的等效问题(具体参见系统和系统失效章节中有关系统失效率在载荷抛面上等效的讨论内容),而且,当时也提到,失效率等效也并非进行系统可靠性运行状态表征的唯一方式。

事实上,如果对于系统载荷抛面进行相关等效的目的是更加清晰明确地表达该系统在相应载荷抛面上的可靠性运行状况,则正像前面章节中的实际工程案例那样,系统失效率的等效是必要和适当的。但是,如果等效的目的是首先能够清晰和简洁表达系统的实际运行环境,并以此作为参考点进行加速试验设计的话,相较于前面针对系统失效率的等效方式而言,对于载荷抛面的等效和简化可能就显得更为关键。对于一个实际由多种不同的载荷条件所总合构成的载荷抛面,其加速条件的设计可能过分复杂,甚至是工程实际所不可操作的,因此,有必要在等效条件下进行简化。

到目前的讨论也已经多次提到:一个产品的使用载荷抛面实际是由一组典型使用环境所决定的。在实际条件下,这样的一组典型环境通常不是完全等价的,即有些环境条件在系统的实际使用中占主导地位,而其他的适用时间则相对较短。最为典型的状况就是:产品使用环境中的运行阶段通常是占有主导地位、是决定系统可靠性的主要因素,而使用周期中的其他部分,例如,运输、待机、维修等则处于从属地位。这种状况所导致的一种工程实际情况就是:一个系统的载荷抛面主要是由其运行条件所决定的。这也就决定了基于系统主要环境条件的等效不仅是另外一种可行的方式,而且在工程上具有实际意义。

参照前面小节进行系统失效率等效的讨论,同样假定一个载荷抛面的时间周期为 t_0,且该载荷抛面包含了 n 个典型工作环境条件,每个环境条件所持续的时间长度为 $\Delta t_i (i=1, 2, \cdots, n)$,且总的抛面周期时间长度等于 t_0,即

$$\sum_{i=1}^{n} \Delta t_i \equiv t_0 \qquad (5-1)$$

与前面所不同的是:这里认为其中存在一个系统的主要环境条件,作为整个系统使用载荷抛面的基准环境。该条件下的系统失效率和作用时间分别记为 λ_0 和 Δt_0。因此,依照前面的讨论,在基于失效时间指数分布的条件下,系统整个载荷抛面工作时间段内的系统可靠度 $R(t)$ 为:

$$R(t) = \prod_{i=1}^{n} R_i(\Delta t_i) = \prod_{i=1}^{n} e^{-\lambda_i \Delta t_i} \qquad (5-2)$$

这里,下角标 i 表示使用载荷抛面中的不同载荷条件,λ_i 为不同载荷条件下各自的失效率。

考虑到第 4 章已经讨论的有关产品可加速性的问题,已知不同载荷条件下的系统失效率 λ_i 可以通过针对基准环境条件的加速因子 AF_i 来进行表达,即

$$\lambda_i = AF_i \cdot \lambda_0, \quad i = 1, 2, \cdots, n \qquad (5-3)$$

代入上面的可靠度函数的表达式即得到:

$$R(t) = \prod_{i=1}^{n} e^{-AF_i \lambda_0 \Delta t_i} = e^{-\lambda_0 \sum_{i=1}^{n} AF_i \Delta t_i} \qquad (5-4)$$

所以,在这样的基准条件下,可以得到一个系统失效率为 λ_0,而载荷作用时间为 Δt_0 的仅为单一载荷和作用时间的等效载荷抛面,即

$$R(t) \equiv e^{-\lambda_0 \Delta t_0}, \quad \Delta t_0 = \sum_{i=1}^{n} AF_i \Delta t_i \qquad (5-5)$$

从上面的推导过程可以看出:上述这样的时间等效过程需要基于系统的可靠度函数与系统的工作时间历史无关,而这一点显然不适用产品的耗损失效类型。因此,对于系统寿命的状况,仍然不能简单进行上述载荷抛面的时间等效。有关寿命部分的等效在后面的小节讨论(具体参见本章后面试验的时间累计一节中有关基于寿命载荷作用时间等效的讨论内容)。

5.2.3　加速因子

加速因子是可靠性工程中有关加速试验的一个基础概念和量化参数,是指产品在完全相

同失效模式和机理条件下,在所规定的正常使用环境条件和加速应力试验条件下产品失效时间的比值,即

$$AF \equiv \frac{t_0}{t_1} > 1, \quad t_1 = \frac{t_0}{AF} < t_0 \qquad (5-6)$$

其中,AF 为加速因子,t_0 和 t_1 分别为使用环境和加速环境条件下的产品失效时间(如图 5-5 所示)。加速因子表征了加速试验中应力相较于规定环境条件的提升程度。

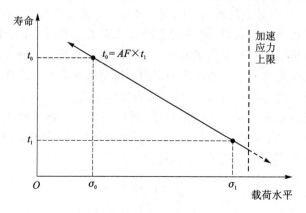

图 5-5　加速因子示意图[46]

加速因子作为一个量化描述应力加速的基本参数,早在第 4 章涉及产品一般性应力加速模型的讨论中已经引入。除了上述通过失效时间对于加速因子的基本定义,加速因子还可以通过产品在不同应力条件下的损伤速率给出,即

$$AF = \frac{u_{D_1}}{u_{D_0}} \qquad (5-7)$$

其中,u_{D_0} 和 u_{D_1} 分别为产品在正常使用条件和加速条件下的损伤速率。更为一般性地,还可以将加速因子表达成为应力状态函数的形式,即

$$AF(\bar{\sigma}) = \frac{1}{u_{D_0}} u_D(\bar{\sigma}), \quad u_{D_0} = u_D(\bar{\sigma}_0) \qquad (5-8)$$

这里,$\bar{\sigma}$ 为应力水平,在多应力环境条件时为向量;而下角标 0 表示产品的正常使用环境,或是某种明确定义的参考环境条件。

事实上,工程中常见的失效物理函数大多是以损伤速率的形式给出的,例如,对于可靠性工程人员所最为熟知的 Arrhenius 模型。同时,在工程中也定义了常见模型与参数(例如常见于温度中的 Q_{10} 系数等),用于快速计算或是估计加速因子。

【选读 51】　温度加速与 Q_{10} 系数

众所周知,温度的上升不仅在产品的实际运行环境中普遍存在,而且这样的状况会导致材料的化学反应及其相关联物理化学过程进行速度的加快,从而可能造成产品关键部位材料物理化学性质的变化,最终造成产品失效。所以,通过提升产品的环境温度水平来加速产品可能的失效进程,也是产品可靠性工程中最为基础的应力加速方式。

用来描述温度加速这样的产品失效过程的模型,也是产品可靠性工程中最为基础的量化失效物理模型,即所谓的 Arrhenius 模型。按照前面产品失效性质与应力加速一章已经以此

举例和说明的那样,这一模型可以表述为如下的形式:

$$u_D(T) = A e^{-\frac{E_a}{\kappa T}} \qquad (5-9)$$

其中,u_D 为损伤速率,T 是环境温度,E_a 是化学反应过程的激活能常数,$\kappa = 8.62 \times 10^{-5}$ eV/K 是 Boltzman 常数,A 为模型常数。因此,这一物理过程相应的加速因子模型就成为:

$$AF(T) \equiv \frac{u_D(T)}{u_{D0}} = e^{\frac{E_a}{\kappa} \cdot \frac{T-T_0}{T_0 T}} \qquad (5-10)$$

其中,AF 是加速因子,下角标 0 则表示了产品的正常运行温度环境或是其他专门进行了定义的参考温度环境。

在上面的加速因子模型中,如果考虑电子产品较为常见和典型的运行环境,其中激活能 $E_a \approx 0.8$ eV/K,而运行的温度范围大致在 $+75/+125$ ℃之间,则在产品温度上升 10 ℃的时候,代入上面公式很容易得到 $AF \approx 2$。这就是在产品可靠性工程常常会被提到的所谓"产品温度加速的粗算估计规则",即"产品温度每上升 10 ℃,产品寿命下降 50%"。

因此,为在工程中为可靠性工程人员提供一个直观的温度加速概念,行业内会用到所谓的 Q_{10} 系数,定义为:

$$Q_{10} \equiv AF^{\frac{10}{T-T_0}} \qquad (5-11)$$

如果在式(5-11)中代入上面加速因子 AF 的表达式,可以得到:

$$Q_{10} = e^{\frac{E_a}{\kappa} \cdot \frac{10}{T_0 T}} = e^{\frac{E_a}{\kappa} \cdot \frac{10}{T_0(T_0+10)} \cdot \frac{T_0(T_0+10)}{T_0 T}} \qquad (5-12)$$

考虑到在通常的加速试验的温度范围内,下面比值大致总是接近于 1 的,即

$$\frac{T_0 + 10}{T}(K) \approx \frac{T_0 + 283}{T + 273}(℃) \approx 1 \qquad (5-13)$$

于是得到 Q_{10} 系数的一个近似表达式为:

$$Q_{10} \approx e^{\frac{E_a}{\kappa} \cdot \frac{10}{T_0(T_0+10)}} = AF(T = T_0 + 10) \qquad (5-14)$$

所以,可以看出:Q_{10} 系数是指温度上升 10 ℃时的加速因子,以此构成一个温度环境加速的特征参数。

依据这样的定义,对于任何一个温度加速环境,其加速因子也可以通过 Q_{10} 系数来进行估计。变换一下上面 Q_{10} 系数的定义表达式即可以得到:

$$AF(T) = Q_{10}^{\frac{T-T_0}{10}} \qquad (5-15)$$

该加速因子与 Q_{10} 系数的曲线关系则如图 5-6 所示。其中,$Q_{10} \approx 2$ 是产品可靠性工程中的一类常用情形。

5.2.4　试验终止

不难理解,试验终止设计问题的出发点是试验的工程目的,进而是衍生而来的对于试验的设计要求和实施策略,具体一些而言,三者分别是指:

- 试验的工程目的:试验作为手段、需要最终达成的工程效果、所需要满足的工程需求等。
- 试验的设计要求:基于上述的工程目的,对于试验所提出的更为具体的、在一定操作层

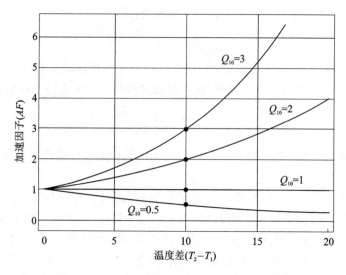

图 5 - 6 Q_{10} 与反应加速因子的关系示意图[11]

面的限定条件。

- 试验的实施策略：为应对和满足上述的试验设计要求而在试验的实施层面所提出的处置原则和应对思路。

上述 3 点是一个紧密相关，逐步将一个工程需求具体体现到试验设计上的过程。

在工程中，有两个基本的处于两端的试验设计思路，或称为试验设计策略，用以应对不同的工程试验在其可操作性与工程目的上的不同要求，即

- Test to Pass 设计：保障产品能够达到要求即可，即所谓的产品通过试验。
- Test to Fail 设计：充分了解和全面掌握产品的实际性能，即所谓的产品失效试验。

显然，前者在实施上更加快速、成本低，但同时，试验并不能掌握产品最终的可靠性能力。而后者的情况则正好相反，试验为了测出产品的实际可靠性性能，可能需要因此付出过高的时间和资金成本。在一些工程行业，干脆形象地称之为试验设计的短方案和长方案。有关这一设计策略的更多讨论可以继续参考选读小节的内容。

试验终止的问题就是指当试验达成了某些条件，能够达成预计的某种工程目的后，就结束试验。因此，试验终止可能造成数据信息在一定程度上的不完整，但显然，这样的不完整并不会对达成上述预期的工程造成任何的影响。如果仅限从数据信息的角度来看，在统计论中，试验终止问题的处理本质上是一个数据信息截断（Censoring）的问题。

一般而言，任何试验从数据获取的角度看，均包含有如下 3 个基本要素，即

- 样本试验所采集的参数。
- 进行试验和采样的时间长度。
- 数据采集的样本量。

其任何一个设计要素的调整和变化均可能造成数据的信息截断。这一问题的具体讨论在选读小节的内容中具体进行。从其中的讨论可以看出，上述试验设计策略与数据的信息截断存在着明确的对应关系，即

- Test to Pass：为第一类信息截断，属于限定试验时间的信息截断。
- Test to Fail：为第二类信息截断，属于限定试验样本中失效样本发生数量的信息截断。

此外,在通过试验中,通常可以允许一定数量的失效样本,但是,考虑到这一试验设计策略所服务的实际工程目的,显然允许零失效的情形试验时间最短、试验效率最高,因此,在实际的工程操作中,通过试验通常都是指零失效通过试验,即 Bogey Test。基于同样的原因,Bogey Test 通常还会伴随设计有尽可能高的样本置信度,即最大置信度条件下的零失效通过试验。更多有关 Bogey Test 的讨论也参见选读小节的内容。

另外一方面,对于失效试验,如果试验样本会在试验中很快发生或一定会发生失效,则通常也不存在区分不同试验设计策略,即区分 Test to Pass 和 Test to Fail 的必要性,因此,与产品的可靠性评价(即产品失效率评价)试验相比,失效试验尤其是指寿命评价试验。在寿命试验的 Test to Fail 设计中,虽然也允许部分样本、而非全部样本失效的设计要求,但既然已经希望获取样本的全部可靠性信息,通常会尽可能将试验中的样本全部做到失效,为达成这样的目的,试验设计中会采用阶梯增加的应力试验等手段,以保障整体的试验时间控制在一个合理的范畴。显然,失效试验一般也一定是寿命试验(Life Test)(注:有关寿命试验的相关概念可以参见引言的讨论)。

上述有关试验终止设计问题总结如下:
- Test to Pass:基于产品能够通过试验最低要求,type Ⅰ,一般一个都不坏,Bogey Test。
- Test to Fail:至少要做到坏,type Ⅱ,一般做到都坏,阶梯应力试验,TTF。

相关信息也总结于表 5 - 4。

表 5 - 4　试验终止设计的比较

#	终止要求	数据信息截断	试验类型	是否寿命试验
1	Test to Pass	第一类	Bogey Test	非
2	Test to Fail	第二类	阶梯应力试验	是

【选读 52】　数据的信息截断(Censoring)

在统计论中,数据的信息截断(Censoring)就是指在数据的测量或是观察过程中,仅获得该数据量值的部分信息。这里的部分,可以是指单一数据自身的信息不完全,也可以是指一组数据中一部分的数据信息完整,而另外一部分信息不全的情况。在中文术语的翻译中,这样的数据处置情况也被译为删失。

需要指出的是:数据的信息截断并非一种单纯的数据信息不全的状态或是数据结果,而是一种数据获取或是试验过程中操作者的主观行为,即试验的规划或是操作者进行了某种权衡以后的结果。这样做的目的通常是为了提升和改善试验的工程可操作性,如缩短试验所需时间、降低试验成本等。

以产品可靠性中的寿命试验为例,如果试验运行一段时间,没有发现任何的失效样本,且操作者按照试验方案认为所有的样本已经达到产品的设计寿命要求,选择终止试验,则此时试验样本的寿命数据就仅仅得到了一个寿命下限值,因此信息处于不完全的状态。显然,操作者这样做有其工程需求和必要性,在这一案例中,数据的信息截断在满足试验要求的前提下,可以达成缩短试验时间、节省试验成本的目的。

一般而言,任何的数据试验均包含如下的 3 个基本要素,即
- 样本试验所采集的参数。

- 进行试验和采样的时间长度。
- 数据采集的样本量。

因此,对于上述任何一个试验要素的调整,均可以实现或是客观上造成数据的信息截断。而且,上述 3 者的基本要素相互之间并不独立,所以调整其中的任何一个也可能导致其他要素的改变。

容易看出:基于这样的一种认知,对于上述 3 个试验基本要素不同方式的调整就可以构建和定义不同的且数量有限的数据信息截断的基本方式和类型。在统计论中,所有数据信息截断的类型均被赋予一个专门用语。对于采集参数的调整仅有如下的 3 种基本方式,包括:

- 左侧截断:仅知道数据小于某个上限值,但不知道具体是多少。例如,试验在完成时试验样本已经失效的情形。
- 中间截断:仅知道数据在某两个值的中间,但不知道具体是多少。例如,在试验过程,样本失效的检测是间歇性的,因此,这样的样本检测时间间隔构成了样本失效时间的不确定性范围。
- 右侧截断:仅知道数据大于某个下限值,但不知道具体是多少。例如,产品可靠性中的定时截尾试验,以及通过这样的试验所得到的样本寿命数据。

由上面的定义和举例可以看出:在本书所讨论和重点关注的工程情况下,数据的右侧信息截断是一种更为普遍的状况。

对于上述 3 个基本试验要素中另外两个试验要素进行调整的情况,则被分别命名和定义为:

- 第一类信息截断:限定试验时间的信息截断,且数据的信息截断属于右侧截断。
- 第二类信息截断:限定试验样本中所需事件或是观察结果发生数量的信息截断,且数据的信息截断同样属于右侧截断。

【选读 53】 通过试验(Test to Pass)和失效试验(Test to Fail)

试验作为数据获取的基本手段,在实际的工程条件下,永远存在可操作性以及工程目的的现实问题。其中的工程可操作性问题,除了设备条件、技术条件等的可行性制约因素以外,通常还必须包括试验时间和成本。

基于这样的情况,对于试验设计的问题,工程上存在如下两种基本的,同时也是在各自两个极端上的试验设计思路,或称为试验设计策略,以应对不同的工程试验在其可操作性与工程目的上的不同要求,即

- 保障产品能够达到要求即可,即产品通过试验或 Test to Pass 设计。
- 充分了解和全面掌握产品的实际性能,即产品失效试验或 Test to Fail 设计。

Test to Pass 是指以样本通过为标准完成设计试验。例如:3 个试验样本试验 100 h,样本试验前与试验后各进行一次功能测试,全部没有问题为试验通过。这样的试验在产品研发过程中最为常见,多为小样本量,限制试验时间,一般不监测受试样本的性能退化情况,允许有效控制试验成本。其试验设计的基本原则可以通俗地总结为够用就行。适用于本研究的所谓短方案。

Test to Fail 则是指以样本做到失效为标准来完成试验设计,通常的寿命试验多为这一类型。这一类的试验允许看到产品样本的最终失效结果,允许进行更为详细的统计和可靠性检

查工作。其试验设计的基本原则可以通俗地总结为想知道到底是多少。因此,适用于本项目研究的长方案,尤其是验证试验设计。

显而易见,Test to Fail 设计的代价是试验的时间和成本。但是,也需要指出,Test to Fail 也未必就一定比 Test to Pass 好,Test to Fail 如果时间太长,可能根本不可取,如果大幅提高试验加速的程度,从而缩短试验时间,其试验结果相较于真实结果的有效性又可能会得到质疑,因此,试验的设计一般都会是一个权衡的结果,只是权衡的理由和依据需要科学和清晰。

表 5-5 汇总了 IC 封装以设计开发为目的的 Test to Pass 和 Test to Fail 二者试验设计策略的比较情况,对于不同的工程应用领域,这样的比较也会存在差异。

表 5-5　IC 封装以开发为目的 Test to Pass 和 Test to Fail 试验设计策略的比较[12]

#	比较项目	Test to Pass	Test to Fail
1	试验时间	时间预制和一定程度的标准化,对于不同产品的试验应力水平可能有些过高、可能有些不足	需要专门进行设计,尤其用于产品的寿命评价目的
2	试验数据信息	可用于如工艺等技术评价目的,但缺乏产品的失效信息	相关试验和数据采集的成本可能很高
3	工程目的	适用于根因分析,制定问题相应的改进与预防措施	允许获得更加详细的有关产品失效行为的量化信息,如产品的失效率、失效分布等信息
4	试验成本	短期经济,但长期而言成本仍然很高	可能有更好的效费比
5	可靠性量化评价	缺乏严格意义上的产品可靠性信息,缺乏量化信息	可以提供预测和量化评价信息

【选读 54】　成/败试验(Bogey Test)

Bogey 试验(Bogey Test),也被称为成/败试验、零失效通过试验等,最早由美国福特汽车的工程师大致在 20 世纪 90 年代首次提出。成/败试验,顾名思义,就是指在指定的试验时间范围内,将无任何试验样本发生失效作为试验通过,否则试验未通过,即以试验通过与否为判定标准的一类试验方式。

Bogey 试验在工程中的广泛应用,涉及如下若干的主要特性:
- 试验的处置方法简单易懂、容易掌握,工程意义明确。
- 试验定时截尾、试验的可操作性好,试验数据也因此同时存在信息截断。
- 试验方法本身与样本失效的二项分布假定相关联,完成一个高置信度试验的设计过程简单、容易处理。

但有必要指出的是:Bogey 试验虽然存在优良的工程易用性与可操作性,但在至今国外的相关工业标准,尤其是美军标当中,从未将此方法纳入并作为一种标准化的产品可靠性评价试验方法。

事实上,Bogey 试验方法的核心就是其作为基础的样本失效的二项分布假定。没有了这一假定,这一试验方法也就基本丧失了所有的工程优越性。但从统计理论的角度,二项分布假定仅在随机失效的情形下成立,在耗损失效的场合则不成立。但细致了解工程产品可靠性评价的实际需求则可以发现:Bogey 试验的实际使用场景则往往恰恰是产品的耗损失效,即寿命评价场景。在这样的场景条件下,样本失效的二项分布假定在理论上不成立。

除了 Bogey 试验方法本身的问题,Bogey 试验作为一个方法,由于从未在工业标准中明确而详细地加以定义,这一试验在工程中(主要是国内相关行业和工程研究领域)的使用也经常存在错误。一类最为常见的错误就是:对于 Bogey 试验的实际操作和使用超出其方法定义的范畴。具体而言,Bogey 试验在理论上仅允许提供样本失效的成/败数据,而不能用于提供样本的失效(时间)数据。以前面系统和系统失效一章中有关系统完整性问题讨论中所举的案例为例,常见 IC 供应商所提供的可靠性试验数据中,例如"预处理、96hrs@30 ℃/60%RH、0/410"这样形式的数据,即为典型的 Bogey 试验数据结果,表示了 410 个 IC 器件样本进行了 96小时的预处理试验,0 失效样本。这样的试验不提供样本的失效时间信息。

相关问题更加深入的讨论还可以继续参见后续小节中有关 Poisson 分布与二项分布等问题的讨论内容。

5.3　试验的样本量

样本量的问题是产品可靠性试验设计中理论较为复杂的一类问题,其处置上的难度在目前现实的工程实践中也仍然还是如此。所以,这里用一个单独的小节对这一类问题进行专门的讨论。

之所以存在样本量的问题,其原因就在于产品可靠性表现所固有的随机性问题,即样本数据存在不确定性,这使得基于数据进行推断或是给出结论,需要在统计论假设检验的理论基础上进行。显然,这样的推断和结论与数据之间不是一个显而易见的关系,存在理论上的复杂性。

在目前工程实践中,一个最为常见的样本量估计方法,尤其是在国内被大量使用的方法,就是基于二项分布的样本量估计方法。之所以成为这种状况的一个原因也很简单,那就是因为这一方法直观,而且在理论的处理上足够简单和容易掌握。但是,这一方法与通常可靠性试验和评价的应用环境相比较,二者在理论上存在明显的差异,因此,不论在理论研究还是在工程实际的处理中都容易产生疑问。显然,二项分布的样本量估计仅适用于某些特定的工程环境,这点是毫无疑问的。本节就具体的样本量估计问题,从统计论原本的问题出发,进行一些理论细节层面上的讨论。

正如二项分布的理论特征那样,这一分布适用于可靠性评价问题中成败类型的试验,即在某个试验的时间点,获得所有试验样本的失效与正常样本数量数据的试验,在工程中也被称为Bogey 试验(Bogey Test)。需要注意的是:这类试验在理论上没有样本的失效时间数据,仅有样本的成败数量数据,因此,工程实际中的 Bogey 试验通常都是定义成为零失效试验,因为这样的试验实际时间最短、效率最高,也被称为 Test to Pass 试验。但这类试验由于缺乏样本的失效时间信息(注:虽然在试验中可以实际得到这类信息,但是由于假定了二项分布,使得在统计论的理论和基本数据处理的方法上,显然不能支持样本失效时间数据的处理,仅能完成样本成败数量数据的处理),通常不能满足工程对于产品可靠性量化评价的要求。因此,从这个意义上讲,Bogey 试验仅仅是产品可靠性评价试验设计中的一个特例。

二项分布的样本估计方法虽最早源于美国福特汽车的相关研究和车辆相关的产品评价需求[51],但是,这一方法在可靠性工程中的应用是限定于某些特定工程需求的,除了上面所讨论的问题以外,Bogey 试验仅适用于产品的寿命评价问题,通常不适用于系统的可靠性评价问题。车辆行业在寿命设计上的特殊要求和工程特点,也是使得这类试验在车辆行业很常见的一个原因。更多相关问题的讨论,还可参见本章有关试验设计内容中的试验终止以及试验的时间累计小节的相关内容。

事实上,由于统计论的假设检验理论是样本量问题的基础,因此,这一理论的复杂性容易导致工程中对于样本量问题的片面或是可能错误的理解。本节的讨论就从样本量的统计论问题本身开始,重点讨论基于二项分布的样本量估计问题,最后讨论工程中对于样本量估计的取舍问题,回答常见的工程问题。

本节具体的子节内容按照顺序包括:

- 样本量的基本统计论问题。
- 基于二项分布的估计。
- 工程条件下的样本取舍。

5.3.1　样本量的基本统计论问题

基于置信度理论,样本量的问题在工程中通常被理解成为在对于试验结果一定置信度要求基础上的最小样本数量。但事实上,这样做不仅存在前提条件,而且需要确保在后续的所有有关试验数据的处理上,与这样的前提条件保持一致。

以二项分布确定样本量的问题为例。在假定二项分布的前提条件下,一个产品在工作某一段时间后的时刻存在一个确定的失效概率以及仍然正常工作的概率(即 1 减去前者的失效概率),而且,该概率随时间的变化情况是未知的。按照这样的分布假定,试验数据结果应该在某个指定的时刻,统计样本的失效个数以及仍然工作的样本个数。但事实上,这样的数据在通常的可靠性试验中是不能满足要求的,因此,人们会进一步统计各个样本的实际失效时间,并进行失效分布的数据拟合等更为详细的数据处理工作。而这样的数据处理与前面二项分布的假定条件是不一致的。

针对上述这样的问题,虽然实际工程数据的处理与二项分布的假定不一致,但也并不意味着矛盾。但是矛盾的情况是可以发生的。事实上,在后面小节有关二项分布的详细讨论中可以看出:二项分布与 Poisson 分布以及一个随机过程相关联,因此,二项分布通常仅适用于一个随机过程的分布问题,即产品可靠性中的指数分布,或是随机效率的问题,而不一定适用产品的寿命分布问题,因为产品寿命的发生概率与产品的历史有关。而这样的历史相关性在前面的二项分布的假定前提下是没有考虑在内的。

另一点也有必要指出的是,试验的数据、通过数据处理得到的结果,以及通过结果进一步得出的推断或是结论,三者在统计论中是不同的概念。置信度的理论并没有完全区分这三者的概念,是导致上述问题的一个原因。在统计论中,试验数据是证据,本身不存在置信与否的问题。而结果则是基于这样的数据,依据理论计算得到的结果,这样的结果不存在不确定性,因此,从严格意义上讲,也不存在置信与否的问题。这里唯一存在不确定性的仅仅是统计推断或结论。

由此可见,统计论的置信度理论通常不足以完整地表达工程中的样本量问题,正确的表达是将工程样本量的确定表述成为一个统计论的假设检验问题,而这样的一个表述同时包含了样本的置信度与置信区间信息。在假设检验理论的要求下,工程的试验样本量问题成为一个闭合的问题,理论本身会要求检验最终的推断或结论是否满足前面的假设条件,以及具体是哪一个。

因此,在假设检验理论的条件下,将一个工程试验样本量的问题定义成为如下的一个一般性的理论问题,即"将工程中的试验样本量问题定义成为一个统计论的假设检验问题,需要首先定义零假设 H_0 与备择假设 H_1,假设二者相互排斥。在指定两类错误发生概率上限的基础上,定义并划分样本空间,同时估计满足上述条件的最小样本数量。同时,基于这样的试验样本量设计,在试验完成并得到结果以后,完成最终假设对于实际发生试验结果的适用情况"。

5.3.2 基于二项分布的估计

通过二项分布完成试验样本量的估计是可靠性工程中的一个常见方式。假定试验为 n 个样本,经过一定的试验时间 t 以后,失效样本的个数为 r,则在本部分选读小节的讨论中通过二项分布的假设检验给出了试验样本数量 n 需要满足的如下不等式关系,即

$$\sum_{i=0}^{r} \binom{n}{i} (1-R)^i R^{n-i} \leqslant \alpha = 1-C, \quad R \leqslant 1, \quad C < 1 \qquad (5-16)$$

其中,R 为产品样本在试验完成时的可靠度,C 为试验的置信度水平,且在式中考虑了 C 与假设检验显著性水平 α 之间的量化关系(有关这一关系的详细讨论,参见选读小节有关二项分布及其假设检验问题,以及简单假设情形的二项分布检验问题的讨论内容)。

如果考虑试验中没有失效的情况,即全部通过试验或 $r=0$ 的情况,则上面样本估计情况的约束条件会进一步简化成为如下关系:

$$R^n \leqslant 1-C \qquad (5-17)$$

简单整理式(5-17),就可以得到试验的样本数量在满足一定置信度条件下所需要满足的数量约束条件,即

$$n \geqslant \frac{\lg(1-C)}{\lg R} \qquad (5-18)$$

这里,R 通常称为受试产品样本的目标可靠度。显然,从式中容易看出:对于试验结果的置信度要求 C 越高,对于产品的目标可靠度 R 要求越高,则所需要的样本数量 n 会越大。

利用二项分布进行试验所需样本数量估计的方法最早由美国福特汽车公司的工程师大致在 20 世纪 90 年代提出,并在后来大量使用[51],主要在于这一处置方法显而易见的优点,那就是简单易懂、容易掌握,同时工程意义明确。但是,目前国外的相关工业标准,尤其是美军标当中,从未将此方法作为样本估计方法。事实上,从统计理论的角度来看,通过二项分布处置产品可靠性试验的样本问题存在一些基础性理论问题,主要包括:

- 产品试验信息的使用效率。
- 二项分布的物理本质及其所提供的信息。
- 与假设检验理论的一致性。
- 二项分布的无记忆属性与产品寿命表征。

首先,二项分布与可靠性工程中通常使用的以产品失效时间为随机变量的分布相比,信息明显更少,一个显而易见的事实就是试验中样本个体具体的失效时间在二项分布中是无法利用的。此外,如果是获取样本失效时间,r 个失效样本得到 r 组数据,但是在二项分布的场合,由于样本失效仅仅是获得 r 的数量大小,所以本质上仅仅是一组样本数据。因此,在这样的情况下,即使能够使用二项分布的假设检验进行有效的样本估计,在获得同等数量信息的条件

下,也一定需要更多的样本。样本的信息获取效率肯定是个问题。

此外,二项分布本质上用于表达二项状态对于总体概率的影响,没有时间的影响问题。而通常的产品可靠性问题,产品使用时间或是产品失效时间是产品可靠性的核心信息,通常不能缺失。因此,二项分布不能充分表达和有效解决产品的可靠性问题,导致在实际的工程问题处置中,在二项分布的基础上,同时引入其他表征失效时间的分布函数,却无法完成后者的假设检验,造成根本性的理论错误[52]。事实上,如果能够直接完成有关失效时间分布的假设检验,也就再没有必要假定二项分布了。而这样的方法正是美军标 MIL-STD-781 等所定义的方法(具体还可参见可靠性量化指标的提取一章中有关序贯假设检验和 MIL-STD-781 的讨论内容)。

另外一个通过二项分布假设检验定义样本量的显而易见的问题就是该假设检验需要实现定义二项试验结果的形式,即试验失效样本的个数 r,不同的 r 数量显然影响试验所需的样本量估计值。由于通常关注二项特性的可靠性试验一般为定时截尾试验,且试验结果希望达成某个产品可靠性的期望值,在这样的情形下,实际试验的最终结果通常是事先不能完全确定的,因此,这样的假设检验过程从理论上讲是有问题的,从前面章节的讨论已经知道:一个假设检验的过程需要适用任何可能的试验结果,但是对于不同的结果可以导致不同的推断结论。

最后一点就是:基于二项分布的试验样本估计,在产品可靠性中通常是用于产品的寿命评价,其部分原因在于,目前的工业标准已经较好地定义了产品随机失效的情形。但是,从选读小节有关二项分布与 Poisson 分布理论关系的详细讨论就可以看出:二项分布的物理本质仍在于描述和处理具有无记忆属性类型的分布问题,指数分布与产品的随机失效均属于这一类型的问题,而产品的寿命问题存在产品耗损的累积特性,不属于这类问题。这实际意味着:从严格的理论意义上讲,即使在指定的同一时刻,不同产品个体的寿命损耗累积不是完全一样的,因此导致不同产品个体的失效概率也是不严格相同的,所以整体不满足二项分布所要求的在相同时刻的等失效概率或是等可靠度要求。

【选读 55】　二项分布及其假设检验问题

二项分布(Binomial Distribution)来源于 Bernoulli 试验,也称为二项试验(Bernoulli Trial or Binomial Trial),即其试验结果只有成功和失败两种可能性。因此,假定随机变量 X 为 Bernoulli 试验结果,共进行了 n 次试验,其中 x 次的试验成功,$n-x$ 次试验失败,所有试验之间相互独立,且假定 p 为试验成功的概率,$1-p$ 为失败发生的概率,则容易得到如下的概率函数关系,即

$$P(X=x)=\binom{n}{x}p^x(1-p)^{n-x},\quad x=0,1,\cdots,n,\quad 0\leqslant p\leqslant 1 \qquad (5-19)$$

该函数关系即所谓 PMF 形式的二项分布函数。其中,p 和 n 为函数的参数,通常记为 $B(p,n)$。

一个经典的二项分布条件下的假设检验问题描述如下:

假定 Bernoulli 试验为扔硬币,结果分为上面和底面两种结果,且二者的发生概率分别记为 p 和 $1-p$。如果试验 25 次,且已知上面在试验中出现的次数少于底面出现的次数。问题是:出现上面的次数低于多少次时才足以得出上面和底面的出现概率是不均等的结论?假定

假设检验的显著性要求为 5%。

显然，上面的问题需要找到一个临界值，当试验中上面的出现次数低于这一临界值时，可以得出上面和底面出现的概率不均等的结论，否则则无结论。

于是，按照上面问题的要求，同时需要考虑已知的试验结果仅支持上面出现的概率可能小于底面出现概率这样的结论，因此给出如下零假设 H_0 和备择假设 H_1：

- H_0：上面和底面的出现概率均等。
- H_1：上面和底面的出现概率不均等，且前者小于后者。

如果将试验中上面的出现次数记为 r，则问题的目标就是：当 r 小于某个临界值时，可以推翻 H_0、接受 H_1，同时保障假设检验的显著性水平在 5% 以内。

基于前面章节已经讨论的有关假设检验 p 值的概念和理论（具体参考可靠性量化指标的提取一章中有关假设检验基本问题定义的讨论内容）已知，假设检验能够推翻 H_0 并接受 H_1 的基本要求是：在 H_0 假定成立的条件下，本试验实际已经发生的结果，再加上所有在本试验结果的基础上可能有利于 H_1 的结果，这两方面结果发生的概率（即 p 值）如果仍然小于本假设检验所要求的显著性水平 5%，则推翻 H_0 并接受 H_1，即

$$P(X \leqslant r) = \sum_{i=0}^{r} \binom{n}{i} p^i (1-p)^{n-i} \leqslant \alpha, \quad H_0 : p = 0.5 \qquad (5-20)$$

通过计算或是查表可以得到：

$$P(X \leqslant 7 \mid n = 25) = 0.022 < 5\%$$
$$P(X \leqslant 8 \mid n = 25) = 0.054 > 5\% \qquad (5-21)$$

这一结果即说明：如果进行 25 次的扔硬币 Bernoulli 试验，当试验中上面的出现次数至少要不高于 7 这一临界值时，才足以在保障 5% 显著性水平的条件下说明上面出现的概率与底面出现的概率是不均等的，且前者小于后者。

如果是产品可靠性的场合，Bernoulli 试验的结果通常是指一定试验时间内，产品发生故障以及工作状态仍然保持正常两种状态，此时的上述假设检验条件成为：

$$P(X \leqslant r) = \sum_{i=0}^{r} \binom{n}{i} (1-R)^i R^{n-i} \leqslant \alpha \qquad (5-22)$$

其中，n 为试验总的产品样本个数，r 为试验发生的产品失效个数，R 为产品可靠度。如果试验中 0 样本失效，则式（5-22）进一步简化为如下的形式，即

$$R^n \leqslant \alpha \qquad (5-23)$$

【选读 56】 Poisson 分布与二项分布的关系

在前面讨论有关产品的可靠性指标提取问题的章节（具体参见可靠性量化指标的提取一章）中关于 Poisson 分布的讨论容易看出：对于产品可靠性而言，仅就产品的失效个数，Poisson 分布与二项分布具有明显的一致性，其随机变量 X 均表征了产品的失效个数，且二者均为离散函数。显而易见的不同点是：Poisson 分布提供了更多的有关产品失效的时间特性信息，而二项分布则仅仅表征了一个 Bernoulli 试验两态结果总体的发生概率信息。

下面给出二者分布在数量上的严格关系，通过这样的关系，实质上也解释二者在物理意义上的内在联系。而这样的联系在工程上对于二者分布的实际运用具有重要的意义。

如果就产品可靠性而言，Poisson 分布的基本工程场景可以描述为：对于某个指定的时间

t,如果产品的失效服从指数分布,则时间 t 内 r 个产品个体发生失效的概率服从 Poisson 分布(具体参见可靠性量化指标的提取一章中有关 Poisson 分布与指数分布条件的讨论内容)。

因此,设想将上述的时间 t 等分为 n 份,则在每一份的时间段内,产品存在"正常"与"失效"两个结果,如果假定产品的失效均与历史无关,则产品在所有时间段内"正常"与发生"失效"的概率均是不变的,同时,时间 t 内发生的产品失效总数也保持不变,即在极限条件下存在如下数量关系:

$$\lim_{n\to\infty}(np)=r=\frac{t}{\theta} \tag{5-24}$$

其中,θ 为产品的 MTBF,p 为每一等分时间区间内产品的失效概率。显然,这里 p 是 n 的函数。

于是,上述时间 n 等分所对应的 Bernoulli 试验满足二项分布,将上述关系代入二项分布表达式即可以得到:

$$P(X=r)=\frac{n!}{(n-r)!r!}p^r(1-p)^{n-r}=\lim_{n\to\infty}\frac{n!}{(n-r)!r!}\left(\frac{t}{\theta n}\right)^r\left(1-\frac{t}{\theta n}\right)^{n-r} \tag{5-25}$$

其中,上述被求极限部分的表达式可做如下的调整,并分解为 4 个乘积项,即

$$\frac{n!}{(n-r)!r!}\left(\frac{t}{\theta n}\right)^r\left(1-\frac{t}{\theta n}\right)^{n-r}$$

$$=\frac{1}{r!}\left(\frac{t}{\theta}\right)^r\cdot\overbrace{\frac{n(n-1)\times\cdots\times(n-r+1)}{n\times n\times\cdots\times n}}^{r}\cdot\left(1-\frac{t}{\theta n}\right)^{-r}\cdot\left(1-\frac{t}{\theta n}\right)^n \tag{5-26}$$

其中的第一项为常数,在 $n\to\infty$ 的极限条件下保持不变;第二项和第三项的极限值为 1,即

$$\lim_{n\to\infty}\overbrace{\frac{n(n-1)\times\cdots\times(n-r+1)}{n\times n\times\cdots\times n}}^{r}=1,\quad \lim_{n\to\infty}\left(1-\frac{t}{\theta n}\right)^{-r}=1 \tag{5-27}$$

最后一项的极限则为以 e 为底的指数函数,即

$$\lim_{n\to\infty}\left(1-\frac{t}{\theta n}\right)^n=\mathrm{e}^{-\frac{t}{\theta}} \tag{5-28}$$

所以,最后上述二项分布函数的极限退变成为一个 Poisson 分布函数,即

$$P(X=r)=\frac{1}{r!}\left(\frac{t}{\theta}\right)^r\mathrm{e}^{-\frac{t}{\theta}} \tag{5-29}$$

【选读 57】　简单假设情形的二项分布检验问题

简单假设,即假设为单一分布函数的情形,是可靠性实际工程处置中最为常见的情形。在这样的情形下,假设检验需要满足 Neyman - Pearson 引理,且达成最高功效检验以及工程的最佳可信推断。因此,本节在前面小节讨论的二项分布的基础上进一步讨论简单假设情形下的二项分布的假设检验问题。

在上面讨论已经给出的二项分布表达式中,在随机变量 X,即二项随机事件发生的个数的基础上,不妨进一步清晰表明分布的参数,即分布的随机事件发生概率 p 和样本总数 n,则将二项分布函数表达为如下形式,即

$$P(X=r \mid p,n) = \binom{n}{r} p^r (1-p)^{n-r}, \quad 0 \leqslant p \leqslant 1 \qquad (5-30)$$

考虑到实际工程中的随机事件是产品失效,因此,事件发生概率 p 即成为产品的失效概率 F,如果再按照工程习惯,用产品的可靠度 R 来表示产品的失效概率 $F=1-R$,则式(5-30)即变为如下方程的表达形式:

$$P(X=r \mid R,n) \equiv P(X=r \mid p,n) = \binom{n}{r}(1-R)^r R^{n-r}, \quad p=1-R \qquad (5-31)$$

下面,在上述二项分布函数的基础上定义零假设 H_0 和备择假设 H_1,即随机变量 X 服从参数为 R 和 n 的二项分布 $B(R,n)$,在指定测试样本 n 的条件下:

- H_0:产品可靠度为 R_0。
- H_1:产品可靠度为 $R_1,R_1>R_0$。

在类似前面小节讨论 Poisson 分布同样是离散分布函数的假设检验问题时已经提到:此类问题的样本数据实际只有产品的失效样本总数 r 这样一组数据。因此,在 r 条件下的似然函数即为 $X=r$ 时的概率函数:

$$L(R,n \mid r) = P(X=r \mid R,n) = \binom{n}{r}(1-R)^r R^{n-r} \qquad (5-32)$$

于是将式(5-32)代入 Neyman - Pearson 引理的判定条件即得到如下的不等式:

$$\Lambda(t) \equiv \frac{L(R_0,n \mid r)}{L(R_1,n \mid r)} = \frac{(1-R_0)^r R_0^{n-r}}{(1-R_1)^r R_1^{n-r}} \leqslant k, \quad k>0 \qquad (5-33)$$

对于上述不等式的右侧部分取对数并进行整理容易得到如下关系:

$$\left[\frac{(1-R_0)R_1}{(1-R_1)R_0} \right]^r \cdot \left[\frac{R_0}{R_1} \right]^n \leqslant k \rightarrow$$
$$r \ln \frac{(1-R_0)R_1}{(1-R_1)R_0} + n \ln \frac{R_0}{R_1} \leqslant \ln k \qquad (5-34)$$

同时注意如下的假设条件,即

$$R_1 > R_0 \quad \rightarrow \frac{(1-R_0)R_1}{(1-R_1)R_0} > 1 \qquad (5-35)$$

得到 Neyman - Pearson 对于最高功效检验样本空间划分的如下约束条件:

$$r \leqslant r_0 \equiv \frac{1}{\ln \dfrac{(1-R_0)R_1}{(1-R_1)R_0}} \left(\ln k + n \ln \frac{R_1}{R_0} \right) \qquad (5-36)$$

这里,r_0 即为样本空间划分的边界。所以得到推翻零假设 H_0 并接受备择假设 H_1 的空间 S_1 和接受零假设 H_0 的空间 S_0,即

$$S_1 = \{r : r \leqslant r_0\}, \quad S_0 = \{r : r > r_0\} \qquad (5-37)$$

所以,对于假设检验的显著性水平要求 α_0,第一类假设检验误差 α 满足如下关系,即

$$\alpha \equiv P[r : r \in S_1 \mid R_0,n] = \sum_{i=0}^{r_0} \binom{n}{i}(1-R_0)^i R_0^{n-i} \leqslant \alpha_0 \qquad (5-38)$$

如果需要进一步约束检验功效,使第二类检验误差限缩在 β_0 之内,则能够进一步满足如下关系,即

$$\beta \equiv P\left[r : r \in S_0 \mid R_1, n\right] = \sum_{i=r_0}^{n} \binom{n}{i} \left(1 - R_1\right)^i R_1^{n-i} \leqslant \beta_0 \qquad (5-39)$$

5.3.3　工程条件下的样本取舍

在工程条件下,试验样本的确定问题在本质上都存在一个取舍的问题。其主要的工程考虑因素,同时也构成其中的主要约束条件包括:

- 试验时间和成本。
- 试验样本的获取。
- 试验方案的可行性与设备条件。
- 试验的产品量化可靠性指标评价要求。

而将上述问题抽象成为一个统计论问题,则一个样本确定问题就成为如下 3 个主要变量之间的权衡和优化的问题。显然,3 个变量之间不是相互独立的,需要依据工程需求,设定并给出其中的两个,然后求解第 3 个。这些变量包括:

- 可靠性指标真值的估计值、范围:置信区间。
- 估计范围的可信度:置信度。
- 达成估计值范围所需要的样本量。

当然,对于一般的样本取舍问题,通常是已知上述 3 个变量中的前两个,求解第 3 个。

在这里,有必要更加清晰化地总结和说明一下若干个理论性问题。事实上,这些问题虽然在前文的讨论中已经有所涉及,而且实际的工程处理也允许近似等不同处置手段的运用,但清晰了解这些问题对于实际工程中样本取舍问题处置的基础性作用仍然是非常必要的。这些理论性问题包括:

- 二项分布假定不具有产品失效的普适性:在产品可靠性中,一个常见的分布假定就是基于二项分布的产品成/败假定。上节的理论推导已经清楚给出了二项分布与 Poisson 分布的密切关系。事实上,二项分布从本质上讲需要以一个均匀的随机过程作为该分布假定成立的前提条件。因此,从理论意义上讲,基于二项分布的产品成/败假定仅对于随机失效成立,而对于耗损失效则不成立。

- 置信度与置信区间的理论局限性:置信度与置信区间用于应对试验结果所存在的不确定性问题。但细心的读者仍然会发现这样的问题,诸如:置信区间的确定需要首先基于一个已知的分布作为前提条件,如何能够知道试验数据就一定满足这样的分布假定?不同的试验样本可以得到不同的统计结果,而不同的统计结果会产生不同的置信区间,那么哪个才是对的?等等。事实上,这类问题作为一个完整的理论问题,在统计论中是一个假设检验问题(参见前面有关可靠性量化指标的提取一章的相关讨论内容),而置信度和置信区间仅仅是假设检验问题的一个附带的结果。但是,由于假设检验问题在理论逻辑和处理过程上的复杂性,工程上经常选择跳过和忽略这些理论过程,而仅仅讨论置信度和置信区间,从而使得整个问题的逻辑看上去是不完整和有缺陷的。

- "浴盆曲线"假定对于系统可靠性问题的基础性:"浴盆曲线"是对于系统失效行为的一个观察结果,而非理论结果。因此,常常作为工程试验和评价的一个基本出发点,而且,由于上面已经讨论的原因,也常常忽略统计论假设检验的理论验证过程。对于系统失效率评价的部分,认为失效近似服从指数分布;而对于寿命评价的部分,则认为近似服从一个 Weibull 分布、对数正态分布,甚至是一个正态分布。

5.4 试验的时间累计

加速因子是加速试验中应力水平的提升对产品失效物理过程加速程度的度量参数。但在实际工程条件下,由于影响加速因子大小的因素很多,除了在一定的条件下可以通过试验进行实测以外,通常情况下均难以进行准确的理论估计,或是即使进行理论估计也难以进行检验和验证。其中的一些关键难点性问题包括:

- 对于通过试验进行测定的方式:通常这类试验对于所需的时间和成本要求较高,多数的工程情况和条件不允许。
- 产品具体失效的加速或相关失效物理模型的函数形式不确定:通常的工程情况下,不了解或是难以去快速了解一个产品由于加速需要了解的众多失效的相关失效模型。
- 模型参数的不确定及其对于不同产品的适用性:即使在某些条件下,允许通过试验确定模型参数,由于很多因素对于模型参数的潜在影响,这些参数对不同产品的适用性和适用范围难以明确,导致在工程条件下试验确定这类参数的经济性问题。

上述这些问题,究其根本,还是来源于产品可靠性评价对于质量体系所定义两类验证的基本要求,即产品对于设计要求的验证和对于用户要求的验证或 V&V 的要求问题。显然,加速因子的验证过程复杂、成本高,但还不够彻底和直接,导致在工程的实际操作中,在条件允许的情况下,会选择绕开加速因子的估计问题。

一种加速试验方法就是所谓定时截尾的成败试验方法,也称为 Test to Pass 或 Bogey 试验(Bogey Test)(同时参见上小节关于产品试验终止以及样本量估计部分的讨论),即在所设定的加速应力水平和一定的试验时间且通常是无样本失效的条件下,产品通过试验。

可以看出:在这样的加速试验条件下,试验结果缺乏样本的失效数据,也没有样本失效与应力加速和失效时间的关系。于是,在工程上,通过这样的一种直接且简单的逻辑构建一个加速试验与一个产品的实际使用寿命的关系,即“如果一个产品在研发过程中,通过了某个定时截尾的成败试验或 Bogey 试验,且在后续的实际使用中或是类似的历史使用经验和数据中,证明了该产品能够满足当初用户的使用寿命要求,则认为该试验条件能够满足相同类型产品的寿命设计要求”。

因此,这类试验是一种构建在半经验、半量化基础上的加速试验设计和操作方法,而且在具体的处置过程中避免了加速因子的估计和验证问题。但其中的一个结果就是缺乏一套完整的应力加速模型和量化评价关系,并且,在产品的可靠性量化要求发生变化的时候,带来了试验设计要求的变化。在试验的应力条件保持不变的条件下,就需要调整试验时间以应对不同的产品设计寿命的要求。该要求的提出本质上即为产品加速试验时间的累计问题。

这里需要明确指出的是:Bogey 试验在工程上通常仅用来评价产品寿命情形,而非用来评价产品的可靠性表现,其基本的理论依据从前面对于产品失效性质的讨论就可以有所了解,包含如下若干点:

- 从产品的“浴盆曲线”理论知道:产品可靠性主要是指产品的随机失效行为,正因为是随机失效,所以,通常情况下不存在某个理论上的时间点,使得产品在该时间以前发生零失效。

- 产品的使用寿命则通常会设计达到一定的年限,在一定时间内的失效发生概率总是可以在理论上限制在一定的低水平范围之内,因此,Bogey 试验在理论上总是可以实现的。

本节的讨论就从产品寿命的线性可叠加性的角度,来说明这类试验在试验时间上的可累计性特性。

本节具体的子节内容按照顺序包括:
- 试验时间叠加的工程问题描述。
- 损伤的累积与线性累计。
- 线性损伤累计的物理充分必要条件。
- 线性损伤累计条件下的试验时间叠加性。
- 线性损伤累计的适用性问题。

5.4.1　试验时间叠加的工程问题描述

试验时间是否可以叠加这个问题在初听起来似乎是显而易见的,但同样显而易见的是,这并非一个简单的时间相加的问题,这涉及所考核产品使用寿命的相加问题,无论是可相加还是不可相加似乎都应该给出更为明确的条件表述。

结合前面已经提到的工程问题的背景,试验时间可叠加性的基本工程问题可以表述为:"假定已知某加速试验条件能够满足产品的某个使用时间长度的要求,那么,在同样的试验条件下仅仅按照某个比例增加试验时间,是否就可以满足同样比例条件下所延长了的产品使用时间的要求?"

一个有关汽车行业的实际案例是这样的:通过以往的实际工程经验已经确定在某加速试验条件下,产品能够满足 8 年的使用寿命要求。现在产品的设计寿命希望至少提高到 15 年,而且现有试验时间的延长和成本均可行,因此,问题是是否可以通过延长 1 倍的试验时间来保障这样的产品设计寿命要求?

从上面的讨论可以看出:对于此类试验时间叠加问题的定义和描述与如下的 3 件事密切相关,即
- Test to Pass。
- 数据的第一类信息截断。
- Bogey Test。

在前面有关试验设计的小节已经详细地讨论了三者的概念,包括其联系和区别等的问题,其中,Test to Pass 是试验设计和实施策略,由此产生的数据属于第一类信息截断的数据类型,而在实际的工程实施的条件下,通常为设定试验时间的零失效试验,即所谓的 Bogey Test。需要指出的是:这样所定义的问题,试验时间的叠加性可以是针对产品寿命评价中的产品寿命指标,也可以是针对产品可靠性或是失效率评价中 MTBF 指标。但在实际工程中,Bogey Test 通常是加速试验,在加速条件下,随机失效在试验中更加容易发生,因此,通过 Bogey Test 的考核设计不一定非常现实,实际的可操作性也会存在问题。因此,这类问题的讨论以及实际工程中的运用情况都是指耗损失效,即产品寿命的考核情形。上面所提到的传统汽车行业的实际案例也是在说产品寿命的叠加问题。

此外,对于实际的工程产品,人们会不可避免地关注到诸如多应力条件下试验时间叠加性

的适用性等方面的问题。如果问题的讨论限于产品的寿命评价,则加速试验通常是必须的,因为,一般性情形下,非加速试验不足以在合理的试验时间范围内完成寿命试验。这样,依据前面对于加速试验设计原则的讨论已知:产品的根源失效机理对于加速试验需要是已知的。后续小节的详细讨论均是基于这样的一种工程现实需求所进行的,因此不再关注产品可靠性,即失效率评价的情形。

5.4.2　损伤的累积与线性累计

在讨论上述试验时间的叠加性问题以前,先在本节首先来考察和讨论产品物理损伤的累计原则的问题,显然,该问题是试验具备时间可叠加性的更为基础性的问题。

产品可靠性工程中所广泛使用的损伤累计原则就是 Palmgren‑Miner 的线性损伤累计原则(即 Palmgren‑Miner's Rule)。其量化关系可以一般性地表述如下:

假定 n 个不同水平的载荷工作条件 $i=1,2,\cdots,n$ 在各自条件下,产品的工作时间分别为 Δt_1, Δt_2, $\cdots$, Δt_n,使用寿命分别为 t_{L_1}, t_{L_2}, $\cdots$, t_{L_n},且按照如下的方式定义实际工作所造成的相对损伤量 $\Delta D'_1$, $\Delta D'_2$, $\cdots$, $\Delta D'_n$,即

$$\Delta D'_i \equiv \frac{\Delta t_i}{t_{L_i}}, \quad i=1,2,\cdots,n \tag{5-40}$$

Palmgren‑Miner 的线性损伤累计原则认为:当上述所定义的相对损伤量的累计值达到和满足如下条件时,产品发生失效,即

$$\sum_{i=1}^{n} \Delta D'_i = 1 \tag{5-41}$$

正如前面章节所讨论的有关产品失效物理过程问题,有一点可以看出的是:产品失效过程中的物理损伤不同于上面所定义的、在时间意义上的相对寿命使用量的定义,产品的物理损伤是指产品材料的损失、材料裂纹尺寸的增加、材料缺陷数量的增加等,且通常认为是具有物理可累积特征的实际物理量。而上述所定义的相对损伤量则没有明确的物理可叠加性特征。

【选读 58】　**Palmgren‑Miner 的线性损伤累计原则**

Palmgren‑Miner 的线性损伤累计原则(Palmgren‑Miner's Rule)是目前产品可靠性工程中所广泛使用的损伤累计原则,属于产品可靠性基础知识的范畴。

与前面已经提供的量化关系相比,该原则更为一般性的表达式为:

$$\sum_{i=1}^{n} \frac{\Delta t_i}{t_{L_i}} = C, \quad i=1,2,\cdots,n \tag{5-42}$$

其中,n 为不同水平的载荷条件,$\Delta t_i(i=1,2,\cdots,n)$ 和 $t_{L_i}(i=1,2,\cdots,n)$ 则分别为各载荷条件下产品的工作时间和使用寿命。

这一原则涉及如下的基本情况:

- 源于材料疲劳的损伤累计问题。
- 属于线性损伤累计假说:这一原则本质上仍然是一个假说,即总体而言是一个基于工程观察结果的总结。从理论上讲,尤其缺乏成立条件的明确定义和描述。因此,在工程使用中,不能预先判断这一原则对于所应用工程状况的适用性。所以不是物理定理。
- 工程中存在不适用的状况:这方面已经有大量研究和文献可以参考。
- 在产品可靠性工程行业已被普遍接受:主要由于其足够的工程近似性以及工程使用中

的简单明了的易用性特征。

- 仅适用于产品的寿命问题：显然本质上这是一个材料破坏的物理过程问题，不能用于产品随机失效问题的处置。

- 在工程的实际使用中，一般假定 $C=1$：显然会存在不适用的情况。

5.4.3　线性损伤累计的物理充分必要条件

由上面的讨论可以看出：材料损伤的线性可累计原则表明了产品在不同载荷条件下相对使用时间的可相加性。这样的相加性在物理上并非显而易见。下面通过该原则的一个充分必要条件来进一步了解这一原则的物理含义。

第 4 章给出了产品物理损伤 D 随时间 t 线性变化的模型与表达式，及其相应的产品失效判定条件，即

$$D = u_D t \leqslant D_0, \quad D, D_0, u_D > 0 \tag{5-43}$$

其中，u_D 为产品的损伤速率，D_0 是产品失效发生的损伤限。能够看到：这一物理损伤的线性模型与 Palmgren-Miner 的线性损伤累计原则互为充分必要条件。

首先考察充分条件。由式（5-43）得到不同载荷 $i=1,2,\cdots$ 条件下的物理损伤 D_i 以及各自条件下的产品使用寿命 t_{L_i} 分别为：

$$D_i = u_{D_i} t, \quad i = 1, 2, \cdots \tag{5-44}$$

$$t_{L_i} = D_0 / u_{D_i}, \quad i = 1, 2, \cdots \tag{5-45}$$

因此，当在使用中不同的载荷条件存在不同的时间使用区间 Δt_i，且在最终时刻达成产品失效时，满足如下关系：

$$\Delta D_i = u_{D_i} \Delta t_i, \quad i = 1, 2, \cdots \tag{5-46}$$

考虑物理损伤的可叠加性，即在产品发生失效时存在如下关系：

$$\sum_i \Delta D_i = D_0 \tag{5-47}$$

或

$$\sum_i \frac{\Delta D_i}{D_0} = 1 \tag{5-48}$$

因此，将上述关系合并可以得到线性损伤累计原则成立，即

$$1 = \sum_i \frac{\Delta D_i}{D_0} = \sum_i \frac{u_{D_i} \Delta t_i}{u_{D_i} t_{L_i}} = \sum_i \frac{\Delta t_i}{t_{L_i}} = \sum_i \Delta D_i' \tag{5-49}$$

下面再来考察线性损伤累计原则的必要性条件。如果同时考虑产品的线性损伤累计原则以及产品物理损伤的可叠加性，即得到如下等式关系：

$$\sum_i \frac{\Delta D_i}{D_0} = \sum_i \frac{\Delta t_i}{t_{L_i}} = 1 \tag{5-50}$$

考虑上述产品在各载荷条件下工作时间的任意性可知：求和项中的每一项均需要对应相等。然后可以将其中的每一个时间区间 Δt_i 分割成为无穷小的时间段 dt_i，于是得到如下微分关系：

$$\frac{dD_i}{D_0} = \frac{dt_i}{t_{L_i}}, \quad i = 1, 2, \cdots \tag{5-51}$$

然后,继续考虑产品的不同载荷条件实际也存在着任意性条件,如果把整个产品寿命周期内的载荷替换成为相同的载荷水平,则如下微分方程关系成立,且针对任意载荷水平均能够成立,即

$$\frac{\mathrm{d}D}{D_0} = \frac{\mathrm{d}t}{t_L} \qquad (5-52)$$

求解这一微分方程即得到如下产品物理损伤随时间的线性变化关系,即

$$D = \frac{D_0}{t_L} \cdot t \equiv u_D t \qquad (5-53)$$

由这一充分必要条件可以看出:产品在相对的时间寿命损耗上的线性可叠加性,即线性损伤累计关系,本质上反映的就是产品物理损伤随时间的线性变化关系。反过来同样:如果产品的物理损伤满足线性变化关系,则其由时间所表示的相对损伤量就可以进行线性累计。

有关这一线性累计原则工程适用性的讨论可以继续参见选读小节以及后续章节的讨论。

【选读 59】 线性损伤累计的物理约束条件

虽然线性损伤累计原则对于产品失效在实际工程应用中具有典型意义,但在产品失效的物理机理层面仍然存在约束条件,反映了这一原则对于工程实际使用的适用性问题。

在前面产品线性损伤累计原则的充分必要性的证明过程中,存在更为基础性的物理约束性条件没有进行详细讨论,主要包括如下 3 个层面的相关问题:

- 材料物理损伤的载荷历史相关性:材料的物理损伤不一定能够表达成为载荷状态的函数,因为材料的损伤情况可能还会与载荷的历史有关。
- 材料物理损伤的单调性或不可修复性:如果材料的物理损伤仅仅是产品载荷状态的函数,材料的物理损伤也未必就是单调的,因为某些载荷状态还可能同时贡献于材料损伤的修复。
- 材料物理损伤的线性变化特性:即使材料的物理损伤随时间是单调的,即假定材料物理损伤的不可修复性,当然其与时间的变化关系仍然未必一定是线性的。

基于上面 3 个不同层面的物理约束条件问题,导致产品失效的线性损伤累计原则的工程适用性。下面逐一举例说明实际物理现象中存在的上述情况。

首先是材料物理损伤的载荷历史相关性问题。存在相关性的一个典型案例就是材料的塑性损伤。材料塑性形变本身是材料的一种物理损伤,具有可叠加性,但是材料的弹塑性形变与材料局部的应力历史有关,不能用通常的简单函数形式表达应力的函数,一般是以微分形式表达(即积分后与载荷的历史路径有关)(同时参见图 5-7)。

此外,就涉及材料物理损伤的单调性或不可修复性问题以及材料物理损伤的线性变化特性问题。这些问题在前面产品失效性质与应力加速一章,以及后面系统可靠性与寿命评价一章中已经或是将会进行一些详细的讨论。

【选读 60】 基于寿命的载荷作用时间的等效

相比在随机失效条件下载荷抛面的时间等效问题(详细参见系统和系统失效一章中有关系统量化模型一节中的相关讨论内容),耗损失效在某个典型环境条件下失效的发生与其之前的使用历史有关,这就意味着如果一个载荷抛面周期 t,包含 n 个典型环境条件以及相应的作用时间长度 $\Delta t_i (i=1,2,\cdots,n)$,在其中一个条件下发生系统失效的概率与在其他条件下发生

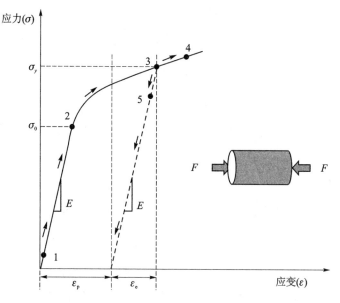

图 5-7　弹塑性应力应变关系与塑性的载荷历史相关性[11]

失效的概率均是彼此之间相互关联的。这样的状况显然不适用随机失效情况下相互独立的情形。

假定在上述载荷抛面的条件下，在 t 时刻系统发生失效的事件为 A，且 t_L 表征系统寿命，为一个随机变量，则

$$P(A) = P(t_L : t_L \leqslant t) , \quad t = \sum_{i=1}^{n} \Delta t_i \tag{5-54}$$

所以，在耗损条件下，上述载荷抛面对于某个基准环境条件的等效作用时间 t_0 就是指 t_0 需要满足如下关系，即

$$P(A) = P(t_{L_0} : t_{L_0} \leqslant t_0) = F(t_0) \tag{5-55}$$

其中，$F(t_{L_0})$ 和 t_{L_0} 则分别为系统在该基准环境条件下的失效概率函数和系统寿命。这一量化表达式表明：当系统在一个载荷抛面的时间周期内发生失效的概率与一个基准环境条件下系统的失效概率完全相等时，此时在基准环境条件下的工作时间长度 t_0，称为该载荷抛面时间周期 t 在此基础环境条件作用下的等效时间。

不同于随机失效，耗损失效存在寿命的损耗和损伤累计特性。假定满足线性损伤累计，即本章所讨论的 Palmgren-Miner 的线性损伤累计原则。则可以得到 $P(A)$ 的表达关系为：

$$P(A) = P[p(t) : p(t) \geqslant 1], \quad p(t) \equiv \sum_{i=1}^{n} \frac{\Delta t_i}{t_{L_i}} \tag{5-56}$$

其中，下标 $i(i=1,2,\cdots,n)$ 表示载荷抛面中的 n 个典型载荷环境条件，t_{L_i} 则为各环境条件下的系统寿命。

进一步考虑 n 个电荷环境条件相对于基准环境条件的加速因子 AF_i，同时考虑上述线性损伤累计的失效发生条件，则可以得到如下不等式，即

$$p(t) = \frac{1}{t_{L_0}} \sum_{i=1}^{n} AF_i \cdot \Delta t_i \geqslant 1, \quad AF_i \equiv \frac{t_{L_0}}{t_{L_i}} \tag{5-57}$$

简单处理上面不等式即得到仅在基准环境条件下的系统失效条件为：

$$t_{I_0} \leqslant \sum_{i=1}^{n} AF_i \cdot \Delta t_i \qquad (5-58)$$

所以，上述定义系统失效的不等式意味着下面事件的发生概率是完全相等的，即

$$P\left[p(t):p(t) \geqslant 1\right] = P\left(t_{I_0}:t_{I_0} \leqslant \sum_{i=1}^{n} AF_i \cdot \Delta t_i\right) \qquad (5-59)$$

由于等式的左侧为事件 A 的发生概率，而右侧实际为基准环境条件下的系统失效概率，因此得到：

$$P(A) = F\left(\sum_{i=1}^{n} AF_i \cdot \Delta t_i\right) \qquad (5-60)$$

比较上面给出的有关时间等效的定义式可知，基准环境条件下的等效作用时间 t_0 为：

$$t_0 = \sum_{i=1}^{n} AF_i \cdot \Delta t_i \qquad (5-61)$$

上述表达式显示，与随机失效相比，虽然在耗损条件下，系统载荷抛面作用时间等效的条件是完全不同的，但是，在寿命的线性损伤累计条件下，最终所得到的等效时间的表达式则是完全一样的。

5.4.4　线性损伤累计条件下的试验时间叠加性

在产品失效的线性累计损伤成立的前提条件下，重新来看试验时间的叠加性问题。在某个加速试验条件下，假定已知试验时间 t_1 能够满足产品使用条件下 t_0 年限的产品使用寿命，即满足如下量化关系：

$$D_1(t_1) = u_{D_1} \cdot t_1 < D_0 \qquad (5-62)$$

$$D(t_{Eq.0}) = u_{D_0} \cdot t_{Eq.0} = D(t_1) < D_0, \quad t_{Eq.0} \geqslant t_0 \qquad (5-63)$$

其中，0 和 1 分别表示产品的正常使用与加速试验条件，$t_{Eq.0}$ 为产品损伤相当的条件下，加速试验时间 t_1 所对应的实际使用时间，且该时间不短于已知产品的要求使用时间 t_0。

如果产品在相同的试验条件下，能够通过 n 倍的试验时间，且仍然各项功能正常，即满足如下量化关系：

$$D_1(nt_1) = n \cdot u_{D_1} \cdot t_1 = n \cdot D_1(t_1) < D_0 \qquad (5-64)$$

则合并上述关系可以看出：理论上，产品在正常使用条件下，仍然能够满足 n 倍 t_0 的使用寿命要求，即

$$D_0 > n \cdot D_1(t_1) = n \cdot D(t_{Eq.0}) = D(n \cdot t_{Eq.0}), \quad n \cdot t_{Eq.0} \geqslant nt_0 \qquad (5-65)$$

因此，在有关产品失效的典型工程条件下，当满足产品的线性损伤累计原则时，产品的试验时间也满足叠加性要求。

5.4.5　线性损伤累计的适用性问题

总结前面小节的讨论已经知道，如下若干特性在本质上均是等效的，包括：

- 寿命的试验时间可叠加性。
- 产品寿命的线性累计。
- 产品损伤速率的应力依存与时间无关特性。

- 产品损伤随时间的线性累计特性。

基于这样的认知,下面针对产品线性损伤累计适用性问题的讨论就变得容易理解和顺理成章。

在产品损伤中,由于机械应力的作用而造成的材料疲劳损伤是其中最为常见的一种。以材料的疲劳损伤为例,除了在一般工程条件下可以认为线性损伤累计特性近似成立外,也存在典型的不适用的场景,主要包括了如下两类基本的情形,即

- 损伤累积进程的钝化:损伤累积进程的减速,或是损伤速率随时间在下降,甚至最终停止的过程。
- 损伤累积进程的失稳:损伤累积进程的突然加速,或是损伤速率随时间快速增加,且达到不可控的状态,并在短时间内造成产品破坏的过程。

因此,对于上面材料疲劳损伤的过程存在非线性的情形下,线性损伤累计不再适用,产品疲劳寿命的试验时间也不再适用线性的可叠加性。

从物理机理的层面来讲,材料疲劳损伤的非线性可能存在有多种的解释和机理,例如:

- 宏观名义载荷与实际局部应力的关系。
- 材料损伤局部特性的变化与非线性特性。

首先,产品的线性损伤累计在工程条件下,有可能是按照产品整体的载荷,即宏观上的名义载荷来进行估计的。但是实际决定产品损伤速率的则是产品损伤的局部应力水平。在产品损伤部位物理裂纹不断扩大的情形下,局部应力实际上也是在不断发生变化的。此外,材料损伤局部的材料特性由于应力水平的不同,通常会不同于周边的材料特性,会处于塑性这样的非线性状态,对于产品周边的温度环境,还可能具有蠕变特性,这些特性均具有非线性的特点。

除了机械载荷条件下的非线性情形,其他类型载荷所造成的产品损伤就其不同的物理积累和过程而言,也可能具有非线性特征,例如:

- 化学反应过程中物质扩散条件的变化:很多的产品失效机理涉及某种化学、电化学过程,例如产品腐蚀,单纯的盐雾试验通常被认为不能很好地表征实际状况,因为其不断且快速产生的腐蚀物会阻碍后续腐蚀的进程,导致产品损伤的速率随时间下降,这一现象与上面的理论解释是一致的。
- 材料损伤的修复:材料在应力条件下发生变化,包括老化、高温试验。
- 材料接触表面的磨损和腐蚀:有关这一部分的讨论,还可以参见前面章节中关于损伤速率"浴盆曲线"的讨论内容。

5.5　多应力加速问题

在加速试验设计的实际工程场合,多应力也会常常伴随多机理情形以及所需要的某种程度的高应力,以保障试验加速的水平,从而有效限制试验时间和成本。这样处置同时带来的问题就是:这样做所得到加速试验方案和实施后结果的有效性问题。尤其在国内的可靠性工程行业,多应力/多机理一直是一个讨论较多的可靠性工程议题,同时也是工程人员在产品加速试验设计中遇到的典型的、令人困扰和疑问较多的一类问题。

事实上,在实际应对这类涉及多应力/多机理与高应力方面的加速试验问题时,不同的工程人员,由于其不同的工程经验和需求等背景,在讨论同样的这样一类问题时,却仍然具有不同的理解和含义。因此,本节的讨论会从这类问题基础的内涵和定义开始,首先聚焦具体问题

的厘清和区分,然后再讨论各具体问题的处置。

因此,本节下面具体的各子节的讨论内容按照顺序包括如下:

- 多应力与多机理问题:对于这类工程问题进行一个更加清晰化、更加具体的定义和分类。
- 多应力加速的健壮性评价目的:说明在一般意义下,高加速、多应力试验通常不能满足系统可靠性量化评价要求的工程情形和原因。
- 多应力机理不变性的工程保障措施:讨论为保障多应力试验中产品未知失效机理不变性所采取的一些工程处理方式与实践。
- 多应力条件下特定机理的加速:在产品失效机理不变性已经得到保障的前提下,讨论试验的加速量化关系与处置方式。

5.5.1　多应力与多机理问题

在工程环境下,多应力/多机理问题就其具体最终的工程目的而言,包括如下两个层面的基本含义,即

- 对于已知的、可能(或是已确认)涉及多应力的某个产品失效的加速和评价问题:产品失效的物理过程本身同时受到多种类型载荷的共同作用,但本质上仍然是某一个特定失效机理的问题。
- 对于产品实际所经历的多应力工况,通过加速试验考核和评价其可能存在的多机理失效问题:产品在运行和使用过程中实际受到多种类型载荷,同时也可能涉及多个不同失效机理的综合作用问题。因此,失效机理未知的情形通常才是产品多机理失效问题的本质,换句话说,多机理问题首先是个机理未知的问题,一旦一个产品的失效机理变得清晰化以后,多个机理的情形总是可以进行一定的分解以满足研究的单一机理简化要求的。

因此可以看出,上面是两个不同工程性质的问题。前者已知产品失效,加速试验所确切针对的也是这个特定产品失效问题。而后者则是对于产品一般性的失效或可靠性评价问题,具体的问题希望通过试验结果来获得更进一步的信息,同时试验评价的确切对象也是产品,而非产品的某个特定的失效问题。但不论两类问题中的哪一类型,显然均出自实际的工程需求。

如果是以产品的可靠性量化评价为目的,则基于5.1讨论的加速试验设计原则可以看出:上面的第一类问题是可以满足要求的。且在量化评价过程中,试验的结果验证和数据处理两个基本问题,即

- 多应力条件试验结果的验证问题:考虑产品在实际的运行和使用条件下受到的多种类型载荷以及多个可能不同失效机理相互作用的影响,检验现有的加速试验设计以及该设计所基于的失效物理模型,同基于上述多应力/多机理产品实际运行和使用条件试验结果的一致性。
- 在验证试验的基础上试验数据的综合处理问题:已知一个待验证的加速试验及其试验结果,同时已知一个或是一组多应力/多机理验证试验及其试验结果,上述试验结果合并在一起,共同构成一组在不同载荷向量条件下的产品试验结果。利用这一结果,同时基于已经认知的失效物理模型进行数据拟合与分析,获得基于所有试验结果得到的对于不同载荷的依存情况信息,将此信息与待验证加速试验所使用的模型信息进行比

较,完成验证。这样的一个验证问题被转化成了一个系统产品的基于试验数据的综合可靠性与寿命评价问题。

后续小节的内容就对上面所提出的问题进行一些更加详细的讨论。

5.5.2　多应力加速的健壮性评价目的

在这一小节,首先来讨论前面小节所提出的两类典型多应力/多机理问题中的第二类问题,即对于产品实际所经历的多应力工况,如何处理通过加速试验考核和评价产品可能存在的涉及多种机理失效的问题。

关于这一问题,首先来考虑下面两个方面的实际情况,包括:

- 本章最初已经明确的加速试验设计原则的满足情况:这类问题显然不能满足所明确的系列原则,由于针对这类情况的试验结果是无法进行验证的,因此也无从保障失效机理的不变性,另外显而易见的问题是根源失效机理已知这样的条件也是不可能满足的。
- 目前的实际工程实践情况:目前已知的工业标准中显然没有任何标准用于明确定义多应力加速试验的设计问题,不仅是没有任何标准针对产品量化评价,而且即使是已知多应力失效机理的情形,也没有这样的标准来定义一个加速试验的流程。而相反,可靠性工程中最为常规的 HALT 试验属于典型的多应力加速试验,但不是严格意义上的产品可靠性试验,其试验结果不能用于确定产品在使用现场的实际失效问题,不能用于评价产品的现场使用表现,不能用于产品可靠性量化评价目的。

上面的两点考虑仍然缺乏针对多应力加速试验设计问题结论的充分性,如下三点具体问题的举例,即

- 任何产品根源失效,在多应力加速的条件下都可以发生迁移。
- 工程中常见的系列试验项目的实践,在不同的加速条件下均会产生不同的试验结果。
- 系统产品试验对于不同根源失效加速的均匀性要求。

可以说明:在产品失效未知的情况下,对于产品的多应力条件进行加速,其试验结果没有直接的参考意义,即使理论上可以最终确定某个试验结果发生的失效是否适用产品的实际使用,这样的做法在工程上不具有实际的可操作性。

有关这里所提到的根源失效迁移等的问题举例,详细内容可以继续参见选读小节的讨论内容。

因此,总结一下本小节的讨论内容,从实际工程意义的角度,在产品失效机理未知,即评价并非针对产品的某个或某些特定失效机理的情况下,而是以产品整体的评价与考核作为目的时,多应力的加速试验手段仅适用于产品的健壮性、完整性等非严格意义产品可靠性问题的考核。

【选读 61】　多应力条件下根源失效的迁移

有关 HALT 试验的非可靠性量化评价目的,在本章一开始有关试验设计原则中的产品可靠性出发点的相关内容中就已经进行了详细讨论。无疑,HALT 试验是工程中一个最为典型的多应力且高加速试验类型。通过下面的讨论能够容易看出:在试验应力的加速水平发生不同情形的变化时,被试验产品的根源失效会发生迁移。

表 5-6 给出 HALT 试验所涉及可同时加载的 3 类基本应力载荷类型,即湿热应力、机械振动/冲击和温度循环/冲击,这 3 类载荷所激发的不同失效机理,以及这些机理当发生于电子类型单板样本时的根源失效模式与发生部位。能够容易看出的是:在不同类型的载荷加速水平发生变化时,产品的根源失效是会明显发生变化的。这其实也正是 HALT 试验结果与产品实际会发生的失效与可靠性缺乏对应关系的原因。显然,类似的状况对于多应力加速试验的场合是一般性存在的。尤其在产品失效机理事先未知的情形下,多应力加速试验结果并不能帮助获取产品准确的可靠性信息。

表 5-6 HALT 试验对于电装板所涉及主要失效的加速情况列表

失效		湿热应力	机械振动/冲击	温度循环/冲击
根源失效	机理	湿热腐蚀、腐蚀物迁移	振动疲劳	热疲劳、热(失配)应力
	模式与部位	焊点腐蚀、焊点金属键化合物生成、塑封器件封装内部、PCB 内部金属层、互联的腐蚀、PCB 表面腐蚀物的迁移、电连接器金属表层腐蚀等	焊点开裂/裂纹、管脚开裂、电装板涂层间分层等机械损伤	元器件内部互联、钝化层、薄膜层等封装开裂、焊点开裂、PCB 通孔开裂
失效物理模型	失效模型	$t \propto RH^{-b} \cdot e^{\frac{a}{T}}$ $a = \dfrac{E_a}{\kappa} > 0, \quad b > 0$	$t \propto W^{-a}$ $a > 0$	$N \propto \Delta T^{-a}$ $a > 0$
	加速因子 AF	$AF = \left(\dfrac{RH_1}{RH_0}\right)^b \cdot e^{a\left(\frac{1}{T_0} - \frac{1}{T_1}\right)}$	$AF = \left(\dfrac{W_1}{W_0}\right)^a$	$AF = \left(\dfrac{\Delta T_1}{\Delta T_0}\right)^a$
	参数	t—TTF;T—温度;RH—湿度	t—TTF;W—振动能	N—失效循环周期;ΔT—循环温度差

【选读 62】 系列试验项目

除健壮性试验外,系列而非单一试验,即同样的一组试验样本需要顺序经历并通过一个系列的试验项目而非单一项目的试验,也是一种常见的产品考核评价方式与工程实践。这样的实践使得同样的产品样本在试验中会经历不同类型的应力和载荷,而且应力的顺序和水平显然会导致不同的试验结果,使得产品的根源失效发生变化和迁移。

表 5-7~表 5-8 所列为某服务器系统产品的基本构成与其部分所须通过考核的系列试验的情况。表 5-7 显示了该系统构成的主要子系统与各子系统可能涉及的系统失效机理的关联关系。这样的关系列表实际也表达了不同可能根源失效所处的可能部位与所属子系统的信息。而表 5-8 则说明了系列试验中的各单一试验项目与所考核产品失效机理的类型以及所施加相关载荷类型的关系。

表中的信息意味着:不同的单一试验项目对于不同产品根源失效类型的激发是各不相同的。但各个试验项目最终对于不同失效的激发效果,即最终的试验结果,显然与各试验所施加的实际应力的水平存在紧密的关联性。因此,在产品实际的使用失效问题预先未知的情形下,试验结果也不能帮助这样的产品失效情况变得更加确定。试验提供的仍然主要是限于产品的完整性,或是健壮性结果。对于本案例试验条件的情形,由于试验应力加速的水平较低,属于通过试验设计(Test to Pass)的试验终止方式,所以通常被认为是一类产品的完整性试验。

表 5-7　服务器系统主要子系统/互联部位与失效机理的考核关系

#	比较项目	失效机理				
		机械磨损	湿热腐蚀	器件失效	振动疲劳	热疲劳
1	机框 Chassis					
2	主板 Mother Board		√	√		
3	电源分配板 Power Distribution Board		√	√		
4	背板 Backplane		√	√		
5	硬盘 Hard Disk Drive,简称 HDD	√	√	√		
6	固态盘 Solid State Disk,简称 SSD		√	√		
7	内存 Memory		√	√		
8	中央处理单元 Central Processing Unitor,简称 CPU		√	√		
9	散热器 Heatsink					
10	排风扇 FAN					
11	图形处理器 Graphics Processing Unit,简称 GPU		√	√		
12	磁盘阵列 Redundant Array of Independent Disks,简称 RAID Card		√	√		
13	网卡 Network Interface Controller,简称 NIC card		√	√		
14	电源 Power Supply Unit,简称 PSU		√	√		
15	互联部位 Interconnect				√	√

表 5-8　服务器系统系列试验项目与所施加载荷类型及所考核失效机理的关系

恒温	恒湿	振动	温度变化	试验项目	所施加载荷类型	失效机理				
						机械磨损	湿热腐蚀	器件失效	振动疲劳	热疲劳
√		√		反复重启与电源开关试验 Repeated Boot (AC Power Cycle)	TC：＋40/－5 deg.℃，3 TC cyc.@1cyc/24 hrs，3 * 24 hrs，300 power cyc			√		√
√		√		冷/热启动试验 Cold & Hot Start	hot@＋40/cold@－5 deg.℃，3cyc.@1cyc/24 hrs，3 * 24 hrs			√		√
√	√	√		短时温/湿贮存试验 Transit Temperature and Humidity Storage	24 hrs@＋70deg.℃，24 hrs@－40deg.℃，24 hrs @＋70deg.℃/90%RH		√			√
		√		运行状态冲击试验 Operational Shock	15G，15msec/axis * 3	√			√	
		√		运动状态随机振动试验 Operational Random Vibration Test	15 min/axis * 3	√			√	

【选读 63】 系统产品加速的非均匀性

产品整体的试验对于任何类型和规模的系统产品的可靠性评价而言,都或多或少是不可避免的。由于系统产品自身的复杂性,其内部不同的功能与构成部位对于产品整体的同一个外部环境载荷的应力响应是各不相同的,当这样的外部环境发生变化以后,产品内部应力响应的变化在不同的部位也不一定是同步的,会各自存在相互之间的差异性。

在本章一开始讨论的有关产品可靠性评价试验设计的原则问题时,明确了试验的验证要求以及失效机理的不变性要求,这里的所谓失效机理不变性不仅仅是指失效物理过程的类型与性质不发生变化,实际也隐含了产品的失效部位同样不允许发生任何变化,以确保试验结果与实际结果的一致性。这实际要求产品在评价试验中的应力加速在其各个部位均需要做到同步和均匀,以使得产品的应力加速不会造成产品失效部位的转移。

因此,产品加速的均匀性就是指与产品的正常工作环境相比,在加速环境条件下,产品各个部位因此而产生的应力加速的增长水平处于完全相同的状态。显然,这样的要求对于系统类型产品的试验并非能够自然而然所满足的,通常情况下甚至可能是难以满足的。事实上,在实际的工程实践中,这也是对于系统产品加速试验可靠性评价结果的解读和给出结论常常比较困难和需要慎重的一个主要原因。

另外也需要指出的是:产品加速的均匀性对于产品的可靠性/失效率评价和寿命评价的影响显然是不一样的。在寿命评价的场合,依据上面已经讨论的有关根源失效机理已知的要求,产品的根源失效机理和发生部位需要事先已知,这样在加速试验中如果发生变更或是部位的转移,就可以识别和处理。以在工程实践中更为常见的根源失效机理发生变更的问题为例,如果高低温试验中出现冷凝水并造成产品腐蚀,甚至发生产品的短路烧毁等问题,工程中会很快判定为试验操作不当,进而要求试验操作流程的改进或是其他相关进一步的处置要求。

此外,系统类型产品试验加速的均匀性要求显然会涉及产品不同的功能与结构部位对于不同环境的相应问题。这些相应问题可能会与产品的系统设计本身有关,而非仅仅是取决于产品的物理结构与物理特性。这也是系统类型产品的一个特点。这样的系统设计如:

- 热设计对于不同环境的表现:热设计本身不是线性变化的,例如散热装置,因此,在可靠性产品的加速试验设计中需要考虑。除散热装置通常所服务的 IC 器件对象以外,散热装置本身可能也存在失效的问题,在设计中也可能存在需要考核的可能性。
- 温度环境下的运行降级问题:相对复杂的设备或系统产品,在某些极端运行环境,尤其是热环境的条件下,设计有自我的保护机制,包括降级运行、关机等。这在加速试验的设计中同样需要考虑。

类似的系统设计问题需要在系统产品整体加速试验的设计中予以考虑。

5.5.3 多应力机理不变性的工程保障措施

有关多应力加速试验问题,到目前为止的讨论已经可以看出:以产品的可靠性量化评价为目的,需要在失效机理已知的前提下来处理多应力加速试验的设计问题。因此,包括失效机理不变性在内的所有加速试验设计原则的保障与处置,也都需要在确认产品失效机理的前提下进行,即总体上需要经历如下的步骤:

- 未知机理条件下,需要首先确认根源失效机理。
- 根源失效机理确认后,考虑和处置多应力加速需要保障与手段问题。

基于这样的讨论,也容易理解在前文有关试验设计原则中所给出的加速试验设计的基本逻辑要求,即包括了如下的逻辑过程:

- 对象样本目标失效的定义。
- 对象样本失效判据的定义。
- 对象样本的失效物理过程、载荷影响因素和量化模型。
- 加速载荷与试验设计。
- 样本试验结果的必要性验证。
- 试验结果的充分性验证。

这样的过程也同样需要以已知的根源失效和失效机理为前提，并以此作为基本出发点，完成试验结果的验证。缺乏这样的出发点，逻辑上不能闭合，试验结果的正确与否也就无法进行验证。

在产品根源失效机理已知以及产品评价流程中保障了试验结果的验证环节以后，对于多应力加速试验设计，仍然存在在设计过程中如果采取实际措施以保障失效机理不变性的问题。这类问题存在如下两个方面具体问题，即

- 加速应力限的保障：无论是单一失效机理，还是多失效机理的加速，加速应力保持在某个应力限的范围以内，均是保障产品的根源失效机理不发生迁移的基本条件。因此，对于一个需要有待通过加速试验进行评价的产品，确定和确认这样的应力限显然是完成产品加速试验设计的基础。
- 产品多根源失效时加速均匀性的保障：在产品加速涉及多个根源失效的场合，对于各根源失效进行"齐头并进"式的加速，实际是保障试验结果中不同的根源失效不发生转移的另外一种表述形式。而在选读小节有关系统产品加速非均匀性的讨论中已经明确：在通常情况下，这样的均匀性是不能满足的（详细参见选读小节的讨论内容）。

因此，如果回到上面已经讨论的两类不同工程目的的多应力/多机理的加速试验问题，能够看出：如果限于产品的可靠性量化评价目的，这种类型的加速试验不仅仅只是适用于已知产品根源失效的评价问题，而且需要用于单一失效的评价。换句话说，多应力条件下的加速试验，对于产品未知根源失效的场合，以及已知但存在多个根源失效的场合，其试验结果均不能提供任何直接的评价信息。

所以，这里所讨论的保障措施主要是指上面所提两类具体问题中的第一点，即加速应力应力限的保障问题。在工程条件下，主要的产品应力限确定/确认方式包括如下的 3 类，即

- 产品标准：通过系统的元器件或来料的供应商所提供的产品规格（Specifications）信息来获得加速试验的应力限信息。
- 对比试验：基于与已知且相似产品进行对比试验后所获得的结果，来获得和确认加速试验的应力限信息。
- 摸底试验：通常是通过阶梯应力的方式来获得和确认加速试验的应力限信息。

正如前面有关失效机理不变性要求小节中已经给出的，这里所说的应力限包含了如下的四级，即

- 性能限（Specification Limit）。
- 设计限（Design Margin）。
- 运行限（Operating Margin）。
- 破坏限（Destruct Margin）。

在通常情况下，产品失效机理不变性的保障不仅需要在如上面的运行限以内，而且试验的加速

因子也需要一定的限制。例如,IPC 推荐的加速因子就要求不超过 10~20 的低加速范围[16]。

5.5.4　多应力条件下特定机理的加速

　　总结一下本节已经讨论的内容,可以得到的最主要认知就是:多应力条件下的加速试验问题不是一个一般意义下产品可靠性的评价问题,而是一个健壮性或完整性的评价问题。所以,HALT 或类似试验也因此构成系统类型产品在工程条件下主要的加速试验与评价方式。换句话说,当我们讨论多应力条件下产品的可靠性评价问题时,需要一些明确的限定条件。

　　因此,本小节所涉及问题的讨论存在如下的限定条件:
- 多应力的加速试验设计以产品的可靠性量化评价为目的。
- 产品的根源失效已知、失效机理已知。
- 试验和评价针对某一个特定的根源失效和机理。
- 该根源失效机理涉及多类型应力的加速和影响。

【选读 64】　复合应力条件的加速设计

　　一个产品失效的实际机理过程,或是其相应的量化模型通常都会存在多种应力载荷因素的影响。对于目前电子产品的常用失效模型,已知的模型都是可以将失效的量化关系进一步表达成为不同各自应力载荷变量函数的乘积(注:可以同时参见前面有关多应力条件下根源失效的迁移选读小节中所给出的失效物理模型案例,以及其他有关电子产品失效物理模型的参考文献[1,4,17,27]),即表达为:

$$u_D = \xi(\sigma_x, \sigma_y) = \alpha(\sigma_x) \cdot \beta(\sigma_y) \tag{5-66}$$

其中,u_D 为损伤速率函数,σ_x 和 σ_y 为两个相互独立的应力载荷因素,ξ,α,β 均为某个物理函数。上面数学关系所表征的,在物理上实际就是不同类型载荷对于某个特定物理过程(注:这里即是指某个特定的失效物理过程)的影响可以进行变量分离,而且通常情况下,不同的载荷变量本身也是相互独立的,构成该物理过程的两个独立的自变量。

　　基于上面的讨论,将满足上述量化关系的物理过程称为"两个相互独立的载荷对于某个物理过程的影响是相互独立的"。

　　以简单的黏着磨损模型为例:

$$q = K \frac{Wv}{3\sigma_y} \tag{5-67}$$

其中,q 为接触表面的黏着磨损速率,W 为接触面法向载荷,σ_y 为两磨损面中较软材料的屈服极限,K 为黏着磨损系数,v 为磨损滑动的速度。从这样的量化模型可以看出:接触面法向载荷 W 与磨损滑动速度 v 是上述表面黏着磨损过程的两个相互独立的外部载荷,且二者对于该失效物理过程的影响是可以进行变量分离的(即满足上面的一般性关系表达式),因此在物理上相互独立。

　　对于这样的一个物理过程,依据加速因子 AF 的定义,同时将加速因子一般性地看成是一个加速条件(实际上可以是任何应力条件)的函数,则可以得到加速因子函数的如下一般性表达式,即

$$FA(\sigma_x, \sigma_y) \equiv \frac{u_D}{u_{D_0}} = \frac{\xi(\sigma_x, \sigma_y)}{\xi(\sigma_{x_0}, \sigma_{y_0})} \tag{5-68}$$

其中,下脚标 0 表示了应力载荷的参考点条件,$FA(\sigma_x, \sigma_y)$ 则表示了载荷条件 (σ_x, σ_y) 下对应

于该载荷条件加速因子的数量大小。

下面,如果仅仅对于上面两个不同载荷中的某一个载荷进行加速,按照上面同样的理由,可以得到如下一般性的加速因子函数,即

$$FA(\sigma_x) \equiv FA(\sigma_x, \sigma_{y_0}) = \frac{\xi(\sigma_x, \sigma_{y_0})}{\xi(\sigma_{x_0}, \sigma_{y_0})}$$

$$FA(\sigma_y) \equiv FA(\sigma_{x_0}, \sigma_y) = \frac{\xi(\sigma_{x_0}, \sigma_y)}{\xi(\sigma_{x_0}, \sigma_{y_0})}$$

$$(5-69)$$

其中,$FA(\sigma_x)$ 和 $FA(\sigma_y)$ 分别表示了单应力加速条件下的加速因子函数。

因此,对于一个多应力载荷条件,如果其应力加速等价于每个应力逐一进行加速的情形,即加速因子满足如下的等量关系:

$$FA(\sigma_x, \sigma_y) = FA(\sigma_x) \cdot FA(\sigma_y) \tag{5-70}$$

则称"对于某个多应力作用下的失效机理,其应力条件是一个允许每个应力逐一对于该失效机理进行加速的复合应力"。

显然,这样的复合应力条件对于工程实际是有重要意义的。在本节前面讨论了工程中的系列试验项目问题。在满足复合应力条件的情形下,系列加速试验与多应力同时加载,其对于产品加速失效的效果是等价的,但通过分别加速这样的系列试验方式,解决了多应力产品失效加速的工程可行性问题。

对于满足复合应力载荷条件的失效机理,容易得到如下关系:

$$FA(\sigma_x, \sigma_y) = FA(\sigma_x) \cdot FA(\sigma_y)$$
$$\rightarrow \xi(\sigma_x, \sigma_y) = \xi(\sigma_x, \sigma_{y_0}) \cdot \xi(\sigma_{x_0}, \sigma_y) \equiv \alpha(\sigma_x) \cdot \beta(\sigma_y)$$

$$(5-71)$$

即这些多应力对于失效物理过程的影响是相互独立的。反之,同样能够容易得到下面的量化关系:

$$\xi(\sigma_x, \sigma_y) = \alpha(\sigma_x) \cdot \beta(\sigma_y)$$
$$\rightarrow FA(\sigma_x, \sigma_y) = \frac{\xi(\sigma_x, \sigma_y)}{\xi(\sigma_{x_0}, \sigma_{y_0})} = \frac{\alpha(\sigma_x)}{\alpha(\sigma_{x_0})} \cdot \frac{\beta(\sigma_y)}{\beta(\sigma_{y_0})} =$$

$$\frac{\alpha(\sigma_x)\beta(\sigma_{y_0})}{\alpha(\sigma_{x_0})\beta(\sigma_{y_0})} \cdot \frac{\alpha(\sigma_{x_0})\beta(\sigma_y)}{\alpha(\sigma_{x_0})\beta(\sigma_{y_0})} = FA(\sigma_x) \cdot FA(\sigma_y)$$

$$(5-72)$$

所以,二者是互为充分必要条件的,即上面已经给出的如下二者的描述是等价的:

- 两个相互独立的载荷对于某个物理过程的影响是相互独立的。
- 对于某个多应力作用下的失效机理,其应力条件是一个允许每个应力逐一对于该失效机理进行加速的复合应力。

由此可见,对于实际的工程实践而言,如果希望通过单独应力加载的系列加速试验(也包括非加速试验)来模拟和考核一个多应力载荷条件实际产品的失效过程,其充分必要条件是:这些载荷对于产品失效机理的作用是相互独立的。

【选读 65】　试验时间的压缩和实现

试验所需要的时间是试验设计中的一个经常性考虑因素,对于试验时间的估计涉及试验的成本控制以及试验资源的准备等的工程操作与落地方面的问题。因此,在试验目的和要求允许的情况下,尽可能压缩试验时间是工程实际中的一类典型问题。

结合实际的工程处置方式以及前面小节已经讨论涉及的问题,试验时间的限缩在实现上可以有如下 3 个方向的思路,包括:

- 提升试验的加速应力水平。
- 运行数据的信息截断与试验终止策略。
- 增强失效判定条件或失效判定的灵敏度。

下面就其每一个思路的具体细节做一些说明:

1. 提升试验的加速应力水平

提升试验的加速应力水平就是一定程度上采取高加速试验方式。这样的方式在实际的实施过程中还可以分成两个类型,即

- 高加速应力试验。
- 阶梯应力的加速试验。

其中,前者通常是指在试验全程对样本施加高应力载荷,而后者则是采取试验载荷逐阶递增的方式。

但是,按照前面所讨论的可靠性评价试验的设计原则,高应力试验虽然可以有效缩短试验时间,但是,由于存在改变产品失效机理的风险,可能会使得试验失去产品可靠性评价的能力,同时使得对于试验结果的可靠性解释和评价结论变得困难。在前面已经提到的下面 4 类工程中的常见试验,通常都不满足可靠性评价要求,这些试验是指:

- 高加速应力试验 HAST:Highly Accelerated Stress Testing。
- 高加速寿命试验 HALT:Highly Accelerated Life Test。
- 高加速应力筛选试验 HASS:Highly Accelerated Stress Screening。
- 高加速应力抽样试验 HASA:Highly Accelerated Stress Audit。

有关这些试验的更多详细讨论,可参见第 4 章有关加速试验专用术语的内容。

2. 运行数据的信息截断与试验终止策略

在本章的前面小节关于试验终止的内容中实际已经讨论了这一类问题。显然,在实际的工程操作中,如果允许提前终止试验则可以达到缩短和节省试验时间的目的。而且,前面的讨论也已经明确了工程中的试验终止,在本质上是一个统计论的信息截断问题。更多详细的内容可以参见前面章节的讨论。

在工程实践中,这类处理方式也存在两类最为常见的试验,即

- Bogey Test。
- 加速条件下的性能退化试验。

其中,前者要求在设计指定的试验时间内所有样本通过试验,而后者则通过性能退化来取代样本失效,且通常试验也会设计在一定的时间内终止。但显然,二者均不能得到样本的最终失效信息。

3. 增强失效判定条件或失效判定的灵敏度

增强失效判定条件或失效判定的灵敏度通过在更加早期探测到试验样本的损伤而减少试验时间。虽然,这样的方式可能会与测试设备或是相关测试技术和能力相关,但这里讨论的关注点显然在于在工程中,如何通过试验设计自身而达成增强失效判定条件或失效判定的灵敏度目的的方式。

产品失效判定条件的定义存在两种基本方式,即

- 通过性能参数的临界值。
- 通过产品物理损伤的大小尺度的临界值。

产品的失效检测或测试可以理解成为通过测试设备对于产品损伤的感应,将其转化成为针对某个参数的测量,同时,一般的测量过程通常需要在某种的应力载荷环境下进行,且这样的应力载荷环境可能会影响测试参数的灵敏度。

显然,测试过程不存在加速的问题,但存在测试过程对于损伤的探测敏感度问题。因此,通过改变测试载荷可以提升测试过程对于产品损伤的灵敏度。所以,增加产品检测与测试环境的严酷度通常是指提升测试载荷环境条件,因此提升测试过程对于产品损伤检测的灵敏度,从而减少产品失效加速所需要的试验时间的方法。所以,通过增加产品检测与测试环境的严酷度,同样达到了缩短所需加速试验时间的目的。

但最后需要指出的是:无论是采用上面所讨论的哪一种方式来减少试验时间,在最终通过试验结果来对产品的可靠性进行解读和给出结论时,可能都需要将产品失效的线性可叠加性作为其中的基本假定条件,而这样的假定条件却不一定总是成立的,而且很多情况下是不成立的,事实上,这也是所有"加速"的试验可能因此丧失对于产品可靠性评价能力的一个主要原因。

第 **6** 章

系统可靠性与寿命评价

在本书前面的第 2 章专门讨论了产品可靠性量化指标,或者称为特征量的提取问题,本章的讨论内容重新回归这样的一个有关产品整体量化指标评价的问题。但是,与前面章节有所不同的是,本章的讨论需要在产品随机性问题以及前面章节已经铺垫讨论相关理论的基础上,进一步考虑涉及其他实际工程产品特性的问题,包括:系统失效问题以及不同应力与载荷条件下产品失效数据的处理问题。这里的系统失效问题,主要是相对于物料或是元器件等具有相对单纯模式失效的产品失效问题。这两部分的内容实际也是在统计论基础上需要完成系统可靠性评价问题的另外两块需要进一步补充的主要拼图问题。

基于这样的一个讨论目的,本章内容聚焦于如下的问题关注点,包括:

- 系统失效数据的量化分布特征。
- 系统可靠性问题与寿命问题的差异。
- 不同应力条件下系统失效数据的融合与处理问题。

本章的具体内容则按照先后顺序依次包括如下的小节及其简要说明:

- 系统评价的工程需求和问题。
- 系统可靠性与寿命评价的工程内涵。
- 系统评价数据的分类。
- 系统评价数据的分布。
- 不同应力条件下的失效数据问题。
- 对于应力加速的评价问题。
- 多应力失效的数据处理问题。
- 虚拟试验与仿真评价。

本章最后的部分讨论虚拟试验和仿真的评价问题。虚拟试验和仿真是基于失效物理对于产品可能失效行为进行考核的一类工程方法与手段。从系统可靠性评价的角度,失效物理不仅难以完整提供系统指标,而且在实际的工程实践中,仍然需要数据用于支撑和验证其评价准确性与工程合理性,导致其对于实际工程产品的系统量化评价目的的局限性(更多这方面的讨论可以参见前面系统和系统失效一章中有关系统的根源失效特性以及失效物理与系统可靠性方面的讨论内容),不作为本书讨论所重点关注的问题。

最后需要说明的是:尽管本章已经开始更多应对实际工程产品的典型问题,但仍然没有涉及实际产品评价中更为具体的操作层面的问题,例如,产品系统评价的流程等这样的问题,事实上,实际的工程问题与工程评价项目存在多种不同的工程目的以及工程应用场景,而这样的工程应用场景与评价目的决定了不同的产品评价流程。因此,对于典型工程应用场景以及相关系统可靠性量化评价流程等方面更加贴近产品实际操作方面的问题,留在后面的章节进行讨论。

6.1　系统评价的工程需求和问题

与第 2 章的讨论内容主要的不同在于:本章开始触及实际工程产品在处置时必须面对与处理的问题,而不再仅仅是限于数据的统计论问题。这些实际工程产品问题还包括如下的一些关键性问题,例如:

- 系统产品实际复杂失效数据的处理问题。
- 不同应力环境与加速条件下的产品失效数据处理问题。
- 产品可靠性数据与寿命数据的鉴别问题。
- 不同条件、不同来源数据的融合问题。
- 多应力/多机理条件下的数据处理问题。
- 复合试验环境、阶梯载荷等复杂条件产品失效数据的处理等问题。

事实上,如果仔细研究上面的这些具体工程问题,均属于针对实际系统的可靠性量化评价在传统统计论理论基础上仍然需要进一步考虑和处理的问题。这些问题可以归类为如下的 3 个方面,即

- 失效的加速与应力的影响问题:对于产品即将进行的试验环境和失效情况进行量化估计,从而使得产品的试验设计能够满足产品可靠性的量化评价要求。
- 实际产品不同性质失效的评价问题:基于产品在试验中的实际表现,完成试验数据的处理而给出产品可靠性的评价结果。
- 系统多应力、多机理的失效问题。

这里,前两类问题属于两个更为基础性的问题。失效加速的估计属于试验设计的内容,因此通常发生在系统可靠性评价之前,而产品系统评价则需要基于试验数据、完成数据处理、给出评价结论,因此发生在试验之后。此外,前者主要属于理论估计,而后者的估计结果则需要基于试验证据。而第 3 类问题由于其情况的复杂性与工程典型性,单独分成一类问题进行讨论。

6.2　系统可靠性与寿命评价的工程内涵

虽然在本书的一开始就讨论和回顾了关于产品可靠性的一个一般性概念和定义,即产品的可靠性是指产品在规定的时间、规定的环境完成规定功能的能力,但是,这样的定义仍然工程意义不足,需要为其赋予更加明确的能够指导实际工程操作的含义。

在经过对系统和系统失效问题的讨论,并指出了系统产品失效的"浴盆曲线"行为以后,上述一般性的产品可靠性概念事实上被分解成为可靠性与寿命两个不同的概念,即

- 可靠性,或称为产品使用与服役阶段的可靠性,是用于表征和度量用户在其产品的使用过程中,产品工作正常,不发生任何突发性产品故障或失效的产品能力。
- 寿命则是用于表征和度量产品所能够提供给用户正常使用的时间范围。

于是,一个系统可靠性问题被分成系统失效率与寿命两个量化评价指标,前者表征了系统产品在服役期间的随机失效情况,而后者则表征了产品的耗损失效与到寿情况。同时,这样的产品

可靠性与寿命分别与两类不同性质的产品失效行为,即随机失效和耗损失效相关联,总结二者失效性质到目前为止已经了解的区别包括如下的若干点,即

- 二者所服从的失效分布不同:分布具有不同的形状特征,且通常由指数分布描述随机失效的不确定性失效行为。
- 用于表征二者的失效特征量不同:随机失效为产品失效时间(Time to Failure,简称TTF),耗损失效为产品寿命。
- 可靠性特征量也不同:前者为失效率,后者为产品寿命以及相关产品的失效概率。

进一步考虑系统产品的"浴盆曲线"特征后则还包括:

- 二者发生的产品寿命周期阶段不同:随机失效处于产品的正常使用阶段,耗损失效则处于产品的使用寿命终结阶段。
- 二者的失效事件发生过程的性质不同:随机失效是一个随机过程与失效物理过程共同作用的失效,而耗损失效则是一个失效物理过程所主导的失效。
- 二者的应力加速性质不同:随机失效不同于耗损失效,不是一个完全可以加速的过程。
- 随机失效通常可以用一个随机过程来描述,失效与历史无关,而耗损失效与历史有关,通常假定寿命的损耗满足线性累计的原则。

这样进一步细化的产品可靠性与寿命概念显然对于处理产品实际的可靠性工程问题具有重要意义,因为这样的产品可靠性定义开始赋予其明确的工程含义,因此使其具备了更好的工程可操作性。但是,作为产品可靠性评价的基本出发点,产品最终的失效数据并不能告知,或是能够用以区分产品失效的具体性质。需要更深入认识产品可靠性与寿命,以帮助完成对实际工程产品的可靠性评价。

所以,本节通过上述产品可靠性和寿命概念对工程的含义进行更加深入的讨论,为后面数据的处理做一些必要的知识准备。将上面已经讨论的有关产品可靠性与寿命概念的比较情况总结归纳于表 6-1。然后,就其中的关键性问题在下面的各子节中逐一进行更加详细的讨论。这些关键问题包括:

表 6-1　产品可靠性与寿命概念的比较

比较项目		可靠性	寿　命
"浴盆曲线"、随机性量化特性	失效性质	随机失效 (失效的随机过程与物理过程共同作用)	耗损失效 (失效物理过程主导)
	失效分布	指数分布	Weibull 分布
	随机过程	Poisson 过程 (失效与历史无关)	Markov 过程 (失效与历史有关)
	失效随机量	TTF	TTF/寿命
	可靠性特征量	失效率/MTTF/MTBF	寿命
	产品寿命周期阶段	正常使用阶段	使用寿命终结阶段
工程评价	应力加速/评价手段	需要考虑随机性影响	可加速
	相互的确定关系	不能决定寿命	不能决定可靠性
	系统可修性	是	否
	系统模型	RBD	最短寿命

- 产品失效时间与产品寿命。
- 非相互决定关系。
- 随机过程。
- 系统可修性。
- 评价手段。
- 系统的最短寿命原则。
- 系统评价的工程内涵。

6.2.1　产品失效时间与产品寿命

在详细讨论系统可靠性与寿命评价的工程内涵之前,有必要再次讨论一下产品失效时间 (Time to Failure,简称 TTF)与产品寿命(Lifetime)这两个可靠性物理量的概念。虽然本书引言在有关可靠性量化指标的讨论内容部分已经涉及这一问题,这一小节做一个更加全面和清晰的总结。

在引言部分有关产品可靠性指标与特征量的讨论中提到,产品个体的实际工作时间或是失效时间与产品寿命的概念是有区别的。这一概念的区别类似人类的状况。某个特定人的生存时间通常称为某人在世的时间或是活了多久等,而寿命一词则常常特指人类在某种特定生活条件下生存时间的理论估计或是期望值。

基于同样的原因,产品可靠性中存在产品失效时间或 Fime to Failure(TTF)的概念,用于表征产品特体的实际失效。因此,产品失效时间是一个随机变量,而产品寿命虽然也可以针对一个,而更多则是一个批次性,即统计量的概念。所以,也如引言部分所讨论的那样,产品寿命属于 3 类产品可靠性量化指标或特征量之一。

相对应的,产品可靠性中的 MTTF/MTBF,虽然也是产品整体或是批次的使用时间或失效时间,即是随机变量 TTF 的一个统计量,但仍然不是产品寿命的概念。从纯粹数学的角度,换句话来讲,MTTF/MBTF 与产品寿命可以是失效时间不同的统计量。如果是从可靠性工程的意义来讲,MTTF/MBTF 通常仅限产品随机失效的情形,此时不存在产品寿命的概念,仅有 MTTF/MBTF 这类产品平均失效时间的概念。如果是对于耗损失效的情形,且在 Weibull 分布的场合,产品寿命是指 Weibull 分布的尺度参数,而在分布的形状参数足够大时,MTTF,即产品失效时间的均值会趋近于产品寿命,即分布的尺度参数(注:有关这部分的详细内容,可以参见产品失效性质与应力加速一章中有关 Weibull 分布特性的讨论)。

总结一下上面的讨论内容,产品的失效时间不是产品寿命,二者的概念存在如下的区别:
- 产品失效时间:仅仅是随机量的概念。
- 产品寿命:既可以是一个随机量,也可以是一个统计量的概念。

而对于其中的产品寿命,则从产品可靠性工程的角度可以看出:
- 产品寿命作为一个随机变量:仅限产品处于耗损失效情形下的产品失效时间。
- 产品寿命作为一个统计量:产品特征量。

这样的概念解释了工程中产品有寿与无寿问题,即
- 无寿:产品失效为随机失效性质,或者产品的失效过程完全由随机性因素所主导或是随机性因素作为产品失效过程主要影响因素之一。还是再以人的情形为例进行类比。在处于大规模战争的情形下,战争区域内的人群可以认为是无寿的,因为任何人,不论

大人或小孩,随时都可能因为战斗的发生而死亡。因此,每个人实质上都仅有一个生存时间,而不再有寿命的问题。

- 有寿:产品失效为耗损失效性质,或者产品的失效过程完全由产品及环境的具有确定性的物理特性以及相应的物理过程所主导。换句话说,随机性因素不再是产品失效的主导因素。

6.2.2 非相互决定关系

对于一个系统而言,其可靠性与寿命不能相互决定是二者关系的一个基本特征。这里所谓的不能相互决定是指系统产品的可靠性与寿命虽不完全相互独立,一方可能影响到另一方,但任何一方都不能完全决定另一方。这一关系在工程上最直接的含义就是通过产品在一方面性能的提升,并不能解决产品在另一方面可能存在的问题,需要同时解决产品在两个方面的问题,才能同时满足产品在可靠性与寿命两个方面的要求。下面将二者这样的关系总结为:"存在交集但不相同,而且任何一方不包含另一方(或称任何一方对于另一方在逻辑上不充分)"。

本质上由于系统失效的"浴盆曲线"行为以及由此所决定的失效性质的不同,决定了上述系统可靠性与寿命的非相互决定关系。总结包括本书前面章节已经涉及的内容,系统可靠性与寿命之间的基本关系概括为如下若干点:

- 系统的可靠性与寿命属于系统失效"浴盆曲线"行为的不同特性:一方性能的提升不能完全决定或是保障另一方的性能水平。例如,产品的高可靠与长寿命具有相互的独立性,如图6-1所示。

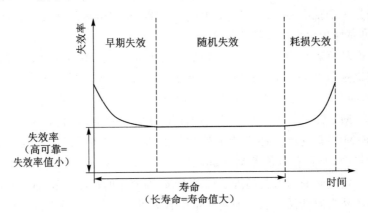

图6-1 长寿命与高可靠的图示关系

- 系统寿命的决定因素是设计:虽然实际工程产品也受到随机性的影响,但产品到寿主体仍然是一个物理过程,即耗损失效过程。因此,系统产品寿命的本质仍然是设计,设计是确定的,不存在随机性的问题。
- 产品失效的随机性则是系统可靠性的基本特性:产品失效的随机性与失效的物理过程共同决定了系统可靠性。显然,产品的制造或产品质量是决定产品的物理一致性或从其反面称之为产品随机性的重要来源,因此,产品质量构成系统可靠性的主要影响因素。
- 系统失效的随机性由3个来源构成:产品自身的随机性仅仅是系统产品失效的3个随

机性来源之一。另外的随机性来源还包括系统业务的随机性和系统使用环境上的随机性。因此,产品的质量或制造的一致性并不能唯一决定系统产品的可靠性。

【选读 66】　B_{10} 寿命问题

所谓的 B_{10} 寿命是一个工程可靠性用语,是指产品批次中 10% 的个体发生失效时的产品寿命时间。这里的 10%,仅仅是一个工程习惯值,对于不同的工程状况和需要,可以更小或是更大,即一般性地将这一寿命定义称为 BX 寿命或 X% 的产品失效时间。如果这里的 BX 寿命是指对于产品的寿命要求,则显然,X 的数值越小,这一寿命要求越高或越严格。

B_{10} 寿命一词最早用于表征轴承的寿命,其中的 B 即意为轴承(Bearing)。目前,这一用语已经扩展用于各种类型的产品。但需要指出的是:对于轴承,由于其失效机理单一,且其失效性质为材料到寿,因此,B_{10} 寿命正如这一用语本身的字面含义,确实仅用于表征产品寿命,不能简单引申或推广至产品可靠性。

顺便一提的是:这里所讨论的 B_{10} 寿命不要与前面加速试验设计一章中所讨论的 Q_{10} 系数进行混淆。二者是关于两个完全不同事物的两个概念。

有关 B_{10} 寿命更多的一些阅读,还可参见其他相关文献[17]。

6.2.3　随机过程

从前面的讨论可以看出:实际工程产品个体中所必然存在的随机性是决定系统产品可靠性和寿命之间基本关系的一个主要因素。随机性在系统可靠性中占据主要地位,而在系统寿命中则仅仅构成系统失效物理过程基础上的一个影响因素。为进一步说明系统可靠性与寿命随机过程中产品失效的不同特点,下面从产品的随机性与失效物理过程(即产品的确定性)两个角度分别加以说明。

首先单纯从随机性的角度来看,系统可靠性与寿命所表现的随机过程是不同的,即

- 系统可靠性的失效通常认为是一个 Poisson 过程。
- 系统寿命的失效则是一个 Markov 过程(Markov Process)。

其中,Poisson 过程属于一个均匀的随机过程,这一过程没有时间记忆,产品的失效服从指数分布,且分布没有集中的模态分布特性,分布统计量也不存在与某个物理过程参数存在特定的对应关系;而 Markov 过程则正好相反,这是一个不均匀的随机过程,且失效过程存在时间记忆特征,产品失效的分布具有集中分布的模态特性,且其模态峰值也表征了产品的失效物理参数。

如果从产品失效物理,即失效机理的角度来看系统可靠性和寿命失效,或称随机失效与耗损失效所服从随机过程的特点,则可以看出:

- 系统可靠性属于多机理的失效过程:随机失效通常仅针对系统类型产品,尤其对于相对简单的元器件、零部件或其他物料类型产品,通常不存在“浴盆曲线”的失效行为;而对于高度复杂、物理尺寸小并因此存在固有制造随机性的器件,例如 IC 器件,则因此可能仅关注其随机失效问题。
- 系统寿命则属于特定机理的失效过程:即使对于复杂系统,系统寿命问题必须是聚焦在一个属于特定失效机理的特定失效上。对于电子系统如焊点/互联的疲劳失效问题,复杂机械结构/机构与系统的材料疲劳、磨损、老化问题,等等。

基于上述的理论认知,在这里简单讨论在国内的行业内,尤其是国防相关行业内曾经提出的所谓小样本理论的问题。小样本理论的提出是指:"在理论上应对和解决国防相关行业中通常所要面对的,对于大型复杂系统无法获取足够数量产品失效样本的实际工程情形,但同时又能够在这样的样本量条件下满足产品的可靠性评价要求的问题。"

有关这一问题,首先来明确一下如下的概念问题:

- 可靠性中的小样本理论不同于统计论中的小样本理论:后者仅仅是在小样本量下的数学处理方法问题,而其处理结果并不意味着一定能够满足工程对于系统可靠性的评价要求,例如评价的置信度要求,而前者理论的目的则是在小样本条件下达成所需要的工程评价目的。

- 在可靠性工程中,小样本理论也不能与数据融合问题进行混淆:事实上,数据融合问题在理论上并不是一个问题(没有理论问题或障碍),实际也是本章后续所要讨论的内容。但数据融合并不意味着小样本,即使在单一试验中来看是小样本,从总体来看,仍然可能对于样本量会有要求。

将这些问题的讨论可以总结如下:系统可靠性的随机失效表现为一个 Poisson 过程的问题,这使得在理论上完成产品的可靠性统计和推断必须要满足一定的显著性要求,这意味着绝对意义上的小样本条件是不能满足产品的可靠性评价要求的。

6.2.4 系统可修性

前面所讨论系统可靠性与寿命问题的基本关系已经表明:系统寿命的本质是一个产品的设计问题,而系统产品的可靠性问题则不同,它是一个必须同时考虑随机性因素对于系统产品失效影响的问题,产品失效的随机性是系统可靠性问题的主要因素之一。由于设计问题不是一个随机性问题,这也因此带来系统可靠性与寿命失效,即随机失效与耗损失效之间的另外一个本质性差异,即产品的可修性问题。系统失效的可修性构成系统可靠性与寿命之间差异问题的另外一个关键特征。

这里举航空领域的一个典型且众所周知的工程实践状况作为一个案例,那就是航空界所普遍采用的整个同型号飞机停飞的问题。不论是军用飞机还是民航飞机,一旦发生重大飞行事故且导致事故的原因被认为有可能是飞机本身的缺陷问题,则一个普遍的原则就是立刻停飞该型号的所有飞机。这一实践原则背后的逻辑是产品缺陷都可能是一个设计(包括制造与工艺设计)问题,而设计问题本质都是一个确定性问题,设计决定了产品寿命(包括设计缺陷所造成的产品短寿),寿命是个批次性问题,不是一个产品个体的失效问题。

系统维修是可靠性工程中保障系统任务可靠性的重要工程手段与实践。但显然,系统的维修或是可修性需要区分系统的个体和批次性行为,二者的工程概念是不同的,即

- 基于实际使用情况的个体检测、修理与更换行为:在实际工程中的系统维修行为,维修保障了系统的任务可靠性。

- 系统批次性的检测与更换行为:则不能视为维修。例如,对系统中的某些可更换零部件进行整批次的更新处理,在工程上是一种延寿行为,其目的是解决系统中某些零部件的到寿问题。

所以,从这里可以看出:系统的维修或是可修是一种个体或是个别的行为,如果是整个产品批次的问题,产品问题的性质发生变化,不再属于产品维修的范畴。从这个意义上讲,产品

的寿命失效问题均属于不可修问题的范畴。

工程中的常见批次性问题如：

- 召回：产品批次由于固有设计、制造等缺陷导致存在安全性或相关隐患问题。
- 退役：由于系统的关键不可更换零部件、结构件等的到寿，或是产品的使用或任务需求消失、维修保障成本过高等一个或是多个方面原因，导致产品整批次退出现役。
- 延寿：对于系统中到寿的可更换零部件整批次进行更新处理以及其他必要的维修保障工作，并延长整系统的使用期限。

这些批次问题均不属于产品的维修与可修范畴。

有关这一问题的比较，还可参见表 6-2 中进行总结和比较的内容。

表 6-2　产品寿命与可靠性针对系统可修性问题的比较

项　目	寿　命	可靠性
评价目标	产品的寿命或是残余寿命评价	产品可靠性评价
工程对象	系统，尤其系统中可能的寿命短板单元	系统及所有类型单元
样本	新品以及残余寿命评价中的在役样品	新品
试验要求	通常必须是寿命试验，试验需要 Test to Fail（同时参见前面加速试验设计一章中有关试验终止的相关内容）	通常不是寿命试验
工程目的	确定产品耗损条件下的寿命指标，或是决定在役产品是否存在关键零部件已经到寿、是否需要进行批次性更换、是否整体系统已到寿、是否需要退役等	评价产品在实际的服役阶段和条件下的可靠性表现，评价和预测产品的现场返修率，决定产品是否达到预期的可靠性要求
评价指标	产品寿命/残余寿命	产品失效率、MTBF、产品返修率

6.2.5　评价手段

系统可靠性与寿命问题的本质区别，也决定了其在评价手段和目的方面的差异。一般而言，正如前面所讨论的，从理论上讲：

- 产品的可靠性评价问题：一个基于产品使用环境定义的产品失效的验证问题，经过验证的产品失效构成产品可靠性风险。
- 产品的寿命评价问题：一个针对已知的产品风险项、评价和确定产品设计使用时间的问题。

因此，系统风险项的确定主要是针对产品寿命评价的问题，系统风险项是系统寿命评价的输入条件（同时参见表 6-3 有关上述讨论内容的总结）。

表 6-3　产品可靠性与寿命评价试验手段的比较

项　目	可靠性试验	寿命试验
试验总体	系统整体试验	具体失效试验
试验环境	模拟产品整体环境	特性环境加速寿命试验
加速要求	不允许过高加速，试验时间比加速度更重要	明确加速度

项　目	可靠性试验	寿命试验
样　本	样本数量大多达到一定的置信度要求	可以比较少
试验设计	模拟使用环境,需要加速试验设计	需要加速试验设计
失效的判定	功能、性能	性能参数、物理失效判定

6.2.6　系统的最短寿命原则

　　系统整体的失效概率与系统最短寿命判定是系统整体可靠性指标的两个最为常见的评价原则。前者是指一个产品整体的失效由其各个元器件、零部件和部位失效所决定,每个元器件、零部件和部位的失效对于产品整体的失效概率均有贡献。而后者则是指产品整体的寿命由产品最短寿命的元器件、零部件和部位所决定,称为最短寿命原则(Competing Risk Model)。

　　总结上面的系统原则,包括:

- 系统的整体原则:系统可靠性问题是一个系统的整体问题,系统整体的可靠性是一个系统所有单元可靠性表现的综合结果。
- 系统的最短寿命原则:系统寿命问题则是一个最短寿命环节的问题,系统整体的寿命仅由系统中的最短寿命部位所决定。

　　这里同时需要指出的是:对于非系统类型产品,并不一定适用这里所说的原则,因为讨论这些原则的基础必须是系统。正如在本书引言部分已经讨论到的有关系统的概念,对于非系统类型产品,产品整体不能在理论上通过单元的形式进行表征,因此,产品整体的可靠性问题必须作为一个整体进行研究,而不能简单进行简化和分解成为单元的问题。以机械中最为常见的发动机为例,前面的讨论也已经多次提到发动机的主体部分是一个机械装置,不是一个系统,因此,虽然发动机同样由大量的零部件构成,但并不是发动机在系统意义上的构成单元,也不存在系统意义上的整体与可靠性问题。

　　需要强调和说明的是:系统到寿在理论上是一个设计问题,而不是一个随机的问题。因此,假想在完全没有随机性的条件下,产品的失效将完全由设计寿命和使用条件决定,只要条件相同,所有产品均发生同样的到寿失效。因此,再次回到上面已经讨论到的系统整体失效概率与系统最短寿命的原则问题,前者描述了产品个体失效随机性行为的统计特性,而后者则是描述了产品批次性失效的物理必然性行为。二者不能相互决定、相互不矛盾、相互补充,构成了系统可靠性评价原则的一个整体。

　　此外,需要强调的是:系统的某个部位或单元寿命最短,这个部位或单元一定最先到寿,但这并不意味着产品总是在这个部位或单元发生失效,或是首先发生失效,即产品的实际失效情况与产品首先到寿(相当于说产品的 TTF 与产品寿命)是两个完全不同的概念。有关这一概念问题,已经在全书包括本章的内容中进行了大量的讨论。

　　产品的寿命最短原则是个产品的批次性概念,在这样的概念前提下,产品最短寿命的发生部位是明确且唯一的。事实上,这样的工程现象在复杂系统实际的延寿问题处置和实践上有明确体现。从实际工程实践可以看到:在产品的批次性延寿处置中,产品通常存在明确的短寿部位和零部件,常见的密封件、橡胶件等,在产品的延寿过程中需要全部予以更新和替换。

　　更多相关内容还可以参见其他可靠性专业书籍[15]。

6.2.7　系统评价的工程内涵

随着对系统可靠性问题讨论的不断深入,一些细心的以及具有实际工程经验的读者可能就会重新意识和回归到关于产品可靠性工程的一个基本问题,那就是产品的可靠性到底是什么? 产品可靠性的概念对于实际工程的意义到底在哪里?

按照本书引言部分就提出的产品可靠性的传统概念,产品的可靠性是指"产品在规定的时间、规定的环境完成规定功能的能力"。显而易见,作为一个教科书式的定义,这样的概念虽然初步听上去似乎很具体,但有关产品可靠性工程的关键点问题,尤其是在实际操作问题上的定义并不完全明确,这就对处理实际工程产品问题的作用和意义带来很大的影响。

在前面章节讨论有关产品可靠性试验设计的问题时,也提到了一种从产品质量的角度看待产品可靠性概念的问题。依据 ASQ(American Society of Quality),包括国内质量界的定义,产品可靠性被认为是更为广义产品质量的一个部分[53],即产品可靠性是"随产品的使用、持续经历相应的使用环境和使用时间,仍然保持其初始产品质量的能力"。但不可否认的一个事实是:任何一个具有实际工程经验的可靠性工程人员,都能够清晰认识到产品可靠性与产品质量不仅在问题本身,而且在实际工作内容和工程关注点方面的本质性不同。产品可靠性即使在概念上将其统一在质量体系之下,这样的做法和定义可能对于产品可靠性问题的实际工程处理上仍然作用有限。

事实上,在实际的工程实践中存在更为贴近产品实际工程实践的可靠性概念和定义。典型的一个定义如:"产品可靠性是如下发生事件的量化度量,即产品在用户的使用过程中所发生的、非预知产品问题所导致的对于产品使用的干扰或是中断。"显然,结合系统产品的"浴盆曲线"失效行为,上面这样的量化度量就是失效率。

回到本节一开始讨论的问题,产品的可靠性概念到底是什么? 如果我们将问题聚焦在系统类型的产品上,产品可靠性就是指系统产品的"浴盆曲线"特性。

6.3　系统评价数据的分类

数据是完成产品可靠性量化评价的出发点。上面介绍部分讨论也列举了在工程中常见的不同种类的数据,显然,数据的不同会影响到数据的处理方法和流程,需要首先明确产品可靠性评价数据的分类问题。

对于工程中的量化数据,如果抛开数据的具体应用背景或物理意义不谈,而仅限于其数据本身,则一条数据均可以分成如下的两个部分,即

- 数据本体:数据所携带主体信息的部分。
- 数据的变量或参数:所获得数据主体信息的属性、获得条件等辅助信息。

因此,下面分两个部分来看可靠性评价数据的分类问题。

1. 数据本体

美军标 MIL‐HDBK‐338 将产品可靠性评价数据定义成为两类数据,即

- 两相或成/败类型特征的数据(Go/no‐Go Performance Attributes)。
- 变量数据(Variable Performance Characteristics)。

这两类数据容易理解,前者仅考虑产品的正常与失效两态,而后者则是类似产品性能退化数据

那样的连续变化数据。

事实上,在前面章节中所讨论的常见试验设计问题中,总结了从产品失效判定条件的角度来看数据的两种基本的定义方式,即

- 通过性能参数的临界值定义失效。
- 通过产品物理损伤的大小尺度的临界值定义失效。

结合工程实际情况,前者显然属于变量数据,而在后者的情况下,由于产品物理损伤的尺寸在实际操作中难以测量,通常只能通过产品的正常与失效两种最终的表现状态来判断,因此,属于成/败类型特征的数据。

除此之外,在前面加速试验设计一章中有关试验终止的部分还讨论到数据信息截断的问题,在信息完全的情况下,成/败试验可以提供产品失效时间数据,而在试验时间截断的条件下,通常仅仅获取样本成/败数量(或称 Bogey Test 数据)的信息。

总结上面数据,汇总在表6-4中。

表6-4 可靠性数据本体的分类

数据判定	数据表征	试验终止	
		完　成	截　断
性能临界值	Variable	退化、TTF	退化
	Go/no-Go	TTF	Bogey
物理损伤临界值	Go/no-Go	TTF	Bogey

2. 数据的变量或参数

数据的变量或参数提供了所获得数据主体信息的属性、获得条件等辅助信息。对于产品的可靠性评价数据而言,这类辅助信息包括:

- 应力类型和水平,包括应力的(绝对)量值水平以及加速因子(相对量值)水平。
- 测量/工作时间。

当然,实际状况的数据可能涉及多种的失效机理、多类型应力的作用情况。

6.4　系统评价数据的分布

失效性质对系统可靠性评价有重要作用,产品的失效本身不能用来区分这样的性质。在试验或是产品使用现场所得到的产品失效数据是产品失效的最终结果,且这样的最终结果数据不能用来直观判定产品的失效性质,这是毫无疑问的,因为无论是怎样的失效性质,产品失效的结果都是一样的。因此,要通过产品失效数据来对失效的性质做出进一步的判定,有必要进一步深入研究产品失效的数据特征,通过这样的特征来完成分析和判定,并最终能够从数据中提取产品的可靠性和寿命特征量。

为达成这样的目的,这一节就有关产品的系统失效数据讨论如下3个方面的问题,包括:

- 系统失效数据的类型。
- 系统失效数据的外形特征与量化表征。
- 系统失效数据的合成模型。

首先,在实际的工程环境中,产品可靠性数据并不仅仅限于失效数据,还包括其他类型的数据。这些数据可以总结和归类成为如下的 4 个方面,包括:

- 成败试验(Bogey Test)数据:在一定的试验或使用时间内,针对一定数量的产品样本或是研究对象,统计得到的仍然正常工作和已经发生失效产品数量的数据。
- 性能退化数据:表征产品的某些或某个性能参数随使用或是试验时间发生退化的情况和数据。
- 失效数据:产品发生失效时的时间数据,包括在加速环境条件下,或是正常使用的现场与试验条件下得到的产品失效时间数据。
- 残余寿命数据:也是产品失效数据,但残余寿命数据通常是指针对已经在役产品(即非新品样本)进行寿命试验所获得的数据,而且这种寿命试验通常是在加速应力条件下进行的试验。

此外,系统失效数据的外形特征是用以分析和区分产品失效性质的关键性特征。事实上,系统失效的"浴盆曲线"本身就是一种数据的外形特征,而且,这样的特征被用来定义产品失效性质。由于用于定义随机失效的指数分布特征是明确的,所以本节内容的重点在于讨论耗损失效的分布特点,尤其是量化表征的模态特点。

最后是关于系统失效数据的合成模型问题。在单一机理、单一模式和单一失效性质的条件下,产品失效可以用 Weibull 分布模型来加以描述,有关这一点,前面的章节已经进行了各个方面的讨论,已经是明确的问题。但对实际的工程系统类型产品而言,通常对应于多机理、多模式和不同失效性质综合的情形,不可避免地需要进一步讨论产品数据的合成模型问题,尤其是合成 Weibull 分布模型的问题。合成 Weibull 分布模型问题的讨论重点在于不同性质失效分布在合成条件下的数学表征问题。

木节具体的子节内容按照顺序包括:

- 数据的分布外形特征。
- 数据的 Weibull 合成模型。

6.4.1　数据的分布外形特征

失效性质对于系统产品的可靠性具有明确的工程意义。随机失效代表了产品在服役阶段的可靠性表现,而耗损失效则表示了产品寿命的终结。但是,虽然理论上如此,实际的评价试验却无法将产品不同性质的失效分开来各自单独进行考核和研究,而且无论何种性质的失效,其失效结果都是一样的,在试验结果上也无法加以区分。

因此,在工程上,能够区分和了解产品的失效性质是产品可靠性和寿命评价的一个实际需求。在现实情况下,虽然系统产品通常都存在有量化可靠性要求和设计寿命要求,但产品的实际状况能否达到这样的量化指标要求,通常又都难以在依据充分的情况下加以确定。

事实上,如果回顾产品随机失效与耗损失效的基本性质能够发现:二者不同性质失效的本质性区别仍然是在于失效的统计性特征或称产品失效所表现的随机过程的特征。而正是产品失效的统计特性决定了产品的工程结果和处置方法,即

- 随机失效:取决于产品个体的实际使用情况,因此具有可修性。
- 耗损失效:与整个产品批次相关联,因此个体不可修。

同时参见表 6-5 了解更多汇总信息。所以,系统产品的失效性质与产品失效数据的统计特征

在本质上是相互等价的两个方面,而前者则可以直接通过产品失效数据的分布外形特征来加以判断。

本部分选读小节更加详细地说明了 Weibull 分布模型的外形特征。分布函数的主要外形特征参数包括了分布曲线的陡峭度和偏斜度。结合选读小节的讨论内容,有关数据的分布外形与产品失效性质的关系问题存在如下的一些关键概念性问题以及工程关注问题,包括:

- 正态分布的陡峭度是 3,对于任何方差均是一个常数,因此,陡峭度与分布函数的分散性是不同的概念。
- 考虑到正态分布对于物理过程所主导分散性描述的特殊地位,用于描述系统产品失效的 Weibull 分布函数的外形,尤其在表征产品寿命时是以正态分布的外形为参考点的。前面已经提到:产品的耗损失效是一个由失效物理过程主导的具有分散性的失效过程。
- Weibull 分布的陡峭度随分布函数形状因子 β 变化,不是一个常数。按照下面的讨论知道:通常在 $2.3 < \beta < 5.7$ 的范围,$\beta < 3$ 但接近 3,且偏斜度也相对较小,因此被认为最接近正态分布,较为理想地表征了产品的耗损失效过程。
- 一些工程观察和经验认为:当试验数据的 Weibull 统计分布特征参数 $\beta > 6$ 甚至 10 以上时,产品的实际失效可能具有失稳等的物理性质,可能暗示加速试验所设计的应力水平过高,导致失效机理变化等问题。具体参见其他文献[17]。

表 6 - 5　失效性质与失效随机过程的关系

系统评价	失效性质	随机过程	基本特征	可修性
可靠性	随机失效	Poisson	均匀、无记忆	可修
寿命	耗损失效	Markov	有记忆	不可修

【选读 67】　Weibull 模型的外形特点

Weibull 分布函数是用于描述产品可靠性的主要模型,尤其是在函数的形状因子大于 1 时,用于表征产品耗损失效的分布状况。

从分布函数的外形特征来讲,这里重点关注和讨论如下两个方面参数,即

- 陡峭度(kurtosis)和偏斜度(skewness)。
- 均值。

这里,陡峭度和偏斜度分别用于在数量上描述一个分布函数,在形状或模态上的集中分布程度和对称程度,是分布函数模态的两个主要的几何特征指标(有关分布函数模态以及外形的表征参数问题与相关概念的定义和讨论,可详细参见前面章节的内容)。而均值作为分布函数的统计特征量,在耗损失效的场合应该与 Weibull 分布函数的物理特征量,即表征产品寿命的尺度参数在数量上相等或是近似相等。

1. 陡峭度(kurtosis)和偏斜度(skewness)

一个由物理过程所主导的随机过程,或者是一个仅仅受到随机性因素影响的物理过程,通常认为会满足或是近似一个正态分布。因此,也容易理解,正态分布函数的形状会成为这里分布函数形状比较的参考点。对于正态分布函数,其陡峭度为 3 且完全对称,没有偏斜,所以偏斜度为 0。

图 6-2 给出了 Weibull 分布在形状因子大于 1 时,不同形状因子量值条件下的陡峭度和偏斜度。其外形特征可以总结如下:

- 在 Weibull 函数的形状因子 $\beta=3.4$ 时,存在陡峭度的一个最小值,大约为 2.7,且此时的偏斜度为 0,通常被认为是一个在外形上最接近正态分布的形状点。
- 在上面陡峭度最小点的附近,大约在 $\beta=2.3$ 和 $\beta=5.7$ 的位置,Weibull 函数的陡峭度均为 3,但此时的曲线形状不对称,一个左偏、一个右偏。因此,$\beta>3.4$。
- 在形状因子 $2.3<\beta<5.7$ 时,Weibull 函数的陡峭度 $k<3$;形状因子 $\beta>5.6$ 时,陡峭度 $k>3$。但总体而言,在形状因子 $2.3<\beta<10$ 的范围内,陡峭度均比较接近 3。

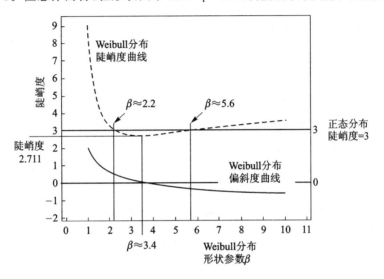

注:在 $\beta\approx3.4$ 时陡峭度达到最小值 2.711,此时为近似正态分布,即此时的 Weibull 分布最接近对称,且分布的均值和中间值最接近于相等。

图 6-2　Weibull 分布的 kurtosis 计算值[54]

Weibull 分布的 kurtosis 计算值如表 6-6 所列。

表 6-6　Weibull 分布的 kurtosis 计算值[55]

β	偏斜度	陡峭度	β	偏斜度	陡峭度
0.6	21.099	40.482	4.0	-0.008	2.748
0.8	7.922	15.741	4.2	-0.016	2.770
1.0	4.000	9.000	4.4	-0.026	2.795
1.2	2.314	6.236	4.6	-0.038	2.822
1.4	1.436	4.839	4.8	-0.051	2.851
1.6	0.925	4.044	5.0	-0.065	2.880
1.8	0.606	3.557	5.2	-0.079	2.911
2.0	0.398	3.245	5.4	-0.094	2.942
2.2	0.259	3.041	5.6	-0.109	2.973
2.4	0.164	2.906	5.8	-0.124	3.004

β	偏斜度	陡峭度	β	偏斜度	陡峭度
2.6	0.100	2.818	6.0	−0.139	3.035
2.8	0.056	2.752	6.2	−0.155	3.066
3.0	0.028	2.729	6.4	−0.170	3.097
3.2	0.011	2.714	6.6	−0.185	3.128
3.4	0.003	2.711	6.8	−0.200	3.158
3.6	0.000	2.717	7.0	−0.215	3.187
3.8	−0.002	2.730	7.2	−0.229	3.216

注:在 $\beta \approx 3.4$ 时陡峭度达到最小值 2.711,此时为近似正态分布,即此时的 Weibull
分布最接近对称,且分布的均值和中间值最接近于相等。

2. 均 值

作为基础性的工程常识已经知道:对于正态分布而言,其分布的峰值和均值特征量是完全
重合的。但是,对于 Weibull 分布而言,二者参数则是不一致的。从前面章节有关 Weibull 分
布失效特征量的讨论已经提到:Weibull 分布函数的尺度参数表征了产品寿命,而分布的峰值
与此参数相等,但均值则没有严格相等的量化关系。从下面的讨论可以看到:在 Weibull 分布
函数的形状因子 $\beta > 1$ 时,其分布的均值满足与尺度参数近似相等的数量关系。

在前面章节已经给出 Weibull 分布函数的均值表达式,即

$$\overline{T} = \eta \cdot \Gamma\left(1 + \frac{1}{\beta}\right) \tag{6-1}$$

显然,式(6-1)中 Gamma 函数的自变量存在如下的取值范围,即

$$1 < 1 + \frac{1}{\beta} < 2, \quad \beta > 1 \tag{6-2}$$

由图 6-3 所示 Gamma 函数的取值可以看出:在形状因子 $\beta > 1$ 时,Weibull 分布函数的
均值近似等于函数的尺度参数,即

$$\overline{T} = \eta \cdot \Gamma\left(1 + \frac{1}{\beta}\right) \approx \eta, \quad \Gamma\left(1 + \frac{1}{\beta}\right) \approx 1, \quad \beta > 1 \tag{6-3}$$

【选读 68】 试验数据 Weibull 参数范围的工程估计

由于试验数据点在 Weibull 坐标纸上表现出来的形状表征了产品的随机失效、耗损失效
行为,因此,在坐标纸上快速判定其形状特点,可以在工程上对于数据分布的取值范围做出快
速判断。

通过对如下 Weibull 的累积分布函数,即

$$R(t) = 1 - F(t) = e^{-\left(\frac{t}{\eta}\right)^{\beta}}, \quad t \geqslant 0 \tag{6-4}$$

简单处理可以得到 Weibull 坐标纸形式的如下表达式(另外,相关内容也可参见后续有关
Weibull 以及其他类型一般性线性化坐标纸的相关讨论),即

$$\log\left[-\ln\left(1 - F(t)\right)\right] = \beta \log\left(\frac{t}{\eta}\right) \tag{6-5}$$

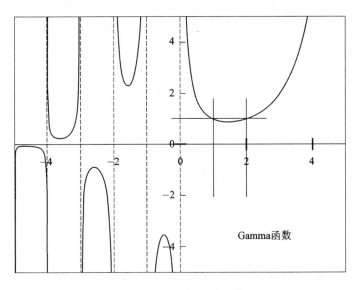

图 6 - 3　Gamma 函数在 $(1,2)$ 之间的均值约等于 **1**，即 $\boldsymbol{\beta} \sim [1, +\infty)$

因此，由式(6-5)可以看出：两个相对失效时间点，例如 t_1 和 t_2 之间的相对比值 t_2/t_1 与分布的尺度参数 η 无关，而只与形状参数 β 有关，即

$$\log[-\ln(1-F(t_2))] - \log[-\ln(1-F(t_1))] = \beta\log\left(\frac{t_2}{t_1}\right) \qquad (6-6)$$

因此，形状参数 β 的大致取值范围可以通过观察两个固定端点失效时间 t_1 和 t_2 跨度的比值大小快速进行判断。

例如，取 $F(t_1)=1\%$、$F(t_2)=99\%$ 的两个端点，在形状参数 $\beta=1$ 的时候，$t_2/t_1\approx458$，显然，当数据点所示形状大致在此附近，表征失效为随机失效，$t_2/t_1<458$ 则为耗损失效，$t_2/t_1>458$ 则为早期失效，如表 6 - 7 所列。

表 6 - 7　不同形状参数条件下 $1\%\sim99\%$ 失效概率区间的失效时间变化范围

#	失效性质	形状参数 β	t_2/t_1
1	随机失效	1.0	4.5×10^2
2	耗损失效	2.0	2.1×10^1
3	耗损失效	3.0	7.7×10^0
4	耗损失效 （≈正态分布）	3.4	6.1×10^0
5	耗损失效	5.0	3.4×10^0
6	耗损失效	10.0	1.8×10^0

6.4.2　数据的 Weibull 合成模型

显然，试验数据如果能够得到"浴盆曲线"这样的产品全寿命曲线，是系统产品可靠性量化评价的理想状态，这样的曲线提供了所有的可靠性量化指标。而且，通过前面已经讨论的系统失效行为和模型已经知道：在系统的可靠性部分，即浴盆底部或中间的部分包含了产品多模式、多机理的失效情况。而对于系统寿命的部分，即浴盆右侧边缘的部分，则由于最短寿命的原则，主要是涉及某个最短的耗损失效模式和机理（更多有关"浴盆曲线"量化模型的讨论，可以参见前面章节关于系统量化模型和"浴盆曲线"模型部分的内容）。

显然，通过试验获取特定系统产品的"浴盆曲线"并不容易，并且至今的研究也没有报道实际测定的产品"浴盆曲线"案例。同时，正如前面已经讨论到的系统产品的不同失效性质，即随机失效和耗损失效是产品失效的一种统计特征，而非物理特征，因此，在产品的实际试验中并不能逐个加以区分。

但在实际的数据处理当中，仍然可以使用复合的 Weibull 模型（Combined Weibull）来描述可能存在不同性质产品失效数据的混合情形。复合的 Weibull 模型是指通过不同参数 Weibull 函数的线性组合来表征和拟合试验数据的方式。其模型函数的一般形式为：

$$R(t) = \sum_{i=1}^{n} c_i R_i(t), \quad \sum_{i=1}^{n} c_i = 1 \tag{6-7}$$

其中，R_i 为具有不同分布参数的 Weibull 可靠度函数，c_i 为线性系数。

这一模型可以认为是前面章节所讨论"浴盆曲线"量化模型的一个更为实用和直观的工程化处理手段，为工程条件下的产品数据融合提供了便利。图 6-4 所示为 Weibull++™ 的一个 Weibull 复合模型示例。

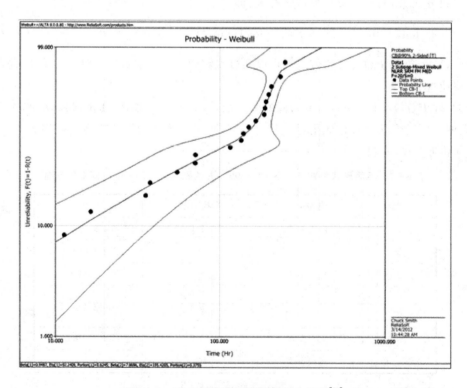

图 6-4　Weibull 复合模型数据拟合示例[32]

6.5　不同应力条件下的失效数据问题

产品失效行为的基础特征仍然是其随机性特征,有关这一问题在前面针对系统和系统失效一章就已经提到。因此,在上一小节中首先讨论了系统失效和可靠性数据的分布问题,但是,这样的随机性与数据分布限于某个一定的应力水平条件,实际避免了涉及不同的应力水平对于产品失效随机性与分布的影响问题。在这一小节,进一步深入讨论和考虑应力对于产品失效,尤其是随机分布可能的影响问题。

本节的内容讨论和处理如下 3 个方面涉及不同应力条件下的失效数据问题,包括:

- 失效的等效。
- 不同应力条件下的失效分布。
- 寿命数据的拟合与外插。

首先是失效的等效问题。这类问题在实际工程中涉及两类典型的需求场景,包括:

- 产品在运行过程中涉及不同时间区间的不同应力条件,且不能或不允许近似合成成为一个条件:例如,加速试验中的阶梯应力条件,常见军用系统中,在投入实际使用以前需要经历长期贮存的产品等。
- 不同的产品失效涉及不同的应力条件:例如,工程中对于不同来源和条件数据的融合与综合评价等。

在上述两类场景中,尤其对于前者,任何产品的一个失效数据所对应的应力条件实际都包含了一组条件,因此在没有等效的前提下,不同的应力条件,或者称为不同的应力条件组之间会丧失可进行比较的性质。

然后是关于不同应力条件下失效分布与寿命数据拟合与外插问题的讨论。二者均涉及产品失效在不同应力条件下的随机性和分布问题,前者是从理论的角度讨论应力与产品失效分布之间的关系,而后者则是部分利用这样的关系考虑数据的处理问题。显然,数据拟合与外插所要应对的主要问题就是确定不同应力条件对于产品失效的影响问题。

本节具体的子节内容按照顺序包括:

- 失效的等效。
- 不同应力条件下的失效分布。
- 寿命数据的拟合与外插。

6.5.1　失效的等效

失效的等效问题是对多个不同来源以及不同条件数据进行融合、综合进行处理和分析时必须首先要讨论和解决的问题。失效等效问题的本质就是在一个完全相同的基准前提下,完成对所有不同条件数据的比较问题。显然,这里涉及了两个基本的问题,即等效的条件以及具体需要完成等效和进行比较的物理参数。

此外,产品失效环境可能随时间发生变化,且不能定义成为一个时间的不变量的情况,实际也提出如何进行等效的问题。正如在前面章节中讨论有关产品失效的一般性失效物理模型的内容已经明确的那样:尤其是在寿命的情形条件下,产品损伤通常情况下被描述成为是应力的函数,因此,由损伤的累积最终所导致的产品失效也称应力的函数。从这个意义上讲,由于失效仅仅是产品在应力作用下的一个最终结果,因此,等效本质上也可以视为应力对产品损伤影响的评价问题,损伤则是产品在达成最终失效过程中的状态。

应力环境和条件在产品的使用过程中在不同的时间阶段上存在变化,在实际的产品使用和产品的试验条件下都是非常常见的。例如,对于需要进行长期贮存的一类系统或产品,其贮存环境与运行环境需要按照该系统产品服役阶段不同的环境条件进行考虑。而对于试验的场合,阶梯应力条件则属于最为常见的,在可靠性评价过程中需要考虑失效等效的一类问题。

依照上面的讨论,产品失效等效的两个基本问题均可以一般性地定义如下:

- 等效的基本条件:产品的可靠度或失效概率不变。
- 等效的物理参数:应力作用时间。

即在假定产品失效的其他相关影响和因素不发生变化的前提下,一个产品的失效等效问题可以描述成为"在满足产品可靠度或失效概率不变的前提下,不同应力条件下产品应力作用时间的等效"。

对系统而言,由于其可靠性的"浴盆曲线"特性,上述失效的等效问题可进一步具体化成为随机失效和耗损失效两种情形,而且产品的可靠性特征参数也分别称为失效率和寿命。尤其是对于随机失效的情形,系统失效率成为一个仅由当前的产品应力水平而没有时间累积效应的状态参数,使得在系统可靠性的场合,失效率允许同应力作用时间一样进行等效,且二者相互之间不独立。

因此,总结系统失效的等效问题演变成为如下的 3 个问题,包括:

- 系统失效率在载荷抛面上的等效。
- 基于失效率的载荷作用时间的等效。
- 基于寿命的载荷作用时间的等效。

其中,第一个问题有关系统失效率的量化等效关系为:

$$\lambda_0 = \sum_{i=1}^{n} \lambda_i p_i, \quad \sum_{i=1}^{n} p_i = 100\% \qquad (6-8)$$

这里,假定载荷抛面包含了 n 个不同应力水平的工作环境条件,每个环境条件所持续的时间长度为 $\Delta t_i (i=1,2,\cdots,n)$,而 p_i 为每个不同应力作用时间段所占总的抛面周期时间长度的比例;0 表示某个等效的参考点条件,通常为产品所定义的使用环境条件。因此,λ_0 和 $\lambda_i (i=1,2,\cdots,n)$ 就分别表示了等效后与等效前实际应力条件下的系统失效率的值。

而上面另外两个问题有关作用时间的等效关系则在数学表达形式上均可以表示成为如下关系,即

$$t_0 = \sum_{i=1}^{n} AF_i \cdot \Delta t_i \qquad (6-9)$$

这里,t_0 为等效后的参考点应力总的当量作用时间,$\Delta t_i (i=1,2,\cdots,n)$ 则为等效前不同应力各自的实际作用时间,$AF_i (i=1,2,\cdots,n)$ 为不同的实际应力条件相对于参考点条件的加速因子。

上述的量化等效关系均存在一些工程约束条件,例如,针对上述第三个基于寿命等效问题的量化关系时,需要产品寿命的线性累计关系成立。更多对于上面失效等效问题的详细讨论,分别参见第 3 章与第 5 章中相应选读小节的有关内容。

最后,有必要简单说明一下这里的失效等效与通常工程中经常遇到的多应力/多机理失效

问题的关系。可以总结成为如下的若干点,具体包括:

- 产品失效机理不变是失效等效的一个前提条件:显然,失效等效仅仅是一个数量上的等效处理,以使得不同应力条件对于产品失效的影响可以进行量化比较。
- 失效等效还包含随机过程的影响:失效机理通常是指产品失效的物理过程部分,产品失效的问题也涉及随机性的影响问题。
- 多应力/多机理问题在数量上与失效的等效问题是两个分开处理的问题:仅限于数量关系的范围,多应力/多机理对于失效等效问题的影响局限于上述量化关系式中的失效率 $\lambda_i (i=1,2,\cdots,n)$ 与加速因子 $AF_i (i=1,2,\cdots,n)$ 数量具体的确定问题,并不影响这里的等效关系表达式。

6.5.2　不同应力条件下的失效分布

产品的实际失效首先表现出某种的分散性特点,即产品失效时间服从一定的分布。但同时,产品的工作环境和条件可能会发生变化,包括在加速试验条件下产品所表现出来的失效行为。而后者,除产品自身已经具有的分散性特性以外,产品的失效还受到某种失效物理过程的约束。显然,二者存在着某种相互制约的关系。

在前面有关产品失效性质与应力加速一章的讨论中已经提到产品应力加速条件下的概率不变性问题。在产品的失效时间严格满足加速要求的条件下,产品的失效时间存在如下关系,即

$$t_1 = \frac{t_0}{AF}, \quad f_1(t_1) = AF \cdot f_0(t_0), \quad AF > 1 \qquad (6-10)$$

其中,脚标 0 和 1 分别代表产品的通常工作条件与加速条件,AF 为加速因子。因此,在通常工作条件下,产品失效的 Weibull 密度分布函数表达式为:

$$f_0(t_0) = \frac{\beta}{\eta}\left(\frac{t_0}{\eta}\right)^{\beta-1} e^{-\left(\frac{t_0}{\eta}\right)^{\beta}} \qquad (6-11)$$

同时考虑上述的失效时间加速条件以及分布的关系,因此,可以得到产品在加速条件下的 Weibull 密度分布函数为:

$$f_1(t_1) = \frac{\beta}{\eta/AF}\left(\frac{t_1}{\eta/AF}\right)^{\beta-1} e^{-\left(\frac{t_1}{\eta/AF}\right)^{\beta}} \qquad (6-12)$$

考虑上述加速条件的一般性,则可以看出:在 Weibull 分布条件下,尺度参数 η 在加速过程中同样满足加速条件,而形状参数 β 保持不变,即

$$\eta_1 = \frac{\eta_0}{AF}, \quad \eta_0 \equiv \eta, \quad \beta_1 = \beta_0 \equiv \beta \qquad (6-13)$$

这一结果与前面章节所讨论的 Weibull 参数的物理意义是一致的。尺度参数 η 在产品的耗损失效阶段表征了产品的预计寿命,因此,与产品个体的失效时间一样满足产品的加速条件。在不同条件试验数据的处理中,也用作寿命估计的外插估计(参见图 6-5)。

事实上,如果用于可靠性工程中的常见分布,上述特性具有一般性意义。总体而言,具有集中分布特性的函数,表征分布位置的参数服从物理加速关系,表征分布形状的参数保持不变。

另外考虑如下的对数正态分布,即

$$f_0(t_0) = \frac{1}{\sqrt{2\pi}\,\sigma' t_0} e^{-\frac{(\ln t_0 - \mu')^2}{2\sigma'^2}} \qquad (6-14)$$

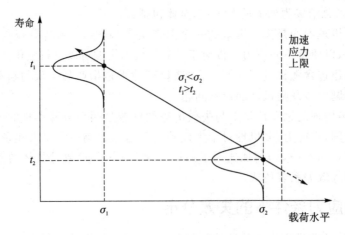

图 6 − 5　不同应力环境条件下的失效分布形状与外插参数

重复上述过程可以得到相应加速条件下的分布函数：

$$f_1(t_1) = \frac{1}{\sqrt{2\pi}\sigma' t_1} e^{-\frac{[\ln t_1 - (\mu' - \ln AF)]^2}{2\sigma'^2}} \tag{6-15}$$

将上面二者的分布函数进行比较,同样可以看出:均值的部分满足物理失效过程的加速关系,而方差的部分保持不变。

$$\mu_1 = \frac{\mu_0}{AF}, \quad \mu_0 \equiv e^{\mu'}, \quad \sigma'_1 = \sigma'_0 \equiv \sigma' \tag{6-16}$$

6.5.3　寿命数据的拟合与外插

　　对在不同应力条件下获得的产品可靠性试验数据进行拟合与外插,是产品可靠性评价工作中进行数据处理的一个典型内容。其主要目的就是通过在加速应力条件下所获得的产品可靠性试验结果,来估计产品在设计使用环境条件下的可靠性表现。

　　有关试验数据的拟合与外插处理问题,存在如下的一些关键性概念和理论问题。对于这些问题的清晰认识有助于实际工程问题的正确处理。这些问题包括:

- 数据拟合与外插的基本方法就是在工程上所熟知的最小二乘法(Ordinary Least Square,简称 OLS)。最小二乘法的本质就是针对所给定的一组数据,用一个最接近的线性函数,即一条直线来加以表达。这组数据本身是否线性与问题没有必然联系。更多详细的讨论可以参见选读小节的内容。

- 从理论上说,上面所给定的数据需要是确定的(因为如果数据本身在不断发生变化,拟合工作自然变得不再有任何意义),所以,数据拟合通常是针对一个物理过程,因为物理过程是确定的。因此,在产品可靠性工程中,数据拟合通常都是针对产品的寿命数据,正如前面已经讨论的,导致产品到寿的耗损失效是一个物理过程所主导的失效过程。如果是对于随机失效,数据在处理以前则需要更多的假定和约束条件。有关随机失效的详细数据处理问题,在后面有关综合评价问题的章节部分再进行讨论。

- 参数估计,在严格意义上则是针对随机数据分布函数的估计问题,因此,与数据拟合不是一个相同的概念。但是对于物理过程所主导的随机数据,二者存在一定的量化关系,不是相互独立的。二者关系的详细讨论参见选读小节的内容。

- 频率直方图是工程上常见的通过随机数据估计分布参数的处理方法。这一方法不仅直观,而且将一个随机数据分布函数的参数估计问题变成了一个普通数据的拟合问题。但是,正如已在前面章节有关样本数据的频率直方图的内容已经讨论的那样,这一方法在理论上是一个近似的方法。
- 最后一点就是所有的可靠性工程中所使用的连续随机变量的分布函数,其累计函数都是一个严格单调增函数,这些函数均可以在满足一定不变性的条件下完成一个线性化的变换,从而使得一组给定的累计失效数据均可以通过线性的最小二乘拟合完成分布函数参数的估计。

详细问题的讨论参见选读小节的内容。

【选读 69】　线性最小二乘拟合

线性最小二乘拟合(Ordinary Least Square,简称 OLS)的数学问题描述如下:已知数据组

$$(x_i, y_i) \quad i = 1, 2, \cdots, n \tag{6-17}$$

满足如下所示的线性回归模型,即

$$y = ax + b \tag{6-18}$$

其中,a 和 b 为线性模型的待定参数。则最小二乘拟合的问题是找出匹配上述已知数据组的最佳拟合参数 $\hat{a}$ 和 $\hat{b}$ 的值(如图 6-6 所示)。

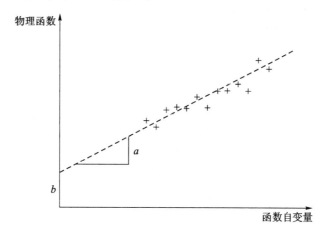

图 6-6　最小二乘拟合的关系示意图

定义已知数据与线性回归模型之间的累计平方误差 e^2,即

$$e^2 = \sum_{i=1}^{n} \left[y_i - (ax_i + b) \right]^2 \tag{6-19}$$

当该累计误差最小,即满足关系:

$$e^2(\hat{a}, \hat{b}) = \inf_{a,b} \left[e^2(a, b) \right] \tag{6-20}$$

时,即确定线性回归模型的最佳估计参数 $\hat{a}$ 和 $\hat{b}$ 的值。由于上述累计误差函数 e^2 为参数 a 和 b 的函数,因此,当对于 a 和 b 取偏导数且强制为 0 时,该误差函数取得极值,同时获得参数 a 和 b 的估计值 $\hat{a}$ 和 $\hat{b}$,即

$$\frac{\partial e^2}{\partial a} = 0 = -2\sum_{i=1}^{n}\left[y_i - (ax_i + b)\right]\cdot x_i, \quad \rightarrow \overline{x^2}a + \bar{x}b = \overline{xy} \tag{6-21}$$

$$\frac{\partial e^2}{\partial b} = 0 = -2\sum_{i=1}^{n}\left[y_i - (ax_i + b)\right], \quad \rightarrow \bar{x}a + b = \bar{y}$$

其中,式中的均值算符的定义为:

$$\overline{\cdot(x,y)} \equiv \frac{1}{n}\sum_{i=1}^{n}\cdot(x_i,y_i) \tag{6-22}$$

于是求解上述方程可以得到线性回归方程参数 a 和 b 的估计值,即

$$a = \frac{\overline{x^2} + \bar{x}\cdot\bar{y} - \overline{xy}}{\overline{x^2}}, \quad b = \frac{\overline{xy} - \overline{x^2}}{\bar{x}} \tag{6-23}$$

【选读 70】 最小二乘法与极大似然估计的关系

在有关可靠性的处理问题中,最小二乘法(Ordinary Least Square,简称 OLS)与极大似然估计(Maximum Likelihood Estimation,简称 MLE)作为两种最为常见的估计方法,可能会被同时提及和考虑。但需要指出的是:二者所处置的问题,在本质上是不一样的。

在本书第 2 章有关可靠性量化指标的提取部分介绍了极大似然估计的方法,而上一节则介绍了最小二乘法的基本问题。不同于最小二乘法对普通函数的拟合,极大似然估计针对的是实际发生的事件,并不存在直接数据点的拟合问题。因此,从本质上而言,极大似然估计不是一个数学上数据点的曲线拟合问题。

最小二乘法与极大似然估计方法之间的差异在本质上实际反映了如下两类状况的不同,即

- 物理状况:实际的发生情况与理论结果有差异,因为物理状况还包含有随机的因素,所以存在拟合的问题。
- 纯粹随机的状况:每个发生的个案都是某个随机过程的真实案例,理论上没有任何差异,所以,也不存在拟合的问题,且如果随机过程连续,理论上每一个发生时间的概率为 0。

也正是由于二者在本质上是完全不同的问题,因此,针对同一个问题,二者可以共同使用,只是表征了问题的不同方面。下面以一个实际的案例,进一步说明两个方法的差别与统一。

仍然是取前面小节的线性最小二乘拟合的案例。该案例已经演示了如何将一组数据点通过一个线性回归模型实现最佳拟合。如果这时进一步假定每一个数据点均为一个随机事件(参见图 6-7 分布所示),且该随机事件满足一个正态分布,即

$$\forall x_i, \quad Y_i \in N(\mu,\sigma), \quad \rightarrow f(y_i) = \frac{1}{\sqrt{2\pi}\sigma}e^{-\frac{(y_i-\mu)^2}{2\sigma^2}} \tag{6-24}$$

工程上进一步的合理假定是:数据点所拟合的线性函数描述了随机事件 y_i 的真值,即上述正态分布 $N(\mu,\sigma)$ 的均值 μ(参见图 6-7 所示),而同时假定方差 σ 不变(注:事实上,方差不变的假定对于实际的可靠性问题具有典型意义,详细可以参见产品失效性质与应力加速一章的讨论),即

$$\mu = ax + b, \quad \rightarrow \mu_i = ax_i + b, \quad i = 1,2,\cdots,n \tag{6-25}$$

因此,代入上面正态分布函数得到:

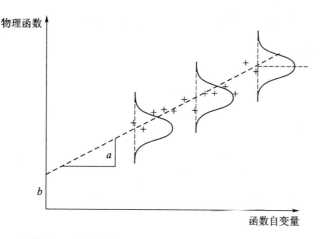

图 6-7　当最小二乘拟合与极大似然估计一并处理时的二者关系示意图

$$f(y_i) = \frac{1}{\sqrt{2\pi}\sigma} e^{-\frac{(y_i - \mu_i)^2}{2\sigma^2}}, \quad i = 1, 2, \cdots, n \tag{6-26}$$

这样的一组数据,就与一组随机事件相对应,且随机事件满足正态分布,分布中,均值 μ 已经存在线性回归方程的约束,而分布的方差 σ 则可以通过极大似然估计的方法完成参数估计。

因此,如果假定每一个随机事件之间是相互独立的,则利用前面章节已经讨论的极大似然估计的处理流程,得到似然函数,即

$$l_n(\mu, \sigma; y) = \sum_{i=1}^{n} \ln f(y_i; \mu_i, \sigma) = \sum_{i=1}^{n} \ln \left[\frac{1}{\sqrt{2\pi}\sigma} e^{-\frac{(y_i - \mu_i)^2}{2\sigma^2}} \right] \tag{6-27}$$

同时,进一步考虑上面已知的条件,仅存在估计参数 σ 的情况下,进一步将似然函数表征为如下形式,即

$$l_n(\sigma; y) = \sum_{i=1}^{n} \ln \left[\frac{1}{\sqrt{2\pi}\sigma} e^{-\frac{[y_i - (ax_i + b)]^2}{2\sigma^2}} \right] \tag{6-28}$$

对 σ 求导数并置为 0 以后,即得到如下关系:

$$\frac{\mathrm{d}l_n}{\mathrm{d}\sigma} = 0, \quad \rightarrow \sigma^2 = \frac{1}{n} \sum_{i=1}^{n} [y_i - (ax_i + b)]^2 \tag{6-29}$$

综合上面两种方法得到的结果,可以看到:最小二乘法得到的是线性回归模型,即普通函数或称物理函数之间的参数关系;而极大似然估计则是针对随机变量的参数估计。同时,随机变量中的估计真值需要满足普通的物理函数,因此也构建了随机变量与物理约束之间的量化关系。

总结上述具体案例的结果,普通线性函数的参数 a 和 b 由最小二乘关系决定,该关系同时约束随机变量分布的均值 μ,而分布的参数方差 σ 则由极大似然估计的关系决定,即

$$a = \frac{\overline{x^2} + \bar{x} \cdot \bar{y} - \overline{xy}}{\overline{x}^2}, \quad b = \frac{\overline{xy} - \overline{x^2}}{\bar{x}} \tag{6-30}$$

$$\mu = ax + b, \quad \sigma^2 = \frac{1}{n} \sum_{i=1}^{n} [y_i - (ax_i + b)]^2 \tag{6-31}$$

【选读 71】 极值点在严格单调函数作用下的不变性

在一个数学的极值问题的求解中,经常涉及首先将原函数进行某种变换,使其简化后再获取其极值点的问题,例如,在前面章节所讨论的极大似然估计的问题,就是首先将所考察的对象概率函数取对数后再进行极值求解的过程。

上述这样的过程实际就涉及一个数学问题,即当一个原始函数受到一个单调函数作用时,其原始函数的极值点与作用后函数的极值点保持一致。显然,前面提到的对数是一个单调函数。这样的一种特性,为求解一个实际工程问题的极值问题时首先对其进行简化提供了可能。

下面来简要证明这一不变性。首先,假定考察对象的原始函数 y 连续且可微(注:这一假定在通常的工程和物理条件下均能满足),同时,函数 y 在 x_0 点存在极值,且不妨将其假设为极小值,即存在如下函数关系:

$$y = \xi(x), \quad \frac{d\xi}{dx}\bigg|_{x=x_0} = 0, \quad \frac{d^2\xi}{dx^2}\bigg|_{x=x_0} > 0 \qquad (6-32)$$

再假定一严格单调函数,且不妨假定其为单调增函数 G,即

$$G(\cdot), \quad \forall\, d\cdot > 0, \quad dG > 0 \qquad (6-33)$$

所以,对于严格单调增函数,其导数严格大于 0(或对于严格单调减函数,则其导数严格小于0),即

$$\frac{dG(\cdot)}{d\cdot} > 0 \qquad (6-34)$$

于是,用函数 G 作用于原函数 y,并分别求解其一阶和两阶导数,得到:

$$G(y) = G[\xi(x)]$$
$$\frac{dG}{dx} = \frac{dG}{d\xi} \cdot \frac{d\xi}{dx}, \quad \frac{d^2G}{dx^2} = \frac{d}{dx}\left(\frac{dG}{d\xi}\right) \cdot \frac{d\xi}{dx} + \frac{dG}{d\xi} \cdot \frac{d^2\xi}{dx^2} \qquad (6-35)$$

首先考察一阶导数的情况。可以看出:由于 G 的一阶导数严格不为 0,所以,y 作用前与作用后一阶导数在 x_0 点为 0 互为充分必要条件,即

$$\frac{dG}{dx}\bigg|_{x=x_0} = \frac{dG}{d\xi} \cdot \frac{d\xi}{dx}\bigg|_{x=x_0} = 0 \Leftrightarrow \frac{d\xi}{dx}\bigg|_{x=x_0} = 0 \qquad (6-36)$$

然后再看二阶导数的情况。如果在 x_0 处一阶导数为 0 的前提下,在 x_0 处的二阶导数可以进行如下简化,即

$$\frac{d^2G}{dx^2}\bigg|_{x=x_0} = \frac{d}{dx}\left(\frac{dG}{d\xi}\right) \cdot \frac{d\xi}{dx}\bigg|_{x=x_0} + \frac{dG}{d\xi} \cdot \frac{d^2\xi}{dx^2}\bigg|_{x=x_0} = \frac{dG}{d\xi} \cdot \frac{d^2\xi}{dx^2}\bigg|_{x=x_0} \qquad (6-37)$$

由于式中 G 的一阶导数的部分为正(假定 G 为严格单调增函数),则 y 作用前与作用后二阶导数在 x_0 点的符号同样互为充分必要条件,即

$$\frac{d^2G}{dx^2}\bigg|_{x=x_0} = \frac{dG}{d\xi} \cdot \frac{d^2\xi}{dx^2}\bigg|_{x=x_0} > 0 \Leftrightarrow \frac{d^2\xi}{dx^2}\bigg|_{x=x_0} > 0 \qquad (6-38)$$

所以,当 G 为严格单调增函数时,y 与 $G(y)$ 的极值点位置与极大极小的性质均不发生改变。简单重复上述证明过程可以看出:当 G 为严格单调减函数时,y 与 $G(y)$ 的极值点位置仍然保持一致,但 y 的极大值将成为 $G(y)$ 的极小值,y 的极小值变成了 $G(y)$ 的极大值,二者的极值位置不变,但极值性质发生了颠倒。

【选读 72】　严格单调函数的线性化

需要指出:严格单调函数在可靠性的实际工程问题的处理中具有广泛的适用性。其中的最为普遍的两类问题均通过严格单调进行描述,包括:

- 产品的失效概率函数以及可靠度函数。
- 产品的物理退化、性能退化函数。

此外,严格单调函数的线性化同样具有典型意义。在工程上,线性化函数可以通过前面已经介绍的最小二乘法快速进行试验数据的拟合,获取最佳的估计参数。

通过上节有关严格单调函数作用下极值不变性的讨论可以理解:一个严格单调、但非线性的原函数,可以在另外一个严格单调函数的作用下成为一个线性函数。同时,如果这个作用函数还是一个严格单调增函数,则原函数的变化趋势也保持不变,即在一个严格单调增函数的作用下:

- 一个原严格单调增函数,转换成为一条上升直线,斜率为正。
- 一个原严格单调减函数,转换成为一条下降直线,斜率为负。

通过下述过程不难看出:这样的严格单调作用函数是一定存在的。

首先假定原函数 y 为严格单调函数,因此,该原函数一定存在反函数,即存在如下关系:

$$y = f(x), \quad \rightarrow x = f^{-1}(y) \tag{6-39}$$

这里,f 为原函数,f^{-1} 为 f 的反函数。于是,假定作用函数 G 对于原函数 y 作用后,强制将其转换为一个线性函数,即

$$G(y) = G[f(x)] \equiv ax + b \tag{6-40}$$

其中,a 和 b 为线性函数的参数。由于上述原函数反函数的存在性,替换式(6-40)中的自变量 x 以后,即得到如下关系:

$$G(y) = a \cdot f^{-1}(y) + b \tag{6-41}$$

考虑到原函数 y 的一般性,即得到作用函数 G 的一般表达式如下:

$$G(\cdot) = a \cdot f^{-1}(\cdot) + b, \quad a \neq 0 \tag{6-42}$$

由此可见,对于任意给定的严格单调的原函数,总是可以找到作用函数 G,将原函数转换成为一个线性函数。同时,通过上述关系,可以确定并需要关注作用函数 G 的如下性质:

- 由于原函数为严格单调函数,所以,作用函数 G 也是严格单调函数。
- 作用函数 G 不是唯一的。
- 总是可以给出一个严格单调递增的作用函数 G,以保障原函数的变化趋势保持不变。
- 当然,作用函数 G 虽然存在,但未必一定是解析的。

如果以 Weibull 函数为例,其累积失效概率函数为严格单调增函数,因此,按照上述流程可以找到其线性化的作用函数 G。已知 Weibull 原函数的表达式为:

$$F(t) = 1 - e^{-\left(\frac{t}{\eta}\right)^{\beta}}, \quad t \geqslant 0 \tag{6-43}$$

求解其反函数得到:

$$t = F^{-1}(F) = \eta\left[-\ln(1-F)\right]^{\frac{1}{\beta}} \tag{6-44}$$

因此得到 Weibull 原函数的线性化作用函数的一般性表达式为:

$$G(\cdot) = a \cdot \eta\left[-\ln(1-\cdot)\right]^{\frac{1}{\beta}} + b, \quad \cdot \in [0,1), \quad a \neq 0 \tag{6-45}$$

【选读 73】 线性化坐标纸

由上述的讨论已经知道:任何一个严格单调的原函数均可以找到一个严格单调递增的作用函数,将该原函数转换成为一个变化趋势保持不变的线性函数。

因此,对于原函数 y 和线性作用函数 G,笛卡儿坐标纸和线性化坐标纸的定义为:

- 笛卡儿坐标纸:原函数 y 在坐标上的位置以及该位置点的标注均为 y。
- 线性化坐标纸:y 在坐标上的位置为 $G(y)$,而其标注为 y。

显然,由于 y 在线性化坐标纸上的位置为 $G(y)$,因此,实际数据点的分布呈现线性变化。

但同时,由于线性作用函数 G 不是唯一的,在上述所给出的 G 表达式,允许根据原函数 y 的具体函数形式进行调整,以获得形式上最为简化的线性表达形式用于定义一个具体的线性化坐标纸。

以 Weibull 坐标纸为例(实际如图 6-8 所示),依据上节的讨论,给出 Weibull 函数 F 线性化以后的函数表达形式为:

$$G(F) = a \cdot \eta \left[-\ln(1-F) \right]^{\frac{1}{\beta}} + b = t \tag{6-46}$$

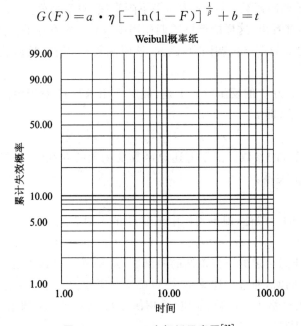

图 6-8 Weibull 坐标纸示意图[32]

如果上述表达式中的参数取 $a=1$ 和 $b=0$,并简单调整,就可以得到如下一个更为简单的线性表达,即

$$F' = a't' + b'$$
$$F' \equiv \lg \left[-\ln(1-F) \right], \quad t' \equiv \lg t \tag{6-47}$$
$$a' \equiv \beta, \quad b' \equiv -\beta \lg \eta$$

因此,数据位置通过 (t', F') 确定,而仍然标注为 (t, F) 的坐标纸就成为所谓的 Weibull 坐标纸或 Weibull 纸(Weibull Paper)。

类似地,由于 Arrhenius 模型在产品可靠性工程中的基础性与普遍适用性,也可以做成线性化坐标纸(如图 6-9 所示)。有关 Arrhenius 纸(Arrhenius Paper)的问题,也可参见相关文献[33]。

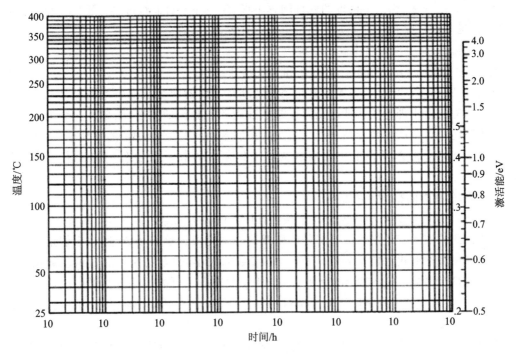

图 6 - 9 Arrhenius 模型坐标纸示意图[33]

【选读 74】 严格单调函数线性化后的最小二乘拟合

在具有前述相关问题的准备以后,任何非线性但是呈现严格单调变化趋势的数据,也可以经过线性转化以后,完成最小二乘拟合。

假定一组数据 (x_i, y_i) 服从某个严格单调但非线性函数 $y = f(x)$,即

$$(x_i, y_i), \quad i = 1, 2, \cdots, n \quad \sim y = f(x) \tag{6-48}$$

则存在一个线性作用函数 G,使得变换后的数据组满足一个线性回归关系,即

$$[x_i, G(y_i)], \quad i = 1, 2, \cdots, n \quad \sim G(y) = ax + b \tag{6-49}$$

且由前面小节的讨论知道:上面线性回归方程的系数 a 和 b 由下述最小二乘关系的解确定,即

$$a = \frac{\overline{x^2} + \bar{x} \cdot \overline{G(y)} - \overline{xG(y)}}{\overline{x}^2}, \quad b = \frac{\overline{xG(y)} - \overline{x^2}}{\bar{x}} \tag{6-50}$$

其中,式中的均值算符的定义为:

$$\overline{\cdot [x, G(y)]} \equiv \frac{1}{n} \sum_{i=1}^{n} \cdot [x_i, G(y_i)] \tag{6-51}$$

6.6 对于应力加速的评价问题

通过前面小节的讨论已经看到:与传统单纯基于统计论的可靠性评价理论相比,实际系统的可靠性量化评价可能还会需要进一步考虑和处理应力的影响,即失效物理过程对于产品失效的随机性与分布的影响问题。前面小节从一般性关系的角度开始探讨这类问题,而本小节则从具体的失效物理模型以及实际工程问题的类型更加细化地讨论这一问题。

如果暂时抛开多应力/多机理的处置问题不谈,仅专注于可靠性综合评价的基础性流程问题,则可以发现这一流程包含了如下的两个基本处置步骤,即

- 外部载荷所引发产品内部的物理应力响应。
- 产品内部应力所造成的产品损伤和失效物理过程。

再结合前面的讨论可以看出:失效加速问题的处理在上面的两个步骤中均完全是基于理论的估计,显然,完全基于理论的估计总是存在结果准确性与验证的问题;而另外一个方面的实际产品评价问题则全部或是部分基于产品的实际试验数据(即部分数据、部分理论)给出的评价结果。二者在结果的差异性上主要表现为如下因素能否在处置过程中得到充分合理的考虑,即

- 实际存在的随机因素的影响。
- 评价中所使用失效物理模型及其参数具体数值的不确定性。

在上面所提到的实际产品仍然需要部分依靠理论模型完成评价的场合,通常会假定所使用失效物理模型在表达形式上的准确性,但模型的参数的大小、数量则完全通过试验数据进行确定。这样的部分数据、部分理论的处置方式,既大大提高了可靠性评价结果的准确性和可信性,同时又能很大程度上限制所需完成试验的复杂性、数量要求和成本,解决试验方案最终的工程可行性问题。

本节讨论的核心问题在于:基于现有的人们对于产品失效物理的认识和已知的模型,在既有数据,即产品的试验或实际使用证据的前提下,构建针对这些数据进行分析处理并提取系统可靠性量化指标的方法。

显然,目前已知的产品失效物理模型是问题讨论的基础。本节的讨论涵盖这些失效物理模型的3类主要形式,即

- Arrhenius 模型函数关系(即以自然数为底的负倒数的指数函数关系)。
- 幂函数关系。
- 线性关系。

本节具体的子节内容按照顺序包括:

- 应力与加速的关系模型。
- 整体载荷环境与局部应力的关系。
- 多应力条件下关系的扩展。

6.6.1 应力与加速的关系模型

处置实际工程产品可靠性评价问题的一类典型要求就是:处置方法需要能够涵盖一个实际产品所涉及的各类型的元器件、零部件、材料和功能等。因此,产品的加速试验设计首先也是面临这样的问题,产品失效的量化模型关系需要至少能够涵盖一个类别,例如本书所重点讨论电子机电类型产品失效的各种典型状况。

目前行业内各类型(尤其电子机电类产品的)以损伤速率为输出形式的失效物理模型主要包括如下的一些形式[6,15,17,56-57],包括:

- Arrhenius 模型函数关系(即以自然数为底的负倒数的指数函数关系)。
- 幂函数关系。
- 线性关系。

按照前面章节所讨论的产品的一般性失效物理模型,同时考虑单一应力的情况(多应力以及更为复杂的情况在后续的小节逐一讨论),可以将 Arrhenius 模型的函数关系表示为:

$$u_D \propto \mathrm{e}^{-\frac{a}{\sigma}}, \quad a > 0 \tag{6-52}$$

这里,u_D 为损伤速率,σ 为广义的应力(具体参见产品失效性质与应力加速一章中有关失效的应力加速模型一节的讨论内容),a 是常数。类似地,也可以表征幂函数的关系为:

$$u_D \propto \sigma^a, \quad a > 0 \tag{6-53}$$

其中,可以容易看出,线性关系可以看成是 $a = 1$ 时幂函数关系的一个特例。但是,由于线性关系在工程问题当中的特殊地位,后续总是单独列出。

在上述关系的基础上,可以进一步表达试验的加速关系。首先,加速因子可以以损伤速率的形式表达(参见前面产品失效性质与应力加速一章中有关失效的应力加速模型一节的讨论内容),同时,进一步将加速条件下的损伤速率 u_{D_1} 以损伤速率增量 Δu_D 表示,即

$$AF = \frac{u_{D_1}}{u_{D_0}} \equiv \frac{u_{D_0} + \Delta u_D}{u_{D_0}} \tag{6-54}$$

其中,0 和 1 分别表示产品的参考使用环境与加速环境条件。由这样的表达形式可以看出:加速因子在本质上可以理解成为一个环境条件增量的函数,换言之,其自身本质上就是一个增量。

基于上面的增量考虑,首先引入如下无量纲的加速环境条件的应力增量 δ',即

$$\delta' \equiv \begin{cases} \ln \sigma_1 - \ln \sigma_0 \equiv \Delta(\ln \sigma), & u_D \propto \sigma^a, \quad a > 0 \\ \dfrac{\sigma_1 - \sigma_0}{\sigma_0} \equiv \dfrac{\Delta \sigma}{\sigma_0}, & u_D \propto \mathrm{e}^{-\frac{a}{\sigma}}, \quad a > 0 \end{cases} \tag{6-55}$$

这一应力增量的定义描述为:

- 在产品的失效/退化关系满足线性或是幂函数关系时,加速环境条件的应力增量 δ' 表征了应力水平在增加倍数上的数量变化。
- 在产品的失效/退化关系满足 Arrhenius 模型函数关系时,加速应力增量 δ' 则表征了应力水平差额在参考点应力水平上的增量关系。

注意:这一应力增量在所有关系条件下,均为无量纲的比值参数。

于是,在上述加速应力增量定义的基础上,可以进一步将加速因子 AF 用这一增量来进行表示如下,即

$$\log_b AF = \log_b \frac{u_{D_1}}{u_{D_0}} \equiv b' k_{AF_1} \delta', \quad b > 0, b' = \frac{1}{\ln b} \tag{6-56}$$

其中,系数 k_{AF_1} 在不同失效物理模型关系的条件下显然是不同的。具体表示关系为:

$$k_{AF_1} = \begin{cases} 1, & u_D \propto \sigma \\ a, & u_D \propto \sigma^a, \quad a > 0, \quad a \neq 1 \\ \dfrac{a}{\sigma_0}, & u_D \propto \mathrm{e}^{-\frac{a}{\sigma}}, \quad a > 0 \end{cases} \tag{6-57}$$

此外,由上面的 AF 表达式可以看出:对于对数底 $b > 0$,只要其取值足够大,就可以使 AF 的对数表达成为一个足够小的增量。事实上,在实际工程情况下,这种在数量上的小量增量会有助于完成近似处理,简化工程关系的处理过程(更多内容参见选读小节有关具体案例的讨论),

即存在如下关系：

$$\exists b > 0, \quad 0 < b'\delta' \ll 1 \tag{6-58}$$

而且，上面已经提到，AF 本身也是一个增量，且在这一 b 的取值条件下，满足关系：

$$0 < \log_b AF = \log_b \frac{u_{D_1}}{u_{D_0}} \equiv \Delta[b' \ln u_D] \ll 1 \tag{6-59}$$

所以，为进一步将加速因子的表达关系简洁化，引入一个新的加速环境条件的应力增量 δ，满足：

$$\delta \equiv b'\delta', \quad 0 < \delta \ll 1 \tag{6-60}$$

且加速因子 AF 的对数就成为加速应力增量 δ 的线性函数，即

$$\log_b AF = \Delta[b' \ln u_D] = k_{AF_1} \delta, \quad b > 0 \tag{6-61}$$

这里，就将系数 k_{AF_1} 称为名义加速因子 AF 的应力增量系数。总结所有上述主要的失效物理关系，并给出相应加速试验的名义加速因子的应力增量系数，即为式（6-57）。

需要指出的是：在上述关系中，由于所表示的加速因子 AF 仅考虑了产品整体或称为外部的环境应力条件，尚未考虑产品本身不同部位元器件、材料等不同状况的加速问题，因此，将上述表达式所给出的加速因子称为试验的名义加速因子，将系数 k_{AF_1} 称为环境应力增量系数或环境增量系数。

事实上，上述加速因子的估计在实际的工程问题的处置上仍然存在适用性问题。其中在上述量化处置过程中的一个必要条件就是：上述模型关系中包括比例系数在内的所有常数均需要保持不变。这种状况在产品实际的加速试验设计中，并非 100% 适用的，例，在加速工质或是环境加速物质发生变化时，即试验的加速不仅仅是通过应力在水平上的提升来获取的时候，加速模型的常数通常是必须考虑其变更状况的。

因此，产品的加速因子仍需要考虑如下两种不同的状况，即

- 载荷水平变化、相关模型常数及材料常数不变。
- 载荷水平与相关模型及材料常数均发生变化。

基于上述的讨论，表 6-8 总结了一些常见工程中加速失效机理的物理模型关系情况。

表 6-8　常见失效机理与加速关系案例表

#	失效/退化机理（损伤）	局部加速应力	仅载荷水平加速	加速模型关系			加速试验类型				
				线性	幂	Arrhenius	振动/随机振动	恒温/恒湿热上电	热循环/热冲击	腐蚀/盐雾	耐久性
1	接触磨损（磨损量）	相对运动	是	√							√
2		接触面法向载荷	是	√			√				
3		接触面相对运动能	是	√			√				
4	腐蚀老化（物质变化量）	温度	是			√		√		√	
5		相对湿度	是		√			√		√	
6		反应物浓度	否		√					√	

#	失效/退化机理(损伤)	局部加速应力	仅载荷水平加速	加速模型关系			加速试验类型				
				线　性	幂	Arrhe-nius	振动/随机振动	恒温/恒湿热上电	热循环/热冲击	腐蚀/盐雾	耐久性
7	疲劳(疲劳损伤)	应　变	是		√				√		√
8		应　力	是		√		√				√
9		温度变化	是		√				√		
10	半导体退化(物质变化量)	温　度	是			√		√			

6.6.2　整体载荷环境与局部应力的关系

在讨论应力与加速的关系时已经提到,上面的关系仅仅考虑了产品的整体载荷环境的问题。而事实上,产品在实际各个部位、不同元器件和材料等的加速并不是完全均匀的,不同部位的加速情况由局部的应力水平所决定。因此,这里有必要进一步考虑局部应力与环境载荷的相关性问题。

首先引入产品的空间坐标(x,y,z),同时,以此将产品的局部载荷和局部部位的损伤速率表征成为空间点的函数,即

$$u_D(\bar{s}) = u_D[\sigma(\bar{s})], \quad \bar{s} \equiv (x,y,z) \tag{6-62}$$

因此,上节的加速因子应该同样以局部的加速应力增量$\delta(\bar{s})$进行表达,即

$$\log_b AF(\bar{s}) = \Delta[b' \ln u_D(\bar{s})] = k_{AF_1}(\bar{s})\delta(\bar{s}), \quad b > 0 \tag{6-63}$$

其中,应力增量部分的表达式为:

$$\delta(\bar{s}) \equiv \begin{cases} \Delta[b' \ln \sigma(\bar{s})], & u_D(\bar{s}) \propto \sigma(\bar{s})^{a(\bar{s})}, \quad a(\bar{s}) > 0 \\ \dfrac{\Delta[b' \sigma(\bar{s})]}{\sigma_0(\bar{s})}, & u_D(\bar{s}) \propto e^{-\frac{a(\bar{s})}{\sigma(\bar{s})}}, \quad a(\bar{s}) > 0 \end{cases} \tag{6-64}$$

应力增量系数部分的表达式为:

$$k_{AF_1}(\bar{s}) = \begin{cases} 1, & u_D(\bar{s}) \propto \sigma(\bar{s}) \\ a(\bar{s}), & u_D(\bar{s}) \propto \sigma(\bar{s})^{a(\bar{s})}, \quad a(\bar{s}) > 0, \quad a \neq 1 \\ \dfrac{a(\bar{s})}{\sigma_0(\bar{s})}, & u_D(\bar{s}) \propto e^{-\frac{a(\bar{s})}{\sigma(\bar{s})}}, \quad a(\bar{s}) > 0 \end{cases} \tag{6-65}$$

这里,二者均为产品部位的函数。

首先来考察一下前述的应力加速关系与这里的整体载荷和局部应力关系均为线性的局部加速情况。显然,这类情况是一类最为简单的情况。

考虑到上一节所讨论的应力加速关系,实际上都是局部元器件或是材料的加速关系,且产品各个部位可能是不一样的,因此,其损伤速率与应力的线性关系需要重新表达成为产品部位的函数,即

$$u_D(\bar{s}) \propto \sigma(\bar{s}) \tag{6-66}$$

而整体载荷$\sigma(\bar{s})$与局部应力σ的线性关系则表示为:

$$\sigma(\bar{s}) \propto \sigma \qquad (6-67)$$

所以，依据前述的应力增量的定义容易得到如下的等量关系，即

$$\Delta[\ln\sigma(\bar{s})] = \Delta[\ln\sigma] \qquad (6-68)$$

这里需要注意的是：局部应力 $\sigma(\bar{s})$ 从严格意义上来讲，是环境载荷 σ 的响应，在物理上并不一定是完全相同的物理参数。例如，加速度的振动环境，其在产品内部的响应可以是应力和形变。外部载荷与局部响应并不是由相同物理量来进行表达。此外，即使是对于一类外部载荷，应力响应也可能是多种类型。但是，只要作用于产品失效的是仅限于某一单一类型的应力响应，上述线性关系就成立（多应力状况的情形在后面小节中讨论）。

于是，在单一产品载荷与应力响应作用的情况下，代入上面的两个线性关系，可以得到如下产品局部的加速因子增量的表达式为：

$$\delta(\bar{s}) \equiv \Delta[b'\ln\sigma(\bar{s})] = \Delta[b'\ln\sigma] \equiv \delta \qquad (6-69)$$

其中，增量 δ 的部分仅仅由环境的加速载荷增量所决定，与产品内部的局部应力无关。

上面这一关系式表明：在完全线性的条件下，产品局部各部位加速情况完全由产品外部整体环境的加速条件所决定，与产品内部的位置无关，因此，这种类型的加速也是各部位均匀的。

如果进一步拓展前面小节所定义的加速因子应力增量系数的概念，即定义

$$\delta(\bar{s}) = k_{AF_2}(\bar{s})\delta \qquad (6-70)$$

这里，系数 $k_{AF_2}(\bar{s})$ 用以表征加速因子中由于产品的外部载荷导致产品局部产生应力部分。于是，代入上面的加速因子表达式，就可以得到一个仅仅由环境应力增量 δ 所表达的加速因子 AF，即

$$\log_b AF(\bar{s}) = k_{AF_1}(\bar{s})\delta(\bar{s}) = k_{AF_1}(\bar{s})k_{AF_2}(\bar{s})\delta, \quad b>0 \qquad (6-71)$$

这里，称 $k_{AF_2}(\bar{s})$ 为加速因子的局部应力增量系数或局部增量系数。显而易见，上述两类加速因子增量系数的定义有助于复杂工程产品在加速因子估计时的问题分解和处理速度。二者的工程意义分别总结如下：

- 加速因子的应力增量系数：产品局部应力增量所带来的加速因子的增量部分，由产品局部的失效物理关系决定。
- 加速因子的局部增量系数：产品局部应力增量相较于外部环境应力增量所带来的加速因子的增量部分，由产品整体的外部载荷环境与产品内部不同部位的响应之间的关系所决定。

因此，比较上述定义，可以进一步定义两类加速因子增量系数的量化求解关系，即

$$\Delta[b'\ln u_D(\bar{s})] = k_{AF_1}(\bar{s})\delta(\bar{s}), \quad \delta(\bar{s}) = k_{AF_2}(\bar{s})\delta \qquad (6-72)$$

其中，加速因子的局部应力增量的部分为：

$$\delta(\bar{s}) \equiv \begin{cases} \Delta[b'\ln\sigma(\bar{s})], & u_D(\bar{s}) \propto \sigma(\bar{s})^{a(\bar{s})}, \quad a(\bar{s})>0 \\ \dfrac{\Delta[b'\sigma(\bar{s})]}{\sigma_0(\bar{s})}, & u_D(\bar{s}) \propto e^{-\frac{a(\bar{s})}{\sigma(\bar{s})}}, \quad a(\bar{s})>0 \end{cases} \qquad (6-73)$$

环境应力增量或称名义增量的部分为：

$$\delta \equiv \begin{cases} \Delta[b'\ln\sigma], & u_D(\bar{s}) \propto \sigma(\bar{s})^{a(\bar{s})}, \quad a(\bar{s})>0 \\ \dfrac{\Delta[b'\sigma]}{\sigma_0}, & u_D(\bar{s}) \propto e^{-\frac{a(\bar{s})}{\sigma(\bar{s})}}, \quad a(\bar{s})>0 \end{cases} \qquad (6-74)$$

可以看出：在上述失效物理以及局部应力响应的二者关系均为线性关系的条件下，加速因子的应力增量系数 $k_{AF_1}(\bar{s})$ 与局部增量系数 $k_{AF_2}(\bar{s})$ 均为 1，且与产品位置无关，即

$$k_{AF_1}(\bar{s}) = 1, \quad k_{AF_2}(\bar{s}) = 1 \tag{6-75}$$

在电子设备一类的产品中，强迫风冷设计是一种最为典型和常见的设计类型。对于电子产品的失效，其最为常见的模型形式为 Arrhenius，因此，上面的讨论，加速因子局部应力增量部分的关系式为：

$$\begin{aligned}
\log_b AF(\bar{s}) &= k_{AF_1}(\bar{s})\delta(\bar{s}) \\
&= \frac{a(\bar{s})}{T_0(\bar{s})} \cdot \frac{\Delta[b'T(\bar{s})]}{T_0(\bar{s})} = \frac{b'a(\bar{s})\Delta T(\bar{s})}{[T_0(\bar{s})]^2}
\end{aligned} \tag{6-76}$$

如果是以电子设备中的某个半导体失效为例，式（6-76）中的 $\Delta T(\bar{s})$ 就表征了该半导体部位局部温度在加速试验中的问题变化量；$T_0(\bar{s})$ 表征了其通常的工作温度；$a(\bar{s})$ 则表征了其失效物理模型中的常数，通常是指该部位的失效激活能 E_a 与 Boltzman 常数 k 的比值，即

$$\log_b AF(\bar{s}) = \frac{b'E_a(\bar{s})\Delta T(\bar{s})}{\kappa[T_0(\bar{s})]^2} \tag{6-77}$$

而产品温度响应，即环境温度与局部温度关系的部分（具体的推导和讨论参见选读小节），则由如下的关系表示：

$$\begin{aligned}
\delta(\bar{s}) &\equiv \frac{\Delta T(\bar{s})}{T_0(\bar{s})} = k_{AF_2}(\bar{s}; T(\bar{s}))\delta_T + k_{AF_2}(\bar{s}; V(\bar{s}))\delta_V \\
&= \frac{1}{1+\delta_{T_0}(\bar{s})} \cdot \frac{\Delta T}{T_0} - \frac{m\delta_{T_0}(\bar{s})}{1+\delta_{T_0}(\bar{s})} \cdot \frac{\Delta V}{V_0}, \quad T_0(\bar{s}) - T_0 \equiv \delta_{T0}(\bar{s})T_0
\end{aligned} \tag{6-78}$$

其中，ΔT 和 ΔV 分别为加速试验条件下环境温度和冷却工质流速的增加量；T_0 和 V_0 则分别为产品使用条件下的参考环境温度和工质设计流速；m 为冷却工质液流参数；$\delta_{T_0}(\bar{s})$ 则为不同产品部位在参考环境条件下局部温度与环境温度百分比增量。将这一关系代入上面加速因子的量化关系即得到如下加速因子的表达式：

$$\begin{aligned}
\log_b AF(\bar{s}) &= \frac{b'E_a(\bar{s})}{\kappa T_0(\bar{s})} \cdot \left[\frac{1}{1+\delta_{T_0}(\bar{s})} \cdot \frac{\Delta T}{T_0} - \frac{m\delta_{T_0}(\bar{s})}{1+\delta_{T_0}(\bar{s})} \cdot \frac{\Delta V}{V_0}\right] \\
&= \frac{b'E_a(\bar{s})}{\kappa[1+\delta_{T_0}(\bar{s})]^2 T_0} \cdot \left[\frac{\Delta T}{T_0} - m\delta_{T0}(\bar{s})\frac{\Delta V}{V_0}\right]
\end{aligned} \tag{6-79}$$

可以看到，不同于前面的单一应力增量系数的状况，上面的这一关系在环境应力增量的部分实际涉及了两个变量系数，这涉及应力增量系数的一般性推广的问题。有关这一问题，在后面的有关多应力失效机理的章节进行详细的讨论。

【选读 75】　热环境与局部温度

对于产品的外部与局部热环境的关系问题，在下面主要参考电子设备类型产品的状况进行讨论。

考虑电子设备，尤其是其中 PCBA 的结构特点，热源主要是分布在特定平面上，热传导的过程主要是贡献于单板的温度分布，而最终设备所产生热量则是通过热对流，包括自然对流或

是强迫对流的方式释放到设备外部的环境中。这样的热对流的散热方式,在整个 PCBA 的表面是同时且在垂直该表面的整个表面上并行进行的。这样的散热结构允许考虑和给出一个 PCBA 各局部位置温度与设备整体环境温度的近似的解析量化关系,用于加速试验的量化设计,然后,将由此估计所产生误差的部分,再通过试验数据来加以校对和修正。

按照这样的考虑,下面讨论如下的两类散热过程产品整体环境温度与板上局部温度的近似量化关系:

- 自然热对流。
- 强迫热对流。

1. 自然热对流

正如上面已经提到的,热对流主要是发生在垂直于 PCBA 表面的并行的热交换过程。这一过程的量化关系可以表达为:

$$Q(\bar{s}) \propto h_c [T(\bar{s}) - T] \qquad (6-80)$$

其中,$Q(\bar{s})$ 为产品 PCBA 表面的散热功耗,$T(\bar{s})$ 为产品 PCBA 的局部温度,T 为环境温度,h_c 为热对流换热系数。在这里需要指出的是:$Q(\bar{s})$ 并不是真实意义下 PCBA 局部元器件的散热功耗,而是一个整板的等效功耗。由于 PCBA 在整个板的平面内,还存在热传导,因此,尤其是在热源附近原本没有发热的部分,在实际工况下也存在散热功耗。按照上面已经讨论的,其中所带来的误差,通过试验数据进行修正和改进,相关内容在后续小节再做详细的讨论。

在自然热对流的场合,热对流换热系数 h_c 由如下的关系确定,即

$$h_c = c \frac{k}{L} (Gr \cdot Pr)^n$$
$$Gr \equiv \frac{L^3 \rho^2 \beta g [T(\bar{s}) - T]}{\mu^2}, \quad Pr \equiv \frac{c_p \mu}{k}, \quad Nu \equiv \frac{h_c L}{k} \qquad (6-81)$$

其中,Gr、Pr 和 Nu 分别为 Grashof 数、Prandtl 数和 Nusselt 数,c 和 n 为常数,L 是特征长度,k、ρ、β、μ 和 c_p 分别为导热流体的热导率、密度、热膨胀率、黏性和热容。

如果在加速条件下近似认为上述关系中的材料常数是基本不变的,则能够得到如下的近似比例关系,即

$$h_c \propto [T(\bar{s}) - T]^n \qquad (6-82)$$

代入上面自然热对流的散热关系得到:

$$Q(\bar{s}) \propto h_c [T(\bar{s}) - T] \propto [T(\bar{s}) - T]^{n+1} \qquad (6-83)$$

或是一个更为简洁的表达关系:

$$[Q(\bar{s})]^{\frac{1}{n+1}} \propto [T(\bar{s}) - T] \qquad (6-84)$$

考虑加速试验中产品各元器件的功耗是不变的,则有理由假定 PCBA 整体表面的等效分布散热功耗 $Q(\bar{s})$ 也是近似不改变的,可以得到如下加速条件下的温度变化关系,即

$$\Delta T(\bar{s}) = \Delta T \qquad (6-85)$$

此外,在上述产品的环境应力与产品内部的响应属于相同物理量的条件下,例如这里的温度,则为了表达的简化,在参考点条件下,将产品内部的局部应力条件以外部环境应力条件的增量来表达,即相对一般性的定义为:

$$\sigma_0(\bar{s}) \equiv [1 + \delta_{\sigma_0}(\bar{s})] \cdot \sigma_0 \qquad (6-86)$$

这里,$\delta_{\sigma_0}(\bar{s})$ 即为不同产品局部位置应力相较于环境应力的增量系数。在温度的场合即为:

$$T_0(\bar{s}) = [1 + \delta_{\sigma_0}(\bar{s})] T_0 \qquad (6-87)$$

所以,将这两个关系代入上节关于加速因子局部增量系数的定义关系,即得到:

$$\frac{\Delta T(\bar{s})}{T_0(\bar{s})} = \frac{\Delta T}{[1 + \delta_{\sigma_0}(\bar{s})] T_0} \equiv k_{AF_2}(\bar{s}) \cdot \frac{\Delta T}{T_0} \qquad (6-88)$$

比较上面等式中绝对等式的两端即得到此类状况条件下加速因子的局部增量系数,即

$$k_{AF_2}(\bar{s}) = \frac{1}{1 + \delta_{\sigma_0}(\bar{s})} \qquad (6-89)$$

2. 强迫热对流

在强迫热对流的场合,热对流换热系数 h_c 的确定关系式为:

$$h_c = c \frac{k}{L} Re^m Pr^n$$
$$Re \equiv \frac{GL}{\mu}, \quad Pr \equiv \frac{c_p\mu}{k}, \quad Nu \equiv \frac{h_c L}{k}, \quad G = \rho V \qquad (6-90)$$

其中,Re、Pr 和 Nu 分别为 Reynolds 数、Prandtl 数和 Nusselt 数,c、m 和 n 为常数,L 是特征长度,k、ρ、μ 和 c_p 分别为导热流体的热导率、密度、黏性和热容,V 和 G 则分别为流体的流速和质量流速。

因此,同上面自然对流的情况一样,可以近似考虑在加速条件下的材料常数基本保持不变。但是,在强迫热对流的情况下,设备中设计有动力冷却装置,最为常见的就如设备中的散热片与风扇,由于风扇存在灰尘等的风速降级等的状况(参见图 6-10 所示案例),如果在加速试验过程考虑这样的状况,则上面的热对流传热系数的表达式即相当于提供了如下关系:

$$h_c \propto V^m \qquad (6-91)$$

将此关系代入上面热交换的温度表达式即得到:

$$Q(\bar{s}) \propto V^m [T(\bar{s}) - T] \qquad (6-92)$$

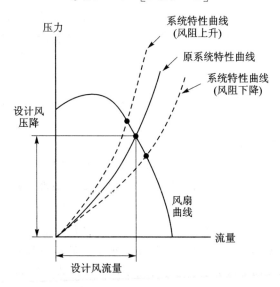

图 6-10 以风冷为例,冷却动力与冷却工质流速的关系特性示意图

与自然热对流的情况比较可以看出:不同于自然热对流中单板上的局部温度仅仅看成是单一环境温度的函数,在强迫热对流的情况下,单板上的局部温度还是单板表面冷却工质流速的函数。因此,在同样假定单板各局部点散热功耗不变的情况下,式(6-92)给出如下的近似变化关系,即

$$V_0^m \left[\Delta T(\bar{s}) - \Delta T \right] + m V_0^{m-1} \Delta V \left[T_0(\bar{s}) - T_0 \right] \approx 0 \qquad (6-93)$$

按照与自然热对流情况同样的定义,注意在产品参考使用环境条件下所成立的如下关系,即

$$T_0(\bar{s}) - T_0 = \delta_{\sigma_0}(\bar{s}) T_0 \qquad (6-94)$$

并代入前面的近似变化关系,即可以得到:

$$\frac{\Delta T(\bar{s})}{T_0(\bar{s})} = \frac{1}{1 + \delta_{\sigma_0}(\bar{s})} \cdot \frac{\Delta T}{T_0} - \frac{m \delta_{\sigma_0}(\bar{s})}{1 + \delta_{\sigma_0}(\bar{s})} \cdot \frac{\Delta V}{V_0} \qquad (6-95)$$

考虑上一节有关加速因子增量系数在多变量条件下的扩展定义,容易给出本案例双变量条件下,总计两个加速因子局部增量系数的定义表达式,即

$$\frac{\Delta T(\bar{s})}{T_0(\bar{s})} \equiv k_{AF_2}(\bar{s}; \Delta T) \cdot \frac{\Delta T}{T_0} + k_{AF_2}(\bar{s}; \Delta V) \cdot \frac{\Delta V}{V_0} \qquad (6-96)$$

比较上面两个表达式,即得到强迫热对流条件下试验加速因子的局部增量系数为:

$$k_{AF_2}(\bar{s}; \Delta T) = \frac{1}{1 + \delta_{\sigma_0}(\bar{s})}, \quad k_{AF_2}(\bar{s}; \Delta V) = -\frac{m \delta_{\sigma_0}(\bar{s})}{1 + \delta_{\sigma_0}(\bar{s})} \qquad (6-97)$$

注意:冷却工质流速系数中的负号表征了在加速试验的设计中,只有当工质的流速下降才能相应增加试验的加速因子。

【选读 76】 循环条件下的热环境

在循环温度条件下,考虑到一般条件下设备的体积,加速条件下温度的均匀和平衡会有一定的滞后,因此也通常会允许一定的产品温度的浸润时间。设备的循环温度试验会因此不同于元器件条件下的问题冲击试验。

因此,如果假定试验的温度循环条件允许试验样本内部的温度平衡,且同时可以近似认为产品在不同温度条件下的散热能力是大致不变的(同时参见选读小节有关设备散热方面的量化关系讨论),则满足关系:

$$\Delta T(\bar{s}) = \Delta T \qquad (6-98)$$

其中,$\bar{s}$ 是指产品内部的不同部位(参见上节的讨论和定义);而 ΔT 则在这里表征的是应力水平本身,而非加速条件。

所以,如果进一步考虑加速条件,则有:

$$\Delta T_0(\bar{s}) = \Delta T_0, \quad \Delta T_1(\bar{s}) = \Delta T_1 \qquad (6-99)$$

这里,0 和 1 分别表示产品使用的参考环境条件与加速试验条件。对上面二式取对数并相减即得到如下关系:

$$\Delta \left[\ln \Delta T(\bar{s}) \right] = \Delta \left[\ln \Delta T \right] \qquad (6-100)$$

考虑到在温度循环条件下,电子产品的主要失效机理是材料的温度疲劳满足温度变化的幂函数关系,因此,局部应力增量 $\delta(\bar{s})$ 与环境应力增量 δ 的表达式分别为:

$$\begin{cases} \delta(\bar{s}) = \Delta \left[b' \ln \Delta T(\bar{s}) \right] \\ \delta = \Delta \left[b' \ln \Delta T \right] \end{cases}, \quad u_D \propto \Delta T^a, \quad a > 0 \qquad (6-101)$$

因此,二者的关系为:

$$\delta(\bar{s})=\delta \qquad (6-102)$$

即得到局部应力增量系数 k_{AF_2} 为:

$$k_{AF_2}(\bar{s})=1 \qquad (6-103)$$

6.6.3　多应力条件下关系的扩展

由上面的讨论可以看出:上述关于加速因子增量系数的定义具有一般性意义,且这样的定义将有利于复杂系统产品在进行加速试验设计时完成快速的工程化处理。但在上面的讨论中,还仅限单一变量的状况,因此,有必要对上面加速因子增量系数的概念进行多变量的扩展,以便能够更好地在实际工程情况下使用。

在单变量条件下所给出的加速因子增量系数的关系汇总如下:

$$\log_b AF(\bar{s})=k_{AF_1}(\bar{s})k_{AF_2}(\bar{s})\delta, \quad b>0$$
$$\Delta[b'\ln u_D(\bar{s})]=k_{AF_1}(\bar{s})\delta(\bar{s}), \quad \delta(\bar{s})=k_{AF_2}(\bar{s})\delta \qquad (6-104)$$

这一关系实际的物理意义是在说加速因子的增量部分包括了若干贡献的来源。首先,产品各个部位的加速在理论上是不一样的,由其局部的应力和失效物理关系所决定,这一部分的贡献由应力增量系数 k_{AF_1} 表示。然后,产品各部位的局部应力实际是产品对于环境载荷的响应,由局部增量系数 k_{AF_2} 表示。最后就是产品环境载荷的加速问题,由环境载荷的增量与产品的参考工作环境的比值 $\Delta\sigma/\sigma_0$ 来表示。三者的乘积表征了产品加速因子的增量部分。

下面,将产品局部的失效物理关系扩展至多变量的场合,即

$$u_D(\bar{s})=u_D\{\bar{s};\bar{\sigma}(\bar{s})\}, \quad \bar{\sigma}(\bar{s})\equiv\{\sigma_{(1)}(\bar{s}),\sigma_{(2)}(\bar{s}),\cdots,\sigma_{(n)}(\bar{s})\} \qquad (6-105)$$

其中,$\sigma_{(i)}(\bar{s})(i=1,2,\cdots,n)$ 表示 n 个类型相互独立局部应力的函数,它们同时对于同一个类型的失效物理过程 u_D 有贡献。然后是环境载荷,为避免误解,这里将环境载荷表征成为 ε,共计 m 个独立变量,即

$$\sigma_{(i)}(\bar{s})=\sigma_{(i)}\{\bar{s};\bar{\varepsilon}\}, \quad \bar{\varepsilon}\equiv\{\varepsilon_{(1)},\varepsilon_{(2)},\cdots,\varepsilon_{(m)}\}, \quad i=1,2,\cdots,n \qquad (6-106)$$

在通常情况下,物理函数均连续且可微,因此可以得到如下的近似变量关系,误差的部分将在后面的小节中讨论如何通过试验数据进行修正。因此得到:

$$\Delta[b'\ln u_D(\bar{s})]\approx\sum_{i=1}^{n}\frac{\partial[b'\ln u_D(\bar{s})]}{\partial\sigma_{(i)}(\bar{s})}\Delta\sigma_{(i)}(\bar{s})$$
$$=\sum_{i=1}^{n}\sigma_{(i)0}(\bar{s})\frac{\partial[\ln u_D(\bar{s})]}{\partial\sigma_{(i)}(\bar{s})}\cdot\frac{\Delta[b'\sigma_{(i)}(\bar{s})]}{\sigma_{(i)0}(\bar{s})} \qquad (6-107)$$

$$\Delta[b'\ln u_D(\bar{s})]\approx\sum_{i=1}^{n}\frac{\partial[\ln u_D(\bar{s})]}{\partial[\ln\sigma_{(i)}(\bar{s})]}\Delta[b'\ln\sigma_{(i)}(s)] \qquad (6-108)$$

$$\Delta[b'\ln u_D(\bar{s})]\approx\sum_{i=1}^{n}k_{AF_1}(\bar{s};\Delta\sigma_{(i)}(\bar{s}))\Delta[b'\ln\sigma_{(i)}(s)] \qquad (6-109)$$

$$\delta(\bar{s})\equiv\begin{cases}\Delta[b'\ln\sigma(\bar{s})], & u_D(\bar{s})\propto\sigma(\bar{s})^{a(\bar{s})}, \quad a(\bar{s})>0 \\ \dfrac{\Delta[b'\sigma(\bar{s})]}{\sigma_0(\bar{s})}, & u_D(\bar{s})\propto e^{-\frac{a(\bar{s})}{\sigma(\bar{s})}}, \quad a(\bar{s})>0\end{cases} \qquad (6-110)$$

从式(6-109)和式(6-110)可以看出:类似上面加速因子应力增量系数的定义,可以得到一个扩展后的共计 n 个系数的定义,即

$$k_{AF_1}(\bar{s};\Delta\sigma_{(i)}(\bar{s})) \equiv \sigma_{(i)0}(\bar{s})\frac{\partial u_D(\bar{s})}{\partial \sigma_{(i)}(\bar{s})}, \quad i=1,2,\cdots,n \qquad (6-111)$$

所以,代回原式即得到:

$$\Delta[b'\ln u_D(\bar{s})] = k_{AF_1}(\bar{s})\delta(\bar{s})$$

$$\frac{\Delta u_D(\bar{s})}{u_{D_0}(\bar{s})} \approx k_{AF_1}(\bar{s};\Delta\sigma_{(1)}(\bar{s}))\frac{\Delta\sigma_{(1)}(\bar{s})}{\sigma_{(1)0}(\bar{s})} + \qquad (6-112)$$

$$k_{AF_1}(\bar{s};\Delta\sigma_{(2)}(\bar{s}))\frac{\Delta\sigma_{(2)}(\bar{s})}{\sigma_{(2)0}(\bar{s})} + \cdots + k_{AF_1}(\bar{s};\Delta\sigma_{(n)}(\bar{s}))\frac{\Delta\sigma_{(n)}(\bar{s})}{\sigma_{(n)0}(\bar{s})}$$

类似地,也可以得到加速因子局部增量系数进行多变量拓展后的定义如下:

$$\delta(\bar{s}) = k_{AF_2}(\bar{s})\delta$$

$$\frac{\Delta\sigma_{(i)}(\bar{s})}{\sigma_{(i)0}(\bar{s})} \approx \varepsilon_{(1)0}\frac{\partial\sigma_{(i)}(\bar{s})}{\partial\varepsilon_{(1)}} \cdot \frac{\Delta\varepsilon_{(1)}}{\varepsilon_{(1)0}} +$$

$$\varepsilon_{(2)0}\frac{\partial\sigma_{(i)}(\bar{s})}{\partial\varepsilon_{(2)}} \cdot \frac{\Delta\varepsilon_{(2)}}{\varepsilon_{(2)0}} + \cdots + \varepsilon_{(m)0}\frac{\partial\sigma_{(i)}(\bar{s})}{\partial\varepsilon_{(m)}} \cdot \frac{\Delta\varepsilon_{(m)}}{\varepsilon_{(m)0}} \qquad (6-113)$$

$$\equiv k_{AF_2}(\bar{s},\sigma_{(i)}(\bar{s});\Delta\varepsilon_{(1)}) \cdot \frac{\Delta\varepsilon_{(1)}}{\varepsilon_{(1)0}} + k_{AF_2}(\bar{s},\sigma_{(i)}(\bar{s});\Delta\varepsilon_{(2)}) \cdot \frac{\Delta\varepsilon_{(2)}}{\varepsilon_{(2)0}} +$$

$$\cdots + k_{AF_2}(\bar{s},\sigma_{(i)}(\bar{s});\Delta\varepsilon_{(m)}) \cdot \frac{\Delta\varepsilon_{(m)}}{\varepsilon_{(m)0}}, \quad i=1,2,\cdots,n$$

从上面的拓展定义可以看出:加速因子的应力增量系数有 n 个,而局部增量系数则有 $n\times m$ 个。所以,如果完全以向量和矩阵的形式表达上述关系可以得到:

$$\frac{\Delta u_D(\bar{s})}{u_{D_0}(\bar{s})} \approx \{k_{AF_1}(\bar{s};\Delta\sigma_{(i)}(\bar{s}))\} \cdot \left\{\frac{\Delta\sigma_{(i)}(\bar{s})}{\sigma_{(i)0}(\bar{s})}\right\}^T \qquad (6-114)$$

$$\left\{\frac{\Delta\sigma_{(i)}(\bar{s})}{\sigma_{(i)0}(\bar{s})}\right\}^T \approx [k_{AF_2}(\bar{s},\sigma_{(i)}(\bar{s});\Delta\varepsilon_{(j)})]_{n\times m} \cdot \left\{\frac{\Delta\varepsilon_{(j)}}{\varepsilon_{(j)0}}\right\}^T$$

式中包括如下的 3 个向量,即

$$\{k_{AF_1}(\bar{s};\Delta\sigma_{(i)}(\bar{s}))\} \equiv \{k_{AF_1}(\bar{s};\Delta\sigma_{(1)}(\bar{s})),\cdots,k_{AF_1}(\bar{s};\Delta\sigma_{(n)}(\bar{s}))\}$$

$$\left\{\frac{\Delta\sigma_{(i)}(\bar{s})}{\sigma_{(i)0}(\bar{s})}\right\} \equiv \left\{\frac{\Delta\sigma_{(1)}(\bar{s})}{\sigma_{(1)0}(\bar{s})},\frac{\Delta\sigma_{(2)}(\bar{s})}{\sigma_{(2)0}(\bar{s})},\cdots,\frac{\Delta\sigma_{(n)}(\bar{s})}{\sigma_{(n)0}(\bar{s})}\right\}, \quad i=1,2,\cdots,n \qquad (6-115)$$

$$\left\{\frac{\Delta\varepsilon_{(j)}}{\varepsilon_{(j)0}}\right\} \equiv \left\{\frac{\Delta\varepsilon_{(1)}}{\varepsilon_{(1)0}},\frac{\Delta\varepsilon_{(2)}}{\varepsilon_{(2)0}},\cdots,\frac{\Delta\varepsilon_{(m)}}{\varepsilon_{(m)0}}\right\}, \quad j=1,2,\cdots,m$$

以及一个 $n\times m$ 的矩阵,即

$$
\begin{aligned}
&\left[k_{AF_2}\left(\bar{s},\sigma_{(i)}\left(\bar{s}\right);\Delta\varepsilon_{(j)}\right)\right]_{n\times m}\\
&\equiv
\begin{bmatrix}
k_{AF_2}\left(\bar{s},\sigma_{(1)}\left(\bar{s}\right);\Delta\varepsilon_{(1)}\right) & \cdots & k_{AF_2}\left(\bar{s},\sigma_{(1)}\left(\bar{s}\right);\Delta\varepsilon_{(m)}\right)\\
k_{AF_2}\left(\bar{s},\sigma_{(2)}\left(\bar{s}\right);\Delta\varepsilon_{(1)}\right) & \cdots & k_{AF_2}\left(\bar{s},\sigma_{(2)}\left(\bar{s}\right);\Delta\varepsilon_{(m)}\right)\\
\cdots & \cdots & \cdots\\
k_{AF_2}\left(\bar{s},\sigma_{(n)}\left(\bar{s}\right);\Delta\varepsilon_{(1)}\right) & \cdots & k_{AF_2}\left(\bar{s},\sigma_{(n)}\left(\bar{s}\right);\Delta\varepsilon_{(m)}\right)
\end{bmatrix}
\end{aligned}
\tag{6-116}
$$

合并上面的两个表达式即得到加速因子的增量部分为：

$$
\delta(\bar{s})\equiv\frac{\Delta u_D(\bar{s})}{u_{D_0}(\bar{s})}\approx\left\{k_{AF_1}\left(\bar{s};\Delta\sigma_{(i)}\left(\bar{s}\right)\right)\right\}\cdot
$$
$$
\left[k_{AF_2}\left(\bar{s},\sigma_{(i)}\left(\bar{s}\right);\Delta\varepsilon_{(j)}\right)\right]_{n\times m}\cdot\left\{\frac{\Delta\varepsilon_{(j)}}{\varepsilon_{(j)0}}\right\}^T
\tag{6-117}
$$

因此，得到加速因子在多局部应力以及多环境影响因素条件下的拓展定义，可以同单应力条件表示成为类似的形式，即

$$
AF(\bar{s})=1+k_{AF_1}(\bar{s})\cdot k_{AF_2}(\bar{s})\cdot\frac{\Delta\varepsilon}{\varepsilon_0}
$$
$$
\rightarrow AF(\bar{s})\approx 1+\left\{k_{AF_1}\left(\bar{s};\Delta\sigma_{(i)}\left(\bar{s}\right)\right)\right\}\cdot
$$
$$
\left[k_{AF_2}\left(\bar{s},\sigma_{(i)}\left(\bar{s}\right);\Delta\varepsilon_{(j)}\right)\right]_{n\times m}\cdot\left\{\frac{\Delta\varepsilon_{(j)}}{\varepsilon_{(j)0}}\right\}^T
\tag{6-118}
$$

这里，为了便于表达式的比较，环境应力的部分在式(6-118)中均使用 ε 表示。

6.7　多应力失效的数据处理问题

多应力/多机理这样的复合应力条件失效通常被认为是系统产品失效的典型状况。在这一情形下，如果产品数据中存在多个不同的应力状态，则多个数量的应力与机理之间的某种量化失效物理关系和模型就成为完成评价问题处置中需要考虑的输入条件，单纯依靠试验数据会导致评价问题的过度复杂化。

按照对于模型的使用程度，实际工程情况包括了完全依赖模型的理论估计和借助模型辅助完成数据分析两种情形：

- 基于理论模型的估计：例如，试验设计中对于载荷影响的评价、试验加速因子的估计、仿真和虚拟试验等。
- 基于数据的评价：加速试验与外场数据的处理。

显然，完全应用模型的评价在理论上总是存在验证的问题，而在存在试验和外场实际数据的情形下，则可以完成理论模型的验证。因此，完全基于理论模型的评价在工程实际中通常只是帮助完成试验设计等的前期评价工作。

也正是由于多应力状况在工程实际应用中的典型性，这类问题在前面有关加速试验设计的一章已经开始涉及和进行讨论。从数据处理的角度分析，多应力和多机理是两类不同的问题，二者在实际的物理含义上存在差异，它们分别是指：

- 多应力情形：主要是指失效物理模型存在多个应力类型，即在模型中存在多个不同的

应力变量,但模型本身主要是表征了同一个失效物理过程。

- 多机理情形:主要是指失效物理过程涉及复数个不同的过程,尤其是对于系统而言存在复数个根源失效机理的情形,因此,核心并非一个模型的问题。

而尽管如此,正如第 5 章已经讨论的那样,工程中实际问题的症结仍然在于失效机理是否已知的问题,如果机理已知,然后才是评价所涉及的是单一机理还是多个机理的问题。而本节所讨论的多应力问题,主要针对的状况仍然是失效机理已知的情形。

在机理已知的情形下,虽然在理论上就一般性而言,多应力可以是任何非常复杂的状况,但就目前的工程实际情况而言,多应力的情形则通常仍然都是限于应力变量可分离的情形。因此,再结合本章上节已经讨论的不同应力模型的基本情况,本节讨论在这一基本应力模型基础之上的一般性多应力模型,以解决和涵盖目前主要的实际工程应用状况。

按照这样的思路,本节具体的子节内容按照顺序包括:

- 多应力失效数据的处理。
- 多机理失效率数据的处理和修正。
- 阶梯应力失效数据的情形。

其中,系统失效率数据的处置问题实际包含了多根源失效和机理的情形。

6.7.1 多应力失效数据的处理

本小节的讨论限于多应力失效机理模型条件下应力变量可以分离的情形。事实上,这样的情形已经涵盖了目前工程中主要的实际情形。基于这样的一个量化处理范围,同时结合本章前面所讨论的工程实际中的数据类型完成这类模型处置问题的一般性分类,并完成各个类型问题的具体处理方法。

在前面小节有关产品可靠性数据分类的讨论中已经提到,美军标 MIL - HDBK - 338 将产品可靠性评价数据定义成为两种类型的数据,即

- 两相或成/败类型特征的数据(Go/no - Go Performance Attributes)。
- 变量数据(Variable Performance Characteristics)。

前者仅考虑产品的工作与失效两态,而后者则是类似产品性能退化数据那样的连续变化数据。如果考虑成/败失效数据中不同的失效性质问题,即系统随机失效和耗损失效的问题,多应力数据问题的处理会涉及如下 3 个不同类型的数据的处理:

- 多应力条件下寿命失效数据。
- 多应力条件下性能退化数据。
- 随机失效条件下 TTF 数据。

详细的讨论内容放在本部分选读小节,有兴趣和需要的读者可以阅读和参考。

有必要指出的是:线性数据的处理是工程数据处理的主要手段。由于产品的退化和失效是一个理论上的单调过程,因此,总是可以进行线性化处理,这在前面的小节中已经做了较为详细的讨论。所以,线性数据的处理手段和方法在系统可靠性评价中具有典型意义。

【选读 77】 多模型参数的线性最小二乘修正

加速模型参数的准确性问题是加速试验设计的关键性问题。在复合应力模型的前提条件下(具体参见第 5 章复合应力条件的加速设计选读小节的相关讨论),模型参数可以通过不同

加速条件下产品实际的失效结果,即通过所谓的多变量线性最小二乘拟合(Multi‐variate Ordinary Least Square,简称 MOLS)的方法来加以修正。

假定产品的失效满足复合应力的失效物理模型,即产品的损伤函数 u_D 是一个有 l 个多应力 $\sigma_i(i=1,2,\cdots,l)$ 共同作用的函数,但是可以表达成为 l 个单一应力变量函数的乘积:

$$u_D(\sigma_1,\sigma_2,\cdots,\sigma_l)=u_{D_1}(\sigma_1)\times u_{D_2}(\sigma_2)\times\cdots\times u_{D_l}(\sigma_l) \quad (6-119)$$

这里,$u_{D_i}(i=1,2,\cdots,l)$ 为单一应力变量条件下变量分离后的函数,且这些函数满足如下 3 个函数形式之一的关系(详细讨论参见前面有关应力与加速的关系模型子节的讨论内容),即

- 线性。
- 幂。
- Arrhenius。

考虑到其中的线性关系是幂函数关系的一个特例,且在线性关系不严格成立、允许通过试验参数进行修正的条件下,将线性关系纳入幂函数关系考虑。因此,单一应力函数 u_{D_i} 可能是幂函数或是 Arrhenius 模型函数中的某一个形式,即

$$u_{D_i}(\sigma_i)\propto\begin{cases}\sigma_i{}^{a_i}, & a_i>0 \\ e^{-\frac{a_i}{\sigma_i}}, & a_i>0\end{cases}, \quad i=1,2,\cdots,l \quad (6-120)$$

考虑到产品的失效时间是损伤速率倒数的关系,即

$$t_L(\sigma_1,\sigma_2,\cdots,\sigma_l)\propto\frac{1}{u_D(\sigma_1,\sigma_2,\cdots,\sigma_l)} \quad (6-121)$$

因此可以将产品在多应力共同作用下的失效时间经过一个指数作用以后,表征成为一个线性函数的形式,即

$$y=a_1x_1+a_2x_2+\cdots+a_lx_l+b, \quad a_i>0, \quad i=1,2,\cdots,l \quad (6-122)$$

这里,系数 $a_i(i=1,2,\cdots,l)$ 仍然为上面物理模型中的系数,而 x_i 和 y 则分别为:

$$x_i=\begin{cases}\ln\sigma_i, & u_{D_i}(\sigma_i)\propto\sigma_i{}^{a_i} \\ -\dfrac{1}{\sigma_i}, & u_{D_i}(\sigma_i)\propto e^{-\frac{a_i}{\sigma_i}}\end{cases}, \quad i=1,2,\cdots,l \quad (6-123)$$

$$y=-\ln t_L$$

上面的这一关系表明:在满足复合应力失效物理模型的条件下,对于通常满足幂函数和 Arrhenius 模型函数形式的失效物理模型,产品的失效可以表征成为一个多变量线性函数的形式,其中的自变量表征了应力水平,而函数则表示产品的失效时间。

因此,对于一组不同应力条件下的 n 组产品失效数据,即

$$(\sigma_{1j},\sigma_{2j},\cdots,\sigma_{lj},t_{Lj}), \quad j=1,2,\cdots,n \quad (6-124)$$

其线性拟合后的二乘误差函数可以表征为(详细参见前面有关寿命数据的拟合与外插子节的讨论内容):

$$e^2(a_1,a_2,\cdots,a_l,b)=\sum_{j=1}^{n}\left[y_j-(a_1x_{1j}+a_2x_{2j}+\cdots+a_lx_{lj}+b)\right]^2 \quad (6-125)$$

这一误差函数中存在 $l+1$ 个待定的线性拟合常数。按照最小二乘法的误差函数最小化要求,即得到如下表达式:

$$\frac{\partial e^2}{\partial a_i} = 0 = -2\sum_{j=1}^{n}\left[y_j - (a_1 x_{1j} + a_2 x_{2j} + \cdots + a_l x_{lj} + b)\right] \cdot x_{ij}, \quad i = 1, 2, \cdots, l$$

$$\frac{\partial e^2}{\partial b} = 0 = -2\sum_{j=1}^{n}\left[y_j - (a_1 x_{1j} + a_2 x_{2j} + \cdots + a_l x_{lj} + b)\right]$$

$$(6-126)$$

这一关系给出了 $l+1$ 个关于 $a_i (i=1,2,\cdots,l)$ 和 b 的线性方程组，求解后即得到所有线性系数的最小二乘拟合结果（具体内容同样参见前面有关寿命数据的拟合与外插子节的讨论）。

下面给出上述线性方程组的具体表达式。整理上述 $l+1$ 个方程所构成的线性方程组，可以得到：

$$\begin{cases} \overline{x_1^2} \cdot a_1 + \overline{x_1 x_2} \cdot a_2 + \cdots + \overline{x_1 x_l} \cdot a_l + \overline{x_1} \cdot b = \overline{x_1 y} \\ \overline{x_2 x_1} \cdot a_1 + \overline{x_2^2} \cdot a_2 + \cdots + \overline{x_2 x_l} \cdot a_l + \overline{x_2} \cdot b = \overline{x_2 y} \\ \cdots \\ \overline{x_l x_1} \cdot a_1 + \overline{x_l x_2} \cdot a_2 + \cdots + \overline{x_l^2} \cdot a_l + \overline{x_l} \cdot b = \overline{x_l y} \\ \overline{x_1} \cdot a_1 + \overline{x_2} \cdot a_2 + \cdots + \overline{x_l} \cdot a_l + b = \overline{y} \end{cases}$$

$$(6-127)$$

其中的平均值算子定义如下：

$$\overline{\cdot (x_i, y)} \equiv \frac{1}{n}\sum_{j=1}^{n} \cdot (x_{ij}, y_j), \quad i = 1, 2, \cdots, l$$

$$(6-128)$$

于是，知道上面线性方程组关于线性拟合系数的解为：

$$a_i = \frac{\Delta_i}{\Delta}, \quad b = \frac{\Delta_{l+1}}{\Delta}, \quad i = 1, 2, \cdots, l$$

$$(6-129)$$

其中，分子分母的表达式为：

$$\Delta \equiv \begin{vmatrix} \overline{x_1^2} & \overline{x_1 x_2} & \cdots & \overline{x_1 x_l} & \overline{x_1} \\ \overline{x_2 x_1} & \overline{x_2^2} & \cdots & \overline{x_2 x_l} & \overline{x_2} \\ \cdots & & & & \\ \overline{x_l x_1} & \overline{x_l x_2} & \cdots & \overline{x_l^2} & \overline{x_l} \\ \overline{x_1} & \overline{x_2} & \cdots & \overline{x_l} & 1 \end{vmatrix} \neq 0, \Delta_1 \equiv \begin{vmatrix} \overline{x_1 y} & \overline{x_1 x_2} & \cdots & \overline{x_1 x_l} & \overline{x_1} \\ \overline{x_2 y} & \overline{x_2^2} & \cdots & \overline{x_2 x_l} & \overline{x_2} \\ \cdots & & & & \\ \overline{x_l y} & \overline{x_l x_2} & \cdots & \overline{x_l^2} & \overline{x_l} \\ \overline{y} & \overline{x_2} & \cdots & \overline{x_l} & 1 \end{vmatrix}$$

$$\Delta_i \equiv \begin{vmatrix} \overline{x_1^2} & \cdots & \overline{x_1 x_{i-1}} & \overline{x_1 y} & \overline{x_1 x_{i+1}} & \cdots & \overline{x_1 x_l} & \overline{x_1} \\ \overline{x_2 x_1} & \cdots & \overline{x_2 x_{i-1}} & \overline{x_2 y} & \overline{x_2 x_{i+1}} & \cdots & \overline{x_2 x_l} & \overline{x_2} \\ \cdots & & & & & & & \\ \overline{x_l x_1} & \cdots & \overline{x_l x_{i-1}} & \overline{x_l y} & \overline{x_2 x_{i+1}} & \cdots & \overline{x_l^2} & \overline{x_l} \\ \overline{x_1} & \cdots & \overline{x_{i-1}} & \overline{y} & \overline{x_{i+1}} & \cdots & \overline{x_l} & 1 \end{vmatrix}, \quad i = 2, 3, \cdots, l-1$$

$$\Delta_l \equiv \begin{vmatrix} \overline{x_1^2} & \overline{x_1 x_2} & \cdots & \overline{x_1 x_{l-1}} & \overline{x_1 y} & \overline{x_1} \\ \overline{x_2 x_1} & \overline{x_2^2} & \cdots & \overline{x_2 x_{l-1}} & \overline{x_2 y} & \overline{x_2} \\ \cdots & & & & & \\ \overline{x_l x_1} & \overline{x_l x_2} & \cdots & \overline{x_l x_{l-1}} & \overline{x_l y} & \overline{x_l} \\ \overline{x_1} & \overline{x_2} & \cdots & \overline{x_{l-1}} & \overline{y} & 1 \end{vmatrix}$$

$$\Delta_{l+1} \equiv \begin{vmatrix} \overline{x_1^2} & \overline{x_1 x_2} & \cdots & \overline{x_1 x_l} & \overline{x_1 y} \\ \overline{x_2 x_1} & \overline{x_2^2} & \cdots & \overline{x_2 x_l} & \overline{x_2 y} \\ \cdots & & & & \\ \overline{x_l x_1} & \overline{x_l x_2} & \cdots & \overline{x_l^2} & \overline{x_l y} \\ \overline{x_1} & \overline{x_2} & \cdots & \overline{x_l} & \overline{y} \end{vmatrix}$$

$$(6-130)$$

对于相对简单且较为常见的双应力情形,考虑到方便工程使用的因素,下面同时给出这一特定状况的相关表达式,包括如下方程式以及解的表达式

$$\begin{cases} \overline{x_1^2} \cdot a_1 + \overline{x_1 x_2} \cdot a_2 + \overline{x_1} \cdot b = \overline{x_1 y} \\ \overline{x_2 x_1} \cdot a_1 + \overline{x_2^2} \cdot a_2 + \overline{x_2} \cdot b = \overline{x_2 y} \\ \overline{x_1} \cdot a_1 + \overline{x_2} \cdot a_2 + b = \overline{y} \end{cases}$$

$$(6-131)$$

$$\Delta = \begin{vmatrix} \overline{x_1^2} & \overline{x_1 x_2} & \overline{x_1} \\ \overline{x_2 x_1} & \overline{x_2^2} & \overline{x_2} \\ \overline{x_1} & \overline{x_2} & 1 \end{vmatrix}, \quad \Delta_1 = \begin{vmatrix} \overline{x_1 y} & \overline{x_1 x_2} & \overline{x_1} \\ \overline{x_2 y} & \overline{x_2^2} & \overline{x_2} \\ \overline{y} & \overline{x_2} & 1 \end{vmatrix}$$

$$(6-132)$$

$$\Delta_2 = \begin{vmatrix} \overline{x_1^2} & \overline{x_1 y} & \overline{x_1} \\ \overline{x_2 x_1} & \overline{x_2 y} & \overline{x_2} \\ \overline{x_1} & \overline{y} & 1 \end{vmatrix}, \quad \Delta_3 = \begin{vmatrix} \overline{x_1^2} & \overline{x_1 x_2} & \overline{x_1 y} \\ \overline{x_2 x_1} & \overline{x_2^2} & \overline{x_2 y} \\ \overline{x_1} & \overline{x_2} & \overline{y} \end{vmatrix}$$

进一步应用极大似然估计,则可以给出产品失效在假定条件下的最优分布函数。在寿命估计的情况下,假定产品的失效时间 t_L 满足对数正态分布,则 y 满足正态分布,即

$$f_y(y) = \frac{1}{\sqrt{2\pi}\sigma} e^{-\frac{(y-\mu)^2}{2\sigma^2}}$$

$$(6-133)$$

$$f(t_L) = \frac{1}{\sqrt{2\pi}\sigma t_L} e^{-\frac{(\ln t_L - \mu)^2}{2\sigma^2}}, \quad y = -\ln t_L$$

则可以得到其分布参数为:

$$\mu = a_1 x_1 + a_2 x_2 + \cdots + a_l x_l + b$$

$$\sigma^2 = \frac{1}{n} \sum_{j=1}^{n} \left[y_j - (a_1 x_{1j} + a_2 x_{2j} + \cdots + a_l x_{lj} + b) \right]^2$$

$$(6-134)$$

【选读 78】 损伤数据的线性最小二乘修正

在以产品损伤参数作为试验测试结果的场合,按照前面章节的讨论,在工程上通常考虑损伤满足线性损伤累计关系的情形。在这种情况下,依照前面产品失效章节所给出的产品失效的线性模型,可以得到如下关系,即

$$\frac{1}{t}D(\sigma_1,\sigma_2,\cdots,\sigma_l,t)=u_D(\sigma_1,\sigma_2,\cdots,\sigma_l) \tag{6-135}$$

这里,D 为损伤函数,t 为时间。所以,比较这一关系与上面产品寿命的情形可以看出,二者存在类似的量化关系。只要做如下数据处理,则上面所讨论的所有数据拟合过程均同样成立,即

$$x_i=\begin{cases}\ln \sigma_i, & u_{D_i}(\sigma_i)\propto\sigma_i^{a_i}\\[2mm]-\dfrac{1}{\sigma_i}, & u_{D_i}(\sigma_i)\propto\mathrm{e}^{-\frac{a_i}{\sigma_i}}\end{cases} \quad i=1,2,\cdots,l \tag{6-136}$$

$$y=\ln(D/t)$$

【选读 79】 通过失效率的线性最小二乘修正

从上节所讨论的情况可以看出:产品的失效时间满足对数正态分布,是一种具有集中模态分布的情况。按照产品失效特征和加速章节部分的讨论(具体内容参见产品失效性质与应力加速一章的相关讨论),这样的失效特性用以描述产品耗损失效的分散性行为,即是通常所说的存在产品批次寿命的情况,但并不适用产品随机失效的情况,因此,也无法处理产品失效率数据的拟合问题。

与寿命类型的数据相比,反映产品失效率情况的失效数据,在工程上同样具有典型意义。下面讨论此类型数据的处理问题。

前面有关随机失效情形的章节已经提到,随机失效同样一般性地满足产品个体损伤速率的加速要求,即满足如下关系:

$$u_D=AF\cdot u_{D_0}, \quad 0<u_D<u_{D_0}<+\infty, \quad AF>1 \tag{6-137}$$

同时,已经得到不同加速条件下同样失效率加速比例的关系式,即

$$\lambda=AF\cdot\lambda_0 \tag{6-138}$$

其中,下角标 0 表征产品的设计使用环境条件。因此,损伤速率 u_{D_0} 和失效率 λ_0 均为常数。所以,上面的关系也因此表征了如下的两个线性比例关系,即

$$u_D\propto AF, \quad \lambda\propto AF \tag{6-139}$$

如果类似上一节的讨论,已经得到一组共计 n 个产品失效时间数据 $t_{1j}(j=1,2,\cdots,n)$,且涉及 l 个加速应力类型,即

$$(\sigma_{1j},\sigma_{2j},\cdots,\sigma_{lj},t_{1j}), \quad j=1,2,\cdots,n \tag{6-140}$$

且这组数据涉及 $m<n$ 个加速条件,且每一个条件下的产品失效数据可以给出一个产品在该条件下的失效率估计值 $\hat{\lambda}_k$ 或称为试验值,即

$$\begin{aligned}&(\sigma_{1j},\sigma_{2j},\cdots,\sigma_{lj},t_{1j}), \quad j=1,2,\cdots,n\\&\rightarrow(\sigma_{1k},\sigma_{2k},\cdots,\sigma_{lk},\hat{\lambda}_k), \quad k=1,2,\cdots,m<n\end{aligned} \tag{6-141}$$

由上一节的讨论可知,失效率的真值满足如下的线性关系:

$$\lambda \propto AF \propto u_D \tag{6-142}$$

因此，能够同样地得到上一节所讨论的线性表达式，即

$$y = a_1 x_1 + a_2 x_2 + \cdots + a_l x_l + b, \quad a_i > 0, \quad i = 1, 2, \cdots, l$$

$$x_i = \begin{cases} \ln \sigma_i, & u_{D_i}(\sigma_i) \propto \sigma_i^{a_i} \\ -\dfrac{1}{\sigma_i}, & u_{D_i}(\sigma_i) \propto e^{-\frac{a_i}{\sigma_i}} \end{cases}, \quad y = \ln \lambda \tag{6-143}$$

然后，同样通过上一节所给出的多变量最小二乘关系给出模型参数 $a_1 - a_l$ 的最佳拟合数值：

$$a_i = \frac{\Delta_i}{\Delta}, \quad i = 1, 2, \cdots, l \tag{6-144}$$

其中，拟合参数 b 并非这里所关注的数值。

与寿命失效数据所明显不同的是，这里的产品失效数据不能近似满足任何集中形式的模态分布函数，而是指数分布，即

$$f(t_{\mathrm{L}, j}) = \lambda_j e^{-\lambda_j t_{\mathrm{L}, j}}, \quad j = 1, 2, \cdots, n \tag{6-145}$$

所以，得到似然函数的表达式为：

$$l_n(\lambda; t_{\mathrm{L}}) = \sum_{j=1}^{n} \ln \left[\lambda_j e^{-\lambda_j t_{\mathrm{L}, j}} \right] = \sum_{j=1}^{n} (\ln \lambda_j - \lambda_j t_{\mathrm{L}, j}) \tag{6-146}$$

进一步考虑前面已经给出的失效率与加速因子的关系，即

$$\lambda_j = AF_j \cdot \lambda_0, \quad j = 1, 2, \cdots, n \tag{6-147}$$

代入上面的似然函数即得到：

$$l_n(\lambda; t_{\mathrm{L}}) = n \ln \lambda_0 + \sum_{j=1}^{n} \ln AF_j - \lambda_0 \sum_{j=1}^{n} AF_j t_{\mathrm{L}, j} \tag{6-148}$$

于是，应用极大似然估计的条件，即得到通过已知试验数据获取产品失效率或 MTBF 估计的如下关系式，即

$$\frac{\mathrm{d}l_n}{\mathrm{d}\lambda_0} = 0, \quad \rightarrow \mathrm{MTBF} \equiv \frac{1}{\lambda_0} = \frac{1}{n} \sum_{j=1}^{n} AF_j \cdot t_{\mathrm{L}, j} \tag{6-149}$$

6.7.2　多机理失效率数据的处理和修正

对于多机理条件下产品失效率的估计问题，需要首先对问题本身进行一个明确的定义和描述。按照本书的最初章节已经给出的有关产品可靠性和产品寿命问题的定义，产品失效率属于产品可靠性的评价参数，且依照产品可靠性"浴盆曲线"的工程观察结果，通常假定产品的失效时间服从指数分布。

此外，从数据特性的角度，假定 n 组的失效率数据为 $\lambda_j (j = 1, 2, \cdots, n)$，且数据受到 l 个不同类型载荷 $\sigma_i (i = 1, 2, \cdots, l)$ 的影响，即数据形式为：

$$(\sigma_{1j}, \sigma_{2j}, \cdots, \sigma_{lj}, \lambda_j), \quad j = 1, 2, \cdots, n \tag{6-150}$$

另外，假定上述失效率数据实际是由 m 个不同失效机理共同作用的结果，因此，按照前面章节的模型和讨论结果可知，失效率真值 λ 是各机理作用下失效率 $\lambda_k (k = 1, 2, \cdots, m)$ 的和，即

$$\lambda = \sum_{k=1}^{m} \lambda_k \tag{6-151}$$

这里，m 个失效机理共同受到 l 个不同类型应力的影响。对于其中某一个类型的机理而言，其影响应力载荷的类型可以是 l 中的一个、若干个或是全部。

对于其中一个失效机理，按照上节关于单一失效机理情形的讨论可知，失效率与加速因子呈正比，即

$$\lambda_k \propto AF_k, \quad k=1,2,\cdots,m \qquad (6-152)$$

于是，得到类似的线性拟合关系，即

$$y_k = a_{1k}x_{1k} + a_{2k}x_{2k} + \cdots + a_{lk}x_{lk} + b_k, \quad a_{ik}>0, \quad i=1,2,\cdots,l$$

$$x_{ik} = \begin{cases} \ln \sigma_{ik}, & u_{D_{ik}}(\sigma_{ik}) \propto \sigma_{ik}^{a_{ik}} \\ -\dfrac{1}{\sigma_{ik}}, & u_{D_{ik}}(\sigma_{ik}) \propto e^{-\frac{a_{ik}}{\sigma_{ik}}} \end{cases}, \quad y_k = \ln \lambda_k, \quad k=1,2,\cdots,m \qquad (6-153)$$

但是，与单一失效机理的情形所不同的是：式（6-153）中针对单一机理的失效率数据 λ_k 在实际数据中是不存在的，实际存在的仅仅是产品总的失效率数据 λ。因此，式（6-153）实际仍然是无法进行拟合处理的。为解决这一问题，首先将产品的总体失效率做如下表达，即

$$p_k \equiv \frac{\lambda_k}{\lambda}, \quad \sum_{k=1}^{n} p_k = 1 \qquad (6-154)$$

式（6-154）即是将每个失效机理对产品总失效率的贡献按照比例的方式进行表示。因为总失效率是每个机理失效率的和，因此，总的占比之和为 100%。

将此占比形式的失效率表达式代入上面拟合方程中的 y_k 可以得到：

$$y_k = \ln(p_k\lambda) = \ln \lambda + \ln p_k, \quad k=1,2,\cdots,m \qquad (6-155)$$

从这一结果并将其代回原式可以看出：如果从每一个单一机理的处理来看，其拟合结果与通过产品整体失效率数据的拟合结果相比，差异仅仅在 b 的部分，参数 a 的部分则没有变化。这就意味着单一机理条件下数据的拟合可以通过产品整体的失效率数据来进行，但结果差一个未知的系数 b。

此外，需要注意的是：正如本节前面已经提到的，不同机理的情形下，对其有影响的载荷类型是不一样的，属于 l 个载荷类型中的某个排列组合。如果是完全相同载荷的两个不同的机理，实际也不允许再分开处理。因此，按照这样的数据拟合方式，上面的拟合方程转化为如下的表达形式，即

$$\exists (\bar{x}_k) \in (x_1, x_2, \cdots, x_l), \quad k=1,2,\cdots,m$$

$$y = a_{1k}x_1 + a_{2k}x_2 + \cdots + a_{lk}x_l + b_k, \quad a_{ik}>0, \quad i=1,2,\cdots,l$$

$$x_i = \begin{cases} \ln \sigma_i, & u_{D_i}(\sigma_i) \propto \sigma_i^{a_i} \\ -\dfrac{1}{\sigma_i}, & u_{D_i}(\sigma_i) \propto e^{-\frac{a_i}{\sigma_i}} \end{cases}, \quad y = \ln \lambda \qquad (6-156)$$

这里，对于某个机理 $k(k=1,2,\cdots,m)$，$\bar{x}_k$ 是载荷 $(x_1,x_2,\cdots,x_l)$ 的某一个组合，即可以是其中适用该机理的一个、多个或是全部载荷类型的组合。系数 $a_{ik}(i=1,2,\cdots,l)$ 通过 $y=\ln \lambda$ 决定，而 b_k 不定。

因此，对于某一个机理，可以得到如下数据拟合结果的失效率真值估计值 λ_k 的表达式，即

$$\lambda_k = b'_k(b_k) \cdot \lambda'_k(\bar{x}_k) \tag{6-157}$$

其中,系数 b'_k 未知,λ'_k 则为数据拟合结果。对于产品整体而言,其失效率估计值为:

$$\lambda = \sum_{k=1}^{m} \lambda_k = \sum_{k=1}^{m} b'_k \cdot \lambda'_k(\bar{x}_k) \tag{6-158}$$

这里需要注意的是:从上面的拟合表达式可以看到,λ_k 和 λ'_k 均为载荷的函数。因此,在数据的采集点,就可以得到相应的针对 n 个不同数据点的产品失效率估计值,即

$$(\lambda)_j = \sum_{k=1}^{m} (\lambda_k)_j = \sum_{k=1}^{m} b'_k \cdot [\lambda'_k(\bar{x}_k)]_j, \quad j = 1,2,\cdots,n \tag{6-159}$$

$$(\lambda)_j \equiv \lambda(\sigma_{1j},\sigma_{2j},\cdots,\sigma_{lj}), \quad [\lambda'_k(\bar{x}_k)]_j \equiv \lambda'_k[\bar{x}_k(\sigma_{1j},\sigma_{2j},\cdots,\sigma_{lj})]$$

这里需要注意的是:未知系数 b'_k 与数据无关,仅仅是与机理 k 相关的常数。

所以,按照最小二乘原理,给出数据估计点与真值的误差 e^2 的表达式为:

$$e^2 \equiv \sum_{j=1}^{n} [(\lambda)_j - \lambda_j]^2 = \sum_{j=1}^{n} \Big[\sum_{k=1}^{m} b'_k \cdot [\lambda'_k(\bar{x}_k)]_j - \lambda_j\Big]^2 \tag{6-160}$$

其中,$\lambda_j (j=1,2,\cdots,n)$ 为产品整体的失效率数据点。然后通过对求解参数 b'_k 求导而获得误差的最小值,即:

$$\frac{\partial e^2}{\partial b'_k} = 0, \quad (\lambda'_k)_j \equiv [\lambda'_k(\bar{x}_k)]_j, \quad k = 1,2,\cdots,m \tag{6-161}$$

$$\rightarrow \sum_{j=1}^{n} [b'_1 \cdot (\lambda'_1)_j + b'_k \cdot (\lambda'_2)_j + \cdots + b'_m \cdot (\lambda'_m)_j - \lambda_j] \cdot (\lambda'_k)_j = 0$$

能看出上述过程获得了一个关于待定参数 b'_k 的线性方程组。类似前面的处理,引入如下均值表达式:

$$\overline{\lambda'_k \lambda'_k} \equiv \frac{1}{n} \sum_{j=1}^{n} (\lambda'_{k'})_j (\lambda'_k)_j, \quad \overline{\lambda \lambda'_k} \equiv \frac{1}{n} \sum_{j=1}^{n} \lambda_j (\lambda'_k)_j, \quad k,k' = 1,2,\cdots,m \tag{6-162}$$

然后重新简化上面关于待定参数的线性方程组,即得到

$$\overline{\lambda'_1 \lambda'_k} \cdot b'_1 + \overline{\lambda'_2 \lambda'_k} \cdot b'_2 + \cdots + \overline{\lambda'_m \lambda'_k} \cdot b'_m = \overline{\lambda \lambda'_k}, \quad k = 1,2,\cdots,m \tag{6-163}$$

并得到方程的如下解:

$$b'_k = \frac{\Delta_k}{\Delta}, \quad k = 1,2,\cdots,m \tag{6-164}$$

6.7.3　阶梯应力失效数据的情形

虽然阶梯应力也涉及相对复杂的应力或载荷状态,但与多应力属于两类不同的载荷情形。阶梯应力问题的主要特征总结为如下若干点:

- 阶梯应力属于复合的载荷或应力抛面:一个阶梯载荷的问题在本质上是一个出多载荷条件所构成的复合载荷抛面的产品加载问题,即在一个一般性的情形下构成一个时间的函数。阶梯应力或载荷并非一定需要满足载荷的阶梯上升或是下降条件。载荷阶梯上升的情形仅仅是这类问题的一个典型,是工程实际问题的处理过程中最为常见的情形。

- 阶梯应力适用于单一应力或是多应力的场合:涉及时间变化的应力可以是单一或是多个类型的应力。

- 阶梯应力仅用于寿命试验与评价的场合：对于在多种载荷水平所构成复合载荷抛面条件下的试验，其主要工程应用范畴是产品的寿命评价和寿命试验。对于使用这样的阶梯载荷条件的必要性主要是由产品样本在寿命试验中的实际失效时间的不确定性所造成的。而对于有关产品失效率的试验，则通常没有这样的需求，也因此不会存在这种人为将试验条件复杂化的问题。

【选读 80】 失效时间数据的情形

考虑单一失效机理，但多应力条件且为耗损失效的情形。假设一个复合载荷抛面包含 m 个不同载荷水平的载荷条件，且该载荷抛面存在 l 个应力类型。因此，任何一个载荷条件均是这 l 个不同应力水平条件下的一个组合。这里通过一个向量 $\bar{\sigma}$ 来表示，即

$$\bar{\sigma} \equiv (\sigma_1, \sigma_2, \cdots, \sigma_l)$$
$$\rightarrow \bar{\sigma}_{(k)} \equiv (\sigma_1, \sigma_2, \cdots, \sigma_l)_{(k)}, \quad k = 1, 2, \cdots, m \tag{6-165}$$

这里，下角标 $k(k=1,2,\cdots,m)$ 表示不同的载荷条件，共计 m 个，并共同构成所考虑的复合载荷抛面。应力类型则用下角标 $i(i=1,2,\cdots,l)$ 表示，共计 l 个。

在实际的试验中，一个复合载荷抛面不仅是指不同载荷条件下的应力水平，还包括在各自应力条件下的试验时间（参见图 6-11 所示），总体而言，一个实际复合载荷抛面条件下的试验应该存在如下的条件，包括：

- 一个复合载荷抛面包括多个载荷条件以及各载荷条件下的试验时间，一个复合载荷抛面是指将若干载荷条件按照一定的顺序和时间进行组合构成的载荷作用条件。
- 不同试验可能仅包含上述载荷条件中的若干条件或是全部条件。
- 不同的试验使用不同的载荷抛面，不同的载荷抛面包含不同的载荷条件、载荷条件的实施顺序以及载荷条件的作用时间。
- 一个试验中的样本可能在复合载荷抛面中的某个条件下失效，因此未必经历该载荷抛面的所有载荷条件，而且，最后一个载荷条件的作用时间不是所设定的载荷作用时间，而是来自产品样本的实际失效时间。

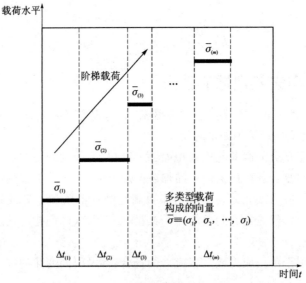

图 6-11 阶梯载荷抛面示意图

基于上述所总结的试验实际的运行情况,试验的载荷以及数据结果的情况可以按照如下的方式进行表达,即

$$(\bar{\sigma}_{j(1)},\Delta t_{j(1)}>0) \to (\bar{\sigma}_{j(2)},\Delta t_{j(2)}>0) \to \cdots \to (\bar{\sigma}_{j(k-1)},\Delta t_{j(k-1)}>0)$$

$$\to (\bar{\sigma}_{j(k)},\text{RTTF}_j>0) \to (\bar{\sigma}_{j(k+1)},0) \to \cdots \to (\bar{\sigma}_{j(m)},0), \tag{6-166}$$

$$k=1,2,\cdots,m, \quad j=1,2,\cdots,n$$

其中,Δt 表示某一个载荷条件的设计作用时间,因此,也一定大于零;RTTF(Remaining Time to Failure)则是在失效发生所处载荷条件下的实际作用时间,也是一个大于零的数值;下角标 $j(j=1,2,\cdots,n)$ 表征了 n 个样本的试验结果数据。此外,上面的数据按照 m 个不同载荷条件的作用实施顺序排列,显然,在样本失效以后,样本退出试验,因此,复合载荷抛面内剩余的(如果还有尚未作用载荷条件的话)尚未作用载荷条件的实际作用时间均为 0。

事实上,在上面的表达式中,虽然载荷作用时间 Δt 和 RTTF 具有不同的物理意义,但是如果仅仅限于载荷作用时间这样的工程意义来讲,二者并没有任何的区别。因此,上述产品失效的试验数据在不同载荷作用时间的部分可以进一步不再区分 Δt 和 RTTF,而将其统一地表述成为如下的形式,即

$$(\bar{\sigma}_{j(1)},\Delta t_{j(1)}) \to (\bar{\sigma}_{j(2)},\Delta t_{j(2)}) \to \cdots \to (\bar{\sigma}_{j(m-1)},\Delta t_{j(m-1)})$$

$$\to (\bar{\sigma}_{j(m)},\Delta t_{j(m)}), \quad \Delta t_{j(k)}\geq 0, \quad k=1,2,\cdots,m, \quad j=1,2,\cdots,n \tag{6-167}$$

显然,在这样的表达形式下,载荷作用时间 Δt 也可以是 0。

需要注意的是:上述的载荷条件对于不同的试验数据点不一定是相同的,包括可以相同的载荷条件但却是不同的先后顺序。因此,在上述的表述中,载荷条件 $\bar{\sigma}$ 不仅与载荷条件 k ($k=1,2,\cdots,m$)有关,还与数据点 $j(j=1,2,\cdots,n)$ 有关。

但是,考虑产品的失效取决于产品寿命损耗的累积,在满足线性累计的条件下,这一寿命损耗累积与载荷的作用顺序无关。因此,如果考虑总计 m 个载荷条件的所有试验数据,对其进行统一的载荷排序,则上述的产品失效数据的载荷条件部分就不再与数据有关。上述数据转而表征成为如下的形式,即

$$(\bar{\sigma}_{(1)},\Delta t'_{j(1)}) \to (\bar{\sigma}_{(2)},\Delta t'_{j(2)}) \to \cdots \to (\bar{\sigma}_{(m)},\Delta t'_{j(m)}),$$

$$\Delta t'_{j(k)}\geq 0, \quad k=1,2,\cdots,m, \quad j=1,2,\cdots,n \tag{6-168}$$

这里,不同载荷条件的作用时间 Δt 由于顺序的重新调整而变为 $\Delta t'$。

在选定载荷参考点的情况下(通常为产品的设计使用条件),由于任何一个试验载荷条件均对应了一个加速因子 AF,则上述的试验数据就进一步表述成为如下的形式,即

$$(AF_{(1)},\Delta t'_{j(1)}) \to (AF_{(2)},\Delta t'_{j(2)}) \to \cdots \to (AF_{(m)},\Delta t'_{j(m)}),$$

$$\Delta t'_{j(k)}\geq 0, \quad k=1,2,\cdots,m, \quad j=1,2,\cdots,n \tag{6-169}$$

同样,这里的加速因子 AF 与试验数据 $j(j=1,2,\cdots,n)$ 无关。

由前面讨论的产品寿命的等效问题(详细问题的讨论参见试验的时间累计与设计的相关内容)可知,任何一个复合载荷抛面的作用结果,均可以等效于产品在参考载荷条件下的样本耗损失效时间,即每个数据点对应一个该产品在参考载荷条件下的等效失效时间 TTF:

$$\sum_{k=1}^{m} AF_{(k)} \cdot \Delta t'_{j(k)} = \text{TTF}_j, \quad j=1,2,\cdots,n \tag{6-170}$$

于是,上面一个产品样本的一组载荷条件的试验数据最终转化成为如下的一个数据样本,即

$$(AF_{(1)}\Delta t'_{j(1)}, AF_{(2)}\Delta t'_{j(2)}, \cdots, AF_{(m)}\Delta t'_{j(m)}, \text{TTF}_j > 0), \quad j=1,2,\cdots,n \qquad (6-171)$$

在上面的数据中,除不同载荷条件的作用时间 Δt 为已知量外,载荷的加速因子 AF 和样本等效失效时间 TTF 均为未知量。下面通过最小二乘的方式获取对于数据的一个最佳拟合结果。

对于上述的样本等效失效时间 TTF,给予前面有关产品耗损失效的集中分布特性,存在产品的寿命特征量 μ,且在参考条件下,样本的失效时间 TTF 应集中在同一个 μ 值的附近,即试验值与真值之间的误差为最小。所以,累计均方误差 e^2 为:

$$e^2 \equiv \sum_{j=1}^{n}\left[\text{TTF}_j - \mu\right]^2 = \sum_{j=1}^{n}\left[\sum_{k=1}^{m}AF_{(k)} \cdot \Delta t'_{j(k)} - \mu\right]^2 \qquad (6-172)$$

其中,加速因子 AF 和产品在参考载荷条件下的寿命特征量 μ 为未知量,因此,求导后置为 0,以使得累计误差最小,即

$$\frac{\partial e^2}{\partial \mu} = 0, \quad \frac{\partial e^2}{\partial AF_{(k)}} = 0, \quad k=1,2,\cdots,m \qquad (6-173)$$

显然,上述方程得到一个 $m+1$ 个解的线性方程组,可以确定加速因子 AF 和寿命特征量 μ。因此得到 m 个载荷条件与相应载荷加速因子的数据组,即

$$(\sigma_{1k}, \sigma_{2k}, \cdots, \sigma_{lk}, AF_{(k)}), \quad k=1,2,\cdots,m \qquad (6-174)$$

由此数据组可以看出:按照前面所讨论的多应力条件的产品失效模型参数的最小二乘修正的方法,再一次进行最小二乘拟合即得到多应力失效模型的参数。相应的拟合方程为:

$$x_i = \begin{cases} \ln \sigma_i, & u_{D_i}(\sigma_i) \propto \sigma_i^{a_i} \\ -\dfrac{1}{\sigma_i}, & u_{D_i}(\sigma_i) \propto e^{-\frac{a_i}{\sigma_i}} \end{cases} \quad i=1,2,\cdots,l \qquad (6-175)$$

$$y = \ln AF$$

更多详细的讨论参见本章多应力数据拟合修正的内容。

【选读 81】 性能退化数据的情形

事实上,在实际工程产品的寿命试验中,由于试验所需的时间、成本等方面的原因,除了通过试验获取产品的失效时间数据以外,有些试验则是用于获取产品的性能退化数据,而非得到产品的最终失效时间信息。

在这样的情形下,按照上节的讨论可以看出:一个复合载荷条件的环境抛面对于试验样本的作用时间仍然同样可以等效成为一个参考条件下的样本作用时间 t,所不同的是,这一时间 t 不再是样本的失效时间,即

$$\sum_{k=1}^{m}AF_{(k)} \cdot \Delta t_{j(k)} = t_j, \quad j=1,2,\cdots,n \qquad (6-176)$$

显然,在这一时间的作用下,产品样本会产生寿命损耗,用试验样本的损伤 D 来加以表征。在前面有关产品寿命的线性损伤累计与损伤模型的讨论中,还讨论了线性损伤累计与线性损伤模型的充分必要性问题,可以参见相关讨论内容。

与上节的讨论类似,因此而产生的数据通过下面的方式表示,即

$$(AF_{(1)}\Delta t_{j(1)}, AF_{(2)}\Delta t_{j(2)}, \cdots, AF_{(m)}\Delta t_{j(m)}, D_j), \quad j=1,2,\cdots,n \qquad (6-177)$$

通过线性损伤模型可知,产品的损伤函数 D 与载荷作用时间 t 成正比,该比例系数这里记为

α,于是有如下函数关系:

$$D \propto t \quad \rightarrow \quad t \equiv \alpha D, \quad \alpha > 0 \tag{6-178}$$

需要注意的是:式(6-178)中的常数 α 是载荷的函数(详细内容参见前面相关章节的讨论),因此,在给定的参考载荷条件下,α 是一个常数。所以,得到如下的数据与模型关系的均方误差 e^2 的表达式为:

$$e^2 \equiv \sum_{j=1}^{n} \left[t_j - \alpha D_j \right]^2 = \sum_{j=1}^{n} \left[\sum_{k=1}^{m} AF_{(k)} \cdot \Delta t_{j(k)} - \alpha D_j \right]^2 \tag{6-179}$$

因此,通过如下的最小二乘关系获得加速因子 AF 和常数 α 的最佳拟合关系,即

$$\frac{\partial e^2}{\partial \alpha} = 0, \quad \frac{\partial e^2}{\partial AF_{(k)}} = 0, \quad k = 1, 2, \cdots, m \tag{6-180}$$

在得到不同载荷条件加速因子 AF 的基础上,按照上节所讨论的方法,进一步得到样本的退化模型系数。

【选读82】　残余寿命试验评价数据的情形

设备类型产品残余寿命的确定是工程实际中的一类常见问题。其基本问题是指一类设备已经实际服役一定的年限,需要通过试验等手段确定该设备的剩余年限。这类问题的一个通常处理方法就是选用若干目前仍然在役的设备作为样本,同时,再选用若干的新品作为样本,在某个加速试验条件下进行比较试验,通过样本的失效情况最终估计确定在役设备的残余使用寿命。

对于在役样本而言,由于已经经历一定时间的现场使用,然后再进行加速试验,其实际的载荷抛面构成了一个前面所讨论的复合载荷抛面,可以通过前面所讨论的方法,在试验数据的基础上确定产品最终的寿命特征量。

总结问题复合载荷抛面所包含的载荷条件,即包含如下的两个条件:
- 产品的正常服役运行条件。
- 产品的加速试验条件。

而试验样本的情况,则可以一般性地分成如下的 3 类,即
- 在正常服役期间已经失效的样本个体(共计 n_0 个):这类样本的失效时间为 t_0,试验时间为 0。
- 在役产品的样本个体(共计 n_1 个):这类样本已经在役使用 t_{usd} 的一段时间,在试验载荷条件下的残余工作时间为 t_{rmg1}。
- 产品的新品样本(共计 n_2 个):这类样本在役使用时间为 0,在试验载荷条件下的工作时间为 t_1。

因此,我们可以将这 3 类样本所经历的复合载荷抛面描述如下,即

$$\begin{aligned}
(\bar{\sigma}_{(0)}, t_0 > 0) &\rightarrow (\bar{\sigma}_{(1)}, 0) \\
(\bar{\sigma}_{(0)}, t_{usd} > 0) &\rightarrow (\bar{\sigma}_{(1)}, t_{rmg1} > 0) \\
(\bar{\sigma}_{(0)}, 0) &\rightarrow (\bar{\sigma}_{(1)}, t_1 > 0)
\end{aligned} \tag{6-181}$$

其中,下角标 0 表示服役条件,1 表示试验条件。

在式(6-181)中需要注意的是:样本在服役期间的失效时间 t_0、样本在试验载荷条件下的残余工作时间 t_{rmg1},以及新品样本在试验载荷条件下的工作时间 t_1 均为随机变量,因此,在考

虑具体样本个体及其各自试验数据的情况下,式(6-181)的复合载荷抛面就可以表达成为如下的形式,即

$$(\bar{\sigma}_{(0)},(t_0)_j) \rightarrow (\bar{\sigma}_{(1)},0), \quad j=1,2,\cdots,n_0$$
$$(\bar{\sigma}_{(0)},t_{usd}) \rightarrow (\bar{\sigma}_{(1)},(t_{rmg1})_j), \quad j=(n_0+1),(n_0+2),\cdots,(n_0+n_1)$$
$$(\bar{\sigma}_{(0)},0) \rightarrow (\bar{\sigma}_{(1)},(t_1)_j), \quad j=(n_0+n_1+1),(n_0+n_1+2),\cdots,n \quad (6-182)$$
$$n \equiv n_0+n_1+n_2$$

这里,$j(j=1,2,\cdots,n)$表示具体的样本个体;n为样本的总数,即服役期间的失效样本、在役样本和新品样本数量的总和。

按照上节的讨论,以产品的服役运行条件作为参考载荷条件,就可以给出所有样本在该参考载荷条件下的等效失效时间 TTF,同时注意参考载荷条件的加速因子为1。所以,得到如下表达式,即

$$TTF_j = \sum_{k=0}^{1} AF_{(k)} \cdot \Delta t'_{j(k)}$$

$$= \begin{cases} (t_0)_j, & j=1,2,\cdots,n_0 \\ t_{usd}+AF \cdot (t_{rmg1})_j, & j=(n_0+1),(n_0+2),\cdots,(n_0+n_1) \\ AF \cdot (t_1)_j, & j=(n_0+n_1+1),(n_0+n_1+2),\cdots,n \end{cases} \quad (6-183)$$

其中,$k=0$和1分别代表了本案例复合载荷抛面的产品服役和试验两个载荷条件。

因此,得到误差函数的表达式,即

$$e^2 \equiv \sum_{j=1}^{n} [TTF_j - \mu]^2 = \sum_{j=1}^{n_0} [(t_0)_j - \mu]^2 +$$
$$\sum_{j=n_0+1}^{n_0+n_1} [AF \cdot (t_{rmg1})_j - (\mu-t_{usd})]^2 + \sum_{j=n_0+n_1+1}^{n} [AF \cdot (t_1)_j - \mu]^2 \quad (6-184)$$

然后对式(6-184)未知参数 AF 和 μ 求导,获得如下线性方程组:

$$\frac{\partial e^2}{\partial AF}=0 \quad \rightarrow AF\Big[\sum_{j=n_0+1}^{n_0+n_1}(t_{rmg1})^2_j + \sum_{j=n_0+n_1+1}^{n}(t_1)^2_j\Big] -$$
$$(\mu-t_{usd})\sum_{j=n_0+1}^{n_0+n_1}(t_{rmg1})_j - \mu\sum_{j=n_0+n_1+1}^{n}(t_1)_j = 0 \quad (6-185)$$

$$\frac{\partial e^2}{\partial \mu}=0 \quad \rightarrow AF\Big[\sum_{j=n_0+1}^{n_0+n_1}(t_{rmg1})_j + \sum_{j=n_0+n_1+1}^{n_0+n}(t_1)_j\Big] + \sum_{j=1}^{n_0}(t_0)_j -$$
$$n\mu + n_1 t_{usd} = 0$$

为简化上面方程组引入下面均值算子:

$$\overline{\cdot(t_0)} \equiv \frac{1}{n_0}\sum_{j=1}^{n_0} \cdot [(t_0)_j], \quad \overline{\cdot(t_{rmg1})} \equiv \frac{1}{n_1}\sum_{j=n_0+1}^{n_0+n_1} \cdot [(t_{rmg1})_j]$$

$$\overline{\cdot(t_1)} \equiv \frac{1}{n_2}\sum_{j=n_0+n_1+1}^{n} \cdot [(t_1)_j], \quad n=n_0+n_1+n_2 \quad (6-186)$$

代回原方程组即得到:

$$AF\left[n_1\overline{t_{\mathrm{rmg1}}^{2}}+n_2\overline{t_1^{2}}\right]-\mu\left(n_1\overline{t_{\mathrm{rmg1}}}+n_2\overline{t_1}\right)=-n_1 t_{\mathrm{usd}}\overline{t_{\mathrm{rmg1}}}$$

$$AF\left(n_1\overline{t_{\mathrm{rmg1}}}+n_2\overline{t_1}\right)-n\mu=-n_0 t_0-n_1 t_{\mathrm{usd}} \tag{6-187}$$

通过上面线性方程组已经可以利用试验数据求解拟合后的加速因子 AF，从而进一步获取产品残余使用寿命的统计量参数。下面仅限工程中一个更为简化的情况，考虑其实际应用，给出具体方程的解。

在产品的实际服役条件下，其服役期的产品失效情况可能未必有记录数据可用于分析，因此，分析数据仅限于试验结果。此外，没有特殊原因，在役样本的数量与新品试验样本的数量也会选择相等，即存在如下量化关系：

$$n_0=0,\quad n_1=n_2=\frac{n}{2} \tag{6-188}$$

将这一条件代入上面线性方程组，而得到工程中较为常见的简化状况，即

$$AF\left[\overline{t_{\mathrm{rmg1}}^{2}}+\overline{t_1^{2}}\right]-\mu\left(\overline{t_{\mathrm{rmg1}}}+\overline{t_1}\right)=-t_{\mathrm{usd}}\overline{t_{\mathrm{rmg1}}}$$

$$AF\left(\overline{t_{\mathrm{rmg1}}}+\overline{t_1}\right)-2\mu=-t_{\mathrm{usd}} \tag{6-189}$$

于是，求解得到方程组的解为：

$$AF=\frac{\left(\overline{t_1}-\overline{t_{\mathrm{rmg1}}}\right)t_{\mathrm{usd}}}{2\left(\overline{t_{\mathrm{rmg1}}^{2}}+\overline{t_1^{2}}\right)-\left(\overline{t_{\mathrm{rmg1}}}+\overline{t_1}\right)^{2}} \tag{6-190}$$

6.8　虚拟试验与仿真评价

在前面的讨论中已经提到，产品可靠性评价的基础是证据，证据是产品可靠性评价的基本出发点和依据。这里所谓的证据则是指满足产品验证要求且已经得到验证的产品可靠性相关数据。而这里的产品验证要求在产品质量体系中定义成为两个独立的产品检验过程，即产品的设计要求检验(Vcrification)和用户要求检验(Validation)。这两类检验一并称为产品质量的 V&V 检验要求。

因此，首先从验证要求这样的意义上讲，虚拟试验与仿真分析结果通常情况下不能作为产品可靠性评价的证据或是基本依据，除非这样的分析结果的有效性已经得到了验证。而要完成对于虚拟试验与仿真分析结果的验证，显然仍然需要经历本章前面所讨论的数据处理过程，因为验证数据本身不可避免地具有随机性的基本特征，而虚拟试验或是仿真分析结果本身并不存在分散性的问题。

正是由于虚拟试验与仿真分析结果在产品可靠性评价中的基本地位，本节的讨论不对虚拟试验与仿真问题和方法本身做详细的介绍和讨论。本节的讨论仅限于对这一方法的概念和适用性的讨论，以便于读者在真正涉及这一方法时，能够对这一方法有一定清晰的认识。

所以，将虚拟试验与仿真分析结果作为产品可靠性的评价依据首先存在是否满足已经得到验证这样的基本条件问题。在这一基本条件满足的前提下，就需要考察这类分析结果针对不同性质失效问题可靠性评价的适用性问题。

需要明确一点：所谓虚拟试验与仿真，进行数字化处理和分析的是产品失效的物理过程。虽然在分析中可能引入一定的随机性考虑，但也是在满足已知物理过程基础上的分散性模拟和处理，而非一个真正意义上的随机过程。因此，对于系统产品进入使用或者服役阶段以后的

随机失效和耗损失效两类问题,虚拟试验与仿真仍然仅仅具备处理产品耗损失效类型的问题,对于产品的随机失效行为不具备评价作用。

对产品耗损问题评价的核心是产品寿命,因此,虚拟试验与仿真对产品寿命的预测是这类方法对产品评价所提供的主要信息,这一作用是明确的。但是,在耗损失效随机性的处理上,一种常见的处理方式是利用所谓 Monte Carlo 的方法模拟这种随机性。通常可以考虑随机性的参数包括:

- 材料常数。
- 几何。
- 载荷水平。
- 材料破坏准则。

需要指出的是:从产品可靠性评价的要求出发,Monte Carlo 仿真的方法不仅仅在于仿真工作量等技术问题上的局限性,更为根本的还在于这样的随机性仿真结果能否足够具有代表性地表征产品实际失效分散性状况。以上述有关几何分散性的仿真为例,这里能够仿真的仅限于尺寸和公差等的参数变化,而实际产品的分散性则可能来源于产品几何形状的不规则变化,而这类分散性问题无法在 Monte Carlo 仿真中进行考虑,如图 6-12 所示。此外,这类仿真分析结果的验证也是实际工程实践中难以解决的问题。所有这些原因均导致这些类型的仿真方法和工具无法在产品可靠性实际工程中得到广泛的使用和起到关键性作用。

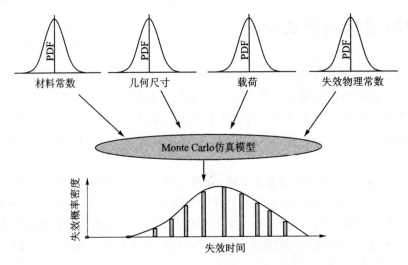

图 6-12　Monte Carlo 的分散性维度与局限性示意图

第 **7** 章
工程评价场景与案例问题处置

在前面系统和系统失效一章已经提到了有关系统可靠性工程问题的复杂性问题,其原因在于这一问题与工程环境、角色等的工程实际因素之间的密切关联性。这些工程因素包括:

- 所处的行业与所针对的产品类型。
- 所处产品供应链的位置。
- 所处的工程部门与工程职责。
- 所处的产品寿命周期和阶段。

本章的讨论将进一步关注这些工程因素问题的具体细节,其目的在于最终处理和解决系统可靠性与寿命评价在工程条件下的实际可操作性问题。

本书所关注和讨论的设备一级的系统与子系统类型产品,决定了这类产品处于供应链的上游位置,在其研发、制造和产品寿命周期过程中会涉及包括来料在内的可靠性评价问题,其中,系统硬件的可靠性视点则主要关注产品整体的,尤其与产品使用退化相关的可靠性与寿命问题。

具体而言,本章的讨论内容按照先后顺序依次包括如下小节:

- 可靠性在产品工程中的从属地位。
- 产品的研发与寿命周期。
- 试验验证与评价目的。
- 产品可靠性工程评价场景。
- 工程评价流程。
- 工程评价场景案例。

可以看出:整章大体包括上面若干小节,重点讨论和总结工程的实际状况以及相应的工作流程问题;而最后的小节则是简要讨论一些工程案例的实际处置情况。

7.1 可靠性在产品工程中的从属地位

达成某种基本的工程目的,例如产品研发,是产品可靠性以及寿命评价需求的原始来源和出发点,产品的可靠性量化评价仅仅是服务于这一目的的手段和其中之一的某一项工作。为服务和保障这样的工程目的,通常还会有更为高层的可操作性工程流程,以产品研发为例,整体上就会有相应的产品研发流程(Product Development Process,简称PDP),这样更为高层的产品流程,既总体独立于产品可靠性量化评价这类底层技术手段和工作流程,但又可能受到这类具体技术流程影响。如果将产品研发比喻成是战场需求,则这样的战场需求总体而言决定了武器的选择和使用,但反之,有什么样的武器可能就必须打什么样的仗,武器的实际水平也决定了战斗的实际形态和战场目标达成的具体操作流程。因此,无论如何,了解实际的工程需求和应用场景是产品可靠性量化评价能够有效解决实际工程问题的前提条件。

有必要进一步指出的工程现实是:与工程产品的研发相比,可靠性虽然重要且必要,但始终是处于第二的位置。第二位的属性决定了包括可靠性量化评价在内的所有可靠性工作的从属性质,决定了其具体的工作流程需要调整并完全融入如产品研发流程和现有的研发体制,这是满足上层产品流程和产品需求的先决条件,而非反之。这样的现实情况也决定了在很多情况下,需要在特定的工程背景下讨论具体的产品评价问题。考虑到产品可靠性量化评价理论和方法本身仍然处在不断发展和完善的状态,仍然属于"进行时",研究和总结不同的产品类型与行业特点,并基于其实际工程场景来解决产品可靠性量化评价的操作性问题就显得尤为重要。

可靠性在工程中的从属和服务性地位,使得可靠性量化评价在实际工程中的运用表现出一定程度的复杂性和多样性。这反映在如下的一些方面:

- 可靠性量化评价所需要的输入信息和数据,会受限于当时的实际工程状况和条件,并非总是充分和完备的,导致评价结果可能并非理论上的最终或是理想结果,而是同样处置手段条件下得到的某种中间或部分分析结果。例如,在产品研发的初期,产品设计仍然处于不断完善的过程,用于量化评价的输入数据会缺乏或是不够充分,工程所关注的重点也可能并非在产品量化评价的最终指标结果上。

- 在确实需要达成某个可靠性量化评价目的,但所需要的输入信息和数据不够充分时,则可能需要运用某种综合的手段和方式创造条件达成评价目的。例如,如果受限于试验时间、成本等方面的因素,可能需要补充运用经验、历史数据、模型分析、仿真等不同手段,以满足最终的量化评价需要。

- 可靠性量化评价结果对于某个工程分析工作或项目而言,可能仅仅是一个中间结果,而非该项工程分析工作的最终结果。其结果是可靠性量化评价的部分以相对隐性的形式服务于某个其他的工程分析目的。

这些问题均表现为可靠性量化评价在工程操作层面的复杂性和多样性问题,从本章针对实际工程案例处置情况的讨论也能够看出。

7.2 产品的研发与寿命周期

任何一个工程产品均存在一个寿命周期(Product Life Cycle),即该产品从孕育到出生、再逐步达到成熟、最后消亡的一个基本过程,这一过程决定了一个实际工程产品在其可靠性信息的有无和多少、可靠性的工程需求和场景等各个方面都会存在阶段性的差异与特点,成为在处理可靠性实际工程问题,包括系统可靠性量化评价问题时的一个必须考虑的问题。

由于产品研发在产品寿命周期中的特殊地位,产品的寿命周期也被称为产品研发与寿命周期,以突出产品研发的这一特殊地位。而这里的寿命周期则泛指产品研发阶段以后的产品周期阶段,例如:

- 产品进入量产后的元器件与物料来源的持续且稳定的保障阶段:第二甚至更多的元器

件与物料供应商的问题、产品量产后的降低成本问题。

- 用户使用的保障：维修保障、系统服役所提供的即时或现场服务。
- 产品的延寿。
- 现有量产产品中所使用旧型元器件的断档和替代问题等。

本书讨论的问题关注点则重点集中在产品的研发阶段。

产品研发的寿命周期部分构成了一个产品研发流程（Product Development Process，简称 PDP），不同产品行业所使用的用词，甚至定义可能存在一些差异，但总体而言，大体包含了如下的若干不同的产品阶段，即

- 概念：概念设计。
- 计划：规划与原型设计。
- 开发：开发、详细设计。
- 量产/验收：试生产、验证，工艺流程设计定型、制造、批生产。
- 发布：产品的交付、使用。

不同的研发阶段通常还会存在各自的工程目的、具体技术目标和要求，同时存在相应的不同的工程条件。基于这样的目标要求和工程条件，每一个阶段都会形成并定义一些关键的阶段性活动及其输出结果，构成各阶段的关键节点或是进入下一个阶段的标志性转折点。从产品可靠性的角度看，这些阶段性活动与结果包括了如下的一些类别，即

- 产品的阶段性样品：例如，在概念设计阶段就没有产品实物可供评价；在原型设计阶段就可能仅有若干手工制造的产品设计样品；而在产品设计定型以前可能就没有工艺定型的产品样品用于评价验证等。
- 技术评审（Technical Review，简称 TR）。
- 验证试验。

对于这里所说的验证试验，更为一般性的讨论可以参见后面小节的详细讨论内容，而其中产品设计验证（Verification Test，简称 VT）的部分则通常包括：

- 工程验证（Engineering Verification Test，简称 EVT）：产品的原型设计、基本功能要求的实现。
- 设计验证（Design Verification Test，简称 DVT）：产品详细设计、产品可靠性设计等要求的实现。
- 工艺/生产验证（Production Verification Test，简称 PVT）：产品工艺和生产流程的验证、产品试生产（Pilot Production）通过。

所有这些最初发源于产品研发与寿命周期过程，包括了不同阶段的工程目的、工程目标和要求、工程实际条件、阶段性工程活动和节点等在内的所有因素，构成了产品可靠性评价的实际工程需求和场景的基本来源与决定因素。

产品研发和寿命周期流程与可靠性相关的情况总结在表 7-1 中。更多详细的有关产品研发与寿命周期流程的问题可进一步参考其他专业性书籍，而有关产品设计验证的内容则继续阅读后面章节的内容。

表 7 - 1　产品研发和寿命周期流程与可靠性

#	阶　段	样　品	技术评审 TR	可靠性工作 Reliability Activities	VT
1	概　念		需求评审 TR1	识别产品需求(市场需求、可靠性需求等),制定产品初步方案及识别风险	
2	计　划		方案评审 TR2	测试/认证方案	
3	开　发	A 样	样品评审 TR3A	功能实现、满足设计规格	EVT
4		B 样	样品评审 TR3B	产品详细设计、功能/性能实现、可靠性设计、产品设计冻结、满足可靠性设计规格	DVT
5		C 样	样品评审 TR3C	可靠性验证、工艺设计冻结,如大量路试	PVT
6	验证/验收	D 样	量产评审 TR4	满足验收要求	
7	发　布				
8	寿命周期				

7.3　试验验证与评价目的

　　工程产品的试验验证是系统可靠性评价的基础手段和主要组成部分,同时也是定义不同系统可靠性评价工程场景的一个主要因素。试验验证在产品的质量和可靠性保障工作中,并非一个类似科学研究那样的一般性概念,而是一个在验证的目的、内容以及处置方式和要求等方面均已经进行了明确定义的特定的工程概念。

　　而其中,试验验证的工程目的则又是这里最为主要的因素,这一因素决定了试验验证的其他各个方面,包括试验验证的具体处置内容、处置方式和要求等。试验验证决定了产品可靠性量化评价在工程条件下的可操作性和有效性。

　　本节围绕试验验证的问题,按照先后顺序分别讨论如下内容:
- 试验验证的基本方式与要求。
- 鉴定和验收。
- 演示验证与增长目的。
- 产品随机性对于评价的影响。
- 可靠性设计。

7.3.1　试验验证的基本方式与要求

　　前面章节内容的讨论已经提到了产品质量和可靠性在实际工程实践中的两个基础性验证要求,即所谓的 V&V 验证(Verificaiton and Validation),包括:
- 对于产品设计要求满足程度的检验,即设计要求验证(Verification)。
- 对于用户要求满足程度的检验,即用户要求验证(Validation)。

二者明确区分和定义了两类不同的检验内容和目的,同时要求二者的实施和完成相互独立。

　　正如其词义本身所表达的那样,V&V 验证包含了检验和证实两个方面。V&V 验证要求通过检验获得实际的证据,来最终证实和确认产品是满足产品的设计和用户要求的。因此,

V&V 验证通常只能是试验,所以在工程实际中,V&V 验证也被称为 V&V 验证试验(Verification & Validation Test,简称 VT)。

不仅如此,既然是试验,V&V 验证实际也定义了两类具体的、具备工程可操作性的试验方式。设计要求验证(Verification)针对产品的设计要求,例如,产品的尺寸、加工、材料、组装等的量化指标和要求,而用户要求验证(Validation)则是针对用户所要求的产品最终的性能、功能和使用要求,例如,车辆的运行速度、载客量,航空飞行器的升限、里程、飞行半径,运载火箭的近地轨道的最大载荷,等等。这里,产品的可靠性指标要求(包括失效率和寿命)也属于这一类的用户要求。因此,V&V 验证构成两类具体且不同的工程试验验证方式。在中文的翻译中,有时也分别被称为验证和确认。

总结这里的讨论内容,可以将 V&V 验证试验(Verification & Validation Test,简称 VT)定义成为如下的两类试验方式,即

- 针对设计要求的验证试验(Verification Test):产品设计要求具体明确,且以此作为输入条件或是以此条件作为检验目标的验证试验。
- 针对用户要求的验证试验(Validation Test):产品用户要求具体明确,且以此作为输入条件或是以此条件作为检验目标设计所得到的验证试验。

除了 V&V 验证所定义的验证试验方式,由于工程产品总是存在的随机性问题,即不同的产品个体之间存在差异,结合本书在有关系统和系统失效一章中讨论的产品随机性来源的问题,V&V 验证还需要同时满足如下 4 个方面的要求,即

- 产品自身在材料、几何外形等方面的一致性。
- 系统业务的一致性。
- 系统使用环境上的一致性。
- 验证结果的显著性。

但在工程实际中,如本节后续可靠性设计小节中将要详细讨论的那样,一个产品在其研发和寿命周期中,会经历不同阶段的不同产品状态,每个状态的产品都不是完全一样的,而产品的试验验证依据产品可靠性设计的理念(详细内容还可以进一步参见后续有关可靠性设计小节的讨论),需要在产品早期的不同阶段进行和完成,这些阶段通常至少要包括:

- A 样——原型设计样件。
- B 样——设计冻结样件。
- C 样——工艺冻结样件。
- D 样——量产样件。

因此,仅从上述验证条件第一点的产品自身的一致性上就不一定能够完全满足。

结合 V&V 验证所定义的两类试验内容及其需要满足的 4 点要求,工程上的 V&V 验证试验实际定义了如下 3 类具体的试验验证方式,即

- 满足设计要求的验证(Verification):设计要求在工程验证中是具体而明确的,在验证试验中需要满足,也能够满足,因为这显然是产品设计的基本的工作要求和任务。
- 满足用户要求的验证(Validation)。
- 部分满足或是在试验设计中考虑了用户要求的验证,且同时又是以用户要求验证(Validation)为目的的验证试验。

这样的试验验证方式用来应对产品不同的可靠性工程评价目的,以满足其不同寿命周期阶段

的不同工程评价需求。

7.3.2 鉴定和验收

鉴定（Qualification）和验收（Acceptance）均为产品研发过程中不同阶段的节点性产品验证和审核环节，是允许产品从设计阶段转入到量产、再从量产阶段转入到用户交付的关键接续点。其中，前者针对产品包括功能和工艺在内的设计阶段研发工作的验证和审核，而后者则针对量产后预计交付状态产品的验证和审核，即

- 鉴定：产品完成设计，需要进入生产阶段的验证和审核。
- 验收：正式生产或量产的产品转入用户交付以前的验证和审核。

显然，从产品的角度，不同于验证所定义的产品试验方式和手段，鉴定（Qualification）和验收（Acceptance）的核心是定义了产品研发过程中的阶段性审核节点与工作任务。结合上面小节所讨论的产品研发与寿命周期的各阶段，鉴定和验收所处产品研发流程中的不同位置与该流程一道汇总于表 7 - 2。

表 7 - 2   产品研发和寿命周期流程与可靠性

#	阶　段	样　品	VT	鉴定/验收
1	概　念			
2	计　划			
3		A 样——原型设计	EVT	
4	开　发	B 样——设计冻结	DVT	
5		C 样——工艺冻结	PVT	鉴　定
6	验　证	D 样——量产		验　收
7	发　布			
8	寿命周期			

此外，作为产品整体研发流程中的一个部分，鉴定和验收本身也是一个流程，但依照其定义能够看出，鉴定和验收的主体和基础则是验证或称验证试验，因此，鉴定和验收的验证试验部分也分别称为鉴定试验（Qualification Test）和验收试验（Acceptance Test）。考虑到二者试验所处产品研发流程的不同阶段，决定了二者实际上所采取的不同验证试验方式，即

- 鉴定试验（Qualification Test）：主要是考核是否满足产品设计要求的验证试验（Verification Test）。
- 验收试验（Acceptance Test）：则主要是考核是否满足用户要求的验证试验（Validation Test）。

正是由于这样的原因，鉴定试验和验收试验对于验证试验要求的满足情况也存在差异。二者试验基本情况的比较共同汇总于表 7 - 3。

表 7 - 3　鉴定和验收在验证要求相关方面的比较

项　目	鉴定 Qualification Test	验收 Acceptance Test
寿命周期	设　计	生　产
验证方式 与满足条件	Verificaiton × 产品自身在材料、几何外形等方面的随机性 √ 系统业务的随机性 √ 系统使用环境上的随机性 × 显著性	Validation √ 产品自身在材料、几何外形等方面的随机性 √ 系统业务的随机性 √ 系统使用环境上的随机性 √ 显著性
试验项目与场景	试验项目全面、试验的定义详细、非单一试验	通常为单一类型试验，但会更加贴近用户的实际使用状况与环境

7.3.3　演示验证与增长目的

从前面小节有关产品可靠性工程评价场景的讨论可以看出：产品在工程条件下的实际评价活动，可以概括成为一个基于产品可靠性设计理念的、依照产品研发和寿命周期各阶段进行相应产品设计要求验证和用户要求验证的过程。为了能够进一步区分其中各阶段评价活动之间的差异与联系，有必要更加清晰地定义和辨别这些评价活动的不同评价目的。

按照 MIL - HDBK - 338，工程产品的可靠性评价依照其工程目的包含如下的两个类别，即

- 可靠性增长（Reliability Growth）。
- 可靠性演示验证（Reliability Demonstration）。

下面就依据这一标准对二者评价目的相关概念进行解释说明。

首先是可靠性增长。这一概念可以通过如下 4 点进行定义，包括：

- 以可靠性增长为目的的产品可靠性评价，以能够发现产品的潜在可靠性问题为目标，通过了解产品的失效情况并完成其在研发和寿命周期过程中的不断改进，最终达成产品可靠性提升的目的。
- 以可靠性增长为目的的产品可靠性评价是一个系统性的试验、分析、评价和产品改进流程。
- 相应的产品验证试验项目可能随着其研发和寿命周期不同阶段工程需要的变化，以及过程中对于产品可靠性认知程度的深入而发生变化。
- 评价对象是产品风险。

可靠性演示验证目的定义为如下若干点，包括：

- 以可靠性演示验证为目的的产品可靠性评价，则以产品通过某些明确定义的验证试验项目为目标，通过试验提供产品达成考核要求，尤其是量化考核要求的证据，完成产品在其研发和寿命周期不同阶段的节点性考核任务。
- 对于产品的可靠性演示验证，可能不仅仅限于回答产品是否达成了最低的设计和用户要求这样的问题，也有可能需要回答针对这样的设计和用户要求，产品实际超过了多少这样的问题。

- 可靠性演示验证构成产品研发和寿命周期的阶段性考核节点。
- 可靠性演示验证所要达成的产品考核目标通常是明确和具体的，常常也是量化的。
- 演示验证的对象是产品。

此外，可靠性演示验证包括：

- 鉴定或鉴定试验（Qualification or Qualification Test）。
- 验收或验收试验（Acceptance or Acceptance Test）。

其中，前者用于针对产品设计要求的考核，而后者则是针对产品用户要求的考核。这两个部分的具体内容实际在上一小节的讨论中已经做了具体的说明，可以参见上面有关鉴定和验收部分的内容。

这里，有若干需要说明的事项，包括：

- 虽然依照上面的定义，可靠性增长试验似乎可以用可靠性演示验证试验来代替，但实际的工程需求和实践已经证明：二者是不能合并或是相互替代的。
- 可靠性增长与可靠性演示验证在实际工程操作上的复杂性也有着本质性的差异，一般而言，后者需要满足更为严苛的条件。事实上，依照前面章节有关可靠性量化评价的讨论，可靠性增长显然不属于严格意义上的产品可靠性范畴，因此也无法给出产品的可靠性量化评价指标（有关这部分内容可同时参见前面有关加速试验设计和系统可靠性与寿命评价章节的讨论）。
- 依照美军标的规范，MIL－HDBK－781 和 MIL－STD－781 定义了产品可靠性演示验证试验基于统计论部分的流程。而可靠性增长则在理论上无须一个标准化试验流程。相关内容还可进一步参见后面小节有关工程常见试验类型的评价目的的讨论。

基于这样的可靠性评价目的，可以进一步总结和概括针对产品可靠性和寿命的具体评价内容，包括：

- 潜在的产品可靠性与寿命风险。
- 仅在设计要求验证试验条件下得到的产品可靠性评价值与参数。
- 可能达成的产品失效率与寿命水平。
- 产品的失效率与寿命评价值。

显然，工程实际中的产品可靠性评价，并非所有评价都是针对量化特征量或评价指标的。详细的讨论可以继续参见后续内容。

7.3.4 产品随机性对于评价的影响

产品的失效与可靠性问题具有随机性，是产品可靠性评价问题最为基本的特征，有关这一问题在前面所有章节的讨论均从不同的角度有所涉及，显然，这样的一个基本特征也同样影响本节所讨论的试验验证以及基于验证试验结果的产品可靠性评价问题。

由于试验结果存在随机性，即结果的不确定性，因此对于无论是何种的工程需求和场景，这都意味着作为证据和出发点的数据信息本身从一开始就存在不确定性，当然以此得到的对于实际工程产品的可靠性评价结果和结论也会存在不确定性，甚至是发生错误。因此，依照统计论的理论，就需要通过增加试验样本来提升试验结果的显著性，以达到增加结果确定性的目的。

尽管统计论为减少这样的评价错误发生的概率提供了理论支撑和处理方法，但是大量的工程实际已经表明:对于一线工程人员而言,统计论的处理不仅带来了理论理解上的难度、提升了实际操作的复杂性,而且也带来样本数量和成本等工程上的实际可操作性问题。

因此,一个现实的工程状况是:验证试验的样本量并非所有工程中实际所采用验证试验的一个主要的考量因素,而工程验证试验的目的才是样本权衡考虑中的一个决定性因素。换言之,不同验证试验的目的对于所需的样本数量存在不同的要求。可能对于某些工程状况和条件下的验证目的,验证试验允许对样本数量达到几乎没有要求的程度。

这就涉及工程条件下的两个常见的统计论判定逻辑问题。这样的两个判定逻辑可以总结如下:

- 产品存在大概率失效事件的判定问题:如果偶然发现了某个产品的可靠性问题,在逻辑上证明这一问题的存在与显著性并不复杂,只要在实际或试验中再次,甚至若干次确认同样的问题就可以达成目的。
- 产品能够达成相当程度可靠性要求的评价问题:但如果没有发现明显的产品可靠性问题,而需要在量化评价中证明产品的可靠性能够满足设计要求,统计论推断的理论重要性就开始显现了,评价与判定逻辑的理论充分性就显得尤为重要。否则,导致错误的工程判断和决策就变得难以避免。

显然,上面逻辑中的前者多适用于产品研发的早期阶段,而后者则多为后期阶段,因此相应的,前者的判定逻辑适用于以可靠性增长为目的的验证试验,而后者则需要用于演示验证试验的设计和方案处理。产品验证试验的常见工程判定逻辑的工程场景比较如表 7-4 所列。

表 7-4　产品验证试验的常见工程判定逻辑的工程场景比较

工程判定逻辑	产品失效概率	适用的产品研发周期	验证试验的目的	样本量因素
产品存在大概率失效事件的判定问题	大概率	早　期	可靠性增长	次　要
产品能够达成相当程度可靠性要求的评价问题	小概率	后　期	可靠性演示验证	必须考虑

【选读 83】　系统的可靠性增长试验

从上面小节的讨论已经知道:可靠性增长试验以能够发现产品的潜在可靠性问题为目标,通过了解产品的失效情况并完成其在研发和寿命周期过程中的不断改进,最终达成产品可靠性提升的目的。

因此,总体而言,可靠性增长试验项目存在如下客观的工程需求:

- 需要能够看到产品的失效:需要是寿命试验,试验的终止原则需要 Test to Fail。
- 以发现和了解产品失效为目的:相比较而言,产品可靠性的量化评价不是目的。
- 需要涵盖产品的研发和寿命周期:存在持续性要求、有一定的数量要求、需要应对 DfR(即可靠性设计)要求。
- 需要考虑成本控制与工程可操作性:简便易行,试验时间和周期合理可行等。

在这样的客观工程要求和前提下,产品的可靠性增长试验在满足和保障产品评价结果可信度要求的条件下,需要采用前面有关大概率失效事件的判定逻辑,但需要注意的是,这样的试验存在大体如下两个类型的(非量化)结果,包括:

- 试验中观察到了产品发生大概率失效的结果：依据前面的判定逻辑，产品的失效结果是可信的。
- 但试验中如果没有观察到产品发生失效：则没有结论，不能得出产品因此可靠的结论。

此外，由上述这样的可靠性增长试验的要求和特点，这类试验有希望看到样本在试验中发生失效的工程需要，因此，通常会采用高加速、多应力、寿命试验、系列试验这类的试验手段以达成这样的工程需要。但另一方面，按照在前面加速试验设计一章已经重点讨论的那样：这样的试验通常不可避免会造成某种程度产品失效的迁移，因此不能作为产品可靠性评价的验证试验手段。

因此，总结工程上的可靠性增长试验，通常会包括如下的类型：

- HALT。
- 工业标准：基于或参考工业标准的，或是公司和企业内部标准的试验。
- 系列试验：基于或参考工业标准的，或是基于公司和企业内部标准的系列试验。
- 元器件试验：HAST、耐久性（Durability）。

7.3.5 可靠性设计

所谓可靠性设计（Design for Reliability，简称 DfR）是一种实际工程实践中的产品可靠性保障思路或理念，主要是相对于传统的处置思路，也被称为测试、分析、改进（Test Analyze and Fix，简称 TAAF）的方法。二者是指：

- 测试、分析、改进或 TAAF：在产品完成原型设计后，对其进行测试、分析、改进，最终达到产品的设计和可靠性要求的处置方式。
- 可靠性设计或 DfR：在产品研发初期就开始并行介入产品可靠性的相关工作，以使得产品研发流程更加顺畅，达到能够更好控制产品研发成本的目的。

二者在产品开发流程上的比较还可参见图 7-1 所示。

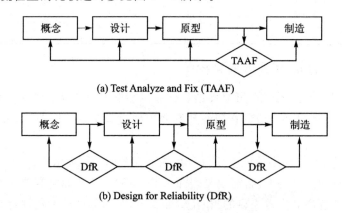

(a) Test Analyze and Fix (TAAF)

(b) Design for Reliability (DfR)

图 7-1 可靠性设计与传统 TAAF 在产品开发流程中的比较

此外，有关可靠性设计的问题，还有如下若干概念与现状问题，主要包括：

- 可靠性设计的理念目前在行业内已经得到普遍的认可，其必要性已经成为基本的可靠性工程常识。
- 可靠性设计仍然主要是一种工程处置思路或理念，由于缺乏具体和明确的操作性细节，一般而言，不是技术。

更多详细的阅读,可以参见相关专业性参考书籍和文献[12]。

也正是由于上述的特点,可靠性设计作为一个概念和基本常识,虽然在行业内被广泛了解,但由于缺乏具体明确的工作内容和要求,因此,即使有经验的产品可靠性工程人员,也未必了解可靠性设计在工程实践中的具体含义。这一点则是本小节讨论的主要关注点,其实也是工程对这一思路的主要关注点。那么,可靠性设计在工程中具体是指什么?

美国的可靠性软件专业公司 ReliaSoft 曾将可靠性设计定义为:"一个系统性的与产品的研发和寿命周期相编织和并行的产品工作流程,该流程定义和整合了一系列具体的可靠性工程工具、工作项目和内容,以满足产品最终的设计和可靠性要求。"该可靠性设计的工作流程以流程图的方式进行了说明(参见图 7 - 2)。

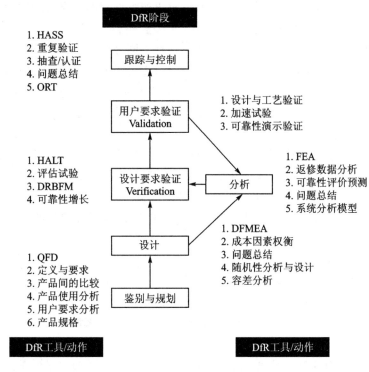

注:

HASS:Highly Accelerated Stress Screening,高加速应力筛选试验;

ORT:On - going Reliability Test,制造过程中的可靠性实验;

HALT:Highly Accelerated Life Test,高加速寿命试验;

DRBFM:Design Review Based on Failure Mode,基于失效模式的设计审核;

FEA:Finite Element Analysis,有限元分析;

DFMEA:Design Failure Mode and Effect Analysis,设计失效模式与影响分析;

QFD:Quality Function Deployment,质量功能部署。

图 7 - 2　可靠性设计的工作流程[32]

事实上,在前面小节关于产品可靠性评价场景的讨论已经总结该场景的主要特征,其中的两个基本特征,同时也是首要特征就是:

- V&V 验证试验。
- 产品的研发和寿命周期。

因此,如果仅限产品可靠性评价和产品试验验证的范畴,可以理解,产品可靠性设计的本质就是"一个依照产品研发和寿命周期各阶段所定义和完成的产品 V&V 验证流程。"

产品的可靠性设计也会从产品的设计环节延伸至产品的生产和制造环节,以强化最终产品质量与可靠性的跟踪及控制。

7.4 产品可靠性工程评价场景

在前面有关系统与系统失效问题的讨论一章已经提到了有关系统可靠性工程问题的复杂性问题,其原因在于这一问题与工程环境、角色等的工程实际因素之间的密切关联性。

以产品的研制单位和用户的不同立场为例,对于产品同样的可靠性问题,其看待问题的视角就会有区别,虽然二者的不同需求和诉求也会相关影响、相互牵制,且产品的研制方也会一定程度、一定条件下将用户需求纳入产品研发。这种不同之处如:

- 产品的研制单位通常仅限于关注产品整体或是批次的可靠性问题的整体设计和制造问题,同时必须关注产品在所需应用环境条件下可能发生的各类型可靠性问题。而如果是从用户的视点,所观察问题的侧重点就会有所不同。
- 对于具有高度任务敏感性的系统,用户则一定会关注其所使用产品特定个体的可靠性问题:从用户角度来看,产品可靠性问题则成为产品的健康评价问题(这部分的内容在后续的章节中再进行讨论)。因此,产品可靠性的工程需求首先是产品的研发需求,达成产品整体在设计和制造上的可靠性保障目的。
- 对于普通类型产品,用户所使用特定产品个体的可靠性问题则可能通过商业途径进行补偿:例如,产品使用过程中发生问题以后进行退换。

再来看大型复杂系统,也被称为资产(Asset)一级大型系统的场合。这类的系统产品通常至少会包括如下的两级系统,即

- 大型系统整体:包含各子系统/分系统的集成。
- 大型系统的子系统/分系统:例如,其设备一级的、主要来源于外部研制单位或供应商的子系统产品。

在对这类大型系统的可靠性评价上,不同工程角色也会存在不同的工程视点、要求以及不同的场景和条件。例如:

- 对于系统集成的一方,即大型复杂系统的研制单位而言,设备通常是其供应商的产品,由于产品商业机密等各方面的原因,它会缺乏可靠性评价所必须的设备设计相关信息。
- 对于设备供应商或是大型复杂系统子系统研制单位的一方,则可能在一定程度上缺乏对于该问题设备在所处大系统中发生问题情况的第一手资料。

显然,此类可能缺乏信息充分性的工程实际问题,也会构成产品可靠性评价实际工程需求和场景复杂性的一个部分。

本节的讨论则重点是结合产品的研发流程(Product Development Process,简称 PDP)讨论产品可靠性评价的工程需求和场景问题,以便于进一步探讨系统可靠性评价问题在实际工程条件下的处置问题。当然,正如全书的问题视点和关注点,本节讨论仍然在设备一级系统的层级。

本节具体的内容按照顺序包括:

- 设备一级系统评价场景的定义。
- 设备一级系统的评价场景。
- 工程常见试验类型的评价目的。
- 不同行业的评价场景和需求。

7.4.1　设备一级系统评价场景的定义

从通常的意义上讲,依照前面小节的讨论,可靠性设计的确是一个系统性的,与产品的研发和寿命周期并行的产品可靠性工作流程,这样的流程提供了实际工程条件下实现产品可靠性保障、达到产品可靠性设计要求的一个基本的问题处置方式和思路。

但事实上,产品可靠性设计的意义还不仅如此,在实际的工程条件下,DfR(可靠性设计)的工作思路仅仅是为了满足工程要求而发生的对于 TAAF(即试验、分析、改进,详细内容参见前面有关可靠性设计小节的讨论)方法进行改进和调整的结果。如果仅仅是从方法本身来讲,显然 TAAF 的问题处置方式相较于 DfR 而言,更加的简单明了,易于工程人员掌握和理解。之所以必须要采用 DfR、而非 TAAF 的问题处理方式的原因,在于 TAAF 方式被认为无法有效达成产品可靠性的保障目的。具体而言,有如下的两个方面:

- TAAF 所带来的问题的改进成本与工程可实施性问题。
- TAAF 方式条件下对产品可靠性问题的鉴别和拦截的有效性。

一般情况下,上述的第一点通常是人们认为行业内普遍否决 TAAF 问题处置方式的原因,但事实上,如果进一步考虑到 TAAF 方式相较于 DfR 的优点,在工程上使用这一方式似乎也未尝不可。但如果再存在第二点的问题,TAAF 就会被彻底放弃了。TAAF 相较于 DfR 在处置问题方式上的本质差异主要就是:前者是产品研发后期的一次性考核和检查的方式,而后者则是整个过程中的分布和交叉式的考核与检查方式(详细内容参见前面有关可靠性设计小节的讨论)。这实际也意味着系统可靠性评价同样需要采取 DfR 的分布式评价方式,需要进行交叉校核,一次性考核在很大程度上会导致无效的结果。

这样的认知实际上也决定系统可靠性评价的工程场景要求,不同的工程场景会导致系统可靠性评价的不同处置要求和方式。结合文章前面已经讨论的内容,作为定义系统可靠性评价的工程场景包括了如下方面的信息,即

- 评价的寿命周期:评价对象产品所处的寿命周期阶段。
- 评价的问题属性:通过系统评价所针对可靠性问题的层级来定义。
- 评价手段:通过系统可靠性评价的工程目的来定义。

其中的第一点和第三点都在本章的前面小节进行了详细的讨论,而第二点则属于系统的可靠性视点问题,在前面的系统和系统失效一章中进行了讨论。

显然,上面定义工程场景的信息并非完全并行和地位平等的,三者之间存在着前后的顺序问题。产品研发与寿命周期是产品从产生到消亡的最基本流程,处于第一位的最基础一级;系统层级是系统可靠性评价的对象,处于第二级;最后才是评价手段,处于最后一级(参见图 7-3)。

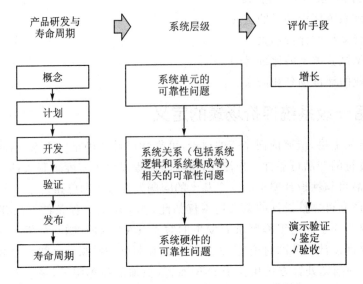

图 7-3　产品可靠性设计与评价的必要工程顺序

7.4.2　设备一级系统的评价场景

　　显然,与前面章节所讨论的相对理论条件下的产品可靠性评价问题相比,实际工程条件下的评价场景显得更为复杂,这样的一种场景可以通过如下的若干维度来进行定义和说明,包括:

- 验证试验的方式:现有关于产品质量和可靠性相关标准中明确定义了所谓 V&V 验证(Verificaiton and Validation)对于产品质量和可靠性评价的必要性,同时,这里所定义的"验证"具有实际工程条件下的操作性含义。
- 产品的研发和寿命周期:实际工程产品存在研发和寿命周期的问题,在不同的周期阶段,产品的状态和条件会发生变化,对于产品的可靠性评价需求也会发生变化。正是这种产品的寿命周期特征,使得严格意义上的系统可靠性与寿命评价所需要满足的条件,并不能在产品研发与寿命周期的各阶段均能得到满足。但出于服务于产品的研发与寿命周期各项工作和任务的需要,产品可靠性评价必须进行调整以应对产品状态和条件发生的变化。
- 产品的阶段性审核验证要求:在产品的研发和寿命周期中存在节点性的审核验证要求,最主要的就是产品所谓的鉴定和验收要求,这样的要求处于产品研发和寿命周期的不同阶段,产品不同的状态和条件会逆向影响到审核验证可选的验证试验方式。
- 系统性的产品可靠性问题处理流程与层级:显然,作为一个基础性工具,系统可靠性与寿命评价在实际的产品研发和寿命周期过程中缺乏一个工程上足够简单、同时足够有效的处理方式,例如可以一次性的处理方式,理论的方法在实际工程的实践中存在局限性。实际的工程实践采用所谓可靠性设计的理念,结合了产品研发和寿命周期存在阶段性的实际状况,将实际产品的系统可靠性问题分成了层级进行处理。理论上同样需要能够应对这样的场景。

产品研发和寿命周期是产品可靠性和寿命实际工程评价场景复杂性的根本来源,这使得实际工程产品的评价过程看上去似乎有些杂乱无章和支离破碎。这也解释了本章在讨论实际的工程评价案例的时候不可避免会存在这样的一种特征。

有关上面工程场景复杂性各维度问题的详细讨论,可以参见选读小节的详细内容。

【选读84】　不同阶段的可选验证方式

事实上,在产品研发与寿命周期的不同阶段,产品的验证试验方式并非从一开始就是可以选用的,因为在产品的早期阶段,验证需要满足的条件并非能够完全满足,需要随着产品研发的推进逐步得到满足。

上面小节已经总结了工程上 V&V 验证试验的 3 类具体方式,即

- 满足了全部验证要求的设计要求验证(Verification)。
- 满足了全部验证要求的用户要求验证(Validation)。
- 仅仅满足部分而非全部验证要求的验证,尤其是以用户要求验证(Validation)为目的的验证试验。

结合产品研发与寿命周期不同阶段的信息状况,可以总结这样的验证试验方式在产品不同阶段的实际可选状况,参见表 7-5。

表 7-5　产品研发与寿命周期不同阶段验证方式的可选状况

#	阶　段	样　品	阶段性	VRT	部分 VDT	VDT
1	概　念			×	×	×
2	计　划			×	×	×
3		A 样——原型设计		√	×	×
4	开　发	B 样——设计冻结		√	√	×
5		C 样——工艺冻结	鉴　定	√	√	×
6	验　证	D 样——量产	验　收	√	√	√
7	发　布			√	√	√
8	寿命周期			√	√	√

注:VRT——Verification Test。

　　VDT——Validation Test。

　　部分 VDT——满足部分条件的 Validation Test。

验证方式的可选状况也会造成产品研发过程中不同阶段节点性产品验证和审核环节的实际实施手段的问题。显然,在某些验证方式仍然不可选的阶段,该验证试验方式是不可能用于该节点的产品验证和审核工作的。只有随着产品研发的推进,验证所需条件逐步得到满足,不同验证试验方式的可选项也才逐步变得更加丰富。表 7-6 进一步汇总了产品研发与寿命周期阶段验证条件的满足与验证方式的起始可选状况。

表 7-6　产品研发与寿命周期阶段验证条件的满足与验证方式的起始可选状况

#	阶　段	样　品	鉴定/验收	验证要求信息	验证条件
1	概　念				
2	计　划				
3	开　发	A样——原型设计		√ 系统使用环境上的随机性	VRT√
4		B样——设计冻结		√ 系统业务的随机性	部分 VDT√
5		C样——工艺冻结	鉴 定		
6	验　证	D样——量产	验 收	√ 产品自身在材料、几何外形等方面的随机性 √ 显著性	VDT√
7	发　布				
8	寿命周期				

注：VRT—— Verification Test。

　　VDT——Validation Test。

　　部分 VDT——满足部分条件的 Validation Test。

【选读 85】　不同阶段的可靠性问题层级

随着产品研发与寿命周期不同阶段的进展，除前面小节已经讨论到的产品验证方式、阶段性考核验证环节等问题以外，还涉及产品可靠性不同侧重点问题处理和考核验证问题，在本书有关系统和系统失效一章的讨论中提到：产品可靠性的侧重点问题实际反映了在工程上处置系统可靠性问题的如下两个特点和思路，即系统可靠性问题处置的系统层级特点以及产品的可靠性设计思路。有关第二点产品可靠性设计的问题，已经在前面有关试验验证与评价目的一节的内容中进行了专门的讨论，本小节的讨论仅需专注于上面第一点的问题。

事实上，系统产品的可靠性问题层级化的处理特点也反映了产品研发与寿命周期不同阶段实际状况和需求的一种结果。由于不同阶段验证试验手段可选情况的变化，使得不同层级产品可靠性问题的处置与试验验证手段之间在实际的工程条件下存在着一定的对应关系。这一关系与系统层级一道总结如下：

- 系统单元的可靠性问题：系统的元器件、零部件和组件的可靠性问题。这一部分的可靠性问题通常仅局限于孤立的单元本身的问题，不考虑系统整体的影响，因此，在验证方式上，不存在用户要求验证的问题。
- 系统关系相关的可靠性问题：系统逻辑和系统集成等系统关系的可靠性问题。通常仅限于产品设计中的问题，而且需要在产品鉴定和启动试生产以前基本解决所有主要问题，因此，样本至少不是进入最终量产的产品，在进行用户要求验证时，通常情况下，样本不能满足所有的验证试验要求。
- 系统硬件的可靠性问题：系统最终硬件形式的可靠性问题。可以满足用户要求验证所需要满足的所有条件。

上面系统可靠性问题层级与验证试验方式的对应关系总结于表 7-7。

表 7-7　系统可靠性问题层级与验证试验方式的对应关系

#	系统可靠性问题层级	验证条件		
		VRT	部分 VDT	VDT
1	系统单元的可靠性问题	√	×	×
2	系统关系相关的可靠性问题	√	√	×
3	系统硬件的可靠性问题	√	√	√

注：VRT——Verification Test。

VDT——Validation Test。

部分 VDT——满足部分条件的 Validation Test。

因此,依据这样的一种对应关系,同时考虑并结合不同的验证试验方式在产品研发和寿命周期各阶段中的可选择情况,就可以看到:系统产品不同层级可靠性问题在产品研发和寿命周期各阶段的可验证方式是各不相同的。通过这样的一种试验验证方式的变化,可以了解一个产品在工程条件下实际进行处置时的极端复杂性。

表 7-8 给出了系统可靠性不同层级的问题在产品研发和寿命周期的不同阶段,对于不同验证方式的可选择性。事实上,从表中也能看出:只有当产品的研发逐步进入后期,产品所具备的验证条件也才开始不断完备,尤其开始具有用户要求验证(Validation)的条件。

表 7-8　系统可靠性不同层级问题在产品研发和寿命周期中的验证方式可选择性

#	阶段	样品	验证可选	问题层级		
				系统单元的可靠性问题	系统关系相关的可靠性问题	系统硬件的可靠性问题
1	概念					
2	计划					
3	开发	A样——原型设计	VRT√	VRT√ — —	VRT√ — —	VRT√ — —
4		B样——设计冻结	部分 VDT√	VRT√ — —	VRT√ 部分 VDT√ —	VRT√ 部分 VDT√ —
5		C样——工艺冻结		VRT√ — —	VRT√ 部分 VDT√ —	VRT√ 部分 VDT√ —
6	验证	D样——量产	VDT√	— —	— —	VDT√
7	发布			— —	— —	VDT√

续表 7-8

#	阶 段	样 品	验证可选	问题层级		
				系统单元的 可靠性问题	系统关系相关 的可靠性问题	系统硬件的 可靠性问题
8	寿命周期			VRT√ — —	VRT√ 部分 VDT√ —	VRT√ 部分 VDT √ VDT√

注：VRT——Verification Test。

VDT——Validation Test。

部分 VDT——满足部分条件的 Validation Test。

【选读 86】 不同目的的失效评价对象

验证作为产品可靠性评价的基本要求，首先需要明确系统评价目的与验证试验方式的关系（首先参见表 7-9 中产品不同的验证试验方式与所能达成的系统评价目的），这一关系决定了产品研发和寿命周期不同阶段的系统评价目的的现实可操作性问题。这一关系中所包含的关键问题点包括：

- 考虑到用户要求验证试验（Validation Test）与设计要求验证试验（Verification Test）相比，在各方面复杂程度的提高，满足全部检验要求的全要素用户要求验证试验通常不会被用于产品可靠性增长目的的评价，显然，这部分的评价需要相对快速、简单，且低成本的试验方式。
- 鉴定和验收试验的工程目的本身就完全限定了所能采用的验证试验的方式。
- 除了 V&V 验证这样的基本试验方式，工程上也存在其他试验手段，例如，相似产品之间，尤其是相似功能产品的在研型号与在役或是历史产品之间的横向比较试验，这类试验同样会被用于产品的可靠性增长目的。

表 7-9 产品的验证试验方式与所能达成的系统评价目的

#	验 证	样 品	增 长	演示验证	
				鉴定 Qualification	验收 Acceptance
1	verification		√	√	NA
2	validation	部分满足检验要求	√	NA	NA
3		全部满足检验要求	—	NA	√
4	其他		√	NA	NA

注：NA——Not Applicable，不适用。

因此，针对不同的系统评价目的，使用不同的试验方式可以研究不同性质的产品失效问题。理论上，所有的可靠性增长试验和评价仅能够用以确定产品的潜在可靠性风险，或是获取产品可能的可靠性数据，而最终的确认均需要通过相应的验证试验、完成评价和给出结论。具体信息汇总于表 7-10。

表 7-10　系统评价的目的、手段及其所能考察的产品失效

评价目的	验证方式	失效性质	
		随机失效	耗损失效
增长 以能够发现产品的潜在可靠性问题为目标；产品可能更倾向于不通过试验以了解产品的失效情况；试验项目的范围和项目可能随着工程需要以及对于产品可靠性的认知程度在不断发生变化	VRT	潜在可靠性风险、研究失效机理	潜在寿命风险项目、潜在产品寿命相关参数的量值水平
	部分 VDT	可能达成的失效率水平	可能达成的寿命值水平
	其他	潜在可靠性风险、研究失效机理	潜在寿命风险
演示验证 通常以产品通过某些明确定义的试验项目为目标完成产品的考核要求，但这样的考核要求可能是量化要求，却可能需要复杂的数据分析，尤其是针对用户要求的部分	鉴定　VRT	NA	产品设计寿命的评价值或相关参数评价值
	验收　VDT	产品的失效率评价值	产品寿命的评价值

注：VRT——Verification Test。

VDT——Validation Test。

部分 VDT——满足部分条件的 Validation Test。

NA——Not Applicable，不适用。

【选读 87】　不同目的的评价内容

进一步总结本节所讨论系统评价目的的具体内容，可以总结和概括其中与产品可靠性和寿命直接相关的具体评价内容，包括：

- 潜在的产品可靠性与寿命风险：非量化产品可靠性风险信息，且仍然有待通过验证试验进行量化评价和确认。
- 仅在设计要求验证试验条件下得到的产品可靠性评价值与参数：仅在设计要求验证试验条件下获取的量化评价数据。
- 可能达成的产品失效率与寿命水平：已在部分满足要求的用户要求验证试验条件下得到的产品量化可靠性评价数据和结果。
- 产品的失效率与寿命评价值：已在满足全部要求的用户要求验证试验中得到的产品量化可靠性评价结果。

结合本小节前面的讨论内容，可以将产品可靠性的评价目的与具体评价内容之间的关系汇总于表 7-11。

表 7-11　不同的可靠性评价内容

#	评价内容	量化	验证方式	增长	演示验证
1	潜在的产品可靠性与寿命风险	非量化	非 VDT 的其他方式	√	×

#	评价内容	量化	验证方式	增　长	演示验证
2	仅在设计要求验证试验条件下得到的产品可靠性评价值与参数	量　化	VRT	√	√
3	可能达成的产品失效率与寿命水平	量　化	部分 VDT	√	×
4	产品的失效率与寿命评价值	量　化	VDT	×	√

注：VRT——Verification Test。

　　　VDT——Validation Test。

　　　部分 VDT——满足部分条件的 Validation Test。

【选读 88】　不同问题层级的试验验证目的

系统可靠性的侧重点与层级问题，在实际的工程中本质上反映了工程实践中的可靠性设计问题，即由于系统可靠性问题的复杂性，在实际的工程处置中，需要有顺序、分步骤，同时在对于系统整体的可靠性问题进行有效分解的基础上加以处置和解决（参见表 7-12）。

表 7-12　系统不同层级上所评价的可靠性问题与能够满足的条件

问题与条件		系统单元的可靠性问题 增长√ 鉴定× 验收×	系统关系相关的可靠性问题 增长√ 鉴定√ 验收×	系统硬件的可靠性问题 增长√ 鉴定√ 验收√
可靠性	实际产品：包括产品自身在材料、几何外形等方面的随机性			√
	实际业务：包括系统业务的随机性		√	√
	实际使用环境：包括系统使用环境上的随机性		√	√
	显著性			√
完整性/适配性	设计业务要求：系统业务与设计运行条件		√	
	设计使用条件：系统设计使用环境	√	√	
寿命	设计使用条件：系统设计使用环境	√		√

7.4.3　工程常见试验类型的评价目的

在前面的引言以及其他一些章节已经提到：工程中的常用试验类型和项目，尤其是加速类型的试验项目，其实施的基本手段和方式均存在类似的特征，会使得这些试验项目对于缺乏实际工程经验的人员而言，尤其变得难以区分和理解。

在第 4 章的工程中的常见加速试验和术语一节列举了区分这些试验项目的 5 个主要不同

点,即

- 试验所适用的工程对象。
- 在达成最终试验目的的过程中是否提供定量化试验评价结果。
- 试验的加速环境是否以产品的实际使用环境为参考。
- 试验在典型产品寿命周期中的实施环节。
- 试验样本试验完成后的报废或是可复用状态。

如果结合本章已经讨论的工程可靠性评价场景和需求,可以看到定义这类试验不同点的两个最基本的特征,实际也就是上面 5 点中的前两点,即

- 试验所适用工程对象的系统层级:系统单元、系统关系与系统硬件。
- 试验所需要达成的系统可靠性评价目的:系统的可靠性增长与可靠性演示验证。

而 5 点中其他各点均属于从属地位。

　　总结本书前面已经提到的所有常见工程试验项目,按照上面的两个不同基本特征总结于表 7-13。能够看出所有常见试验项目的一个共同特点,即常见工程试验主要目的在于为实际工程产品解决其可靠性增长的目的、提供不同的试验手段和方式,尤其像 HALT 和耐久性这样的试验。而这样做的一个主要原因在前面有关系统评价目的的小节已经提到,即"虽然依照定义,可靠性增长试验似乎可以用可靠性演示验证试验来代替,但实际的工程需求和实践已经证明:二者是不能合并或是相互替代的。"有关这一问题在美军标,像 MIL-HDBK-338 中已经做了明确说明,其主要原因就在于可靠性的演示验证,尤其满足用户要求验证(Validation Test)的试验,在工程中存在现实的可操作性以及限制条件的问题。

表 7-13　工程常见试验类型与其系统问题层级和评价目的的划分

#	工程常见试验类型	系统层级	增　长	演示验证
1	ALT：Accelerated Life Test QuanALT：Quantitative ALT	系　统		
2	QualALT：Qualitative ALT	系　统	√	×
3	HALT：Highly Accelerated Life Test	系　统	√	×
4	HASS：Highly Accelerated Stress Screening	系　统	√	×
5	HASA：Highly Accelerated Stress Audit	系　统	√	×
6	HAST：Highly Accelerated Stress Test	单　元	√	×
7	Durability	单　元	√	×

7.4.4　不同行业的评价场景和需求

　　不同行业由于产品类型、应用等的不同,导致产品可靠性评价的工程需求和场景也可能各不相同。将各个行业不同产品类别进行汇总和比较(结果参见表 7-14),并在此基础上,结合前面已经讨论的有关产品可靠性工程评价场景的有关内容,其主要的不同点可以列举为如下的一些方面,包括:

- 对于验证方式的要求:尤其是对于用户要求的验证,航空航天与军用类型的系统和产

品可能会要求包括第三方测试和验收在内的验证试验;车辆会进行实地的或是模拟场地的运行试验;商业和消费类型的系统和产品则可能仅限于实验室的某种模拟试验环境。

- 验证结果的显著性要求和样本量条件:由于不同行业产品的复杂度、试验的可行性与成本方面的差异,航空航天与军用类以及高端、高复杂度的商业系统常常仅允许小样本量的试验验证。

- 实际产品的运行环境和条件:按照美军标对于产品运行环境和条件要求的定义,航空航天与军用类、车辆、商业系统与消费类型产品行业对于产品的运行要求处于依次下降的一种状况。

- 产品的任务与业务要求:航空航天与军用以及车辆类型的系统和产品很多会存在有任务可靠性要求,因此,存在维修保障的问题。而商业系统在其可靠性评价中则可能需要强调对于系统实际业务情况的考虑。

- 产品的制造环境和工艺条件:不同行业、不同的产品类型可能存在很大的差异。车辆与消费类系统和产品通常会达成量产,甚至大批量量产的状态,而航空航天与军用以及商业系统类型的产品则最终可能仅达到小批量量产,甚至仅仅按照用户订单安排和调整生产的状态,航空航天与军用行业为应对这样的实际情况,存在某些工序安排临时性手工作业的情形。

- 对于产品可靠性和寿命要求的不同侧重点:不同的行业,甚至同一行业内的不同产品类型均可能存在较大的差异。例如,军用系统和产品通常都有较高的寿命要求;某些军事资产类型的大型复杂系统可能存在在其进入服役后期的延寿需求;一次性使用的导弹类型产品,其最终可靠性评价目标是其最终运行时间段内的运行可靠性,但同时还必须考虑其长期贮存可能带来对于产品寿命损耗的影响;对于技术快速更新的消费类电子产品,如手机,产品的寿命相较于可靠性可能是个相对次要的问题;而对于车辆而言,寿命可能是关键子系统与整体系统的首要考核评价对象。

具体内容同时参见表 7 - 14 所列举信息。

表 7 - 14 不同行业的系统可靠性评价场景举例

#	行　业	产品类型	评价场景与需求特点
1	航空航天与军用类	航空飞行器	通常关注产品可靠性,样本少,第三方测试和验收
		运载火箭与航天载具	业务/任务/实射数量相对少 重点关注可靠性,寿命基本不是问题
		卫星与航天器	通常关注产品可靠性,样本少
		导　弹	业务/任务/实射数量少 关注可靠性,但寿命损耗必须关注
		其他军用系统	手工/非批量,通常产品可靠性
2	车　辆		寿命优先关注,通常关注产品可靠性
3	商业系统		通常关注产品可靠性,批量生产,样本受限
4	消　费		重点关注产品可靠性,批量生产

7.5 工程评价流程

　　总体而言,在工程条件下,产品可靠性的评价流程就是一个以产品研发和寿命周期为基础的,以满足产品在该周期内进入各阶段时所需达成不同评价目的的工作流程(参见图 7 - 4 所示)。相较于前面章节已经讨论的量化可靠性评价方法,工程评价流程不仅需要了解评价方法所需要的具体输入信息,还需要专注于在实际工程条件下获取这些信息的可行性与操作流程问题。

　　工程中存在多数涉及或是与产品可靠性相关的产品工作流程,总体而言,由于可靠性在产品工程中的技术支持与辅助性地位,可靠性工作流程会服务于其他更高等级的产品流程,尤其是产品研发与寿命周期不同阶段的工作要求和流程,同时会受到这些流程的制约。也正是由于这些制约因素的存在,不同的可靠性工作也可能存在各自的流程,并存在相互制约的关系。

　　这里所讨论的产品可靠性评价流程,在工程中需要区分与其他可靠性流程或是其他类型产品流程之间的关系,主要包括如下的若干关系:
- 可靠性设计 vs 产品研发与寿命周期。
- 可靠性角色 vs 其他工程角色。
- 可靠性设计 vs 可靠性评价。
- 可靠性评价 vs 可靠性增长。

　　首先,可靠性设计完全从属和服务于产品的研发和寿命周期。正如前面小节已经详细讨论的那样,产品的可靠性设计的确是一个流程,但由于这一流程对于一个具体的产品而言,缺乏所有必要的具体操作性步骤,因此,可靠性设计更确切地说是一个产品可靠性的处置思路和理念。

　　其次,产品工程中的可靠性角色均服务于产品研发和寿命周期中的各职能角色,包括设计、测试、工艺和制造等。可靠性在产品工程处于技术支持与从属地位。

　　再次,可靠性设计是产品在其整体范围内针对其可靠性保障需求的一个顶层流程,因此,可靠性评价仅仅是可靠性设计的一个部分。其他的方面主要还包括:
- 在工程手段与工具方面:正如前面小节已经详细讨论的那样,可靠性评价的基本手段是验证试验,即使是通过仿真等辅助性手段,得到的结果在理论上仍然需要经过验证。验证是可靠性评价的基础方式。而可靠性设计则涉及更多的处置手段和方式,最基本的就是分析,例如,FMEA/FMECA。
- 在工程目的与需求方面:可靠性评价除评价自身的内容,还包括产品可靠性风险的识别。但可靠性设计则会超出这样的范围,通常在评价之外还包括产品的可靠性保障,如改进、预防,以及产品进入生产阶段以后的产品检测和质量/可靠性控制。

　　最后是关于可靠性增长。可靠性增长属于可靠性评价的一个主要的工程目的,以及服务于此项工程目的的相关可靠性评价工作。但是,可靠性增长作为一项工程目的,其相应的处置手段和工作并不限于评价,且其自身也同样存在一个工作流程。详细流程内容可以参见 MIL - HDBK - 338 的相关讨论。

如图 7-4 中所示,与前面章节所讨论的可靠性评价方法相比,其实际的工程操作有必要讨论如下的问题:

- 产品风险信息的获取。
- 可靠性量化评价的工程化工作内容。

这里,前者涉及产品可靠性量化评价一个关键信息的输入问题,而后者则涉及评价工作在应对工程实际状况时的处理问题。

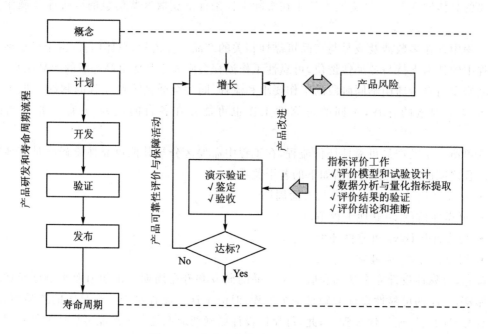

图 7-4 产品可靠性的工程评价流程

7.5.1 产品的可靠性风险信息

产品可靠性风险是指产品可能存在的,或是潜在的可靠性及其所有相关连带性问题。按照前面系统和系统失效一章有关系统失效的定义,产品的系统失效与可靠性问题的定义需要包含如下 4 个方面的信息,即

- 系统失效模式和影响。
- 系统失效的发生条件与典型工作环境。
- 系统失效的物理隔离和定位。
- 系统失效的根因与处置。

产品的可靠性风险信息是产品可靠性评价的输入,是产品可靠性评价的出发点,产品的各可靠性风险项仍然在评价中有待验证和确认。

因此,在实际的工程条件下,产品的可靠性风险项构成了产品可靠性评价的基本出发点,而产品可靠性风险项的获取也成为产品寿命周期,尤其是产品研发过程中,完成系统可靠性评价的一个首要任务。从这个意义上讲,产品可靠性评价总是围绕着产品可靠性风险项的确定和定义展开的。于是,有关这一问题的一个显而易见最基本的问题就是:在实际的工程条件下如何获取,或是从何获取这类信息的问题。

由前面的系统和系统失效一章的讨论已经明确了产品可靠性风险信息的两个主要来源,即

- FMEA(Failure Modes and Effects Analysis)。
- FRACAS(Failure Reporting,Analysis,and Corrective Action System)。

但是,FRACAS 信息属于产品已经进入使用或服役阶段以后所产生的信息,因此,从严格意义上讲,这类信息对于仍然处于研发阶段,甚至早期投入使用的产品而言都是不存在的。而FMEA 在工程上则是通过分析得到的产品失效信息,总体而言,也属于产品研发后期获取的信息。因此,产品风险信息的获取需要更多补充性的渠道和方式。

事实上,MIL - HDBK - 338 将产品可靠性风险信息的来源汇总了 5 个主要方面的渠道,包括:

- 通过外部获取的经验和知识:这样的外部来源如元器件、原材料供应商、技术合作单位、外部专家、友商、相关行业和单位等等。
- 通过分析:例如,对历史相似问题的分析、数据挖掘、仿真分析等等。
- 通过试验。
- 通过生产环节和经验。
- 通过其他相关产品的运行经验。

这些来源构成后续可靠性增长的重要出发点和依据。

最后一点需要指出的是:从产品的研发和寿命周期的角度而言,针对特定产品风险项的评价通常都以产品的可靠性增长为目的。而以演示验证为目的的可靠性评价,则需要以产品为评价对象,或者说是针对一个产品可能面临的所有风险和问题。

7.5.2　指标评价的工作内容

结合前面章节已经讨论的产品可靠性规格,可以将产品可靠性量化评价的基本工作内容总结和分类成为如下的 4 个方面,按照实际处置的先后顺序依次为:

- 评价模型和试验设计:在满足产品可靠性目标的前提下,解决试验条件的确定问题。
- 数据分析与量化指标提取:在得到各方面数据的情况下,解决数据融合和可靠性指标提取的问题。
- 评价结果的验证:通过综合试验解决模型和参数的验证问题。
- 评价结论和推断:通过数据分析结果(即证据的部分)解决推断(即结论的部分)正确性的问题。

有关上面 4 个方面工作更加详细的工程目的、工作要求和工作内容的描述,均列于表 7 - 15～表 7 - 18 中供有兴趣的读者参考,每一个方面的工作列于一表。

表 7 - 15　评价模型和试验设计部分的工程目的、工作要求和工作内容

工程目的	工作要求	工作内容
解决满足产品可靠性量化要求前提下的试验设计问题，解决产品在满足时间、成本、样本等实际的实施和操作条件下试验方案的权衡和优化问题，或者是在工程条件已经基本限定的条件下，提供能够期待的评价结果以及产品达成可靠性要求程度的相关评价信息	加速试验的设计需要以产品的参考点工作环境和条件为出发点，同时加速条件与参考点之间需要构建明确的量化关系；试验的加速设计以产品的根源失效机理为依据，而产品的失效定义则需要构建在以产品失效模式为基础的测试要求之上；需要区分和明确各类型试验的工程评价目的，是可靠性评价目的，还是寿命评价目的；明确试验设计的终止原则，例如，截尾、Test - to - Pass、Test - to - Fail 等，同时明确不同终止原则在满足产品的评价目的、试验成本考虑，以及试验可操作性等方面的相关性；样本量通常规定在单一类型试验 3～5 的数量范围之内，且以试验的可操作性以及能够获得试验结果为最优先考虑原则，由于样本数量的变化所造成的试验结果的确定性和置信度问题则作为后续问题进行评价和处理；对于产品寿命试验的设计，需要考虑样本在所要求试验时间范围内发生失效的保障条件，包括考虑阶梯性渐进应力的试验设计方案；所设计加速试验可以是复合应力试验以及完全专门设计的试验，但需要优先考虑在工业标准中所定义试验基础之上完成设计的试验类型，同时需要考虑试验设备条件，以充分保障所设计试验的实际可操作性；考虑系统型产品在实际可操作性、试验的复杂性、试验成本，以及小样本等的实际试验和评价约束条件，通常对于某个试验类型，仅进行单一加速条件的评价试验，不考虑多加速条件的试验以及产品可靠性指标的拟合与外插相关的评价工作	针对每一类型的评价试验，细化和量化描述产品参考点条件；估计根源失效部位的局部载荷应力条件，包括该局部载荷应力与产品环境应力的量化关系；细化产品一级的失效判定条件与测试要求，同时需要依据系统分析模型，给出产品各根源失效与产品失效判定条件之间的关联关系；明确评价试验的设计载荷抛面、试验时间等详细要求；估计加速因子，除失效物理模型以外，需要的时候选用和采取必要的仿真量化分析手段和工具；明确各单一类型评价试验的通过与未通过标准，同时分别给出在评价试验通过与未通过的条件下，产品预计可靠性评价结果的水平与范围

表 7 - 16　数据分析与量化指标提取部分的工程目的、工作要求和工作内容

工程目的	工作要求	工作内容
提供对于系统失效性质的分析与判定：早期失效、随机失效、耗损失效；作为其他系统评价步骤的工具和手段完成 3 个方面工作内容，包括：可靠性量化指标或特征量的提取，数据失效物理特征的提取与模型化，数据的分散性、统计特征量的确定	各类型评价试验的失效样本，需要进行故障隔离和定位，以确认造成该样本失效的根源失效与该类型评价试验所评价的目标根源失效保持一致；用于评价试验数据的相关统计处理方法需要限制在基于小样本理论的相关方法。在必要的时候，数据统计的方法需要满足工程上对于数据融合的需要	可靠性量化指标或特征量的提取：失效率、寿命；实现失效物理的数据模型化：载荷应力影响关系；数据的分散性、统计特征量的确定：置信度、置信区间；数据预处理作为评价试验具体实施的一环，提供必要的各类型评价试验的操作性要求，包括各自试验的数据记录与采集等相关要求；评价试验的实施，包括产品样本失效后，根源失效的确认和比对；每一个评价试验数据的搜集、整理和处理，并给出单一根源失效情形下产品的可靠性评价结果；给出产品整体的评价结果

表7-17 评价结果的验证部分的工程目的、工作要求和工作内容

工程目的	工作要求	工作内容
依照实际的工程需求,尤其在着重考虑系统综合实际使用条件的前提下,完成验证试验设计,同时依照已经获得的数据模型给出试验的预测结果;完成试验结果与试验预测结果的比较,并依照新的试验结果完成对于模型参数的修正	验证试验需要明确考察多应力、复杂载荷条件对于产品失效和可靠性评价结果的影响;验证试验设计需要保障产品样本在试验过程中发生失效	在综合考虑产品的实际使用环境、综合试验设施等相关条件的基础上,提供验证试验的试验方案;估计在验证试验条件下的样本失效情况,同时提供样本失效的保障方案;整理多种试验条件以及现场数据结果,包括现场的返修数据、以往的加速试验数据、本次的评价验证数据,以及本次的验证试验数据;完成样本失效结果的加速等效,然后对评价试验和验证试验的结果进行比较;完成所有综合信息的数据等效和拟合,提供试验结果的修正

表7-18 评价结论和推断部分的工程目的、工作要求和工作内容

工程目的	工作要求	工作内容
支持决策	统计理论模型具备综合考虑产品的物理失效过程以及样本个体失效随机性两部分因素的能力	依照统计论,给出针对已经获得的特定试验结果的假设检验问题的描述;完成假设检验,并给出假设推断的结论;修正和确认试验结果的置信度、置信区间等不确定性估计

7.6 工程评价场景案例

本小节简单讨论两个实际的工程案例场景,包括:

- 数据中心的失效率评价场景。
- 在役设备的残余寿命评价场景。

由于工程案例并非一个简单的计算案例,限于篇幅的考虑,详细内容计划在专门的书籍中进行详细讨论和描述。

7.6.1 数据中心的失效率评价场景

数据中心(包括服务器)属于典型的全数字系统,由于这类系统对于信息的处置和应用特点,通常还包括数据备份、电源备份和应急等的相关子系统,对于包括其他类型产品在内数字系统的可靠性评价具有典型意义。

这一类型系统的可靠性评价通常具有如下的一些典型特点,包括:

- 系统的失效率评价问题:与系统的寿命问题相比,系统通常首先关注其可靠性问题。
- 相似产品的比较试验和评价:系统设计上会普遍使用和借鉴成熟产品的设计,在系统评价上允许类似产品评价方案的借用和数据的比较。
- 货架产品和成熟子系统的使用:系统中会普遍使用成熟的货架产品和子系统。

- 系统的复杂层级构成：系统会存在不同层级，且很大程度上由于系统整合所带来的、相互交织的可靠性问题和可靠性评价需求。
- 可能存在的系统的任务敏感性特征：尤其对于资产和设施一级的数据中心系统，由于其任务敏感性，需要关注和评价系统可靠性表现对于运行环境变化的敏感性。
- 不同的系统解决方案与系统优化：系统长期存在产品寿命周期中的维修保障、替代供应商和子系统的评价、系统配置的变更以应对不同用户需求，进一步下降和优化系统价格等方面的需求。

对于数据中心、计算机这样的全数字化产品，人们的首要关注点是系统的可靠性问题，而非寿命问题。对于这类系统一个直观认知是：这类系统的可靠性问题主要来源于构成这类系统的数字电路通常所具有的、典型的随机性特征。事实上，这样的状况广泛适用数字化电子产品的实际应用情况，尤其是结合数字化电子产品通常具有技术更新快、产品的更新周期相对较短这样的特点，这样的特征对于家用类数字电子产品如手机、笔记本电脑等显得尤为适用。

基于前面小节已经讨论的工程场景定义的各主要因素，即可用于定义和明确本案例的典型场景（如表 7-19 所列），本案例的相关产品失效率的处置通常需要在产品研发后期，设置甚至处于运行和保障阶段的情形。

表 7-19　数据中心试验方案评价案例的工程场景定义

#	项　目	内　　容					
1	寿命周期	概　念	计　划	开　发	验　证	发　布	→寿命周期
2	系统层级	元器件	系统关系	→系统硬件			
3	失效性质	→可靠性	→寿命				
4	验证方式	Verify	→Validate				
5	指标评价工作内容	→评价模型和试验设计	→数据分析与量化指标提取	评价结果的验证	评价结论和推断		
6	评价结果内容	潜在的产品可靠性与寿命风险	→仅在设计要求验证试验条件下得到的产品可靠性评价值与参数	可能达成的产品失效率与寿命水平	产品的失效率与寿命评价值		

7.6.2　不同应用环境的系统失效率估计

下面是 ASHRAE(the American Society of Heating, Refrigerating and Air-Conditioning Engineers)有关美国各主要城市数据中心系统 2010 年全年等效失效率估计的实际操作和处置情况[35]。其中的基础理论内容已经在前面系统和系统失效一章中的系统量化模型小节的讨论中给出了详细说明。

结合上面所说的理论过程，可以按照顺序完成如下所述的数据处理步骤及处置内容，包括：

- 给出不同环境温度条件下数据中心系统的失效率统计值：案例的载荷类型仅为环境温度，同时所实际处理的失效率数值为基于 20 ℃时的相对量值（参见表 7-20）。事实上,实际发布的数据还包括了该相对失效率均值数据的一个统计变动范围[35]。该数据为 ASHRAE 发布的对于数据中心系统的基本数据,作为这里不同应用环境条件下失效率估计的基础。

- 统计美国各城市 2010 年在不同环境温度条件下数据中心的运行时间:以这一部分数据作为原始数据。

- 对上面的温度环境区间和运行时间数据进行标准化和修正:这里的所谓标准化是指原始数据温度采集范围与 ASHRAE 所发布失效率数据的温度范围存在差异,前者需要按照后者的表征方式进行统一化处理;而修正的部分主要是考虑系统内部实际运行环境温度与系统外部整体环境温度的差异(注:详细的讨论参见选读小节的相关内容)。

- 给出美国各城市 2010 年全年的失效率等效值:其中芝加哥 2010 年的失效率估计状况案例可参见表 7-21 所列内容。

有关案例的某些具体的技术性细节问题的讨论,还可参见选读小节的内容。

表 7-20　ASHRAE 在不同环境温度条件下数据中心系统的相对失效率统计值[35]

温度/℃	相对失效率均值	温度/℃	相对失效率均值
15	0.72	35	1.55
20	1.00	40	1.66
25	1.24	45	1.76
30	1.42		

表 7-21　ASHRAE 以 2010 年美国芝加哥为例的相对失效率评价值[35]

温度区间/℃	全年系统工作时间/h	全年系统工作时间所占比例	相对失效率均值
15~20	5 950	67.6%	0.865
20~25	1 500	17.2%	1.130
25~30	950	10.6%	1.335
30~35	450	4.6%	1.482
总计	8 800	100%	0.99

注:全年系统工作时间统计经过了环境温度修正并标准化。

【选读 89】　系统失效率的加速模型

电子设备在役使用条件下,工作环境温度作为系统失效率的主要影响因素,工程上会首先考虑与 Arrhenius 模型相关的量化模型关系。表 7-22 给出了相关的主要失效模型情况。

如果将 ASHRAE 发布的实测失效率数据与 Arrhenius 模型进行比较,即进行一下数据拟合,可以容易得到如下的拟合关系:

$$\lambda' = 5\ 239 \times e^{-\frac{2\ 513}{T}} \tag{7-1}$$

其中,λ' 表示 ASHRAE 的相对失效率数据,T 为环境温度。拟合的结果如图 7-5 所示。此外,可以从拟合关系中提取激活能 $E_a = 0.217$ eV。从这一拟合结果容易直观看出:二者的拟合情况不理想。事实上，ASHRAE在其研究中也没有推荐用类似 Arrhenius 模型这样的温度影响关系来描述数据中心系统的失效率表现行为，实际的系统行为更为复杂。

表 7-22　案例所涉及的主要基础失效机理和模型

失效机理	失效模型	加速因子 AF	参数说明
Arrhenius	$t \propto \mathrm{e}^{\frac{a}{T}}$，$a = \dfrac{E_a}{\kappa} > 0$	$AF = \mathrm{e}^{a\left(\frac{1}{T_0} - \frac{1}{T_1}\right)}$	E_a—激活能； k—Boltzman 常数； T—环境温度
湿　热	$t \propto \mathrm{RH}^{-b} \cdot \mathrm{e}^{\frac{a}{T}}$ $a = \dfrac{E_a}{\kappa} > 0$，$b > 0$	$AF = \left(\dfrac{\mathrm{RH}_1}{\mathrm{RH}_0}\right)^{b} \cdot \mathrm{e}^{a\left(\frac{1}{T_0} - \frac{1}{T_1}\right)}$	RH—环境相对湿度
热应力	$N \propto \Delta T^{-a}$，$a > 0$	$AF = \left(\dfrac{\Delta T_1}{\Delta T_0}\right)^{a}$	ΔT—环境的温度变化

注：a，b 为模型常数，角标 0，1 分别表示参考环境与加速环境。

事实上，ASHRAE 的研究结果已经表明：数据中心系统实际的失效率数据明显低于可靠性预计手册（例如 MIL-HDBK-217，Telcordia）或是类似 Arrhenius 温度影响关系模型的预测结果。按照实际情况，从 20～45 ℃失效率增加 1.8 倍，而上面所说的模型预计结果则每增加 10 ℃失效率先就增加 1 倍。

这样的情况对于系统失效率而言是可以理解的，这在前面多个章节的讨论中已经涉及。具体而言，ASHRAE 的研究指出了如下的原因，包括[35]：

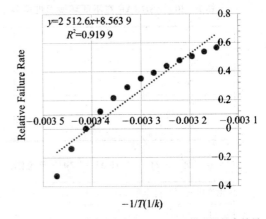

注：点为 ASHRAE 数据，直线为 Arrhenius 模型的拟合结果。

图 7-5　Arrhenius 数据拟合结果示意图

- 多失效机理的影响：在 ASHRAE 的研究中，也承认多种失效机理影响的可能性问题，温度只是其中的影响因素之一。
- 局部环境所造成耗损失效的影响：显然，在相同外部环境的条件下，系统内部的局部环境是各不相同的，而且环境加速条件对于各自局部环境变化的影响也不均匀，ASHRAE 的研究也指出，某些局部甚至可能造成高加速应力而导致局部器件发生耗损失效机理的情形。
- 温度以外环境因素的影响：此外，ASHRAE 的研究也认可其他温度以外环境因素的影响，但所公布数据中没有细致考察这一部分环境因素影响的情况，例如，湿度、大气中污染物的影响等。

除上述因素以外，在理论上还会包括如下因素：

- 随机性过程对于系统随机失效的影响：在系统的随机失效中，失效的加速不是一个完全的物理过程，其中随机影响的部分不能通过应力加速来实现。
- 多机理应力加速过程中的迁移问题：系统失效通常是个多机理的过程，前面章节相关内容的讨论已经表明,在加速条件下,机理的迁移在通常情况下是难以避免的。

【选读 90】　设备内部局部温度的影响

毫无疑问,局部温度对于系统失效存在影响。在典型的设备一级系统的运行条件下,器件局部的实际工作温度与环境温度相比通常存在一个温升。温升的主要来源包括:

- 工质环境 vs 设备环境:处于散热工质流场下游的工质温度上升。
- 工质环境 vs 器件散热表面:工质温度与被散热器件表面的温度差。
- 器件工作部位 vs 散热表面:器件散热表面与器件实际工作部位的温度差。

ASHRAE 的前期研究考虑了工质环境的温升问题,并给出了工质温升的量化估计关系(如图 7-6 所示)。从图 7-6 可以看出:这一关系近似服从一个线性关系,这一结果与在一定的环境工作温度范围内的理论结果是一致的(注:参见系统可靠性与寿命评价一章中有关整体载荷环境与局部应力关系的相关讨论内容)。在 ASHRAE 所发布的原始失效率数据中,所对应的问题数据已经考虑了工质的实际温度,而非设备的环境温度。

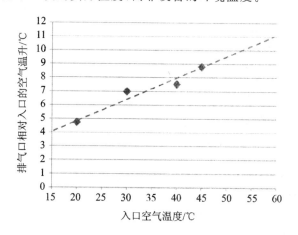

图 7-6　ASHRAE 小型开关设备冷却系统出口空气温度上升情形举例[35]

7.6.3　在役设备的残余寿命评价场景

残余寿命评价问题是一类针对已在现场服役且已经服役一段时间系统的寿命评价问题,属于产品寿命周期后期阶段的评价问题。存在残余寿命评价需求的工程系统通常具有如下的主要或是全部的特征,包括:

- 通常为具有任务敏感性以及安全性要求的系统,包括设施与资产。
- 系统具有大型、复杂且高成本的特点。
- 系统的运营需要维修保障。
- 系统的使用由于成本、任务需求等因素存在整体或是部分不允许换新的场合。
- 系统维修保障活动通常不能完全覆盖其健康状态,但会影响整个系统正常运行的关键组成部分。

涉及残余寿命评价这类问题的产品(按照上面所述,即是指通常具有任务敏感性以及安全性要求的系统、设施或是资产),通常都会不同程度存在该产品已经经历的相关历史使用情况信息,具体包括:

- 实际的使用历史。
- 维修保障历史。
- 零部件与子系统/设备的更换/更新历史。
- 明确的已在役/已服役时间。

涉及残余寿命评价的产品在军工和民用领域均广泛存在,典型的产品类型与其相应的工程场景如:

- 航空飞行器。
- 铁路车辆与设备。
- 军用武器和系统的延寿(Life Extension Program,简称 LEP)问题:系统的寿命周期中同时包括了存储和使用两类典型环境条件的混合情况。
- 已经历试飞阶段机载设备的残余寿命确定:已经飞了一段时间,需要确定剩余寿命或是总寿命的问题等。

相关工程场景的总结和定义参见表 7-23。

表 7-23 在役设备残余寿命评价案例的工程场景定义

#	项 目	内 容					
1	寿命周期	概 念	计 划	开 发	验 证	发 布	→寿命周期
2	系统层级	元器件	系统关系	→系统硬件			
3	失效性质	可靠性	→寿命				
4	验证方式	Verify	→Validate				
5	指标评价工作内容	→评价模型和试验设计	→数据分析与量化指标提取	评价结果的验证	→评价结论和推断		
6	评价结果内容	潜在的产品可靠性与寿命风险	仅在设计要求验证试验条件下得到的产品可靠性评价值与参数	可能达成的产品失效率与寿命水平	→产品的失效率与寿命评价值		

顾名思义,残余寿命的评价问题是一个寿命问题。因此,对于一个具有"浴盆曲线"失效特征的系统而言,是一个系统批次性到寿的问题,而非通常的可靠性问题所指的失效率评价问题,所以本质上也不存在系统的修理问题,需要或者进行系统延寿,或者是安排系统的退役。此外,残余寿命的评价问题也有别于产品的健康评价问题,前者属于产品的批次性问题,而后者则是产品的个体问题。更多有关产品健康评价相关概念问题的讨论,参见后面的健康评价问题一章的内容。

事实上,如果更加详细考虑实际残余寿命评价问题的使用环境与载荷条件,还会发现两类不同的典型应用,涉及以此残余寿命评价的时点为界,其前后产品应用环境是否会发生变化的问题,包括了会发生变化与保持一致两类基本状况,即

- 对象系统截至评价当前的在役应用场景与未来应用场景总体保持一致、不发生任何变化:通常为没有贮存需求的、在进入服役以后需要长期运行的系统应用场景。
- 对象系统截至评价当前的在役应用场景会在未来发生变化:通常为一次性使用,但在

最终使用前需要经历长期贮存以及相关应用环境的系统应用场景。例如导弹类型的系统,服役过程中的贮存环境还需要包括可能的战斗值班、定期的测试等相关系统环境。

在这里的讨论出于问题简化的考虑,仅针对上面所述的第一类工程场景。更为详细的问题讨论需要在专门书籍[47]中进行。

7.6.4 基于确定性关系的残余寿命估计

在这一节的讨论中,假定样本试验均能够得到真值,而没有考虑样本试验结果的分散性问题,部分分散性问题的讨论可以参见前面系统可靠性与寿命评价一章中关于阶梯应力失效数据处理问题的讨论内容。此外,假定的试验场景认为:新品样本和在役样本是在同样的试验环境中进行的。因此,两类样本的试验时间是指同一个时间。

对于在役样本,考虑到寿命的线性可累计性,样本的总使用寿命应该是其已经使用的时间(Used Time)与其剩余使用寿命(Remaining Lifetime)的和,即

$$t_{\mathrm{L}} = t_{\mathrm{usd}} + t_{\mathrm{rmg}} \tag{7-2}$$

其中:t_{L} 为样本的实际使用寿命;t_{usd} 为在役样本已经使用的时间,t_{rmg} 为在役样本的剩余使用寿命(Remaining Lifetime)。由于认为新品样本与在役样本是完全相同的产品,因此,新品样本应该具有完全相同的使用寿命 t_{L}。

如果两类样本在同样的环境下进行加速试验,则依照前面章节关于加速试验的讨论(注:具体参见加速试验设计一章中的有关内容。但显然,在多应力条件下,寿命加速存在根源失效机理的迁移问题,导致在实际进行工程试验设计时通常不可避免会遇到复杂性问题,有必要在专门的书籍中对一些案例另行进行详细的讨论),可以得到如下产品使用环境与加速试验环境条件下样本总寿命 t_{L} 以及在役样本残余寿命 t_{rmg} 二者的关系,包括:

$$t_{\mathrm{L}} = t_{\mathrm{L1}} \times AF, \quad t_{\mathrm{rmg}} = t_{\mathrm{rmg1}} \times AF \tag{7-3}$$

其中:1 代表试验的加速条件,AF 为试验的加速因子。按照前面的讨论,这一加速关系既满足样本个体的寿命加速,也满足样本寿命真值之间的加速关系(参见产品失效性质与应力加速一章的相关内容)。

考察上述关系可以看出:上面共计 3 个方程,除在役样本已经使用的时间 t_{usd} 为已知量以外,其他均为未知量,共计 5 个未知变量。其中的残余寿命 t_{rmg} 是本问题待求解和确定的核心参数。

如果将上面的加速条件代入使用条件下样本的总寿命方程,还可以得到样本在加速条件下的寿命方程,即

$$t_{\mathrm{L1}} = \frac{t_{\mathrm{usd}}}{AF} + t_{\mathrm{rmg1}} \tag{7-4}$$

但是,实际独立的方程仍然只有 3 个,未知量共计 5 个。需要完全求解,显然需要获取加速试验结果来提供更多的已知参数信息。

下面首先来看试验样本所经历的总的试验时间。正如前面已经提出的,新品和在役两类样本在同一试验中同时进行,在试验过程中,一旦样本发生失效,就从试验中取出该样本、退出试验。因此,新品样本所经历的总试验时间 T_1 可以表述为:

$$T_1 \equiv \sum_{i=1}^{r} t_{1,1i} + (n-r)t_1 \qquad (7-5)$$

其中：1 代表试验的加速条件，$t_{1,1}$ 表示样本个体在试验中发生失效的时间，n 为新品的总样本数量，r 为失效样本数量，t_1 为试验时间。

可以看出：由于即使是寿命试验，在事先也不能完全保障样本在所希望的试验过程中失效，因此，在试验最终结束的时候，可能存在未发生失效的样本。这类状况同样适用于新品样本和在役样本。

对于在役样本，加速试验中的样本失效时间实际表征了其残余寿命的情况，因此，其总试验时间满足如下关系，即

$$T_{rmg1} \equiv \sum_{i=1} t_{rmg1i} + (n'-r')t_1 \qquad (7-6)$$

其中：T_{rmg1} 为在役样本所经历的总试验时间，由于样本已经在现场使用了一段时间，因此，这部分的试验时间实际是样本残余寿命的总试验时间；t_{rmg1} 表示样本个体在试验中发生失效的时间，即样本个体的残余寿命时间；n' 为在役试验样品的总样本数量；r' 为试验中的失效样本数量。此外，这里要求新品样本和在役样本在完全相同试验环境同时进行试验，t_1 为同样的试验时间。

假定在试验完成后，在役样本与新品样本均已发生失效的情形（注：对于试验存在信息截断的情形，不仅存在确定性方程的求解问题，而且有必要考虑数据的分散性处理问题，计划在专门的著作另行进行详细讨论，不再在这里展开讨论），可以通过试验所记录的样本总试验时间来获得样本失效时间的估计值，例如均值，因此，在暂不考虑样本统计量分散性的情况下，假定样本的寿命真值即为样本的统计值，即得到如下关系：

$$t_{1,1} = \hat{t}_{1,1} \equiv \frac{T_1}{n}, \quad r = n$$
$$\qquad (7-7)$$
$$t_{rmg1} = \hat{t}_{rmg1} \equiv \frac{T_{rmg1}}{n'}, \quad r' = n'$$

其中：$\hat{t}_{1,1}$ 和 $\hat{t}_{rmg1}$ 分别为新品样本的使用寿命统计值和在役样本的残余寿命统计值。由于这两个统计量无论试验的样本失效是否发生，均可以估计出一个名义值，因此，也分别可以称为新品样本的名义试验寿命值和在役样本的名义试验残余寿命值。此外，由于试验样本均已发生失效，因此，两类样本的失效数 r 和 r' 分别等于其试验的样本数量 n 和 n'。

事实上，在试验过程中，无论样本是否最终发生失效，样本失效时间的估计值仍然可以通过上面的量化关系式给出，即通过如下的不等式关系

$$t_{1,1} \geqslant \hat{t}_{1,1} \equiv \frac{T_1}{n}, \quad r \equiv n$$
$$\qquad (7-8)$$
$$t_{rmg1} \geqslant \hat{t}_{rmg1} \equiv \frac{T_{rmg1}}{n'}, \quad r' \equiv n'$$

得到一个下限值，并认为所得到的这个下限值是一个寿命的名义估计值，但显然，此时的产品寿命真值是大于名义估计值的。但至少由试验结果所得到的名义估计值给出了真值的一个可能的下限值。

显然，这种状况是最为理想的试验结果，同时也使得参数的求解最为简单。由于新品样本和在役样本均在试验中获得样本失效结果，因此，样本在加速试验条件下的寿命值和残余寿命

量值均已经通过试验得到,整理式(7-3)和式(7-4),可以得到如下的产品残余寿命的估计值,即

$$AF = \frac{t_{usd}}{t_{L1} - t_{rmg1}}, \quad t_{rmg} = AF \times t_{rmg1} \tag{7-9}$$

从中可以看到:从试验结果可以首先估计出试验加速因子的大小,然后即可估计出产品在实际工作环境条件下的残余寿命量值。

事实上,在上面这一结果的基础上,对于样本是否满足产品残余寿命的试验要求仍可以如下所述,做出一个更进一步、更加清楚的表述。

通常情况下,这类产品通常会有一个产品使用寿命的最低年限要求,这里用 t_0 表示,且在役样本与这一年限要求相比,通常至少已经使用了其中相当一段年限的时间,在这里将这一使用时间的比例表示为 k,即有如下关系:

$$t_L \geqslant t_0, \quad k \equiv \frac{t_{usd}}{t_0} \tag{7-10}$$

因此,产品的剩余寿命也存在一定的下限要求,即

$$t_{rmg} = t_L - t_{usd} \geqslant t_0 - k \cdot t_0 = (1-k)t_0 \tag{7-11}$$

这一量化的下限要求即成为样本是否通过加速试验的判定标准。将这一试验要求结合试验结果,即可以进一步得到如下关系:

$$AF \times t_{rmg1} = \frac{t_{usd}}{t_{L1} - t_{rmg1}} \cdot t_{rmg1} = \frac{k \cdot t_0}{\frac{t_{L1}}{t_{rmg1}} - 1} \geqslant (1-k)t_0 \tag{7-12}$$

所以,对式(7-12)简化后得到新品样本试验寿命结果与在役样本的残余寿命试验结果的一个上限比例要求,即

$$\frac{t_{L1}}{t_{rmg1}} \leqslant \frac{1}{1-k} \tag{7-13}$$

这一要求构成了样本是否通过试验,满足产品残余使用寿命要求的量化判定条件。

表7-24给出了若干具体的样本案例。其中一例表述如下:"假定某在役样本已经在现场使用 5 年,而该产品的服役年限需要至少 10 年,因此,该在役产品样本已使用年限的比例为0.5,产品的试验寿命与残余寿命比最大不能超过 2 则为满足要求,否则不满足产品的使用寿命要求。"

表 7-24　在役产品样本残余寿命典型场景参数举例

#	参　数	符　号	Case1	Case2	Case3
1	工作年限要求	t_0	10 a	10 a	10 a
2	在役产品已使用年限	t_{usd}	4 a	5 a	6 a
3	产品已在役工作年限比	$k = T_{usd}/t_0$	0.4	0.5	0.6
4	试验寿命与残余寿命比的通过上限要求	$1/(1-k)$	1.67	2.00	2.50

第 8 章

健康评价问题

在系统可靠性工程问题的处置过程当中,尤其国内在涉及一些大型复杂系统的行业内,在面临棘手的系统可靠性问题时,常常会寄希望于新技术的帮助,而因此快速确定问题的解决方案。系统健康评价是其中一个可能的选项。于是,产生了一个问题,那就是系统的健康评价与可靠性评价到底有何不同?由于前者是个相对较新的概念和技术,能否通过前者来帮助解决后者的问题?针对和围绕这类问题的讨论以获取其中的某些答案,成为本章讨论的基本动机和出发点。

通过对有关系统健康评价问题的专业性书籍、文章以及相关会议议题讨论内容等的了解,人们通常能够很快发现系统可靠性与系统健康评价二者之间的密切关联性,这样的关联性似乎是显而易见的,因为其在产品的失效机理、试验手段、数据处理等众多的方面都存在明显的共通性。事实上,这也是人们能够很快联想到上述通过系统的健康评价来作为系统可靠性问题解决方案的一个自然而然的原因。

对于上面这一问题的一个简单答案是:可靠性评价处理产品的批次性失效问题,而健康评价则是针对和处理某个特定产品个体的失效问题。但显然,这样的回答应该无法令一个工程人员非常满意,这就有必要在上面通常是对于二者关联性认知的基础上,更进一步全面地阐述系统可靠性评价与健康评价二者的区别问题。说明二者的区别不仅仅是问题的关键,而且,区别的清晰化也会使得二者已经相对明显的关联性问题变得更加系统和明确。因此,能够聚焦系统可靠性问题与系统健康评价问题之间的差异性,无疑是本章讨论需要能够达到目的的一个基本要求。

也同样鉴于本章内容这样的问题讨论出发点和要求,本章讨论并非聚焦于系统健康评价本身的实现和处置,更不触及相关的工程和技术研究问题,而是集中在系统健康评价与系统可靠性评价的关系问题方面。

因此,本章将具体讨论如下的两部分内容,包括:

- 健康评价的概念:尤其从系统可靠性评价与系统健康评价二者问题之间差异的角度,以实现后者的概念达到完全清晰化的讨论目的。
- 健康度量:构成系统健康评价的一个基础性问题,通过针对这一具体问题一些初步的讨论以帮助实现针对这一健康评价问题更进一步的认识。

8.1 健康评价的概念

系统的健康评价,或者称为健康状态评价问题,来源于工程中对于大型复杂系统提出的健康状态监控与故障预测需求,即 PHM(Prognostics and Health Management)的相关问题和研究。作为一个近十年才发展起来的相对较新的工程研究,PHM 已经逐步发展成为产品可靠性研究领域一个主要研究方向。PHM 强调技术的工程实施与实现问题,是一项可靠性工程技术。系统的健康评价则与可靠性评价一样,属于这类工程技术中的基础性理论和方法研究问题,是本节概念讨论的关注点。

　　系统的健康评价与可靠性评价之间存在关联性,也存在差异。但不论是关联性还是差异,工程对于这一问题关注的核心目的,仍然无外乎二者在最终所解决的问题、实际处置方法和手段、相互之间的可替代性或是否可相互借用等方面的工程实际问题。考虑到可靠性评价一般而言是一个广为人知的传统概念,而健康评价则是一个相对较新的概念,且二者之间具有广泛共通点这一点并不难被人所注意和发现,因此,在讨论有关系统健康评价这一概念时,能够更加清晰认知和有效鉴别二者之间在各个相关方面的差异就成为问题讨论的关键。

　　此外,基于本书整体对于系统硬件可靠性量化评价问题的视点和关注点,本章对于健康评价概念的讨论会充分利用到目前为止已经讨论和积累的知识,尤其关注从系统硬件可靠性的角度,如何来看待系统的健康状态评价与健康度量的有关问题。

　　结合本书至此已经对系统硬件可靠性问题的了解,从系统硬件可靠性的角度,将有关系统健康评价的概念问题总结为如下的若干关键性特点,并在下面的子节中逐一进行更加详细的讨论。这些特点包括:

- 针对产品个体且基于用户需求的评价:产品的可靠性问题从研制单位的角度都是一个产品整体表现的问题,但用户仅仅关注他们所实际使用的那些特定产品个体的实际表现。健康状态评价仅限用户这个部分的问题。

- 任务敏感性与任务可靠性特征:健康状态评价显然也非所有用户、所有类型产品的一般性问题。从工程实际的角度,将健康状态评价一般性地应用于所有产品,不仅不必要,也不可行。因此,任务敏感性既是产品特征,也是用户的应用需求特征。

- 健康评价的预测内涵:健康状态评价的概念本身具有预测性内涵,工程应用也对其具有即使是有限程度的预测要求。

- 失效的物理本质与可预测性:产品的可靠性和失效问题同时具有确定性与随机性(即不确定性)特点。所以,健康评价仅用于解决其中的一部分问题。健康评价限于处理和面对失效的物理过程问题,或者更准确地说,是物理过程主导以及可以通过物理过程进行表征的产品失效过程。

- 判据参数化与可测性的要求:与产品可靠性评价中对失效的判定不同,产品健康状态评价对于产品的退化状态和故障状态具有参数化的表征和描述要求,而一个显而易见的前提条件是,这样的参数必须首先是可测的。

- 维修保障体系的延伸和拓展:健康状态评价需要为系统的维修保障服务,需要构建在已有的维修保障与相关工程条件下,能够与现有的维修保障体系无缝连接。

- 系统运行过程和历史追溯:不同于产品的可靠性评价问题基于产品的设计使用环境和要求,产品的健康评价则是基于产品在使用中实际发生的载荷与使用环境,对于产品实际经历的运行过程和载荷条件具有可追溯性。

- 健康评价的可靠性增长作用:健康评价可以为产品的可靠性评价提供个体使用案例,在个体的实际使用和表现等方面提供更加详细、具体和历史可追溯信息。

有必要指出的是：健康评价的问题和相应的工程需求并不仅仅限于系统类型产品。在工程中，大型的建筑结构、航空引擎、航空结构等产品和工业领域并不难见到健康评价的实际应用和需求，而在本书前面章节有关系统概念的讨论中已经明确指出，单纯的机械结构和运动机构不是系统。换句话说，健康评价实际在大量应用于非系统类型的产品中。这样的非系统类型健康评价的实际工程应用状况，从另外一个侧面更加突出反映了健康评价的一个本质问题，即健康评价的核心既非用于解决系统问题，系统可靠性问题也不是健康评价所应对的所有主要问题。这一特点明确区别于系统可靠性的评价问题。有关这一点显然也是下面的讨论中需要能够清晰解释的问题。

8.1.1 针对产品个体且基于用户需求的评价

系统的健康评价区别于可靠性评价的首要一点就是健康评价问题关注的是特定产品个体的可靠性问题，也正因为是某个特定的产品个体，因此也完全是一种从用户应用的角度看待的产品可靠性问题。所以，从本质上讲，健康评价是用户对于产品所提出的、能够对于其购入的特定产品个体进行可靠性保障的问题。从这个意义上讲，健康评价也是一个从产品的批次性可靠性进一步过渡到更为具体的个体可靠性的问题。

由于这样的产品个体特征，系统的健康评价具有可靠性评价所不考虑的、与个体密切相关的问题，包括：

- 所有个体自身均存在差异性的问题：个体差异的影响如何能够通过测量有所反映，并在评价中反应的问题。
- 个体在具体的任务和使用环境条件上实际发生的情况：环境等运行条件的实测，每一个个体实际经历的环境也都存在差异，甚至是很大的不同。

尤其是其中的第二点，还会在后续有关系统运行过程和历史追溯问题的小节做更加详细的讨论。

但显然，实际的工程需求和产品使用已经表明：并非所有类型产品的实际使用均有健康状态评价的需求。以消费类电子系统为例，逐一保障每个产品以及每次的使用都是完好的这件事本身应该是完全不必要的，因为这样做会使得产品的使用过程复杂、成本高昂。通常的处理方式通常则是使用过程中发生故障或是失效就去退换、修理，甚至干脆去买一台新的。因此可以看出：系统的健康评价需求不仅仅是产品个体的可靠性保障问题，还会存在其他的一些决定性影响因素，例如下面继续要讨论的系统的任务敏感性问题。

8.1.2 任务敏感性与任务可靠性特征

任务是另外一个与产品个体所绑定的特性，虽然不是每个产品个体都一定具有这样的特性。换句话说，只要是任务，就一定是针对哪一个或是若干个需要参与任务执行和完成的特定产品个体，而非泛泛的一个产品批次或是产品型号。

基于前面有关系统和系统可靠性章节的讨论内容已经知道：

- 任务是指目的明确、所需要采取的相关行动明确且同时带有一定特殊性以及通常强调其目标达成重要性的工作项目（更多相关讨论可以参见前面相关章节的内容）。
- 系统的任务敏感性就是指系统在任务执行期间的正常工作对于任务的完成起到的关键性作用。

　　除了军用与军事环境中的任务含义以外(事实上,这也是为何军事用途的系统常常会涉及系统健康评价问题的原因),在一般的工程应用中,一类最为典型的任务敏感性要求就是对于系统的安全性要求。换句话说,具有安全性要求的工程系统都属于具有任务敏感性的系统。

　　对于这类具有安全性要求的系统,系统的用户或是营运方会关注每个系统个体的每一次运行的成功与可靠性情况,任何一次系统的成功与可靠运行都是至关重要和需要切实保障的。以民航客机为例,民航客机存在明确的安全性要求,属于具有任务敏感性的系统,民航客机的营运方,即航空公司,需要确保每一架航班每一次飞行的安全性与可靠性,因此不是一个飞机整体或是机队的飞行可靠性或是失效概率的问题。

　　所以,系统的所谓任务可靠性与通常的产品可靠性是两个不同的概念,其不同点主要包括:

- 由于任务是一个纯粹的用户需求和概念,与产品的研制单位没有直接的关联性,因此任务可靠性也必然是一个纯粹的用户概念,而产品可靠性适用于研制单位,且与某个特定的用户没有直接的关联性。
- 任务可靠性针对的是任务,因此存在产品失效时任务的成功概率问题。而产品可靠性只是产品能够正常工作的概率,针对的是产品。
- 任务可靠性关注任务执行时所使用特定产品个体的可靠性问题,产品可靠性通常关心产品批次或产品整体的可靠性问题。
- 产品可靠性是为了保障产品在使用过程中不发生失效,任务可靠性同时关注当产品发生失效时,其失效模式对于任务执行的影响。

更多有关这两个概念的讨论同样参见系统和系统失效一章的相关内容。所以,可以看出:系统的健康评价服务于提升和保障系统的任务可靠性,这也决定了系统的健康评价不同于系统的可靠性评价问题。

8.1.3　健康评价的预测内涵

　　系统的健康评价问题同时具有解决诊断和预测两个方面问题的工作任务:

- 诊断用于确定系统当前的工作状态是否正常。
- 预测则是用于估计和提供有关系统在未来一段时间内的可能工作状态的情况和信息。

但是,工程对于健康评价问题的主要兴趣仍然是在于其隐含的预测内涵,而不是诊断。

　　下面以人体的健康评价状况为例,作为类比,来说明这样的内涵。众所周知,系统的健康评价的概念本身在很大程度上就是来源于对人体的健康评价问题。如果以人体的健康作为一种健康状态,类比一个系统运行状态正常,而以人体的生病作为另外一种健康状态,类比该系统失效,则人的健康状态还常常存在被称为亚健康的某个介于健康与生病之间的中间状态,而这样的中间状态实际隐含了某种预测性含义,表示当前此人的状态与健康状态存在一定的距离,虽然这个距离可能未必是量化和非常精确的概念,但已经不再是两极的健康或是生病的状态。

　　这个概念同样适用于系统的健康评价,系统的健康评价同样需要提供类似亚健康这样的中间态信息,同时尽可能提供这一中间态与两极状态,即正常和失效之间距离的数量信息。最典型的这类距离,例如像残余寿命、剩余工作时间等的参数。而提供这样的距离信息就是健康评价的预测。诊断仅仅提供系统的两极状态信息。

对于人体进行健康评价的场合,上面所说的距离,即健康评价的预测信息常常可以是非常直观的。例如,人体的"三高"状态,即高血压、高血脂、高血糖,属于成年人的一种最为常见的亚健康状态。而其中的血脂参数就包括:

- 总胆固醇。
- 低密度胆固醇。
- 高密度胆固醇。
- 甘油三酯。

而这样的参数都存在一个正常范围,因此,当人体的上述参数超出这一范围时,依据超出的多少,就可以立刻直观感受亚健康的程度或是与健康状态之间的距离。显然,系统健康评价的预测信息,在工程上具有与人体的健康评价状况完全可类比的内涵。

所以,总结一下的话,系统健康评价其概念自身就具有预测内涵,且主要在于如下的两点原因:

- 健康评价中预测信息的存在性:来源于人体的健康评价问题,导致这一概念自身就连带有这样的含义。
- 工程对于预测的需求:这样的预测性是一种工程需求,而且这一需求也是人们着力构建这样的健康评价概念,同时发展相关技术的主要动机和出发点。

事实上,从后面的讨论也能看出:系统健康评价的核心价值就是预测。因为从上面的诊断和预测两个方面的工作任务来看,诊断问题在系统测试性相关的工作已经在处理,而系统的测试性问题则是一个很早就有的传统概念。因此,工程需要健康评价进一步解决预测问题,预测才是以健康评价的方法和手段构建新的工程技术的核心价值。

8.1.4　失效的物理本质与可预测性

在前面章节有关产品失效性质与应力加速的讨论中明确了系统所存在的不同性质的失效问题,包括:

- 早期失效。
- 随机失效。
- 耗损失效。

这些不同的失效性质在本质上反映产品失效的随机性与确定性对于失效过程的影响和作用。其中,随机失效是一个包含了随机性作为主导因素之一的失效过程,而耗损失效则是完全由确定性,即失效的物理过程所主导的失效过程。

结合上面小节已经明确的系统健康评价的预测性能力,即对于系统的失效以及与失效具有某种距离的中间系统状态进行评价的能力,意味着这类系统的失效本身具备可预测性。结合上面关于失效性质的讨论可以看出:通过健康评价所应对的失效必须是某种由物理过程所主导的产品失效过程。

事实上,前面小节已经提到的针对结构的健康评价就很直观和形象地反映了健康评价失效问题的物理本质和特征。正因为这类失效是物理的,所以也是可预测的。因此,与上面有关系统可靠性的失效相比,系统健康评价不考虑由随机因素所主导的系统猝死类型的失效问题,这一点与系统可靠性所考核的随机失效有本质上的差异。在工程上,会发生一些典型的系统猝死类型的失效,例如:

- 由于系统所经历的突发性过载造成的系统保护性停机或失效。
- 由于系统运行过程中偶然遇到的软件或其他系统逻辑中的某个设计缺陷所导致的系统停机或死机等。

结合本书在前面章节讨论有关系统和系统失效部分的内容时,实际已经给出了如下的 3 个系统的随机性来源,即

- 产品自身在材料、几何外形等方面的随机性。
- 系统业务的随机性。
- 系统使用环境上的随机性。

可以看出:上面所提到的系统猝死类型的失效问题来源于这 3 个随机性来源的后两类来源。而这里的第一类随机性来源,在系统健康评价的场合,对于某个特定的进行健康评价的产品个体而言,其自身本身是确定的。

由上面讨论所引申出来的一个有关系统健康评价失效的重要结论就是:"系统健康评价的预测所涉及的产品可靠性特征参数就是该系统特定个体的寿命",或者简单认为系统健康评价与特定个体的寿命评价是同一件事情。

有关这一点,人体的健康评价与某个特定个人的寿命评价,依据一般性常识也能看出是完全不同的两件事情,二者之间没有必然联系,一般而言是两个相互独立的概念。造成这种结果的原因,主要在于系统健康评价与人体评价的"系统"评价对象仍然存在一些本质上的差异。事实上,有关这一差异性的讨论在本书前面章节关于系统和系统失效的部分已经有所介绍,就健康评价这一特定问题,在这里可以总结为如下若干点:

- 人体健康状态的可逆性、而工程系统退化过程的单向性与不可逆性:人体的疾病过程存在可逆性,因为生物的肌体和细胞存在再生的问题。因此,人体的健康状态与预测是相对独立的。而工程产品的状况则完全不同,其健康的当前状态与其预测结果有因果关系和必然联系,因为当前状态不会消失,只会继续演变,同时随着时间的推移变得更糟。
- 人体的物理构成存在通过外科手术等进行外部变更的问题,而工程产品在完成更换以后会被认定为不同的健康评价对象:造成人体健康状态问题的特定局部问题,如肿瘤,是可以通过手术去除的,可以恢复;而工程产品健康状态所涉及的损伤是永久性的,不可恢复,除非是进行更换。
- 在不可逆状态下,人体的健康评价与寿命评价也会类似工程产品那样合二为一:例如,当人体确诊癌症以后,尤其是癌症晚期的时候,病人的病情已经处于不可逆的状态,此时大夫对于病人的情况,也会开始讨论和说明病人可能的死亡时间问题,这一说明实际就是对病人的残余寿命进行估计。

8.1.5　判据参数化与可测性的要求

还是首先通过人体的情形来说明产品失效判据的问题。这里有一点需要说明一下:严格意义上讲与人体类比的情形实际更适合系统的故障情形,而非失效,因为故障仅仅是参考一般的正常状态而言的非正常状态,并非一定意味着最终物理上的失效,所以,从这个意义上讲,更适合人体存在疾病的情形,而产品的失效则仅仅对应了人体的死亡状态。但由于这样的用语差异问题并不影响后面的讨论内容和结论,因此仍然在后文的讨论中沿用失效和失效判据等

用词,且不再进行专门的说明。更多有关系统故障和失效概念的详细讨论可以参见前面系统和系统失效一章的相关内容。

回到人体的健康状况的判断,即人体的健康判据或生病判据,一般可以用如下类型的信息加以定义,即

- 症状(也包括通过设备进行的目视与影像观察)。
- 参数指标。

其中,症状是对健康状态或称为是否疾病状态进行判定的基本出发点,是直观可见的判定条件;参数指标是对这类状态的更为精细化的定义和确认,而在人体的情形下,则主要是生化等测量数据。

可以看出:工程产品的失效判据的信息形式是类似的,而且,上述两类信息在工程上均被称为模式。在这里,为了明确加以区分,不妨称后者为参数化的系统失效判据,而在不加说明的情况下,以失效模式定义的失效判据则一般仅指前者。

包括系统在内的任何产品的失效,其失效判据的定义均首先源于对其失效模式的定义,而且,从上面非参数化产品失效模式的类比也已经说明,这类产品失效模式是可见和直观的。因此,对于系统可靠性评价的情形,如果仅限产品的正常与失效,即通常所说的成/败两种结果的状态,则失效判据不是问题,总是一定存在且明确的。如果进一步将这样的成/败两种状态的识别实现自动化和精细化,能够判定系统局部的故障状态,避免系统在常常运行时再发现和产生问题,就成为通常所说的测试和诊断问题。

但上面这样的情况并不能满足系统健康评价的要求。正如前面小节已经指出的那样,健康评价需要提供产品的中间态信息,因此,存在系统失效判据的参数化问题。而且,由于系统通常所存在的复杂性,系统失效模式所涉及的参数不是一个,这就使得参数的表达变得异常复杂。如果简单思考一下电子系统的情形,就很容易发现对于系统失效判据进行参数化,并达成中间态评价要求的复杂性。

所以,一般而言,对系统进行健康评价,均存在如下对于系统失效判据进行处置的基本要求,而且这样的要求要高于系统传统的测试性和诊断要求。它们是指:

- 模式的可测性,或是关键性能参数的可测性:模式可以观察,但不一定可以测量,测量可以实现精确化和自动化,提供中间状态。
- 判据的参数化以及健康状态参数范围的可定义性:尤其在多参数的情形下,实现对于不同失效模式的参数表达。

上面两类的基本处置要求,实际也从工程的角度解释了为何 PHM 既是一个理论和方法的问题,也是一个技术和工程实现问题的原因。结合这样的一种认知,也就能够容易理解 PHM 的 3 个基本技术途径的处置思路问题。简单总结如下:

- 数据的方法:围绕参数化判据的处置问题。判据的参数化与参数的提取都是这一技术途径有待解决的关键问题。
- 物理模型的方法:绕开参数问题来估计物理过程,这样的技术途径存在对产品中间状态无法清晰确定的问题且存在标定问题。
- 故障标尺的方法:将中间参数的变化转换成为非参数模式的形式表现出来。

更多有关 PHM 及其相关问题的详细讨论可以参见其他的专业性书籍和文献。

8.1.6　维修保障体系的延伸和拓展

工程产品健康评价的主要工程应用场景通常具有如下的两个主要特征,即

- 产品或系统的任务敏感性:系统每次任务的执行均对其具有高可靠性、高安全性等相关方面的要求。
- 产品或系统的日常性维修保障活动和需要:以维持系统的任务可靠度和任务执行能力。

这两点在上面小节的讨论中实际已经提到,尤其是对其中第一点的任务敏感性问题已经做了较为详细的讨论。而这里提到的第二点,即系统的维修保障活动,则是用以满足这样的工程应用需求、保障系统任务可靠性的主要工程手段。

在前面小节讨论有关系统健康评价的判据参数化与参数可测性的要求问题时,已经明确了系统健康评价的技术和工程实现问题(即 PHM),而这里所说的工程应用场景,即对于系统的日常性维修保障,则为 PHM 技术实现提出了进一步的要求和约束条件。

关于系统 PHM 与系统维修保障的关系以及前者因此需要满足的工程条件,可以总结和归纳成为如下的若干点:

- 健康评价需要嵌入现有的维修保障体系:健康评价的实施不能脱离用户的实际维修保障环境和条件,对于现有维修保障体系具有技术依赖性以及适应性要求。
- 健康评价有助于提升系统的维修保障效率:健康评价能够帮助满足系统维修保障和零备件供应等的经济性要求,以及有效提升系统在诊断自动化、智能化等方面的技术能力和水平。健康评价能够帮助强化每一个产品个体每一次任务的执行能力,帮助强化其维修保障。
- 健康评价是实现预测性维修和状态维修的基础:目前的工程技术水平主要是支持计划性的维修保障体制,通过构建产品的健康评价能力,逐步转化和发展成为所谓预测性的基于产品当前状态的维修保障体制。

针对上面第一点的有关健康评价需要嵌入现有的维修保障体系的问题,再做少量的补充说明。事实上,大型复杂系统的运营以及与之相对应的维修保障系统已经早已存在,以大型客机的商业运行为例,其已经有 60～70 年的使用和运行历史,因此,早已构建有一套相对成熟与事实证明行之有效的维修保障体系。仅仅是随着维修保障的复杂性的提高,以及效率成本方面新的要求等问题,因此产生出对于系统健康状态评价方面的需求。所以,PHM 技术及其所应用和引入的健康评价体系,在客观上需要构建在已有的维修保障系统和平台之上,二者的密切关联是实现一个现实可行且工程有效 PHM 系统的关键。

8.1.7　系统运行过程和历史追溯

由于系统健康评价均是针对产品的特定个体,且评价所涉及的信息输入也是该个体所执行的实际任务和所经历的实际使用环境与条件,使得系统健康评价能够提供一些完全不同于可靠性评价的预测结果与工程应用,主要包括:

- 为任务执行提供预警信息。
- 为维修保障提供系统的历史运行数据和信息。
- 对特定个体的系统失效案件提供问题的追查和追责依据。

- 为系统提供故障定位、故障隔离等排故信息。
- 为解决间歇性故障、系统不可复现故障问题提供一种可能的解决方案(注:可同时参见系统和系统失效一章有关这一问题的更多讨论)。

上面这些类型的工程应用均与系统运行过程和运行历史的追溯相关,这也是系统健康评价的一个重要组成部分和不同于系统可靠性评价的一个显著特征。由于系统的历史运行状态信息是系统健康评价的输入,且在工程和技术的实现层面能够通过对系统的运行状态监控来获取这样的输入信息,这也就使得一个工程实际中的 PHM 系统,即使由于技术实现的难度或是理论方法上的不明确而暂时难以具备系统健康评价的预测能力,但通常会首先具备对于对象系统进行运行过程和运行状态的实时监控与记录能力。这也是目前工程应用中很多大型复杂系统 PHM 的一个主要特征,同时又仅具有这类部分能力的原因。

【选读 91】 PHM 对于大型复杂系统的工程意义

服务于大型复杂系统的任务和维修保障是对系统健康状态评价的主要需求来源。因此,首要的问题是何谓大型复杂系统?一般来讲,从系统的构成情况来看,一个复杂系统至少需要3 级供应商才能完成系统产品的生产。包括:

- 一级供应商:提供构成设备与分系统。
- 二级供应商:提供设备与分系统的元器件、零部件、组件和模块。
- 三级供应商:提供原材料。

一个复杂系统研制单位的主要工作首先是完成一个总体结构平台的设计和制造,然后在这一平台上,将所需的各类型的设备和分系统进行集成,达成系统任务的各项要求。由于各种类型设备的集成,导致这类系统可能不仅在成本上,而且在实际的物理体积上都会达到一定规模,因此构成大型复杂系统。

典型的大型复杂系统如:

- 航空系统:如民用客机、各类军用运输机、战斗机等。
- 航天系统:如运载火箭、载人航天系统等。
- 武器系统:如各类的装甲车辆、各类武器集成的舰船等。
- 轨道车辆:如高速铁路、轨道车辆等。
- 民用车辆与各类工程车辆等。

正是由于系统的复杂性,大型复杂系统在其实际的运行与任务的执行过程中,涉及多类人员与角色,以及各类不同角色的不同问题关注点和利益点,为系统健康状态评价的实际工程落实带来复杂性。这些不同的角色主要包括:

- 用户:系统任务的执行者与责任者。
- 系统研制单位:系统设计和制造单位、系统可靠性的第一责任人。
- 系统的供应商:尤其系统的设备和分系统供应商。
- 第三方单位:如鉴定评审单位、提供某些专门服务的单位等。

与普通产品使用的一个显著不同点在于:上述所有的角色都会在一定程度上参与到大型复杂系统的日常使用,尤其是日常的维修保障中去,因此都会为系统的任务执行与可靠性直接或间接地承担某种责任,而非仅仅是用户的责任。

上述系统运营与任务保障的复杂性,导致的一个直接结果就是:需要完成系统健康状态评价所需要的基础条件不能在某一方满足,而需要所有相关方协同才能满足。而从实际发生的工程营运情况来看,由于责任与利益关联的紧密性关系,系统用户和系统研制单位的工作关系更为紧密,因为系统研制单位被认为是系统任务可靠性的直接责任方。而对于任何单——方的供应商而言,它仅仅是系统研制单位的众多供应商之一,而反言之,这种类型的供应商也会有很多的用户,使得某个系统的研制单位也仅仅是其多数的用户之一,因此,系统研制单位与设备/分系统供应商之间也仅会保持一定程度的工作关系。

结合上面所讨论的实现系统健康状态评价所需要的一些基本条件,例如,关于评价对象系统个体的任务和实际使用状况,可能更多仅限系统的研制单位一方;关于产品的具体失效机理与相关物理过程的预测方法和能力,则仅有设备/分系统的供应商可能了解;而关于健康状态评价系统能够与现有的维修保障体系无缝连接的问题,可能是唯——项系统研制单位和设备/分系统供应商所共同了解的内容。可以看出,大型复杂系统的健康状态评价所需要具备的一些基本条件,并不在某一个工程单位中全部具备,这一点为实际评价系统的实现带来复杂性。

8.1.8　健康评价的可靠性增长作用

本节有关系统健康评价概念的讨论,至此已经明确了各个方面系统健康评价与可靠性评价的具体差异。那么,到底该如何看待二者的关联性问题?尽管二者在产品可靠性领域方方面面面具有显而易见的共通性研究议题和兴趣点。

我们已经知道,产品的可靠性评价在数量上核心是解决产品一级或产品批次的失效概率问题,而健康评价则是解决特定个体的失效预测问题。因此,产品可靠性评价在工程上不能替代和用于产品的健康评价领域与需求。但反过来,产品的健康评价所提供的针对产品个体的使用状况和可靠性评价实例,为潜在的产品可靠性评价提供了更为准确、可靠和丰富的每一个产品个体在使用现场实际的原始可靠性表现和行为信息以及量化数据。

事实上,尤其有关大型复杂系统,也被称为资产(Asset)一级的系统,作为 PHM 相关技术最为主要的工程应用对象,其可靠性工程实践也表明:传统概念上的系统可靠性评价,尤其是以系统一级可靠性演示验证为目的,甚至是以可靠性增长为目的的可靠性评价试验,由于小样本以及试验成本和实际操作等各方面的问题会变得在工程上缺乏可行性。而另一方面,系统的研制方与供应商在更加密切紧密地介入和参与,甚至是为用户完全承担和管理系统的日常性维修保障工作,同时利用这一工作所提供的第一手系统的实际可靠性表现信息和数据,同步处理和达成系统的可靠性增长目的。而 PHM 为这样的系统可靠性增长实践提供了新的手段和契机。

因此,从工程的角度,系统的健康评价为可靠性评价提供了新的技术途径和可能性,这样的途径和可能性对于具有任务敏感性以及对于 PHM 相关技术具有高度需求契合工程应用的系统具有重要意义。二者评价的关联性总体可以归纳为如下的若干点:

- 系统的健康评价可以为系统可靠性评价提供更加丰富的用户使用信息;这也意味着系统可靠性评价的确定性水平的进一步提升。
- 系统的健康评价可以提供系统的故障隔离和定位信息;由于健康评价系统导致更多的传感器以及传感器信息的应用,使得系统对于故障的感知能力增强,这样的能力为系统的研制单位提供了新的故障隔离和定位手段与可能性。
- 系统的健康评价可以帮助实现系统的可靠性增长:系统的健康评价为可靠性增长提供

了新的产品信息来源和问题处置能力。

8.2　健康度量

　　前面小节的内容主要是从与可靠性评价进行比较的角度,讨论了健康评价的概念问题。如果是从系统和系统失效的角度,在引言中已经总结了产品可靠性的 3 类量化指标以及这些指标的"浴盆曲线"特征。因此本节就以这样的系统和系统失效作为问题的出发点,来考虑产品健康评价中对于产品健康状态的度量问题。

　　从上面所讨论的产品健康评价的概念,不难看出如下不同于系统可靠性问题的主要特征,即

- 健康评价问题的本质不是系统问题:健康评价同样应用于非系统类型的产品。
- 对于失效退化物理过程的评价:健康评价问题存在物理确定性与失效过程的可预测性。
- 关于个体的评价问题:健康评价中的测量参数需要能够有效反映产品自身在材料、几何外形等方面的个体差异性,将产品整体在个体差异方面上的随机性转变成为个体上的确定性因素。
- 基于实际发生载荷的评价:健康评价中的测量参数需要能够有效反映产品在实际的运行条件下,在业务与使用环境上的个体差异性,将产品整体在这两个方面个体差异上的随机性转变成为个体上的确定性因素。

　　因此,基于上述产品健康评价问题的失效物理特征,同时结合本书前面章节已经介绍和讨论的系统硬件可靠性问题的相关理论和模型,可以将产品健康评价的度量对象问题定义成为如下的抽象化问题,即"系统的硬件健康状态涉及多个可能的根源失效,且仅考虑其中的与时间退化相关的物理失效过程。在某个特定的产品个体经历了一定的时间运行后,所有影响该产品运行的物理失效过程,均经历了某种程度的退化以后处于某个特定的状态。所有这些状态的总和(也可以是某个加权总和)表征了该系统整体的健康状态。"

　　即一个产品的健康状态是指:对于某个特定产品个体在其运行实际发生的载荷条件下,针对其所有可能发生的且与时间退化相关的失效物理过程,该特定产品个体所处在所有相关各退化过程中退化程度的一个总和。

　　基于上述产品健康评价问题的四点特征中后面两点特征,产品健康状态的度量参数需要具备感知和反映产品所有 3 个随机性来源的能力,将产品整体的随机性转变成为产品个体的确定性问题,且这样的度量参数需要满足如下要求,包括:

- 度量参数数据的模拟特征:可靠性指标度量最终用于描述产品的工作与失效两种状态的结果,而系统的健康度量则需要描述产品失效物理过程的中间或退化状态(注:虽然可靠性评价中也有利用产品退化数据的情形,如产品试验中的所谓"伪寿命"问题,但最终关注的实际仍然只是产品最终的失效结果)。
- 度量参数的时间退化特性:在产品的可靠性量化评价中,关注产品失效与载荷水平的关系,其本质依照前面章节关于相关问题的讨论是关于产品的物理退化速率与载荷水平的关系问题;而对于产品健康状态评价的情形,即使载荷水平保持恒定不变,也存在产品相关失效物理过程的退化问题,即产品健康状态的变化。因此,健康状态评价关

心产品失效物理过程的退化程度问题,而非退化的速率问题,所以总体而言,是一个退化速率的时间积分问题。

- 度量参数的可测试性:产品的失效总体而言总是可以探测的,因此,产品的可靠性指标不存在可测试性的问题;而产品某个失效物理过程中的退化状况是否可测则是不一定的,因此,某个特定产品的健康状态通常需要通过某个可进行测试的参数进行表征和输出出来。所以,PHM 系统在工程上也是一个技术问题。

从产品可靠性的角度,这样的度量参数存在如下的两个类型,即

- 性能参数度量:这类参数在工程实际条件下,可能存在难以实现测量,且在多参数条件下难以构建健康特征、难以构建健康标准的问题。
- 寿命耗损度量:这样的度量方式存在难以确定当前产品健康状态的问题,而且也会存在技术实现过程中对于健康评价系统标定的问题。

总体而言,从工程技术实现的角度来看上述两类的度量参数,前者存在判据参数化的难点问题,而后者则存在不能满足健康度量完全可测要求的问题。从另外一个角度讲,前者缺乏问题解决途径或方法上的通用性,而后者则存在输出结果不确定性的问题。

附录 A

索 引

A.1 缩略语

AF	Acceleration Factor
AHM	Aircraft Health Monitoring
AI	Artificial Intelligence
ALT	Accelerated Life Test
ASHRAE	the American Society of Heating，Refrigerating and Air-Conditioning Engineers
ASQ	American Society of Quality
CAD	Computer Aided Design
CADfR	Computer Aided Design for Reliability
CBM	Condition-Based Maintenance
CDF	Cumulative Distribution Function
CND	Can Not Duplicate
CTE	Coefficient of Thermal Expansion
CPU	Center Processing Unit
CND	Can Not Duplicate
CNRF	Can Not Reproduce Fault
CMOS	Complimentary Metal Oxide Semiconductor
CALCE	Computer Aided Life Cycle Engineering
DfR	Design for Reliability
DOE	Design of Experiments
DR	Design Review
DRfR	Design Review for Reliability
DfR	Design for Reliability
DRBFM	Design Review Based on Failure Mode
DFMEA	Design Failure Mode and Effect Analysis
DNA	DeoxyriboNucleic Acid
EHM	Engine Health Monitoring

EM	Electromigration
EMC	Electromagnetic Compatibilty
EOS	Electrical Overstress
ESD	Electrostatic Discharge
EPSC	Electronic Products and Systems Center
FEA	Finite Element Analysis
FIT	Failure in Time
FMEA	Failure Mode and Effect Analysis
FMECA	Failure Mode Effect and Criticality Analysis
FMMEA	Failure Mode，Mechanism and Effect Analysis
FRACAS	Failure Analysis and Corrective Action System
FNF	Fault Not Found
GPU	Graphics Processing Unit
HALT	Highly Accelerated Life Test
HAST	Highly Accelerated Stress Test
HASS	Highly Accelerated Stress Screening
HASA	Highly Accelerated Stress Audit
HC	Hot Carrier
HP	Hewlett Packard
HPP	Homogeneous Poisson Process
HUMS	Health and Usage Monitoring System
HDD	Hard Disk Drive
IC	Integrated Circuit
IDPS	Integrated Diagnostics and Prognostics System
IEEE	Institute of Electrical and Electronics Engineers
IVHM	Integrated Vehicle Health Management
IMC	Intermetalic Coumpound
JEDEC	Joint Electron Device Engineering Council
JDIS	Joint Distributed Information System
JSF	Joint Strike Fighter
LCF	Low Cycle Fatigue
LID	Law of Identity
LNC	Law of Non-Contradiction
LEM	Law of Excluded Middle
LEP	Life Extension Program
LPCVD	Low Pressure Chemical Vapor Deposition
MCU	Micro-Controller Unit
MEMS	Micro Electromechanical System
MSL	Moisture Sensitiity Level

MTBF	Mean Time between Failures
MTTF	Mean Time To Failure
MAP	Maximum a Posteriori Estimation
MLE	Maximum Likelihood Estimation
MOSFET	Metal Oxide Semiconductor Field Effect Transistor
MTBR	Mean Time between Repairs
MTTR	Mean Time to Repairs
NA	Not Applicable
NBTI	Negative Bias Temperature Instability
NIST	National Institute of Standards and Technology
NN	Neural Network
NFF	No Failure Found
NFI	No Fault Indications
NTT	Nippon Telegraph and Telephone
NPR	No Problems Reported
NPF	No Problem Found
NTF	No Trouble Found
NIC	Network Interface Controller
NIST	National Institute of Standards and Technology
OLS	Ordinary Least Square
OSA-CBM	Open System Architecture for Condition-based Maintenance
ORT	On-going Reliability Test
OEM	Original Equipment Manufacture
PCB	Printed Circuit Board
PDF	Probability Density Function
PHM	Prognostic and Health Management
PMF	Probability Mass Function
PSD	Power Spectrum Density
PSU	Power Supply Unit
PWB	Printed Wiring Board
PoF	Physics of Failure
PDP	Product Development Process
ROM	Read Only Memory
PSG	PhosphoSilicate Glass
PTH	Plated Through Hole
QFD	Quality Function Deployment
QMS	Quality Management Systems
QuanALT	Quantitative Accelerated Life Test
QualALT	Qualitative Accelerated Life Test

RCA	Root Cause Analysis
RF	Radio Frequency
RH	Relative Humidity
RRMS	Reliability Risk Management System
RBD	Reliability Block Diagram
RTOK	Re-Test OK
RAID	Redundant Array of Independent Disks
RTTF	Remaining Time to Failure
SAE	Society of Automotive Engineers
SDDV	Stress Driven Diffusion Voiding
SER	Soft Error Rate
SHM	Structural Health Monitoring
SILC	Stress-Induced Leakage Current
SM	Stress Migration
SRAM	Static Random-Access Memory
SPRT	Sequential Probability Ratio Test
SCA	Sneak Circuit Analysis
SSD	Solid State Disk
TAAF	Test Analyze and Fix
TC	Temperature Cycling
TCP/IP	Transfer Control Protocol/Internet Protocol
TDDB	Time-Dependent Dielectric Breakdown
TTF	Time to Failure
TNI	Trouble Not Identified
THB	Temperature Humidity Bias
TS	Thermal Shock
TR	Technical Review
UTRF	Unable To Reproduce (or Replicate) Fault
VQual	Virtual Qualification
V&V	Verificaiton and Validation
VT	Verificaiton Test

A. 2 概念汇总和索引

表 A-1～表 A-3 汇总了全书的主要概念和定义,每个主要概念和定义同时索引了书中对其进行主要说明与引用的章节,以方便读者进行查阅。这里汇总的概念和定义被分成如下的 3 个类型,包括:

- 关于可靠性与可靠性评价。
- 关于数据处理与统计。

* 关于系统和系统硬件。

表 A-1　本书主要概念的汇总和索引——关于可靠性与可靠性评价

概　念	描述和定义汇总	索　引
可靠性量化评价	可靠性量化评价,简单地说,就是依照产品的可靠性定义,给出评价对象产品可靠性特征量或特征参数的数量大小	1,1,1.3
产品可靠性	产品可靠性是指产品在规定的时间、规定的环境完成规定功能的能力。这一定义明确了产品可靠性的 3 个限定条件,即 • 对于产品的功能和性能要求。 • 产品的使用环境和运行条件。 • 对于产品使用时间的要求	1.1
产品可靠性量化指标的提取	产品可靠性量化指标的提取就是指基于已有的产品试验数据或是实际外场使用数据,依据统计论的理论和方法,对产品的相关可靠性指标或是特征量进行数量上的估计,并在此基础上进一步给出产品可靠性在数量上的评价结论	2

表 A-2　本书主要概念的汇总和索引——关于数据处理与统计

概　念	描述和定义汇总	索　引
估计值和评价结论/统计推断	估计值和量化评价结论在统计论上是两个不同的概念。估计值是基于数据,即实际证据,通过分析所得到的一个数量结果。显然,这样的结果一定受到所处置数据情况的影响,由于数据本身存在随机性(或称不确定性),导致这样的分析结果也必然存在不确定性。而量化评价结论则是一个基于上述分析结果进而最终给出的推断(即一个统计推断),构成一个对于产品可靠性相关问题的决策	2
统计论回答的产品可靠性工程问题	统计论从基础理论的角度处理和回答了如下有关产品可靠性量化评价的工程问题,包括: • 参数的估计问题。 • 推断的假设检验问题。 • 置信度与区间估计的问题。 • 推断的修正和改进问题	2
数据处理的基础理论问题	数据处理的两个基础性理论问题,即 • 基于现有数据,这一参数估计值是否是最优的估计。 • 基于不同数据的估计值必然会存在估计结果的不确定性,那么基于现有数据所得到估计值的不确定性有多少,是否处于一个可以接受的范围。 事实上,上面两类问题中的前一类就属于统计论中的所谓点估计问题,而后一类则属于假设检验和区间估计的问题	2.3

表 A-3　本书主要概念的汇总和索引——关于系统和系统硬件

概　念	描述和定义汇总	索　引
系统	系统的字面含义是指一个由多个元器件、零部件、组件或是子系统、分系统所构成的,通常具有某种复杂功能的工程产品的整体。系统的特性包括: • 系统的非机械性质。 • 系统的抽象性逻辑关系本质	1.2,3

概　念	描述和定义汇总	索　引
系统可靠性问题特点	系统可靠性问题的特点： • 系统的多种失效模式、失效机理。 • 系统试验通常所面临的小样本情形。 • 系统评价模型。 • 系统的可靠性和寿命确定,包括定寿、延寿	1.3
系统可靠性研究的工程侧重点	系统可靠性研究的工程问题侧重点： • 元器件或系统单元的可靠性。 • 系统硬件可靠性。 • 系统关系(包括系统逻辑和系统集成等)相关的可靠性	1.3,1.4,3
系统可靠性在统计论基础之上的问题	系统可靠性量化评价,在传统统计论理论基础上,需要进一步考虑的问题包括如下的 3 个方面,即 • 系统多模式、多机理的失效问题。 • 失效的加速问题。 • 实际产品不同性质失效的评价问题	1.4,2
系统研究的目的	对于产品可靠性而言,系统研究的基本目的就是将系统关系提取和抽象出来,完成模型化,在模型中剔除系统构成实体的具体形态,实现对系统可靠性问题的分解和简化	3
生物系统与工程系统的区别	一个生物系统与一个工程系统的区别主要体现在如下 3 点： • 生物系统的单元之间均存在着物质交换、运输和变化,工程系统通常不存在这样的情形。 • 不同生物系统实体之间通常是物理强耦合(也包括生物、化学等的耦合关系)、强相关的,一部分生物实体的变化会影响到其他的系统实体。但工程系统的物理强耦合关系仅限于一个系统的单元内部。 • 生物机体、细胞、组织之间的某种逻辑关系是完全由物质本身所构建和决定的,而工程系统的物理实体与系统逻辑本质上是相互独立的	3
系统硬件可靠性评价思路	系统可靠性的传统研究和系统评价思路,即系统整体的可靠性问题是由系统的某个物理实体的某种物理失效所造成的,因此系统整体的可靠度或失效概率就完全由这一物理实体之物理失效的发生概率所决定。这一思路包括了如下假定,即 • 系统的逻辑关系不是系统可靠性的问题来源,不在产品系统可靠性问题的考虑之列。 • 造成系统失效的根源在于系统实体所发生的某个物理失效问题,该物理问题的发生主要受到制约系统运行之物理规律的影响。 • 造成系统整体可靠性问题的根源物理失效可以在系统中实现探测、确认、隔离和定位。 • 系统可靠性问题的关注点仅限系统整体的失效概率问题,不考虑不同的系统失效模式对于系统运行、系统任务等在重要性和影响上的差异	3.3
系统硬件可靠性量化评价的视点	传统的系统硬件可靠性量化评价的视点就是以系统的物理失效,即系统单元物理失效为基础的,且专注于系统单元物理失效对于系统整体可靠度或失效概率影响的研究和系统可靠性评价视点	3.3

参考文献

[1] The United States Department of Defense. Electronic Reliability Design Handbook (MIL-HDBK-338B)[S],1998.

[2] The Institute of Electrical and Electronics Engineers,Inc.. IEEE Standard Methodology for Reliability Prediction and Assessment for Electronic Systems and Equipment(IEEE 1413)[S],1998.

[3] The Institute of Electrical and Electronics Engineers,Inc.. IEEE Guide for Selecting and Using Reliability Predictions Based on IEEE 1413(IEEE 1413.1-2002)[S],2002.

[4] The United States Department of Defense. Reliability Prediction of Electronic Equipment(MIL-HDBK-217)[S],1991.

[5] 国防科学技术工业委员会. 电子设备可靠性预计手册(GJB 299-87)[S],1987.

[6] PETER A,DAS D,PECHT M. Appendix D Critique of MIL-HDBK-217[M]// National Research Council,Division of Behavioral and Social Sciences and Education,Committee on National Statistics,et al. Reliability Growth:Enhancing Defense System Reliability. Park,Maryland:CALCE EPSC Press,2015:203-245.

[7] 谢劲松. 国外对定量的电子可靠性评估与相关可靠性技术的研究和发展现状[J]. 可靠性工程,2005,4(4):157-163.

[8] 谢劲松,张健,王志鹏,等. 基于失效物理的量化可靠性仿真工具比较研究. faprl,2019.

[9] 中华人民共和国国家质量监督检验检疫总局. 电子商务基本术语(GB/T18811—2002)[S],2002.

[10] ALLEN C,HAND M. Logic Primer[M]. 2nd ed. Bradford:The MIT Press,2001.

[11] Wikipedia[EB/OL]. https://en.wikipedia.org/.

[12] 项目研究报告[R]. faprl,2020.

[13] LEHMANN E L,ROMANO J P. Testing Statistical Hypotheses[M]. 3rd ed. New York:Springer,2005.

[14] BARLOW R E,PROSCHAN F. Statistical Theory of Reliability and Life Testing Probability Models[M]. New York:Holt,Rinehart and Winston,Inc.,1975.

[15] NIST. NIST Engineering Statistics Handbook[S],2012.

[16] IPC. Guidelines for Accelerated Reliability Testing of Surface Mount Solder Attachments(IPC-SM-785)[S],1992.

[17] O'CONNOR P,KLEYNER A. Practical Reliability Engineering[M]. 5th ed. New

York:John Wiley & Sons,2012.

[18] EVANS J W, KRETSCHMANN D E, GREEN D W. Procedures for Estimation of Weibull Parameters[R]. Washington:United States Department of Agriculture,2019.

[19] DoD. Military Standard Reliability Testing for Engineering Development,Qualification and Production(MIL-STD-781D)[S],1986.

[20] DoD. Military Handbook Reliability Test Methods,Plans and Environments for Engineering Development, Qualification and Production (MIL-HDBK-781, full version) [S],1987.

[21] LI D J. On the Sequential Test per MIL-STD-781 and New,More Efficient Test Plans [D]. Tucson:the University of Arizona,1990.

[22] 中国人民解放军总装备部. 可靠性鉴定和验收试验(GJB 899A-2009)[S],2009.

[23] WALD A. Sequential Analysis[M]. New York:John Wiley & Sons,1947.

[24] WALD A. Sequential Tests of Statistical Hypotheses[J]. Annals of Mathematical Statistics,1945,6(2):117-186.

[25] GMW. Calibrated Accelerated Life Testing(CALT,GMW8758)[S],2011.

[26] 宋保维. 系统可靠性设计与分析[M]. 西安:西北工业大学出版社,2008.

[27] JEDEC. Failure Mechanisms and Models for Semiconductor Devices (JEP122G) [S],2011.

[28] Intel. Component Quality and Reliability[S],1992.

[29] ZURAWSKI R,ZHOU M C. Petri Net and Industrial Applications:A Tutorial[J]. IEEE Transaction on Industrial Electronics,1994,4(6):567-583.

[30] 朱德成,罗雪山,沈雪石,等. 复杂信息系统功能需求的 Petri 网描述[J]. 小型卫星计算机系统,2003,24(1):135-138.

[31] 谢劲松,朱雪媾. 机电组件基于试验数据的可靠性量化评价结果提取. Faprl,2019.

[32] ReliaWiki[EB/OL]. https://www. reliawiki. com/.

[33] Product Qualification and Accelerated Testing,calce epsc,UMD,2003.

[34] NIST. Glossary[S],2020.

[35] ASHRAE TC 9. 9. 2011 Thermal Guidelines for Data Processing Environments-Expanded Data Center Classes and Usage Guidance[R],2011.

[36] SCHMIDT R. 2011 ASHRAE New Environmental Envelopes for Data Centers[R], 2011.

[37] ASHRAE TC9. 9. Data Center Networking Equipment-Issues and Best Practices[R], 2011.

[38] IPC. Design Guidelines for Reliable Surface Mount Technology Printed Board Assemblies(IPC-D-279)[S],1996.

[39] IPC. Performance Test Methods and Qualification Requirements for Surface Mount Solder Attachments(IPC-9701)[S],2002.

[40] 姜同敏. 可靠性与寿命试验[M]. 北京:国防工业出版社,2012.

[41] JEDEC. Accelerated Moisture Resistance-Unbiased HAST(JESD22-A118)[S],2000.

[42] JEDEC. Accelerated Moisture Resistance-Unbiased Autoclave(JESD22-A102-C)[S], 2000.

[43] COLLINS D H,FREELS J K,HUZURBAZAR A V,el al. Accelerated Test Methods for Reliability Prediction[J]. Journal of Quality Technology,2013,45(3):244-259.

[44] KHAN M S,PASHA G R,PASHA A H. Theoretical Analysis of Inverse Weibull Distribution[J]. Wseas Transactions on Mathematics,2008,7(2):30-38.

[45] ISO. Quality Management Systems—Fundamentals and Vocabulary(ISO 9000)[S], 2015.

[46] Aktuel Elektronik. Accelerated lifetime tests based on the Physics of Failure,FORCE Technology,2018.

[47] COLLINS D H,FREELS J K,HUZURBAZAR A V,et al. Accelerated Test Methods for Reliability Prediction[J]. Los Alamos National Laboratory,Simulation,and Computation(ADTSC)LA-UR 12-20429,2008.

[48] HOBBS G K. Accelerated Reliability Engineering:HALT and HASS[M]. New York: John Wiley & Sons,2000.

[49] MCGARVEY W J. Autoclave vs. 85℃/85% R. H. Testing-A Comparison[C]//Proceedings of the IEEE International Reliability Physics Symposium. San Francisco: IEEE,1979:136-142.

[50] DARVEAUX R,REICHMAN C. Solder Alloy Creep Constants for Use in Thermal Stress Analysis[J]. Journal of Surface Mount Technology,2013.

[51] WANG C J. Sample Size Determination of Bogey Tests Without Failures[J]. Quality and Reliability Engineering,1991,7(1):35-38.

[52] LI X Y,GAO P F,SUN F Q. Acceptance Sampling Plan of Accelerated Life Testing for Lognormal Distribution under Time-Censoring[J]. Chinese Journal of Aeronautics, 2015,28(3):814-821.

[53] ASQ. Quality Glossary[S],2020.

[54] AHSAN R,MEMON A Z. A Note on Blest's Measure of Kurtosis(With reference to Weibull Distribution)[J]. Pakistan Journal of Statistics and Operation Research,2012, 8(1):83-90.

[55] ROUSU D N. Weibull Skewness and Kurtosis as a Function of the Shape Parameter [J]. Technometrics,1973,15(4):927-930.

[56] PECHT M. Integrated Circuit,Hybrid,and Multichip Module Package Design Guidelines:A Focus on Reliability[M]. New York:John Wiley & Sons,1994.

[57] PECHT M. Product Reliability,Maintainability,and Supportability Handbook[M]. Boca Raton:CRC Press,1995.

[58] DoD. Procedures for Performing a Failure Mode,Effects and Criticality Analysis(MIL-STD-1629A)[S],1980.

[59] EIA. Failure Mechanisms and Models for Silicon Semiconductors Devices(JEP122)[S], 1996.

［60］Telcordia. MTBF Telcordia SR-332［S］,2016(4).

［61］Bellcore. Reliability Prediction Procedure for Electronic Equipment(TR-TSY-000332)
［S］,1988(2).

［62］Siemens AG. Siemens Company Standard SN29500,Failure Rates of Electronic Compo-
nents,Siemens Technical Liaison and Standardization(Version 6. 0)［S］,1999.

［63］British Telecom. Handbook of Reliability Data for Components Used in Telecommuni-
cation Systems ［S］,1987(4).

［64］Telcordia. Reliability Prediction Procedure for Electronic Equipment(SR-332)［R］,
2001(1).

［65］Lenovo. Lenovo Internal Testing Standards for Servers［S］,2020.

［66］ASHRAE. Datacom Equipment Power Trends and Cooling Applications(2nd ed.)［S］,
2012.

［67］国防科工委军标中心. 中华人民共和国国家军用标准 可靠性Ⅰ/Ⅱ/Ⅲ［S］,1992.

［68］中华人民共和国国家质量监督检验检疫总局,中国国家标准化管理委员会. GB/T 9813.
3—2017 计算机通用规范 第 3 部分:服务器［S］,2017.

［69］PECHT M,RADOJCIC R,RAO G. Guidebook for Managing Silicon Chip Reliability
［M］. Boca Raton:CRC Press,1999.

［70］PECHT M,NGUYEN L T,HAKIM E B,et al. Plastic-Encapsulated Microelectronics:
Materials,Processes,Quality,Reliability,and Applications［M］. New York:John Wiley
& Sons,1995.

［71］PECHT J,PECHT M. Long-Term Non-Operating Reliability of Electronic Products
［M］. Boca Raton:CRC Press,1995.

［72］HANNEMANN R,KRAUS A,PECHT M. Semiconductor Packaging:A Multi-discipli-
nary Approach［M］. New York:John Wiley & Sons,1994.

［73］LALL P,PECHT M,HAKIM E B. Influence of Temperature on Microelectronics and
System Reliability［M］. New York:CRC Press,1997.

［74］XIE J S,GANESAN S,QI H Y,et al. A Review of Lead-Free Solder Reliability Stud-
ies. CALCE Electronic Products and Systems Center,2004.

［75］GANESAN S,PECHT M. Lead-free Electronics［M］. Park,Maryland:CALCE EPSC
Press,2004.

［76］STAELIN D H. Electromagnetics and Applications［D］. Cambridge:Massachusetts In-
stitute of Technology,2011.

［77］THIDÉ B. Electromagnetic Field Theory［M］. 2nd ed. Mineola,New York:Dover
Publications, Inc. ,2012.

［78］IRVINE T. An Introduction to the Shock Response Spectrum(Revision S)［R］,2012.

［79］MULLER R S,KAMINS T I,CHAN M. Device Electronics for Integrated Circuits
［M］. 3rd ed. New York:John Wiley & Sons,2003.

［80］林德. 功率半导体——器件与应用［M］. 肖曦,李虹,译. 北京:机械工业出版社,2009.

［81］CALCE Electronic Products and Systems Center,University of Maryland. CalcePWA

Software Users Guide V2. 0. 8[S],1997.

[82] TUMER I,BAJWA A. A Survey of Aircraft Engine Health Monitoring Systems[C]// 35th AIAA/ASME/SAE/ASEE Joint Propulsion Conference & Exhibit,June 20-24, 1999,Los Angeles,California. Reston,VA:AIAA,1999.

[83] SOHN H,FARRAR C R,HEMEZ F M,et al. A Review of Structural Health Monitoring Literature:1996-2001[R]. Los Alamos:Los Alamos National Laboratory,2003.

[84] SAE G-11 Committee. Aerospace Information Report on Reliability Prediction Methodologies for Electronic Equipment AIR5286[R],1998.

[85] BRYANT C M,SCHMEE J. Confidence Limits on MTBF for Sequential Test Plans of MIL-STD 781[R]. New York:Institute of Administration and Management, Union College, New York,1978.

[86] NEILSEN M A. Parameter Estimation for the Two-Parameter Weibull Distribution [M]. Provo,Utah:Department of Statistics,Brigham Young University,2011.

[87] OKASHA H M,EI-BAZ A H,TARABIA A M K,et al. Extended inverse Weibull distribution with reliability application[J]. Journal of the Egyptian Mathematical Society, 2017,25(3):343-349.

[88] OGUNTUNDE P E,ADEJUMO A O,OWOLOKO E A. The Weibull-Inverted Exponential Distribution:A Generalization of the Inverse Exponential Distribution[C]//Proceedings of the World Congress on Engineering 2017. London,U. K. ,2017 I.

[89] XIE J S. Impact of Solder Interconnect Configuration Modeling on Reliability Assessment Results of Electronic Assemblies[C]//Proceedings of 2014 SMTA International Symposium. Rosemont,Illinois,USA,2014:325-332.

[90] BAJARIA H J. Difference Between Reliability Testing And Durability Testing[R], 2000.

[91] WHITE M,BERNSTEIN J B. Microelectronics Reliability:Physics-of-Failure Based Modeling and Lifetime Evaluation[M]. NASA,JPL Publication,2008.

[92] EPSTEIN B. Truncated Life Tests in the Exponential case[J]. The Annal of Mathematical Statistics,1955,25:555-564.

[93] DRENICK R. The Failure Law of Complex Equipment[J]. J. Soc. Indust. Appl. Math. ,1960,8(4):680-689.

[94] KENTVED A B. SPM-179 Acceleration Factors and Accelerated Life Testing—A Guide Based on Practical Experiences[R],2011.

[95] CHA J. Re-Establishing the Theoretical Foundations of a Truncated Normal Distribution:Standardization,Statistical Inference,and Convolution[D]. Clemson:Clemson University,2015.

[96] BROMILEY P A. Products and Convolutions of Gaussian Probability Density Functions[R],2014.

[97] JENNIONS I,PHILLIPS P,HOCKLEY C,et al. No Fault Found:The Search for the Root Cause[M]. New York:SAE,2015.

[98] KIBRIA B M G,NADARAJAH S. Reliability Modeling:Linear Combination and Ratio of Exponential and Rayleigh[J]. IEEE Transactions on Reliability,2007,56(1): 102-105.

[99] Néhémy Lim. UW_MATH-STAT395 Distributions of Functions Random Variables, Winter Quarter 2017.

[100] SCHOLZ F. Inference for the Weibull Distribution[R],2008.

[101] EPSTEIN B,SOBEL M. Some Theorems Relevant to Life Testing from an Exponential Distribution[J]. The Annals of Mathematical Statistics,1954:373-381.

[102] MA B,BUZUAYENE M. MIL-HDBK-217 vs. HALT/HASS[J]. Evaluation Engineering,2000:103-109.

[103] MORRIS S. Reliability Prediction Methods -An Overview[J]. The Journal of the Reliability Analysis Center,1999,Third Quarter:8-11.

[104] PECHT M. Reliability Engineering in the 21st Century—A Focus on Predicting the Reliability of Electronic Products and Systems[C]//Proceedings of the 5th ICRMS. Dalian,China,2001,1:1-19.

[105] PECHT M. Why the Traditional Reliability Prediction Models Do not Work-is There an Alternative[J]. Electronics Cooling,1996,2(1):10-12.

[106] XIE J S,PECHT M. Applications of In-situ Health Monitoring and Prognostic Sensors[C]//The 9th Pan Pacific Microelectronics Symposium and Tabletop Exhibition. Oahu,Hawaii,USA,2004:381-386.

[107] XIE J S,PECHT M. Contact Discontinuity Modeling of Electromechanical Switches [J]. IEEE Transactions on Reliability,2004,53(2):279-283.

[108] XIE J S,PECHT M. Reliability Prediction Modeling of Semiconductor Light Emitting Devices[J]. IEEE Transactions on Device and Materials Reliability,2003,3(4): 218-222.

[109] OSTERMAN M. We Still Have a Headache with Arrhenius[J]. Electronics Cooling, 2001,7(1):53-54.

[110] XIE J S,HILLMAN C,SANDBORN P,et al. Assessing the Operating Reliability of Land Grid Array Elastomer Sockets[J]. IEEE Transactions on Components and Packaging Technologies,2000,23(1):171-176.

[111] XIE J S,HUO Y J,ZHANG Y. A PTH Barrel Stress Distribution Model and Associated PWB Design Factors[J]. IEEE Transactions on Components and Packaging Technologies,2007,30(4):842-848.

[112] XIE J S,HE J J,ZHANG Y,et al. Determination of Acceleration Factor in Predicting the Field Life of Plated Through Holes from Thermal Stress Data[J]. IEEE Transactions on Components and Packaging Technologies,2008,31(3):634-641.